Umweltschutz, Produktqualität und Unternehmenserfolg

Springer
Berlin
Heidelberg
New York
Barcelona
Budapest
Honkong
London
Mailand
Paris
Santa Clara
Singapur
Tokio

Manfred Sietz (Hrsg.)

Umweltschutz, Produktqualität und Unternehmenserfolg

Vom Öko-Audit zur Ökobilanz

Unter Mitarbeit von Adolf von Röpenack
und Stefan Seuring

Mit 163 Abbildungen und 51 Tabellen

Springer

Prof. Dr. Manfred Sietz
Universität-Gesamthochschule Paderborn
Abteilung Höxter
Fachbereich Technischer Umweltschutz
An der Wilhelmshöhe 44
37671 Höxter

ISBN-13:978-3-642-93581-7

Die Deutsche Bibliothek – CIP-Einheitsaufnahme

Umweltschutz, Produktqualität und Unternehmenserfolg : vom Öko-Audit zur Ökobilanz / Manfred Sietz (Hrsg.) – Berlin ; Heidelberg ; New York ; Barcelona ; Budapest ; Hongkong ; London ; Mailand ; Paris ; Santa Clara ; Singapur ; Tokio : Springer, 1998
ISBN-13:978-3-642-93581-7 e-ISBN-13:978-3-642-93580-0
DOI: 10.1007/978-3-642-93580-0

Einbandgestaltung: Struve & Partner, Heidelberg
Satz: Fotosatz-Service Köhler OHG, Würzburg
Herstellung: Renate Schulte

SPIN: 10645844 52/3020 – 5 4 3 2 1 0 – Gedruckt auf säurefreiem Papier

Vorwort

Umweltschutz als Bestandteil von Produktqualität und Unternehmenserfolg – vom Öko-Audit zur Ökobilanz

Der Erfolg eines Unternehmens wird von zwei Dingen wesentlich geprägt:

der Wettbewerbsfähigkeit und
der Rentabilität.

Es ist kein Geheimnis, daß diese beiden Begriffe, Wettbewerbsfähigkeit und Rentabilität, mit dem dritten Begriff, dem betrieblichen Umweltschutz, gerade wenn es um nachhaltigen Erfolg geht, eng verflochten sind. Kein Unternehmen wird irgendetwas verkaufen können, was neben den Qualitätsanforderungen nicht auch die Umweltbedürfnisse des Kunden befriedigt.

Die Umweltleistung eines Unternehmens ist wichtiger Bestandteil der Qualität eines Produktes. Die Umweltleistung des Unternehmens kauft der Kunde mehr oder weniger unterbewußt mit, wobei das, was der Kunde sagt und in Befragungen angibt, nicht unbedingt mit seinen Handlungen identisch ist. Dies verdeutlicht sich am Beispiel der „Stählernen Kuh“ beim Milchkauf, die zwar von allen als ökologisch wünschenswert begrüßt wird, in der Realität jedoch wieder aus den Supermärkten verschwunden ist.

In der Praxis zeigt sich darüber hinaus, daß die Umweltleistung eines Unternehmens für den Kunden kostenneutral sein muß:

Der betriebliche Umweltschutz muß auf Kosteneinsparungspotentiale hin fixiert sein.

Insoweit verwundert es nicht, daß die im Rahmen von Öko-Audits in der ersten Umweltprüfung zu definierenden Umweltziele eines Unternehmens häufig den Wunsch nach Aufdeckung von Kosteneinsparungspotentialen enthalten.

Hierzu eröffnet das vorgelegte Buch die Diskussion mit dem Beitrag von Höppner, Sietz und Seuring über eine Marktanalyse zur Effizienz des Öko-Audits.

Die Öko-Audit-Verordnung vom 29.6.1993 über die „freiwillige Beteiligung gewerblicher Unternehmen an einem Gemeinschaftssystem für das Umweltmanagement und die Umweltbetriebsprüfung“ enthält in ihrer Präambel:

„Diese Verantwortung verlangt von den Unternehmen die Festlegung und Umsetzung von Umweltpolitik, -zielen und -programmen sowie wirksamer Umweltmanagementsysteme; die Unternehmen sollten eine Umweltpolitik festlegen, die nicht nur die Einhaltung aller einschlägigen Umweltvorschriften vorsieht, sondern auch Verpflichtungen zur angemessenen kontinuierlichen Verbesserung des betrieblichen Umweltschutzes umfaßt".

Ein wichtiger Teil dieser Anstrengung zur kontinuierlichen Verbesserung sind die Produkte eines Unternehmens, gerade auch in Hinsicht auf eine konsequent zu verfolgende Kreislaufwirtschaft.

Gemäß Anhang 1c der Öko-Audit-Verordnung ist die Produktplanung (Design, Verpackung, Transport, Verwendung und Endlagerung) Teil der zu behandelnden Gesichtspunkte im Rahmen eines Öko-Audits.

Produkte finden aber nicht nur im Anhang 1c Erwähnung in der Öko-Audit-Verordnung, sondern auch noch als Teil der guten Umweltmanagementpraktiken, hier Punkt 2:

„Die Umweltauswirkungen einer jeden neuen Tätigkeit, jedes neuen Produkts und jedes neuen Verfahrens werden im Voraus beurteilt".

Diesen Sachzusammenhang diskutiert v. Röpenack in seinem Beitrag: „Ökologische Produktoptimierung mit Umweltmanagementsystemen und Ökobilanzen".

Durch die EU-Verordnung Nr. 880/92 zur Vergabe eines Umweltzeichens für Produkte ist ein Mindestbeurteilungsschema der Umweltaspekte und Umweltauswirkungen entlang des Lebenszyklusses eines Produktes vorgegeben worden. Mit Hilfe dieses Schemas können nun Umweltbeurteilungen entlang des Produktlebensweges vorgenommen werden:

a) im Stil einer Umweltbenefitliste mit den vereinfachten Kriterien ++, +, 0, –, – – (++ = sehr umweltfreundlich, 0 umweltneutral, – – sehr umweltschädigend) oder
b) im Rahmen einer Ökobilanz.

In dem Beitrag Seuring werden hierzu die Definitionen und Grundlagen betrieblicher Ökobilanzen erstellt und diskutiert. Insbesondere wird auch eine umfangreiche Reflexion zum Stand der Literatur vorgenommen.

Durch die beiden produktbezogenen Instrumente (Umweltbenefitliste und Ökobilanz) gewinnt das Unternehmen betriebsinterne Hinweise zur Ökologisierung seiner Produkte, insbesondere wenn z. B. zwei anwendungsgleiche, aber materialverschiedene Produkte desselben Unternehmens ökologisch bewertet werden.

Ökobilanzen können nicht nur im Rahmen eines Öko-Audits eine Rolle spielen, sie sind ferner begründet aus der Sicht des Kreislaufwirtschaftsgesetzes, das in den §§ 22 f. eine Produktverantwortung für den Hersteller und den Inverkehrbringer bezüglich der Umwelteigenschaften des Produktes beschreibt. Dies ist ein begrüßenswertes Novum, da sich aus der bisherigen Produkthaftpflicht heraus keine Umweltqualitätsanforderungen an Produkte ableiten ließen.

Gefordert wird aus der Sicht des Kreislaufwirtschaftsgesetzes die mehrfache Verwendbarkeit eines Produktes, seine technische Langlebigkeit, seine Eignung zur umweltverträglichen Verwertung und Entsorgung und Maßnahmen zur Sicherung der umweltverträglichen Verwertung und Entsorgung in Verbindung mit den Produkten, z. B. ein modularer Aufbau bzw. eine recyclinggerechte Konstruktion.

Daß mit Umweltbenefitbeurteilungen sinnvoll gearbeitet werden kann, zeigt die Umweltbewertung eines modularen Polstermöbels der Firma Salta Design Kollektion, Beverungen (1996) die zusammen mit der zugehörigen Produktentwicklung 1997 mit dem OCE-Preis ausgezeichnet wurde (Beitrag SIETZ, GEBAUER, SEURING, DECKER).

Das zweite Praxisbeispiel zeigt anhand der bei Werner & Mertz, Mainz, als Diplomarbeit (NIERMEYER) 1997 erstellten prozeßbezogenen Ökobilanz die betrieblichen Möglichkeiten zielsicher auf, Kostensenkungspotentiale zu finden und produktbezogene Umweltrisiken zu bewerten (Beitrag NIERMEYER, SEURING, BÜTTNER, SIETZ).

In der Zusammenschau muß der Stand der heutigen Umweltdiskussion gewürdigt werden. Es hat sich in den letzten Jahren gezeigt, daß nicht nur die industrielle Produktion, sondern auch die Produkte selbst zur Umweltbelastung beitragen. Diese Belastung kann durch Lebenszeitverlängerung der Produkte (z. B. durch Wieder- und Weiterverwendung) deutlich verringert werden. Gefragt ist die Entwicklung einer sustainable society, deren Produktbeiträge wie olympische Disziplinen ineinandergreifend auf den folgenden Feldern konsensfähig sein müssen:

Ökologie
Ökonomie
Ressourcenschonung
soziale Aspekte
Interessen zukünftiger Generationen

In überzeugender Weise umgesetzt wurden diese „olympischen Umweltdisziplinen“ nicht nur bei den vorgenannten Praxisbeispielen, sondern auch bei der Gelsenwasser AG. Im Rahmen der Diplomarbeit BEHLERT (1997) wurde eine Umweltprüfung erstellt, deren Ergebnisse im Beitrag BEHLERT, MARQUARDT, RÜDEL, v. RÖPENACK und SIETZ dargestellt werden. Dieses Dienstleistungsaudit schließt mit seinen produktbezogenen Aspekten der Wassergewinnung, dem Wassertransport und der Wasserverteilung den Kreislauf vom Öko-Audit zur Ökobilanz.

Höxter, Januar 1998 — Prof. Dr. Manfred Sietz

Für Rückfragen steht Ihnen der Herausgeber wie folgt zur Verfügung:

Universität-Gesamthochschule Paderborn
Abteilung Höxter
Fachbereich Technischer Umweltschutz
An der Wilhelmshöhe 44
37671 Höxter
Tel.: 05271/687-183 bzw. 182 und 184
Fax: 05271/687-183 bzw. über
e-mail: hsiet1@cip.hx.uni-paderborn.de

Inhalt

Umweltprüfung
Erstellung einer Umweltprüfung in Anlehnung an die geplante Neufassung der Verordnung EWG Nr. 1836/93 für nicht gewerbliche Unternehmen in 1998 bei der GELSENWASSER AG
C. Behlert, U. Marquardt, R. Rüdel 199

Analyse der Effizienz des Öko-Audits

N. O. Höppner, M. Sietz und S. Seuring

1 Einleitung

Im Rahmen einer Fragebogenaktion war der betriebliche Nutzen und die Effizienz des Öko-Audits zu beurteilen. Zu diesem Zweck wurde zum Jahreswechsel 1996/1997 an alle bis zum 19.11.96 validierten Unternehmen bzw. Unternehmen von denen bekannt war, das sie sich noch validieren lassen wollen, ein Fragebogen (siehe Anhang, S. 41ff) verschickt.

Von den ausgesendeten Fragebögen kamen 141 (35,2 %) zurück. Der Rücklauf von genau 104 komplett beantworteten Bögen (26,0 %) bildet die Grundlage dieser Auswertung.

2 Empirische Studien zum Umweltmanagement

Im folgenden soll kurz dargestellt werden, welche Studien zum Umweltmanagement in der Vergangenheit durchgeführt wurden. Der Kurzabriß hat keinen Anspruch auf Vollständigkeit, alle Untersuchungen können der „Günther-Liste" entnommen werden (siehe Literaturverzeichnis)

Bereits 1981/82 wurde eine Studie durchgeführt, die die Bedeutung der Umweltpolitik auf den Erfolg deutscher Unternehmern untersucht hat (Töpfer-Studie 1985). Sie zielte primär auf die Verbreitung einer strategischen Marketing-Politik, für die u.a. auch eine Berücksichtigung ökologischer Wandlungsprozesse im Käuferverhalten als relevant angesehen wurde. In dieser Studie wurden von 2000 verschickten Fragebögen 196 ausgewertet (Rücklauf ca. 9,8 %). Zu der Zeit zeigte sich noch eine relativ geringe Bedeutung der Umweltfreundlichkeit der Produkte. Die ökologischen (Umweltschutz) und sozialen Faktoren (Arbeitsschutz, Erhaltung der Arbeitsplätze) rangierten im Vergleich zu den traditionellen Zielen an letzter und vorletzter Stelle. Allerdings ließ sich bei den Unternehmen, die den sozialen Aspekten eine größere Bedeutung beimaßen, auch eine verstärkte Berücksichtigung ökologischer Faktoren ausmachen. Zu diesen Unternehmen konnte man allerdings nur etwa 8 % der befragten Firmen zählen.

Dem Ziel einer allgemeinen Verantwortung des Umweltschutzes in den Einstellungen der deutschen Unternehmer und in der Politik der Unternehmen diente eine Studie, die im Juni 1984 gemeinsam von der Ökologie-Kommission des Bundesverbandes Junger Unternehmer (BJU) und der Zeitschrift Wirtschaftswoche (siehe Hefte 40 + 41/84) durchgeführt wurde. Hier konnten von 3900 versendeten Fragebögen 842 ausgewertet werden (Rücklauf 21,6 %). Deutlich höher als in der Töpfer-Studie war bereits der Anteil der Unternehmen, die angaben, Umweltschutzprodukte oder -leistungen zu führen: ca. 17 %. Die Bedeutung der Umweltproblematik im Bewußtsein der befragten Unternehmer war deutlich gewachsen, so daß 77 % der Befragten sich dafür aussprachen, dem Umweltschutz Verfassungsrang einzuräumen und ca. 63 % die bestehenden Umweltgesetze und -auflagen als angemessen ansahen.

Als Chance begriffen auch 1984 nur wenige Unternehmen den Umweltschutz. Denn nur knapp 20 % der befragten Unternehmen äußerten die Auffassung, daß sich freiwilliger Umweltschutz über die gesetzlich normierten Anforderungen hinaus lohne. Eine wachsende Zahl von Unternehmern zeigt sich zwar bereit, die ökologischen Herausforderungen anzunehmen und die bis dahin überwiegend defensive Haltung aufzugeben. Dabei wird jedoch nach wie vor insbesondere dem Staat die Rolle des Akteurs zugewiesen. Sie wird noch nicht als Aufgabe der Unternehmen gesehen, auch wenn verstärkt die Forderung nach marktwirtschaftlichen Instrumenten der Umweltpolitik erhoben wird.

Wesentlich detailierter als die beiden vorher genannten Untersuchungen ging die 1988 von Kirchgeorg durchgeführte Studie auf die verschiedenen Ausprägungsformen betrieblicher Umweltpolitik ein. Dabei ging es Kirchgeorg vor allem darum, diejenigen Bedingungen herauszuarbeiten, die offensive Umweltschutzstrategien behindern bzw. begünstigen. Diese Untersuchung wurde mit dem EMNID-Institut als mündliche Befragung von Führungskräften, die sich mit den Umweltproblemen befassen, durchgeführt. Das Ergebnis ist die Identifizierung von 4 grundsätzlich unterschiedlichen Verhaltenstypen des Umgangs mit ökologischen Problemstellungen:

- Die „Selektiv-Ökologieorientierten" zeichnen sich durch das am wenigsten klare Strategieprofil aus (19,8 %). Sie orientieren sich sehr stark an der Konkurrenz und weisen das höchste Niveau an Umweltschutzinvestitionen auf.
- Die „ökologieorientierten Passiven" machen mit 29,9 % den größten Anteil der untersuchten Unternehmen aus. Sie verharren gegenüber Umweltanforderungen in einer abwartenden Haltung.
- Die „innengerichteten Aktiven" (27,4 %) legen ihren Schwerpunkt auf Aktivitäten innerhalb des Unternehmens. Es fehlt aber ein marktorientierter Akzent.
- Die „ökologieorientierten Innovatoren" (22,9 %) setzen ihre Schwerpunkte bei den aktiven Umweltschutzstrategien.

Am Markt registrierten die meisten Unternehmen eine geringe Zahlungsbereitschaft der Kunden für umweltverträgliche Produktvarianten. Bei der weiteren Analyse der Durchsetzungsbarrieren für aktives Umweltmanagement treten in Übereinstimmung mit den wahrgenommenen Zielbeziehungen erneut Kostenargumente in den Vordergrund. Fast 70 % der Befragten sehen in hohen Investitions- und Betriebskosten ein großes Hindernis für die Umsetzung von Umweltschutzmaßnahmen. Von einer signifikaten Verbreitung offensiver erfolgsorientierter betrieblicher Umweltpolitik kann die Studie also nicht berichten.

Die bisher umfangreichste und differenzierteste Studie zum umweltorientierten Unternehmensverhalten wurde 1989 vom Umweltbundesamt in Auftrag gegeben und 1990/91 von der Forschungsgruppe Umweltorientierte Unternehmensführung (FUUF 1991) durchgeführt. Im Mittelpunkt dieser Studie standen die Fragen, welchen Stand und welche Verbreitung ökologischorientierte Unternehmensführung in Industrie, bei Handel und Banken erreicht hat, welche monetären Erfolgspotentiale sie ausschöpft und wie sich die Umweltpolitik verbreitern läßt. Dennoch war ein entscheidender Wandel zu verzeichnen: Fast 65 % der insgesamt Befragten gaben an, Umweltschutzmaßnahmen mit kostensenkenden oder erlössteigernden Effekten durchgeführt zu haben. Dabei spielten Einsparungen von Energie und Wasser die größte Rolle. Gut die Hälfte der befragten Unternehmer glauben, daß Umweltschutzaktivitäten die Marktchance verbessert.

Waren die bisher genannten Studien allein auf die Verhältnisse in deutschen Unternehmen bezogen, so schließt die folgende Untersuchung die Umweltperspektiven internationaler Unternehmen mit ein. Die Studie wurde im Frühjahr 1991 von McKinsey als schriftliche Befragung von Teilnehmern verschiedener internationaler Management-Symposien durchgeführt. Die Umweltpolitik wird von den Befragten als gesellschaftliche und unternehmenspolitische Herausforderung angesehen.

Hinsichtlich der vollzogenen unternehmenspolitischen Aktivitäten steht auch bei dieser Befragung die Verankerung umweltorientierter Selbstverpflichtungen in schriftlich formulierten Unternehmensgrundsätzen im Vordergrund: Fast 80 % der befragten Unternehmen haben diesen Schritt getan. Mit 57 % folgt die Durchführung von internen Audits, in denen vor allem die Erfüllung der einschlägigen Umweltgesetze geprüft und verbessert wird. Ebenfalls mehr als die Hälfte der befragten Unternehmen (52 %) haben einem Mitglied der Geschäftsführung Umweltverantwortung übertragen.

Die letzte hier aufgeführte Studie zum Stand der Einbeziehung des Umweltschutzes in die Unternehmenspolitik wurde 1992 in Form einer schriftlichen Befragung durchgeführt und basiert auf 483 auswertbaren Antworten (Coenenberg-Studie 1994). Sie setzt einen besonderen Akzent auf die Analyse der Bereiche Controlling und Recycling.

Hinsichtlich der wahrgenommenen ökologischen Betroffenheit stellt sie ebenso wie die zweite Kirchgeorg-Studie eine erkennbare Steigerung fest: 60 % der befragten Unternehmen sehen sich als stark oder sogar sehr stark betroffen, nur 11% gering oder gar nicht. Insbesondere die Verkehrswirtschaft, die Mineralölwirtschaft und die Energiewirtschaft sowie die NE-Metallerzeugung und die Chemie liegen sogar noch über diesem Durchschnittswert.

Die beiden im Zentrum der Untersuchung stehenden betrieblichen Funktionen Controlling und Entsorgung werden als in deutlich unterschiedlichem Maße von Umweltaspekten betroffen angesehen. Während die Entsorgung von 74% der befragten Unternehmen als hoch betroffen von Umweltaspekten eingestuft wird, trifft dies auf das Controlling nur für 11% der Befragten zu. Dennoch behaupten 58%, regelmäßig umweltorientierte Checklisten einzusetzen, 48% Umweltverträglichkeitsprüfungen, aber nur 17% umfassende Input-Output-Bilanzen. In von den Forschern unaufgeklärtem Widerspruch dazu sagen 65%, daß sie im Rahmen von Investitionsentscheidungen noch keine Umweltbelange systematisch berücksichtigen. 87% tun dies jedoch bezüglich der Einhaltung der relevanten Umweltgesetze.

Hieran, wie an einigen anderen Antworten, wird die nach wie vor gegebene primäre Fixierung der Unternehmen auf staatliche umweltpolitische Vorschriften als dominante Einflußfaktoren der betrieblichen Umweltpolitik erkennbar. So ist die weitaus verbreitetste Form der organisatorischen Verankerung von Umweltverantwortung der gesetzliche Umweltbeauftragte (63%). Allerdings wird am zweithäufigsten bereits die Einrichtung von Projektteams genannt. Hinsichtlich ihrer Einschätzung der relativen Bedeutung unterschiedlicher Einflüsse rangiert jedoch bei den Befragten der Staat wieder an erster Stelle. Ihm folgen – eine Parallele zur zweiten Kirchgeorg-Studie – die Kunden, mit deutlichem Abstand erst die Öffentlichkeit und die Anteilseigner. Entsprechende Anforderungen der Kreditgeber werden als kaum relevant wahrgenommen.

Bei aller Detailliertheit und überwiegenden Plausibilität der Ergebnisse der verschiedenen Studien darf nicht übersehen werden, daß sie durchweg methodisch so angelegt sind, als gäbe es bereits eine elaborierte Theorie umweltorientierter Unternehmenspolitik, die mit Hilfe der Studien empirisch geprüft – bestätigt oder widerlegt – werden könnte. Tatsächlich liegt jedoch weder eine ausgearbeitete Theorie umweltorientierter Unternehmenspolitik vor, noch sind die genannten empirischen Studien überhaupt als Prüfung theoretischer Hypothesen angelegt – mit Ausnahme der Töpfer- und der Kirchgeorg-Studie, die sich zumindest darum bemühen, ihren Befragungen eine „Schnittmenge" von in der Literatur überwiegend akzeptierter Hypothesen zugrundezulegen und diese möglichst valide zu prüfen. Das hat zur Folge, daß die erzielten Ergebnisse zu großen Teilen kaum mehr als oberflächliche Momentaufnahmen liefern, die wenig Anspruch auf empirische Gültigkeit und Verläßlichkeit erheben können.

Zumindest ein weiterer Einwand gegen die Aussagekraft der erzielten Befragungsergebnisse muß angeführt werden. Alle Studien sind ausschließlich als – mündliche oder schriftliche – Befragungen von Unternehmensvertretern angelegt. Eine substantielle Prüfung der von ihnen getroffenen Aussagen und Einschätzungen – z.B. anhand der tatsächlich vollzogenen Aktivitäten oder deren meßbaren Ergebnissen wird nicht vorgenommen. So bleiben z.B. die Aussagen über Kostenwirkungen von umweltorientierten Aktivitäten ungeprüft. Manchmal allerdings lassen die Antworten auf Kontrollfragen zudem den Schluß zu, daß die Verläßlichkeit der von den Befragten getroffenen Einschätzungen nicht sehr hoch ist, etwa wenn die installierten Kostenrechnungssysteme entsprechende Aussagen gar nicht zulassen oder wenn auf Nachfrage eingestanden wird, daß solche Berechnungen gar nicht durchgeführt werden. Ob und wie sich verschiedene Umweltschutzaktivitäten kosten- bzw. ertragswirksam auswirken, kann jedoch – wenn überhaupt – nur durch genaue Berechnungen, die noch wissenschaftlich zu prüfen wären, ermittelt werden. Insofern nehmen die Studien vielfach allzu wörtlich, was die Befragten aussagen: dies ist ein Mangel an methodischer Validität, der die Aussagekraft der Ergebnisse deutlich einschränkt.

Schließlich muß darauf hingewiesen werden, daß auch eine Prüfung der umweltbezogenen Wirksamkeit der verschiedenen unternehmenspolitischen Aktivitäten in den Studien nicht vorgenommen wird. Das ist legitim, weil betriebswirtschaftlich orientierte Forscher ihr Augenmerk auf Gegenstände richten, die sie im Rahmen ihrer Fachkompetenz interessieren und zu denen sie ein Urteil treffen können. Dennoch bleibt es ein Mangel, der durch eine interdisziplinäre Ausrichtung der Studien hätte vermieden werden können und deren Aussagekraft erheblich erweitert hätte. So jedenfalls lassen die Studien allenfalls Einschätzungen über die Intensität der unternehmenspolitischen Bemühungen zu, kaum aber über die Frage, ob damit ein wirksamer ökologischer Umbau der Wirtschaft in Angriff genommen wurde.

Wagner und Budde (1997) haben eine Studie zu den „Erfahrungen mit dem Umwelt-Audit-System in Deutschland" in Zusammenarbeit mit der Hochschule in Speyer durchgeführt. Die Studie beruht auf 142 ausgewerteten Fragebögen und hat die Deregulierungsvorschläge der Unternehmen nach der Öko-Audit-Validierung zum Schwerpunkt.

Eine Frage bezog sich auf evtl. durch eine Teilnahme am Umwelt-Audit-System eingetretene Erleichterungen oder Verbesserungen im Betriebsablauf. Sofern Fortschritte aufgetreten sind, wurde um eine konkrete Beschreibung bzw. Angabe gebeten. Das Ergebnis beruht auf den Ausführungen von 107 Unternehmensvertretern (75,4% aller antwortenden Personen), die jeweils über konkrete Verbesserungen bzw. Erleichterungen berichten konnten. Es zeigt sich, daß mit der Durchführung eines Umwelt-Audit-Verfahrens oftmals die Motivation der Mitarbeiter am Unternehmensstandort verbessert werden konnte. In einigen Fällen hat das Umwelt-Audits dabei auch zu konkreten Verbesserungsvorschlägen seitens der Mitarbeiter geführt. Darüber hinaus konnten Mitarbeiter an vielen Standorten zu einem sensibleren Umgang mit Rohstoffen oder Energie sowie zur Verringerung von Abfällen motiviert werden. Schließlich hat die Durchführung des Umwelt-Audit-Verfahrens nach Angabe einiger Unternehmensvertreter auch zu einer gesteigerten Identifikation des Personals mit dem Unternehmen geführt.

Der betriebliche Umweltschutz wurde durch das Umwelt-Audit-Verfahren ebenfalls in verschiedener Hinsicht optimiert. Verbesserungen konnten insbesondere durch eine Verringerung der Umweltbelastungen im Produktionsprozeß erreicht werden, darüber hinaus aber auch durch risikominimierte

Betriebsabläufe bzw. durch optimierte Vorkehrungen für Störfälle. Infolge der Verringerung des Abfallaufkommens sowie durch gesteigerte Verwertungsaktivitäten als Resultat einer Umweltbetriebsprüfung konnten darüber hinaus z.T. hohe Kosteneinsparungen erzielt werden. Desweiteren wurde oftmals auf eine verbesserte Verhandlungs-Position im Rahmen von Kundengesprächen hingewiesen. Häufig sei die erfolgte Validierung von Kunden des Unternehmens positiv aufgenommen worden, teilweise werde auch nach Aktivitäten des Unternehmens in diesem Bereich gefragt. Als direkter Wettbewerbsvorteil bei Auftragsvergaben wurde die Validierung allerdings nur von vier Unternehmensvertretern (2,9% der Nennungen) angeführt. Da sich die Validierung eines Standortes als Ausschreibungskriterium bei der Auftragsvergabe demnach bisher nicht durchgesetzt hat, dürfte die verbesserte Position des Unternehmens in Kundengesprächen eher dem Bereich des Imagegewinns zuzuordnen sein.

Die Teilnahme am Umwelt-Audit-Verfahren hat für einen Teil der Unternehmen auch zu einer deutlich verbesserten Verhandlungsposition gegenüber Versicherungen und Banken geführt. Insbesondere bei Gesprächen über Kredite und Versicherungstarife läßt sich der Aspekt der Teilnahme am Umwelt-Audit-Verfahren nach Angaben einiger Unternehmensvertreter positiv einbringen. Diese Aussagen decken sich mit Berichten aus der Unternehmenspraxis. Danach gewähren Versicherungsgesellschaften bei Umwelthaftpflichtversicherungen für Unternehmensstandorte, die durch eine Teilnahme am Umwelt-Audit-Verfahren das Risiko von Umweltschäden während des Betriebsablaufs erkennbar reduziert haben, Beitragsreduktionen von bis zu 20%. Auch Banken beurteilen die Kreditwürdigkeit eines Unternehmens verstärkt unter dem Aspekt eines etablierten Umweltmanagementsystems und gewähren für validierte Standorte z.T. zinsvergünstigte Kredite (– 0,5 bis – 1%). Dieser „Vertrauensbonus“ erscheint logisch, wenn man berücksichtigt, daß ca. 75% aller Störfälle und dementsprechende Umwelthaftungen des Unternehmens nicht auf technischen Defekten, sondern auf Fehlern in der Koordinierung von Management und Technik beruhen.

Eher seltener hat die Durchführung eines Umwelt-Audit-Verfahrens für Unternehmen auch zu Fortschritten im Kontakt bzw. im Verhältnis zu den Aufsichtsbehörden geführt. Soweit Verbesserungen eingetreten sind, beziehen sich diese in erster Linie auf informelle bzw. persönliche Kontakte zwischen den Unternehmens- und Behördenvertretern. Darüber hinaus hat die Validierung für einzelne Betriebe auch zu einer zeitlich gestrafften Bearbeitung anderweitig gestellter Anträge durch die Behörden geführt. Bei einem Unternehmensstandort erfolgten aufgrund der Teilnahme am Umwelt-Audit-Verfahren nicht näher umschriebene Vereinfachungen bei einer „staatlichen Betriebsgenehmigung“, ein anderes Unternehmen wurde schließlich von der Pflicht zur Erstellung eines gesonderten Abfallwirtschaftskonzeptes für den validierten Standort befreit.

3 Auswertung

3.1 Allgemeines

In der vorliegenden Studie, soll die Effizienz des Öko-Audits ermittelt werden. Dafür wurde nach den Vorgaben der Öko-Audit-Verordnung ein Fragebogen entwickelt, der in folgende Abschnitte unterteilt war:

- Angaben zur Firma,
- Umweltorganisation,
- Umweltdatenbasis,
- Effizienzsteigerung und Risikominimierung durch innerbetrieblichen Umweltschutz,
- Verbesserung von Marktchancen,
- Eigenverantwortung und Eigenkontrolle,
- Mitarbeitermotivation,
- Kreditwürdigkeit,
- Image und Öffentlichkeitsarbeit,
- Gesamtbeurteilung des Öko-Audits.

In dem Fragebogen wurde neben den allgemeinen Firmendaten Angaben zur Organisation des betrieblichen Umweltschutzes (Umweltbeauftragter, Umweltausschuß, Umwelthandbuch), Kosten des Öko-Audits, erzielte Umweltverbesserungen, Kosteneinsparungen, Folgekosten, Investitionen, Umsatzsteigerungen, Änderungen durch das Öko-Audit, Aktivitäten zur Mitarbeitermotivation, Erfahrungen mit der Umwelterklärung und eine Gesamtbeurteilung des Öko-Audits mit Vor- und Nachteilen abgefragt.

Die Antworten auf die Fragen erfolgten entweder durch Ankreuzen der Antworten „Ja“ oder „Nein“ oder auf einer 5-fach unterteilten Skala von „schlechter“ bis „besser“, „niedrig“ bis „hoch“ bzw. „gar nicht“ bis „viel“. Viele Fragen (insbesondere zu Kosten und Kosteneinsparungen) mußten quantitativ beantwortet werden. Die gemachte Angaben erfolgten ausschließlich von den befragten Unternehmen. Eine Kontrolle der Angaben war nicht möglich.

3.2 Angaben zur Firma

Die 104 Fragebögen, die ausgewertet wurden, repräsentieren ein weites Spektrum. Sie stammen von Unternehmen, die im Zeitraum 1666 bis 1994 gegründet wurden, 8–18000 Mitarbeiter beschäftigen und einen Jahresumsatz von 4 Mio. DM bis 6,5 Mrd. DM erzielen. Der Exportumsatz liegt bei 0–80%.

Die nachfolgenden Grafiken zeigen, daß die befragten Unternehmen in der Anzahl der Mitarbeiter und den Umsatzzahlen einen repräsentativen Querschnitt über die KMUs sowie Großunternehmen bilden.

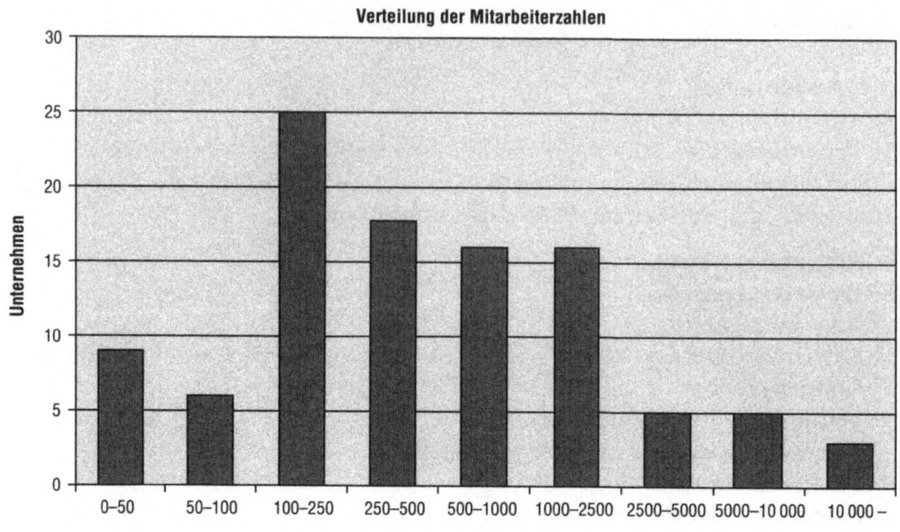

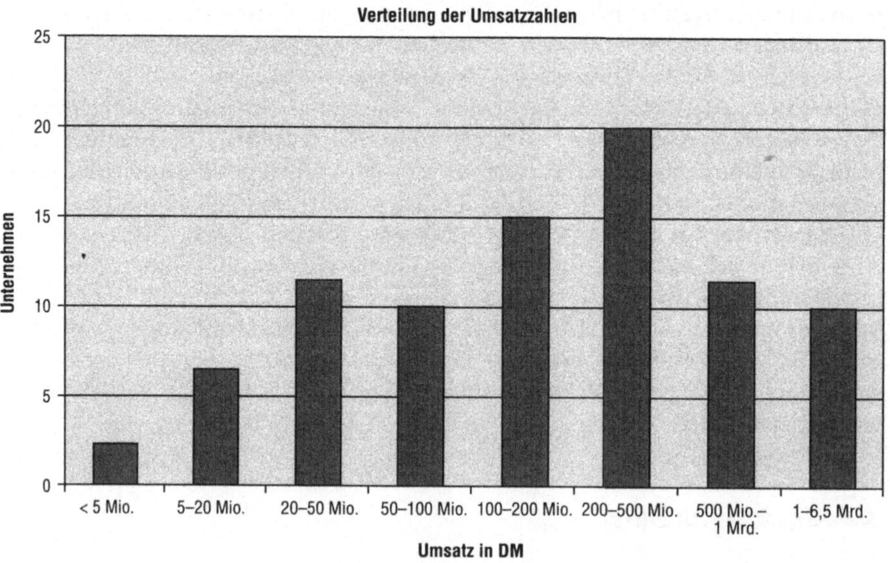

Die Durchschnittswerte im einzelnen:

Anzahl der Beschäftigten:	1458 Mitarbeiter
Umsatz in DM:	517 600 000,– DM
Davon erzielt durch Export:	23,5 %

Die befragten Unternehmen gehörten zu folgenden Gewerbebereichen:

Konsumgüterproduktion:	51,0 %
Investitionsgüterproduktion:	26,0 %
Dienstleistung:	9,6 %
Sonstiges:	13,4 %

Die Branchen waren in dieser Studie wie folgt vertreten:

Metall:	12 %
Elektrotechnik:	10 %
Möbel:	9 %
Brauereien:	9 %
Chemie:	7 %
Lebensmittel:	6 %
Energie/Versorgung:	5 %
Druck und Papier:	5 %
KFZ/Fahrzeugbau:	5 %
Maschinenbau:	5 %
Textil:	4 %
Kunststoff:	4 %
Pharma	3 %
Sonstige:	16 %

Beantwortet wurde der Fragebogen in 52,9 % der Fälle von dem Umweltmanagementvertreter/Umweltbeauftragten, in weiteren 20,2 % Fällen von dem Umwelt-/Qualitätsbeauftragten. 13,5 % der Fragebögen wurden von der Geschäftsführung ausgefüllt, weitere 5,5 % von der Produktionsleitung (Sonstige: 7,9 %).

3.3 Umweltorganisation

In diesem Abschnitt wurde der Aufbau der betrieblichen Organisation des Umweltschutzes abgefragt. Wie es vorhergesehen war, bildet der Umweltschutzbeauftragte in 96,2 % der Fälle den Kopf des Umweltmanagements. Der Umweltbeauftragte besitzt in den meisten Fällen die Qualifikation eines Diplom-Ingenieurs (siehe folgende Abb.).

Das oberste Entscheidungsgremium in Fällen des Umweltschutzes ist bei 88,4 % der Unternehmen der Umweltausschuß. 11,6 % verfügen nicht über einen Umweltausschuß.

Der Umweltausschuß setzt sich aus im Schnitt 9 Mitgliedern zusammen, wobei von den Unternehmen Angaben zwischen 2 und 25 erfolgten. Der Umweltausschuß tagt in den Unternehmen 1–52 mal im Jahr, wobei in der Regel (47,8 %) der Ausschuß einmal pro Quartal, d.h. viermal jährlich zusammentrifft.

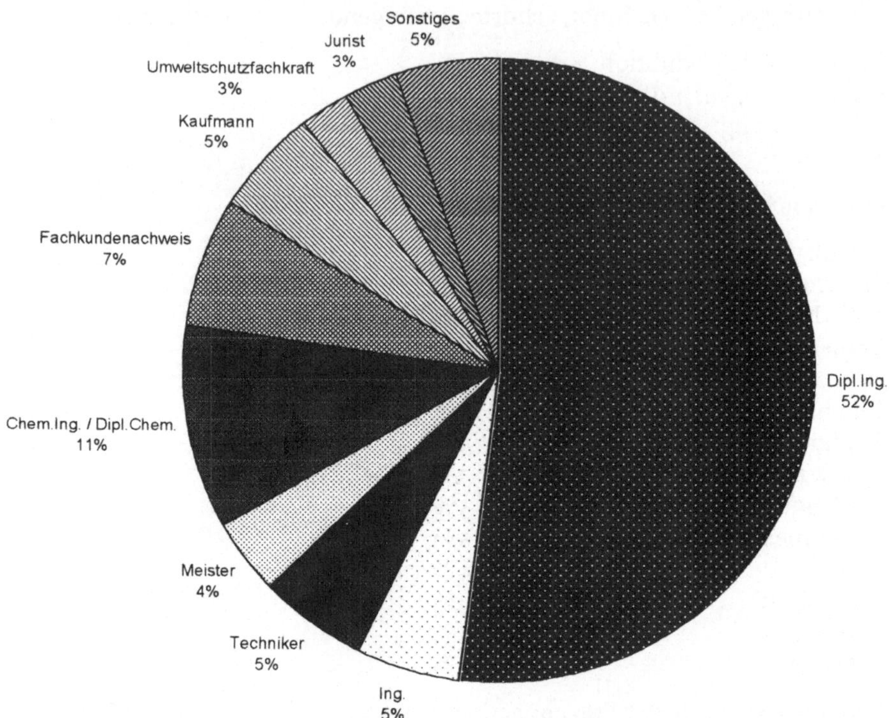
Sonstiges
5%
Jurist
3%
Umweltschutzfachkraft
3%
Kaufmann
5%
Fachkundenachweis
7%
Chem.Ing. / Dipl.Chem.
11%
Meister
4%
Techniker
5%
Ing.
5%
Dipl.Ing.
52%

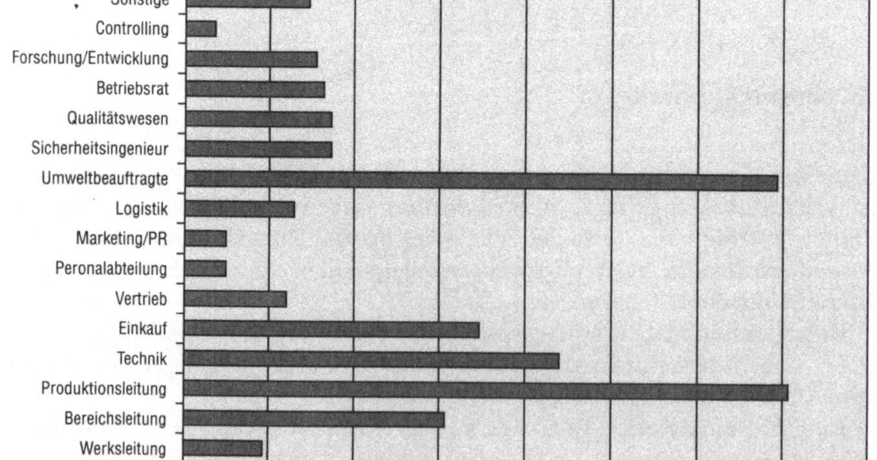
Zusammensetzung des Umweltausschusses
Sonstige
Controlling
Forschung/Entwicklung
Betriebsrat
Qualitätswesen
Sicherheitsingenieur
Umweltbeauftragte
Logistik
Marketing/PR
Peronalabteilung
Vertrieb
Einkauf
Technik
Produktionsleitung
Bereichsleitung
Werksleitung
Geschäftsführung/Vorstand
0 %
10 %
20 %
30 %
40 %
50 %
60 %
70 %
80 %
Prozentuale Vertretung im Umweltausschuß

Am häufigsten vertreten im Umweltausschuß ist die Produktion(sleitung) und der Umweltbeauftragte. Die Zusammensetzung kann der vorstehenden Abbildung entnommen werden.

Die Dokumentation des Umweltmanagements erfolgt in 98,1% der Unternehmen in einem Umweltmanagementhandbuch. Die Erstellung dieses Handbuches erfolgte in 70,6% der Fällen intern, in den anderen Fällen mit externer Unterstützung.

3.4 Umweltdatenbasis

97,1% der untersuchten Unternehmen haben durch das Öko-Audit eine verbesserte Dokumentation über die Umweltauswirkungen ihres Betriebes erreicht.

Größere Probleme ergab sich bei der Datenbeschaffung von den Lieferanten, geringere Probleme ergaben sich nach Angabe der Unternehmen bei jüngeren Mitarbeitern und der obersten Führungsebene.

Die Hälfte der untersuchten Unternehmen haben eine Umweltabteilung eingerichtet, die im Schnitt über fast drei Mitarbeiter (2,88) verfügt.

Um das Öko-Audit vorzubereiten, durchzuführen bzw. einen externen Berater zu begleiten, hat das für das Umweltmanagement verantwortliche Personal durchschnittlich 1783 Arbeitsstunden (ca. 11 Mann-Monate). Für 28,9% der Unternehmen entstanden dadurch zusätzliche Personalkosten (d.h. Neueinstellung, Aushilfskräfte) in Höhe von durchschnittlich 17500,– DM. Personalkosten für vorhandenes Personal wurden dabei nicht berücksichtigt.

Die Gesamtkosten für die Durchführung des Öko-Audits betragen zwischen 18800,– DM und 710000,– DM und liegen im Schnitt bei 127000,– DM. Verglichen mit dem Jahresumsatz betragen die Öko-Audit-Kosten relativ konstant 0,10–0,15% des Umsatzes. Bei den Kleinunternehmen (< 100 Mitarbeiter) liegen die Kosten bei 0,5–1% des Jahresumsatzes, bei der Großindustrie (> 2500 Mitarbeiter) deutlich unter 0,1%.

Ein bedeutender Faktor bei den Öko-Audit-Kosten ist die Umwelterklärung, die mit mehr oder weniger Aufwand veröffentlicht werden kann: Sie schwankt in Layout und Form vom einfachen Computerausdruck (fast kostenlos) bis zum Stil eines umfangreichen Geschäftsberichtes im „Hochglanz-Format" (300000,– DM).

3.5 Effizienzsteigerung und Risikominimierung

Durch das Öko-Audit haben die Unternehmen durchschnittlich die größten Verbesserungen in den Bereichen Abfall, Umweltmotivation der Mitarbeiter und Minimierung des Umweltrisikos erreicht (siehe folgende Grafik). Die

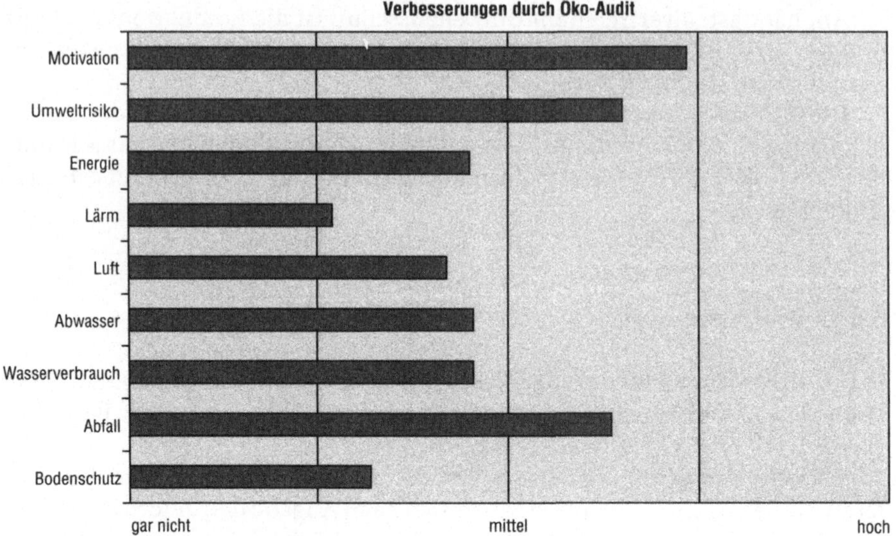

geringsten Verbesserungen ergaben sich in den Bereichen Boden- und Lärmschutz.

Zu bewerten war auf dem Fragebogen die Verbesserungen im Umweltschutz in den genannten Bereichen auf einer Skala von 1 (hoch) bis 5 (gering). Die Verteilung der Antworten ergeben sich aus den folgenden Grafiken:

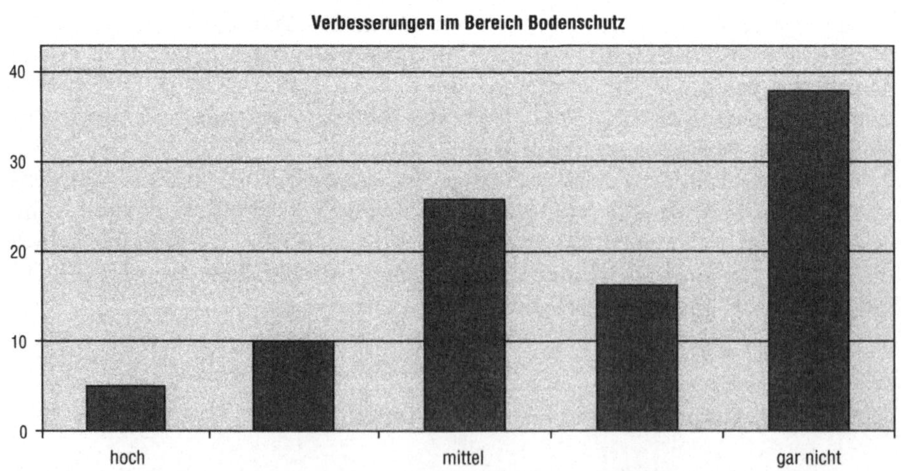

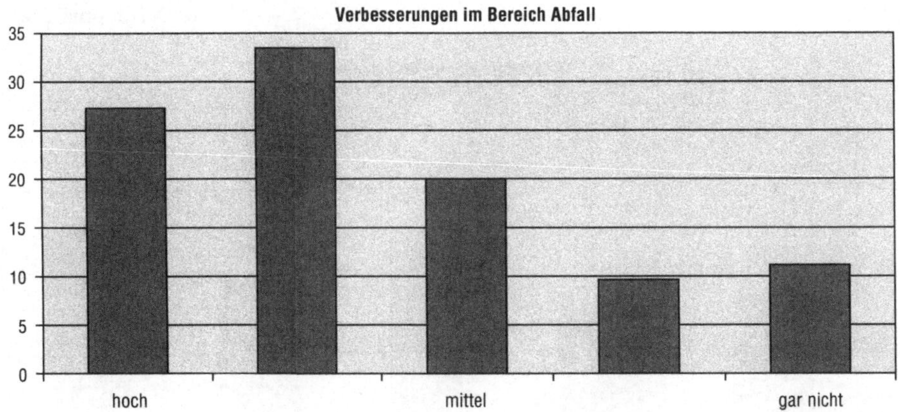
Verbesserungen im Bereich Abfall
35
30
25
20
15
10
5
0
hoch
mittel
gar nicht

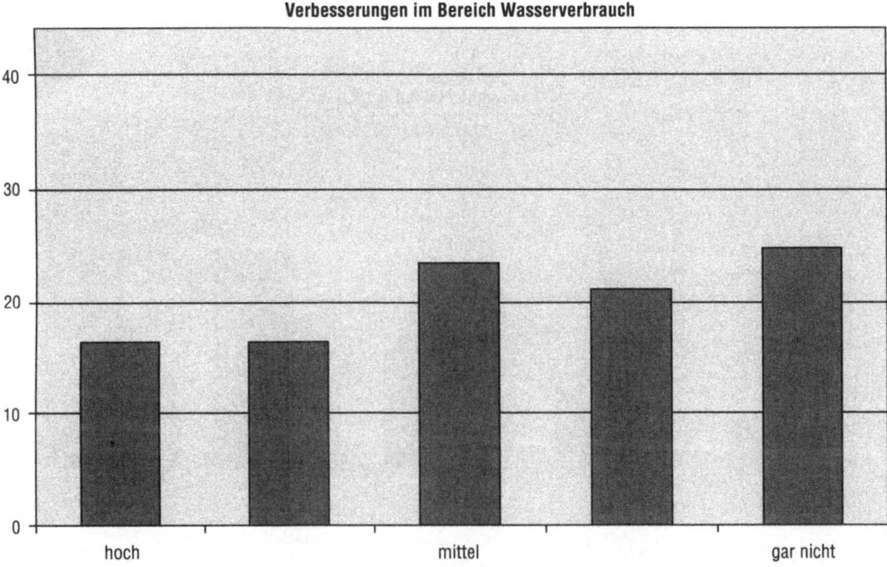
Verbesserungen im Bereich Wasserverbrauch
40
30
20
10
0
hoch
mittel
gar nicht

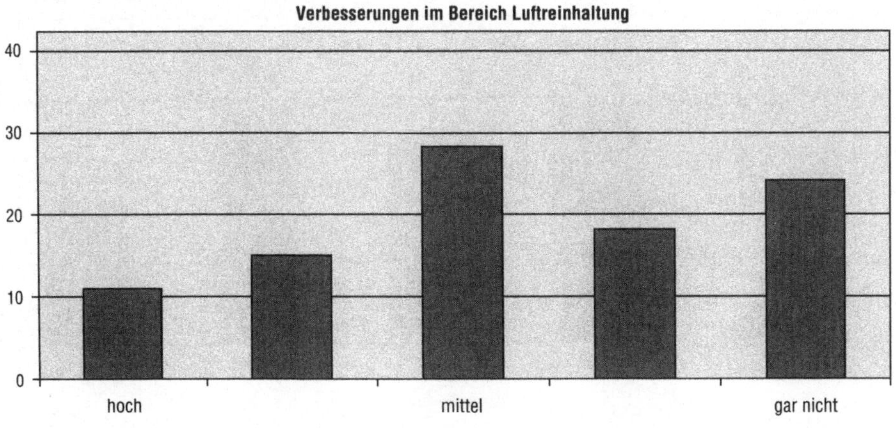
Verbesserungen im Bereich Luftreinhaltung
40
30
20
10
0
hoch
mittel
gar nicht

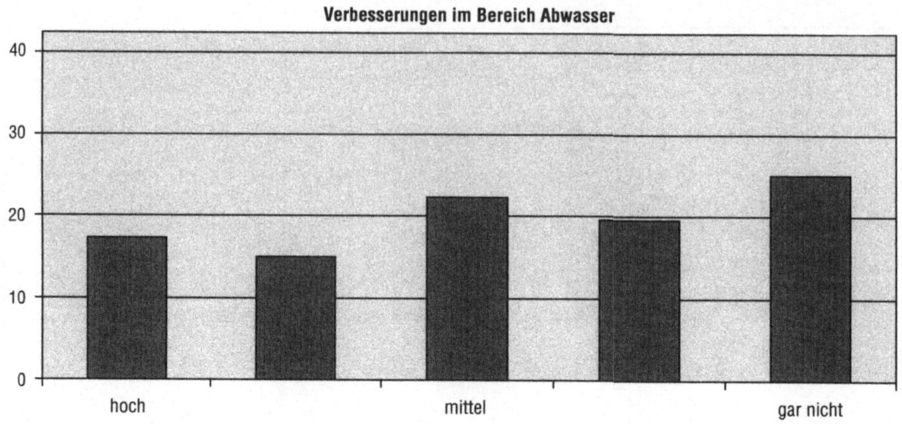
Verbesserungen im Bereich Abwasser
40
30
20
10
0
hoch
mittel
gar nicht

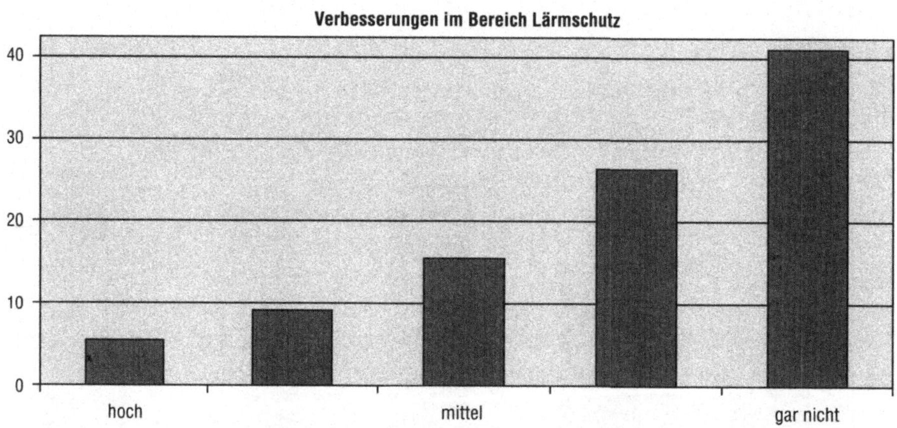
Verbesserungen im Bereich Lärmschutz
40
30
20
10
0
hoch
mittel
gar nicht

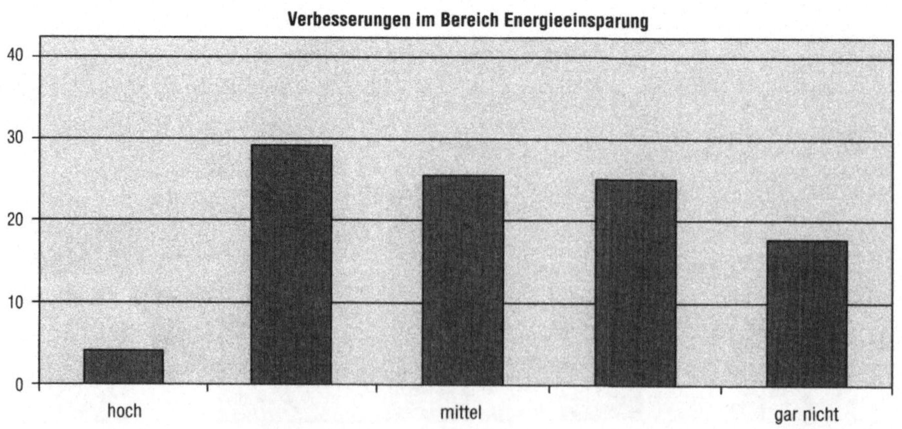
Verbesserungen im Bereich Energieeinsparung
40
30
20
10
0
hoch
mittel
gar nicht

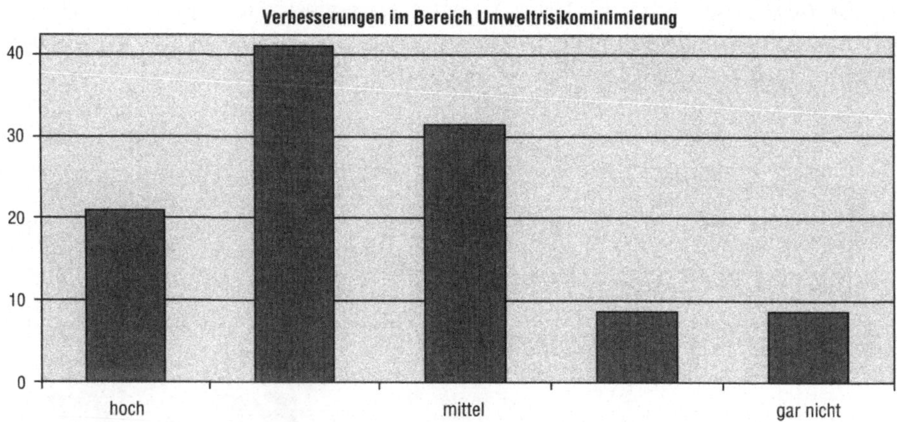

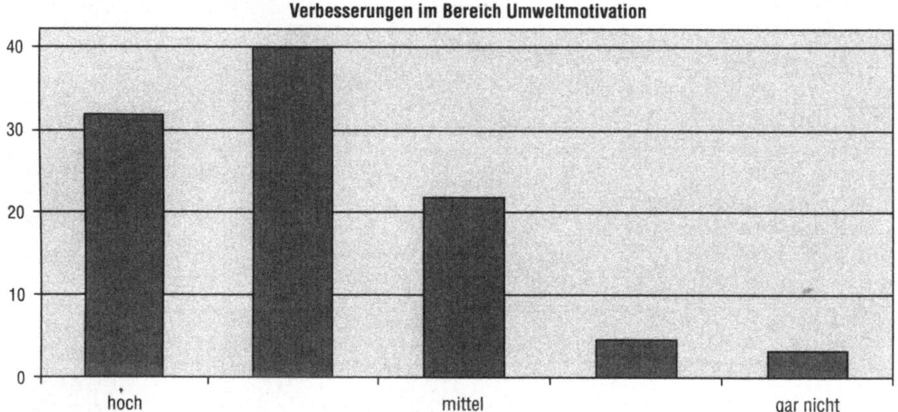

Das Öko-Audit in den Firmen hat am ehesten zur Umweltverbesserung in den Bereichen Produktentsorgung, Produktwiederverwertung und Arbeitsklima geführt. Fast keine Verbesserung wurde im Bereich der Rohstoffgewinnung erreicht:

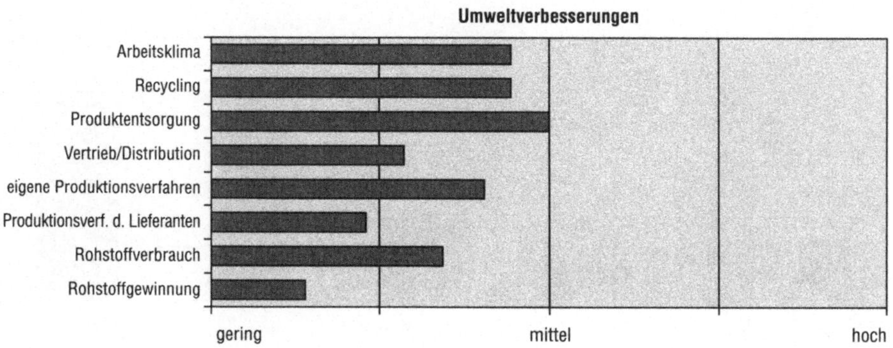

Zu bewerten waren die Umweltverbesserungen in den genannten Bereichen auf einer Skala von 1 (hoch) bis 5 (gering). Die Verteilung der Antworten ergeben sich aus den folgenden Grafiken:

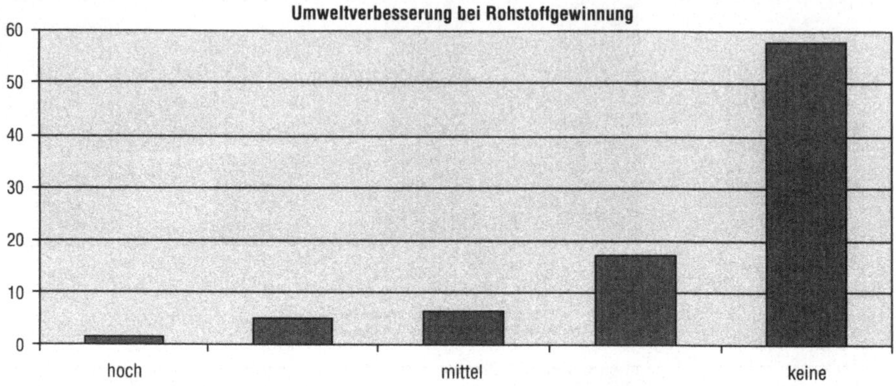

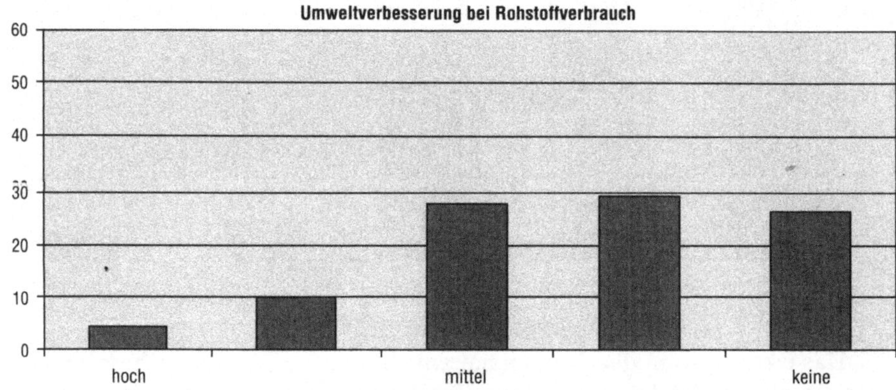

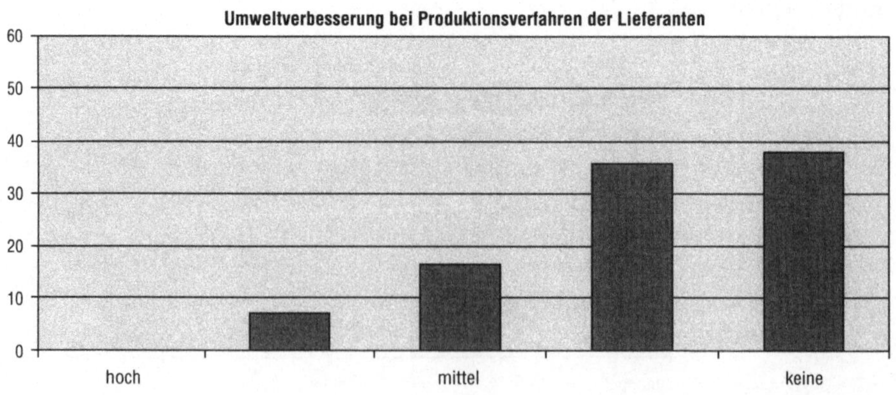

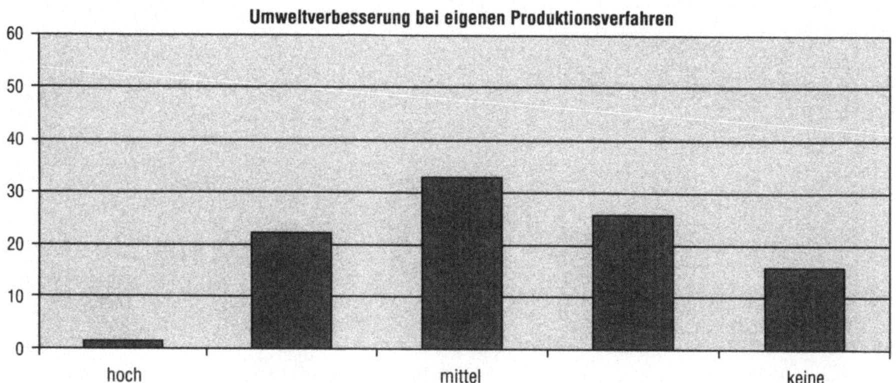
Umweltverbesserung bei eigenen Produktionsverfahren
60
50
40
30
20
10
0
hoch
mittel
keine

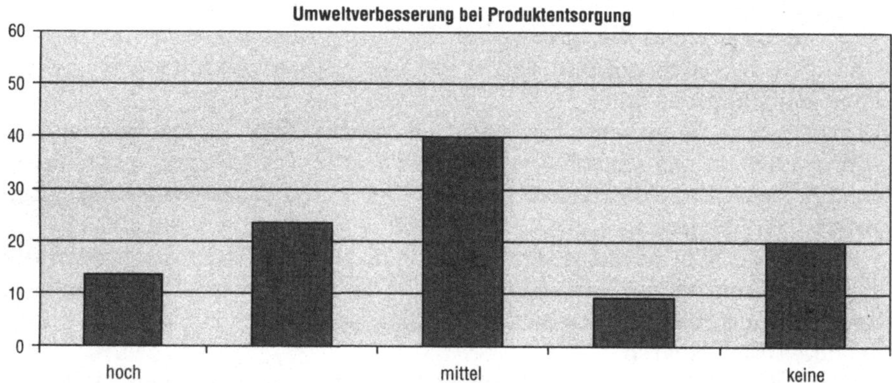
Umweltverbesserung bei Produktentsorgung
60
50
40
30
20
10
0
hoch
mittel
keine

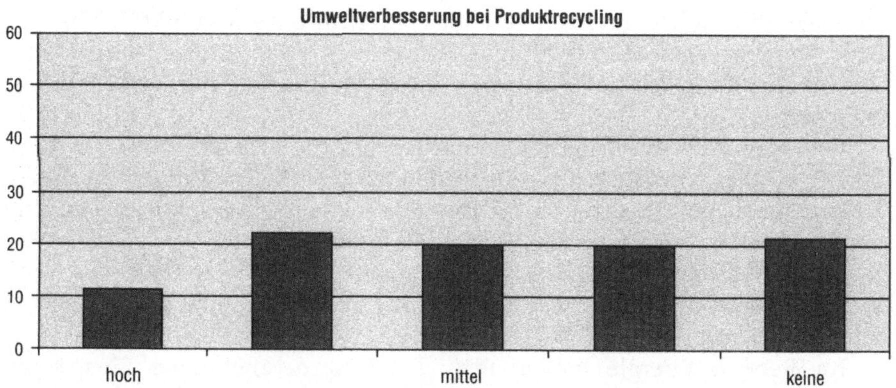
Umweltverbesserung bei Produktrecycling
60
50
40
30
20
10
0
hoch
mittel
keine

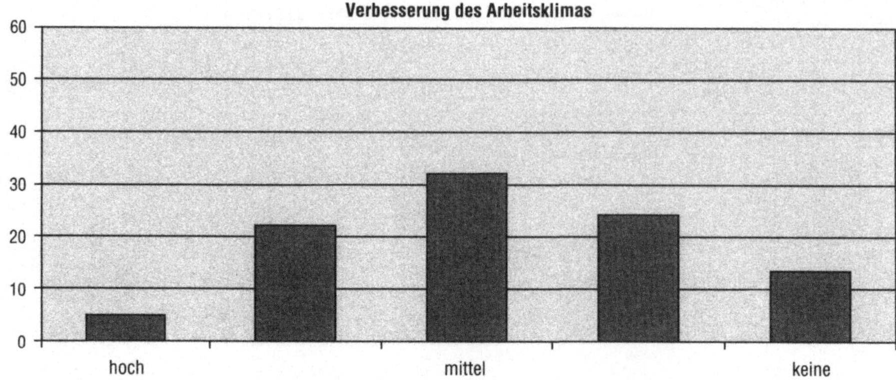

Ohne Zweifel hat die Einführung des Öko-Audits zur Verbesserung des Umweltbewußtseins geführt: 94,2% der Unternehmen beantworteten diese Frage eindeutig mit „ja!".

62,5% der untersuchten Firmen gaben an, daß Abfall im Produktionsprozeß vermieden oder erheblich vermindert wurde. Die Mengeneinsparungen entsprachen durchschnittlich 68 t pro Jahr, was einen Kostenvorteil von knapp 30000,- DM bedeutet.

96,2% der Unternehmen konnten durch das Öko-Audit das System der Abfalltrennung noch weiter verbessern und dadurch weitere Abfallmengen in der Größenordnung von im Schnitt 58 t/Jahr und Kosten in Höhe von knapp 41000,- DM einsparen.

Das Öko-Audit hat sich auch auf die Produktentwicklung von 46,2% der befragten Unternehmen ausgewirkt: 29,8% gaben sogar an, durch das Öko-Audit ein umweltfreundlicheres Produkt entwickelt zu haben. Den Angaben zu Folge führten hier insbesondere die Einführung von Produktökobilanzen bzw. Betrachtungen des Produktlebenszykluses zum Erfolg. Diese Unternehmen konnten weitere Kosten von durchschnittlich 75000,- DM pro Jahr einsparen.

Bei knapp 50% der Unternehmen haben sich die Arbeiten zum Öko-Audit positiv auf den Einsatz von Gefahrstoffen ausgewirkt. So konnten in diesen Unternehmen im Schnitt 6,7 t Gefahrstoffe im Jahr eingespart werden und eine Einsparung von immerhin 6500,- DM erzielt werden.

44,2% der untersuchten Unternehmen konnten den Wasserverbrauch um im Schnitt knapp über 10000 m^3 senken und dadurch Gebühren in Höhe von durchschnittlich 31000,- DM einsparen.

Im Bereich Energie haben 49% der Unternehmen eine Einsparung geschafft. Im Schnitt konnte der Energieverbrauch in diesen Firmen um 329000 kWh und die Energiekosten um 95000,- DM gesenkt werden.

In nur 7,6% der untersuchten Unternehmen konnten Kosteneinsparungen im Bereich Transport/Verteilung erreicht werden. Die durchschnittlichen

Einsparungen lagen bei den wenigen Unternehmen bei ca. 5000,– DM im Jahr.

Die Gesamteinsparungen durch das Öko-Audits betragen durchschnittlich 122000,– DM/Jahr. Verglichen mit dem Jahresumsatz liegen die Kosteneinsparungen bei 0,07% des Umsatzes. Verglichen mit den Kosten des Öko-Audits (ca. 0,10–0,15% des Umsatzes) amortisiert sich daher die Einführung des Umweltmanagements nach der EG-Öko-Audit-Verordnung nach knapp zwei Jahren.

Immerhin 16% der Unternehmen konnten im ersten Jahr bereits deutlich mehr Geld einsparen, als das Öko-Audit Kosten verursacht hat. Bei weiteren 9% halten sich Kosten und Kosteneinsparungen praktisch die Waage. Mehrheitlich lassen sich unter diesen Unternehmen, bei denen das Öko-Audit deutlich Kostenvorteile gebracht hat, die Firmen wiederfinden, die angegeben haben, Kostenoptimierungen im Umweltschutz durch die Einführung von Öko-Bilanzen erzielt zu haben. Keinen direkten Erfolg hatte die Durchführung von Öko-Bilanzen nur bei den Unternehmen, die dieses Instrument schon seit längerer Zeit nutzen und daher die Kostenreduzierung nicht unmittelbar mit den Tätigkeiten zum Öko-Audit in Zusammenhang stehen.

In ca. 44% der befragten Firmen wurden Investitionen in Maschinenanlagen aufgrund der Forderungen der Öko-Audit-Verordnungen getätigt. Das Ziel BVT (BVT-Beste Verfügbare Technologie) kostet die Unternehmen im Schnitt 369000,– DM. Von dieser Summe wurde durchschnittlich nur 9700,– durch Förderprogramme bezuschußt.

Alle am Öko-Audit teilnehmende Unternehmen planen im Schnitt Investitionen in Höhe von knapp über 4 Millionen DM in den folgenden Bereichen:

Abwasserreinigung	111700,– DM
Abfallbeseitigung	37200,– DM
Luftreinhaltung	827800,– DM
Energieeinsparung	1102100,– DM
Umwelttechnik	1884900,– DM
Entwicklung	37900,– DM

Die Amortisation dieser Umweltinvestition erfolgt nach Angabe der Unternehmen im Schnitt von knapp über 4 Jahren.

3.6 Verbesserung der Marktchancen

Nur knapp die Hälfte der untersuchten Firmen sehen durch die Teilnahme am Öko-Audit ihre Marktchancen verbessert. Viele Unternehmen geben an, daß sich mittel- bis langfristig durch die Teilnahme die Marktchancen nicht verbessern, sondern durch das Fehlen der Öko-Audit-Validierung eher verschlechtern. Immerhin 19,2% der befragten Unternehmen konnte seit der Durchführung des Öko-Audits eine Nachfragesteigerung bei den Kunden feststellen (ca. 9%), knapp 10% glauben durch das Öko-Audit ihren Umsatz von im Schnitt 1% gesteigert zu haben. Ob diese Angaben aber wirklich im Zusammenhang mit dem Öko-Audit oder nicht vielleicht doch mit der allgemeinen wirtschaftlichen Lage stehen, bleibt offen.

Mehrheitlich einig waren sich die Unternehmen nur in der Frage, daß von seiten der Kunden das Interesse an den Umweltmerkmalen der Produkte zugenommen hat und die Beteiligung am Öko-Audit hier Vorteile gegenüber den Mitbewerbern bringt.

3.7 Eigenverantwortung und Eigenkontrolle

Die Einführung des Öko-Audits wirkt sich in folgenden betrieblichen Bereichen am stärksten aus: Produktion und Entsorgung (siehe Abb. unten)

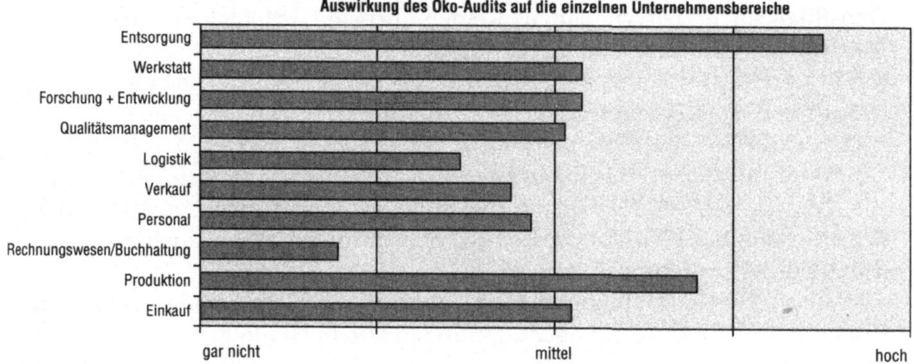

Die befragten Firmen beurteilten die einzelnen Unternehmensbereiche wie folgt:

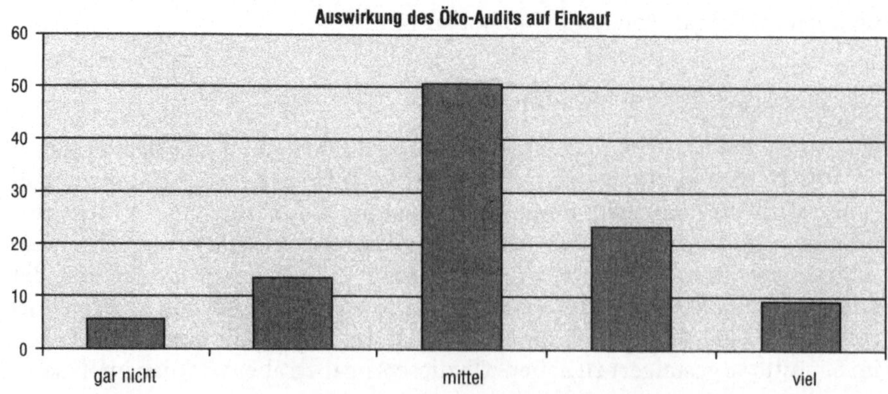

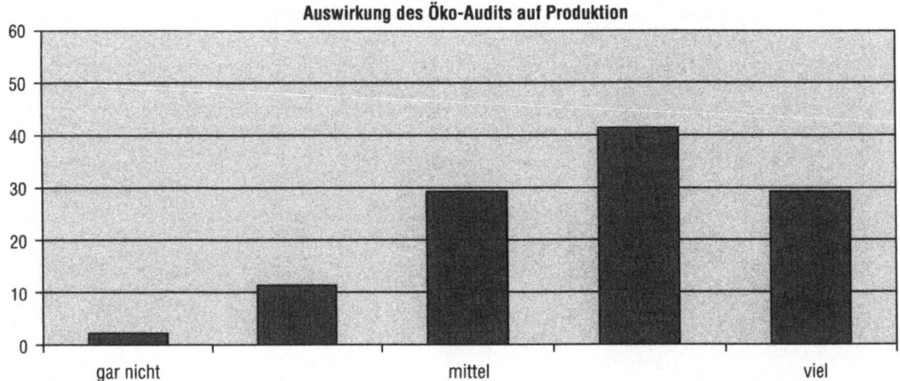
Auswirkung des Öko-Audits auf Produktion
60
50
40
30
20
10
0
gar nicht
mittel
viel

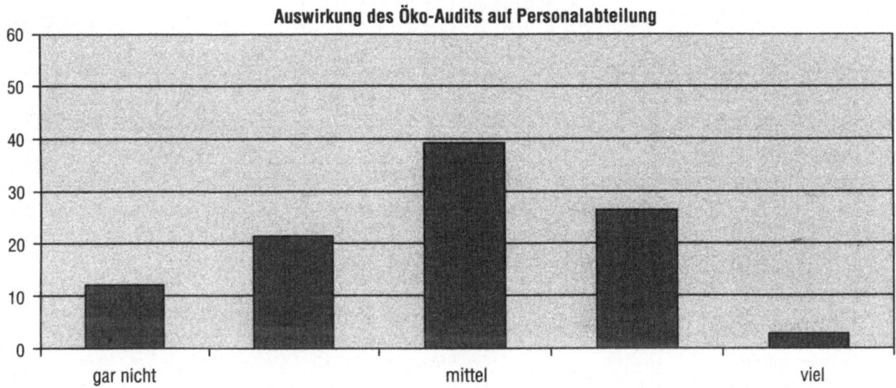
Auswirkung des Öko-Audits auf Personalabteilung
60
50
40
30
20
10
0
gar nicht
mittel
viel

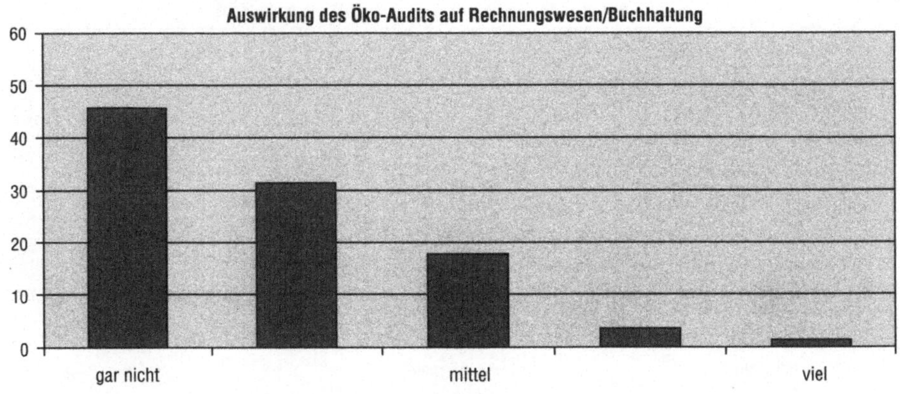
Auswirkung des Öko-Audits auf Rechnungswesen/Buchhaltung
60
50
40
30
20
10
0
gar nicht
mittel
viel

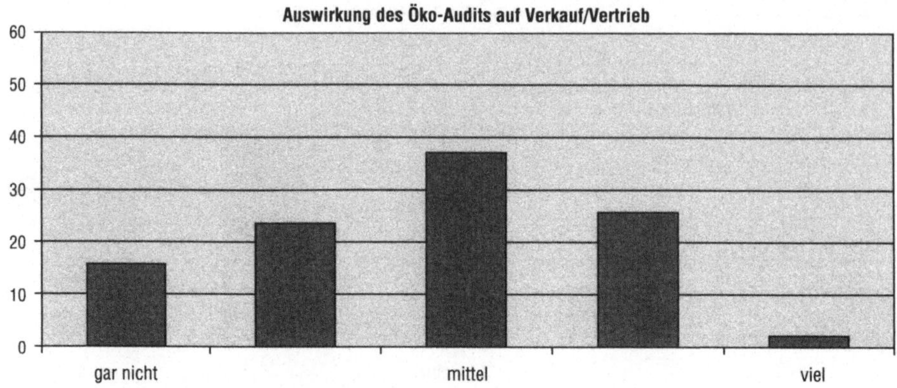
Auswirkung des Öko-Audits auf Verkauf/Vertrieb
60
50
40
30
20
10
0
gar nicht
mittel
viel

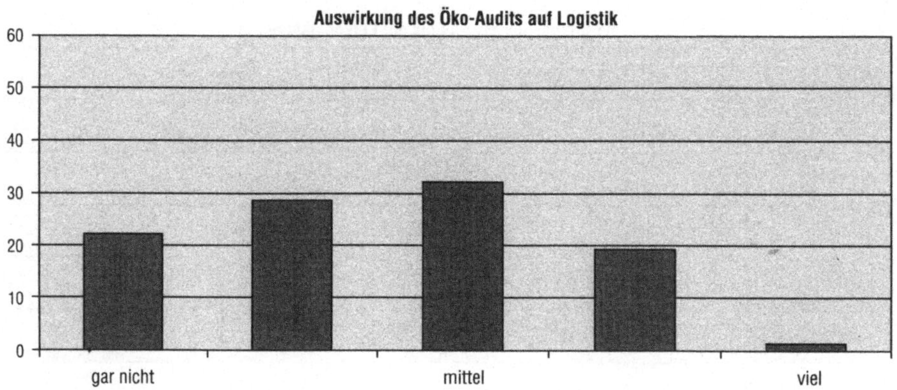
Auswirkung des Öko-Audits auf Logistik
60
50
40
30
20
10
0
gar nicht
mittel
viel

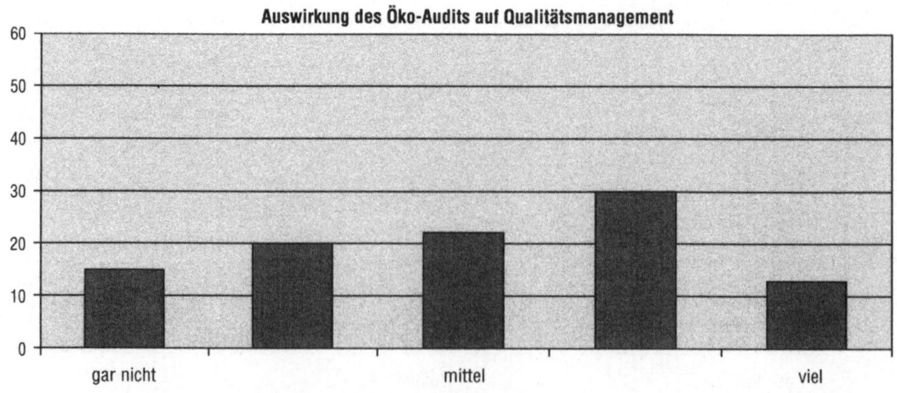
Auswirkung des Öko-Audits auf Qualitätsmanagement
60
50
40
30
20
10
0
gar nicht
mittel
viel

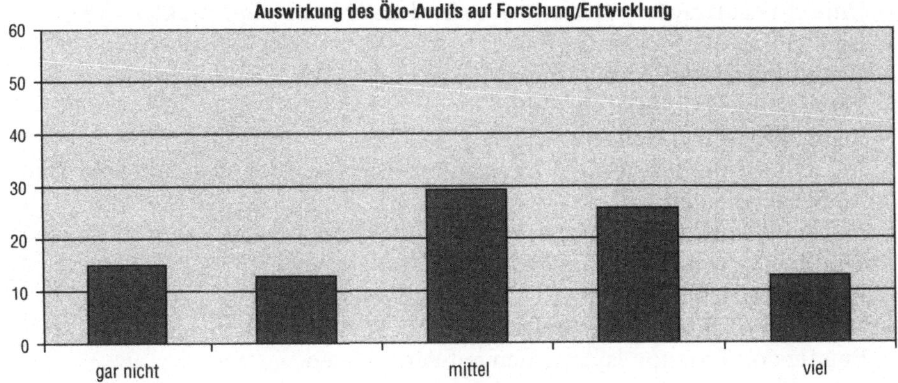

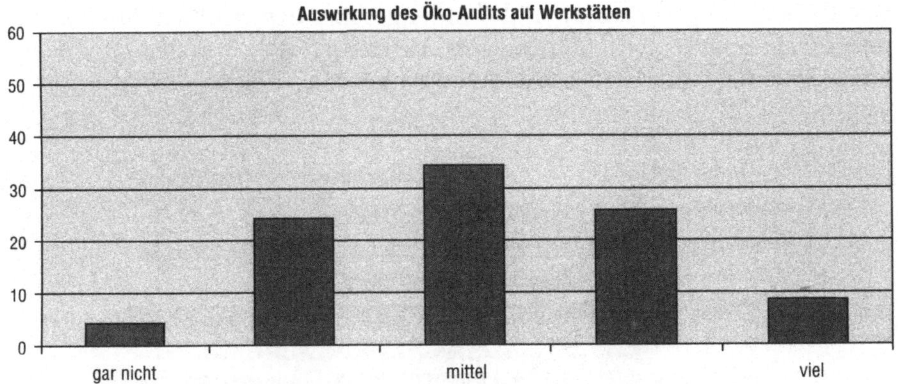

Als Beispiele für Änderungen in den einzelnen Abteilungen durch das Öko-Audit wurden von den Unternehmen folgende Punkte genannt:

- Definition von Umweltrichtlinien für Einkauf, Einkauf umweltfreundlicherer Stoffe (40 %),
- Verstärkte Durchführung von Abfalltrennung bzw. Abfallvermeidung (25 %),
- Umstellung von Produktionsverfahren (13 %),
- Ersatz bzw. Reduzierung von Gefahrstoffen (11 %),
- Einsatz umweltfreundlicherer Büromaterialien (8 %),
- Durchführung von Öko-Bilanzen (7 %),
- Verstärkte Einführung von Mehrweggebinden (7 %),
- Verringerung des Verpackungsmaterials, umweltfreundlichere Verpackung (7 %),
- Genaue Definition der Umweltverantwortung und Zuständigkeiten (6 %),
- Interne Umweltaudits (6 %),
- Umweltschulungen der Mitarbeiter (6 %),
- Einführung von Lieferantenfragebögen oder Lieferantenaudits (6 %),

- Umweltbeauftragter entscheidet über Einsatz von Neuprodukten (4%),
- Umstellung der Firmen-PKWs auf Euro-3-Motor oder Diesel-Motor (3%),
- Gründung der Abteilung Umwelt/Sicherheit (3%),
- Verwertung von Speiseabfällen,
- Reduzierung von Getränke-Einweg-Flaschen,
- Ausschluß von bestimmten Lieferanten, Verpflichtung der Zulieferer Öko-Audit zu befolgen,
- Mehrweg-Putzlappen werden in der Produktion benutzt,
- Einführung von Öko-Prämien,
- Aufbau Betriebliches Umwelt Vorschlagswesen,
- Umwelt-Projekte für Auszubildende,
- Einsatz von Rasenpflastersteinen auf Parkplätzen,
- Wärmeisolation.

Durchschnittlich haben die Faktoren Umweltpolitik (Einstellung der Geschäftsführung/Vorstand) und Umweltgesetze den größten Einfluß auf umweltrelevante Entscheidungen des Betriebes. Die Erschließung neuer Marktpotentiale spielt dabei eine eher untergeordnete Rolle.

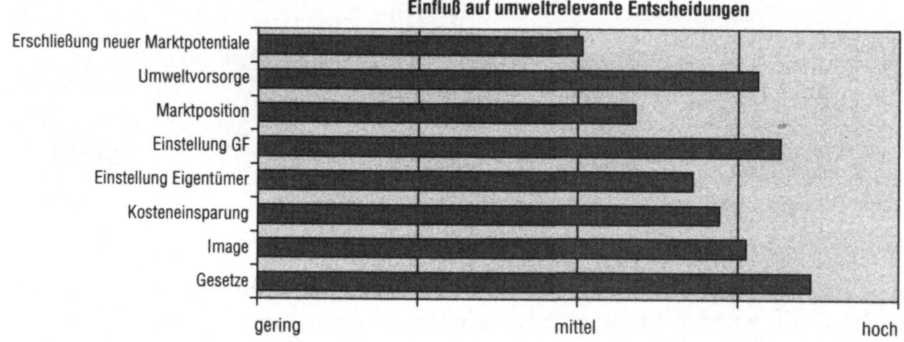

3.8 Mitarbeitermotivation

Fast alle (90,4%) der Unternehmen haben schon ein Betriebliches Vorschlagswesen eingeführt. Bei 98% der Betriebe, in denen ein solches System existiert, sind Verbesserungsvorschläge zu Umweltaktivitäten integriert und werden in den meisten Fällen sogar besonders belohnt.

62,5% der betrachteten Betriebe führen zur Information und Motivation der Mitarbeiter regelmäßige Umweltinformationssitzungen in den Abteilungen durch.

Bei 84,6% der untersuchten Unternehmen haben die Mitarbeiter eine Kopie bzw. Zusammenfassung des Umweltberichtes/der Umwelterklärung bekommen. Immerhin bei 91% dieser Betriebe hatten die Mitarbeiter sogar die Möglichkeit Kritik an dem Umweltbericht zu äußern und konnten auf diese Weise an der Erstellung des Berichtes mitwirken. Von diesem Recht haben aber durchschnittlich nur 4,6% der Mitarbeiter Gebrauch gemacht.

Obwohl es relativ schwer ist, den Umweltschutz vom Arbeitsschutz zu trennen bzw. eine klare Trennung zu finden, spielt die Arbeitssicherheit in den Umweltmanagementsystemen der Unternehmen nur eine untergeordnete Rolle. Nur 9,6% der Betriebe haben durch das Öko-Audit die Zahl ihrer Arbeitsunfälle reduzieren können. Diese Firmen erreichten aber immerhin eine durchschnittliche Reduzierung der meldepflichtigen Unfälle von 27,5% durch das Öko-Audit.

3.9 Kreditwürdigkeit

Banken und Versicherungen zeigen sich noch wenig beeindruckt von dem Öko-Audit. Dies kann zum einen an der fehlenden Aufklärung der Finanzdienstleister, die voraussichtlich erst in den kommenden Jahren sich selbst an dem System der EG-Öko-Audit-Verordnung beteiligen können, oder zum anderen an dem fehlenden Vertrauen in die Unternehmen oder Umweltgutachter liegen.

Nur 12,5% der Unternehmen haben nach Erteilung des Öko-Audit Zertifikates eine Haftpflichtprämien-Ermäßigung bekommen. Die Prämie wurde durchschnittlich um 10% gesenkt. Einige dieser Unternehmen mußten trotz Begutachtung des Standortes durch einen zugelassenen Umweltgutachter noch ein weiteres Audit durch den Versicherer über sich ergehen lassen.

Weitere 3,8% der untersuchten Firmen erwarten einen Nachlaß ihrer Versicherungsprämie.

Noch negativer fällt das Bild bei den Banken aus: Nur 4% der Firmen glauben, daß sich durch das Öko-Audit ihre Kreditwürdigkeit verbessert hat, immerhin 12,5% der Unternehmen meinen, daß sich ihre Glaubwürdigkeit gegenüber den Banken verbessert hat. Aber nur ein einziges Unternehmen hat innerhalb dieser Untersuchung bei der Bank durch das Öko-Audit einen niedrigeren Zinssatz erhalten.

86,5% der Unternehmen finanzierten die Arbeiten zum Öko-Audit zu 100% aus eigenen Mitteln. Die übrigen Firmen nutzten im geringen Maße die Eigenkapitalhilfe und mehrheitliche die speziellen Öko-Audit-Förderprogramme der einzelnen Länder und Städte.

Etwas positiver zeigt sich das Bild bei den Behörden: Immerhin 35% der Unternehmen, die seit der Beteiligung an dem Öko-Audit-System eine Genehmigung beantragt haben, spürten eine Erleichterung im Genehmigungsverfahren. Hier zeigt sich deutlich, daß die Beteiligung der Behörden an dem Registrierungsverfahren seine Wirkung zeigt. Es bleibt zu hoffen, daß der auch der Gesetzgeber mit den versprochenen Deregulierungsmaßnahmen nicht Zurückhaltung übt.

3.10 Image und Öffentlichkeit

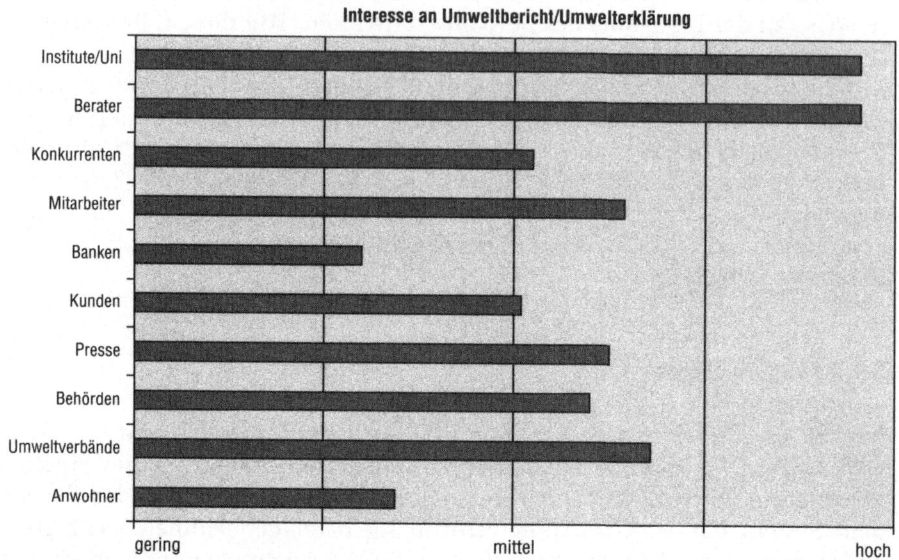

Oben stehende Grafik zeigt, daß das Interesse der Universitäten/Institute sowie Umweltberater am größten an den betrieblichen Umweltberichten ist. Der Umweltbericht bzw. die Umwelterklärung stößt bei den Behörden und Kunden auf nur durchschnittliches Interesse, während bei den Banken und erstaunlicherweise auch bei den Anwohnern das Interesse eher gering ausfällt.

Die befragten Unternehmen beurteilten das Interesse der gesellschaftlichen Akteure an der Umweltberichterstattung im Detail wie folgt:

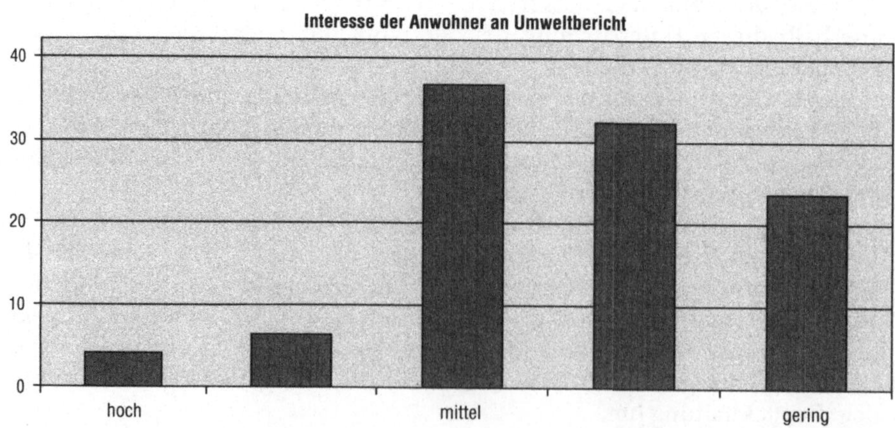

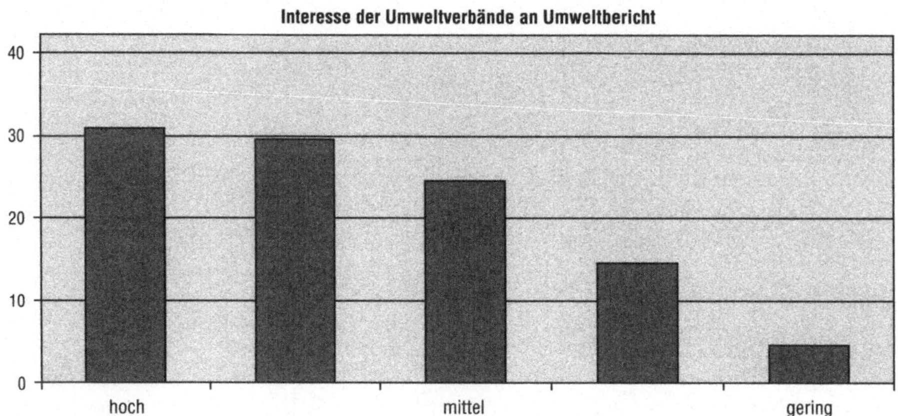
Interesse der Umweltverbände an Umweltbericht
40
30
20
10
0
hoch
mittel
gering

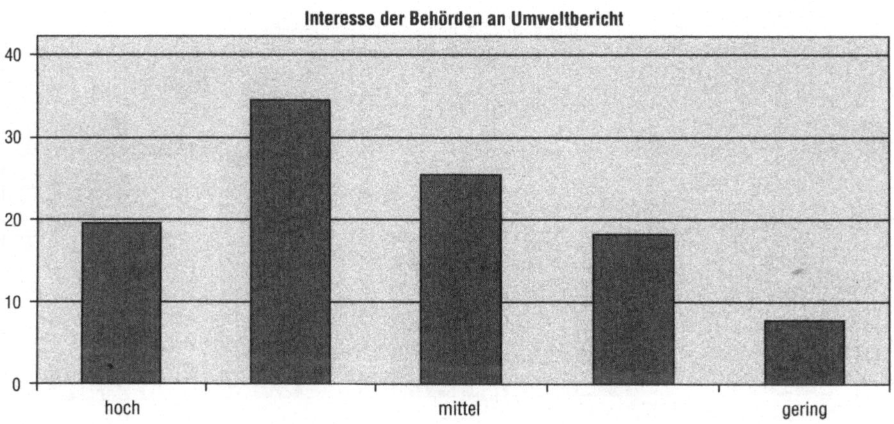
Interesse der Behörden an Umweltbericht
40
30
20
10
0
hoch
mittel
gering

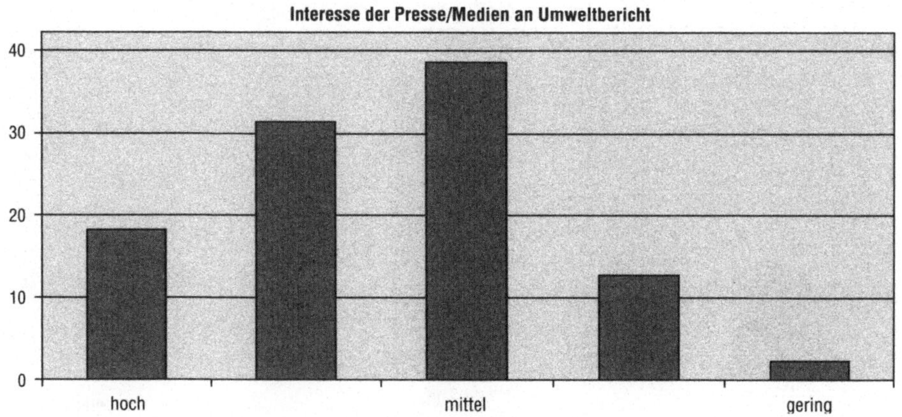
Interesse der Presse/Medien an Umweltbericht
40
30
20
10
0
hoch
mittel
gering

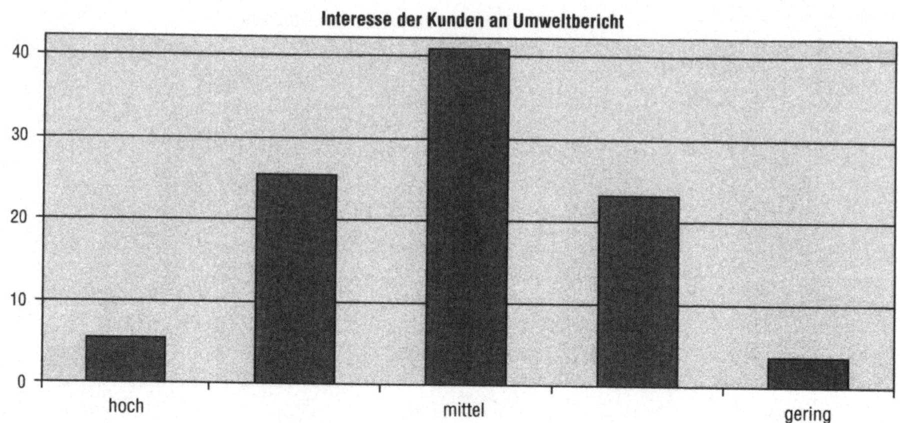
Interesse der Kunden an Umweltbericht
40
30
20
10
0
hoch
mittel
gering

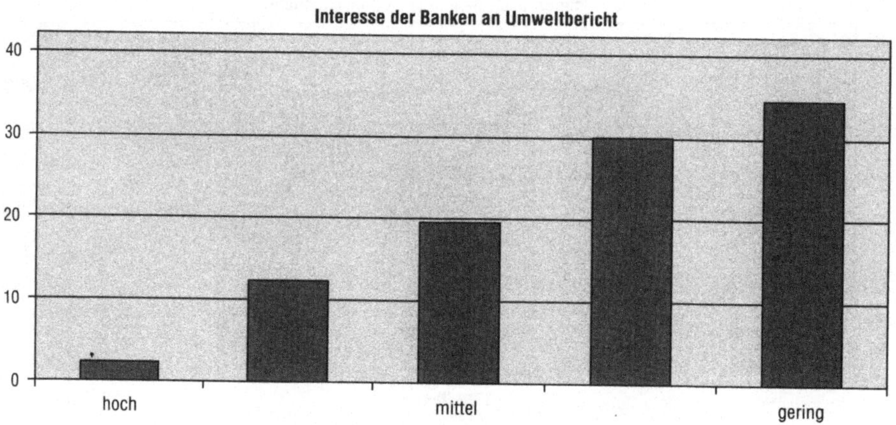
Interesse der Banken an Umweltbericht
40
30
20
10
0
hoch
mittel
gering

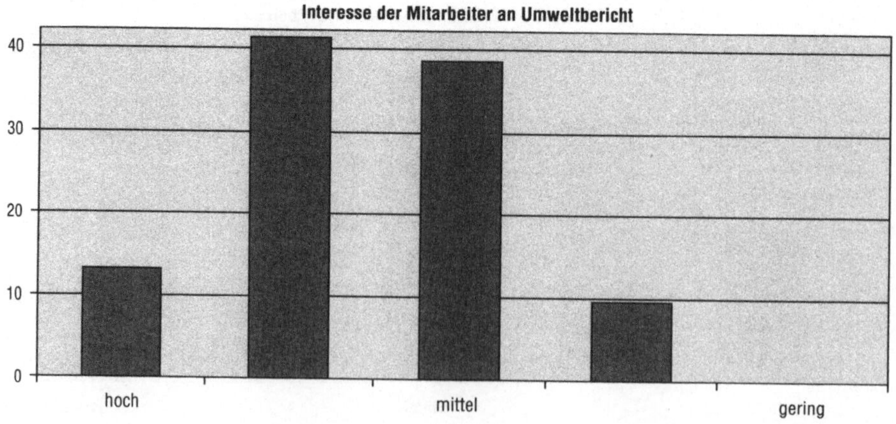
Interesse der Mitarbeiter an Umweltbericht
40
30
20
10
0
hoch
mittel
gering

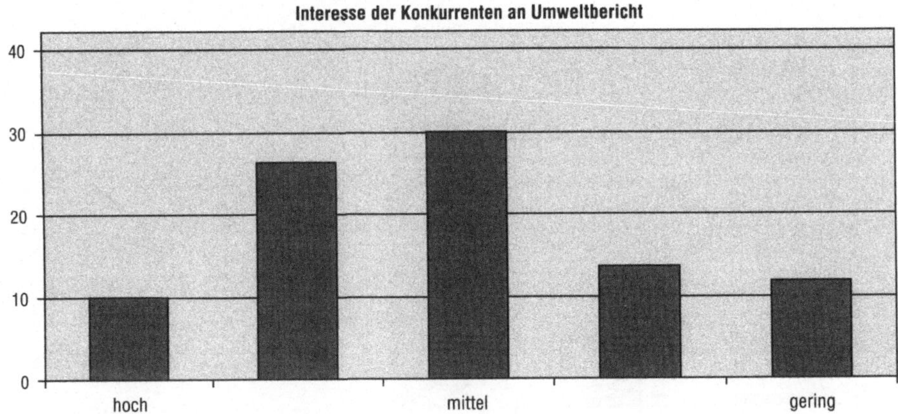

Nachdem das Öko-Audit im Betrieb eingeführt worden ist, hat sich die Beziehung zur Öffentlichkeit in allen Fällen verbessert. Wie der folgenden Grafik zu entnehmen ist, hat sich die Beziehung am positivsten verändert zu den Universitäten, Forschungsinstituten, Umweltverbänden und Mitarbeitern.

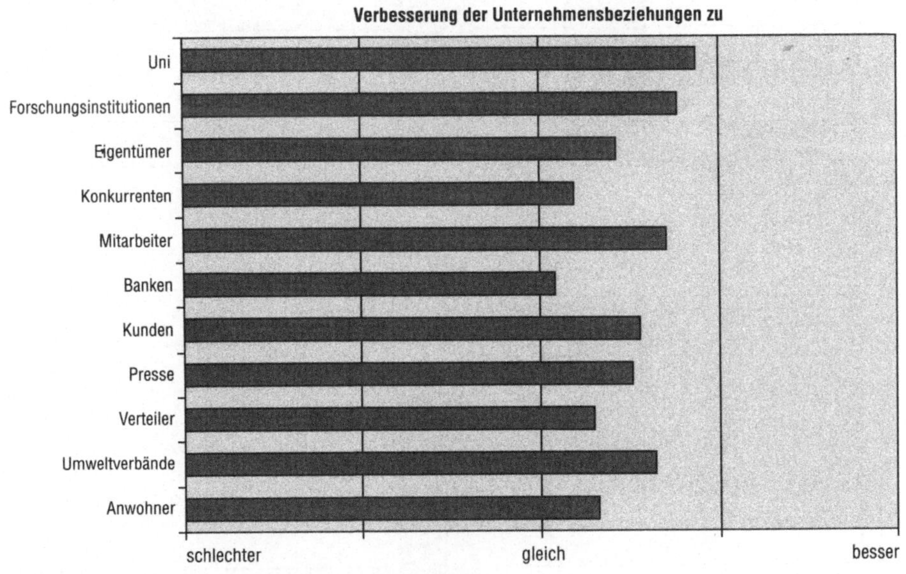

Die Veränderung der Beziehungen im Einzelnen wurde wie folgt beschrieben:

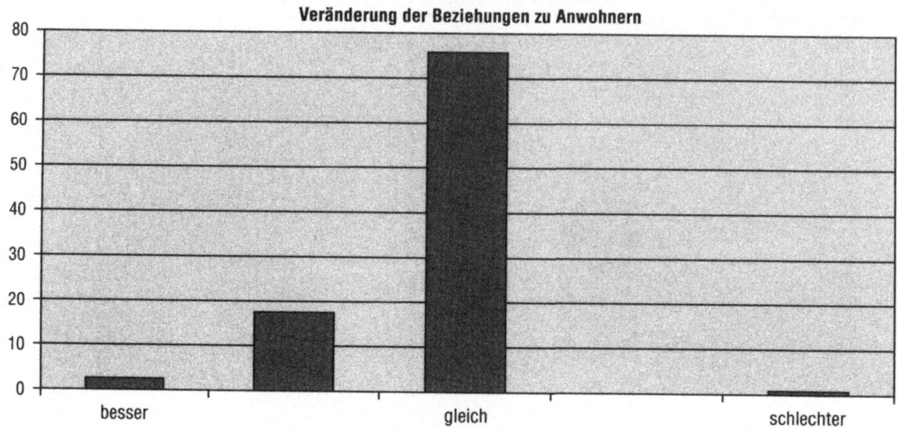
Veränderung der Beziehungen zu Anwohnern
80
70
60
50
40
30
20
10
0
besser
gleich
schlechter

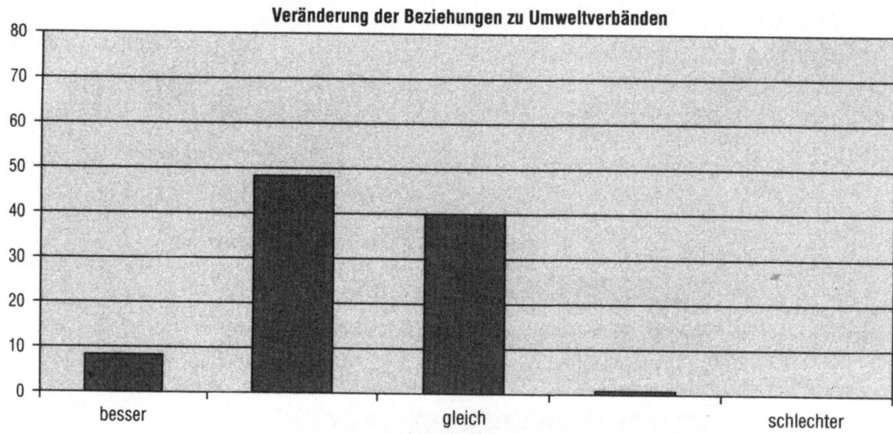
Veränderung der Beziehungen zu Umweltverbänden
80
70
60
50
40
30
20
10
0
besser
gleich
schlechter

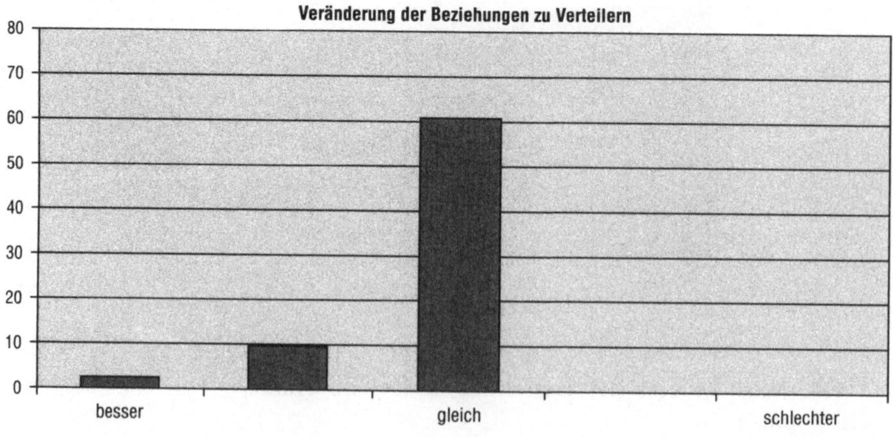
Veränderung der Beziehungen zu Verteilern
80
70
60
50
40
30
20
10
0
besser
gleich
schlechter

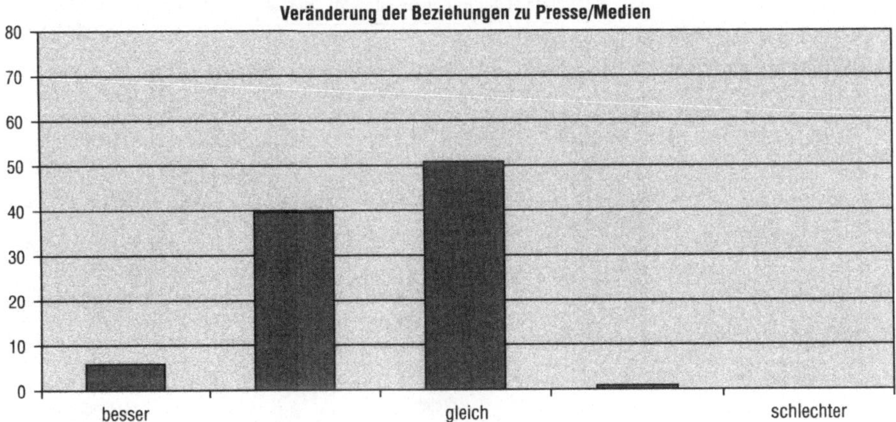
Veränderung der Beziehungen zu Presse/Medien
80
70
60
50
40
30
20
10
0
besser
gleich
schlechter

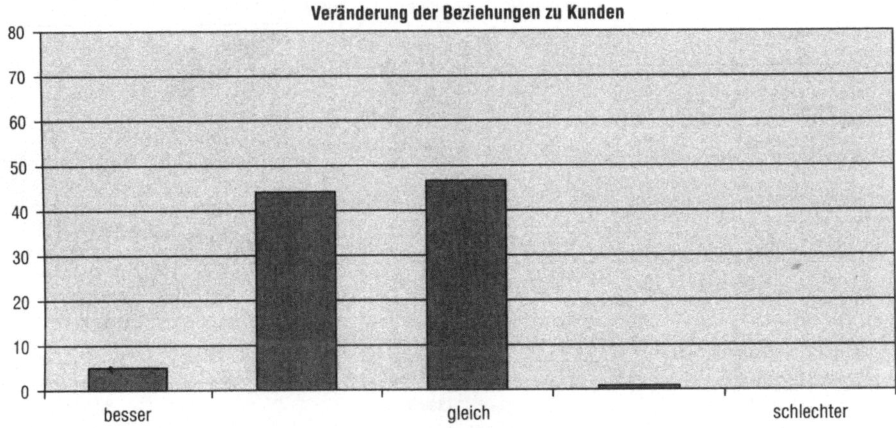
Veränderung der Beziehungen zu Kunden
80
70
60
50
40
30
20
10
0
besser
gleich
schlechter

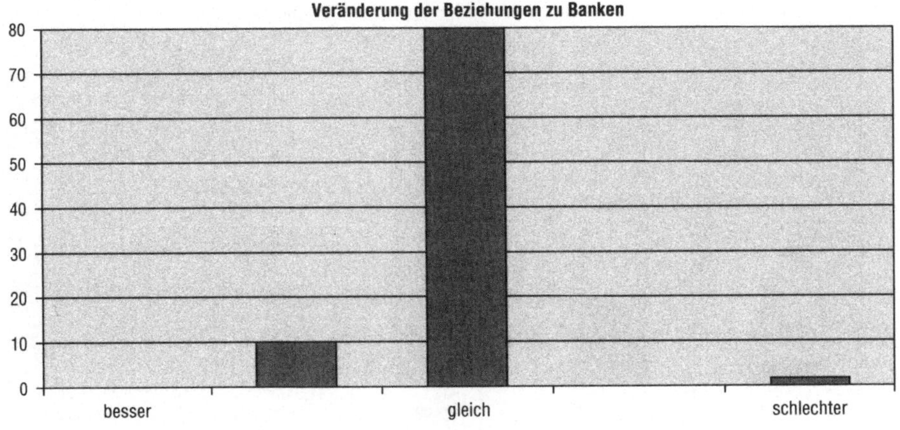
Veränderung der Beziehungen zu Banken
80
70
60
50
40
30
20
10
0
besser
gleich
schlechter

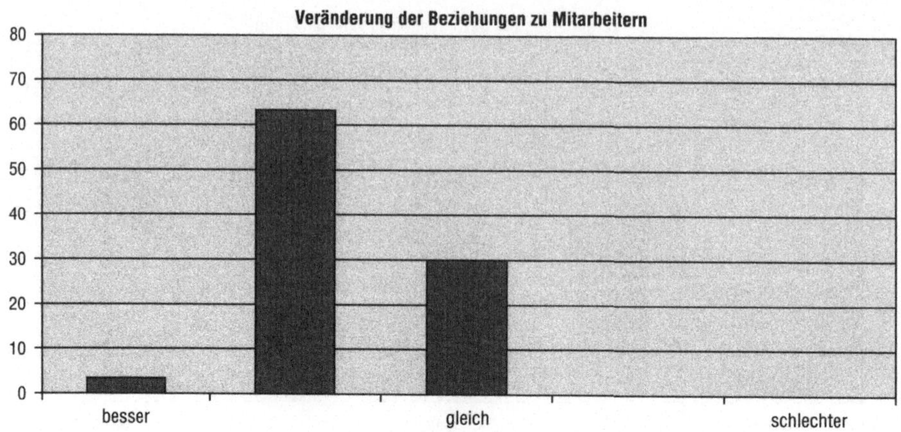
Veränderung der Beziehungen zu Mitarbeitern
80
70
60
50
40
30
20
10
0
besser
gleich
schlechter

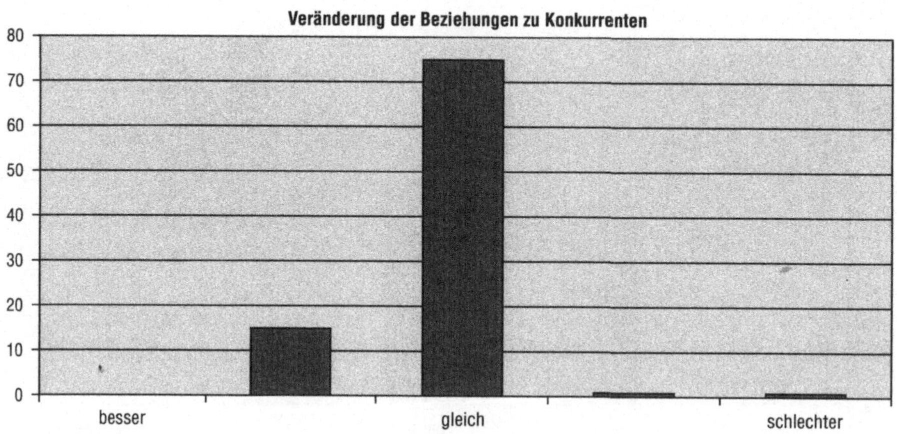
Veränderung der Beziehungen zu Konkurrenten
80
70
60
50
40
30
20
10
0
besser
gleich
schlechter

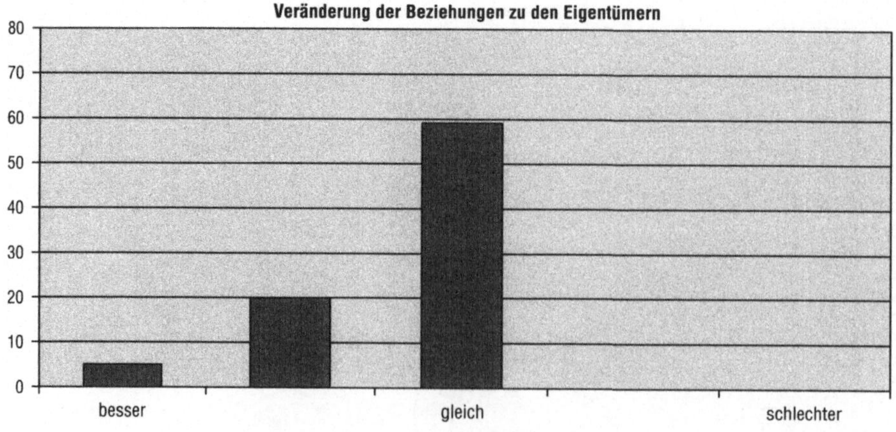
Veränderung der Beziehungen zu den Eigentümern
80
70
60
50
40
30
20
10
0
besser
gleich
schlechter

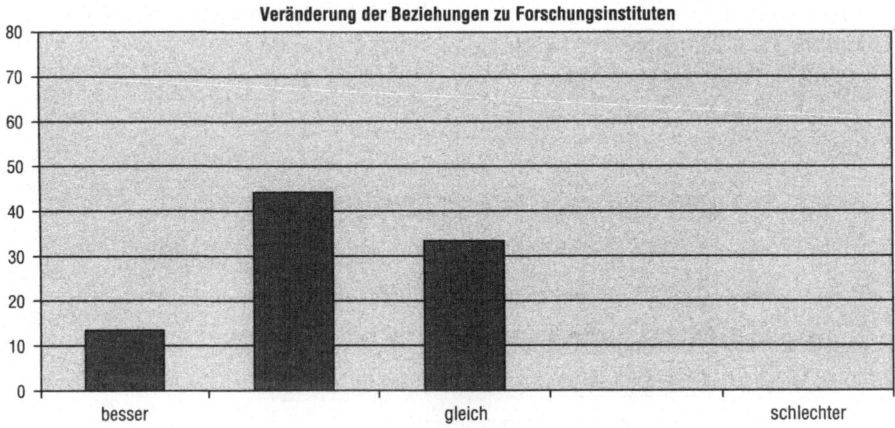

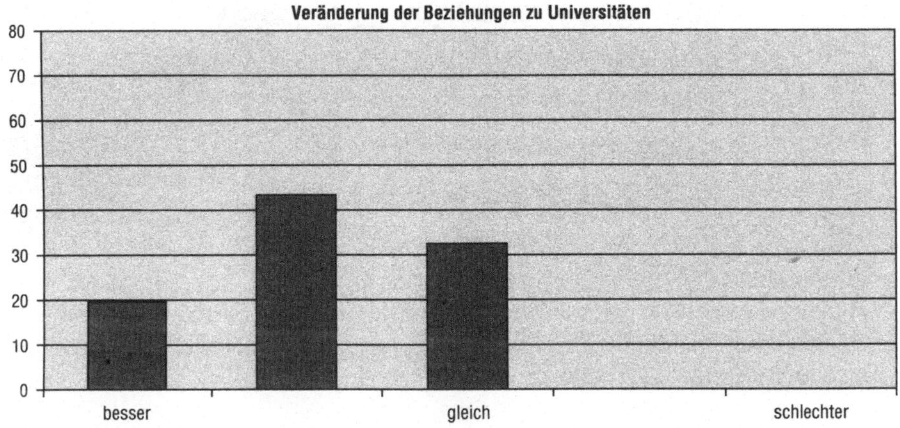

Die obenstehenden Grafiken unterstreichen die Aussage von 92,3% der Unternehmen, daß das Öko-Audit einen positiven Einfluß auf das Image gehabt hat und keinesfalls die Beziehung zur Öffentlichkeit verschlechtert hat.

3.11 Gesamtbeurteilung

Nach Meinung der befragten Unternehmen wirkt sich die Teilnahme am Öko-Audit und das umweltfreundlichere Verhalten des Betriebes in allen Bereichen positiv aus. Lediglich der kurzfristige Gewinn wirkt leidet in geringen Teilen unter den Arbeiten zum Öko-Audit. Besonders positiv sind die Auswirkungen auf das Produkt- und Firmenimage, die Zufriedenheit der Geschäftsführung/ des Vorstandes sowie auf erzielte Kosteneinsparungen.

Die Auswirkungen des umweltfreundlicheren Verhaltens auf die einzelnen Bereiche sind im folgenden zusammengefaßt dargestellt:

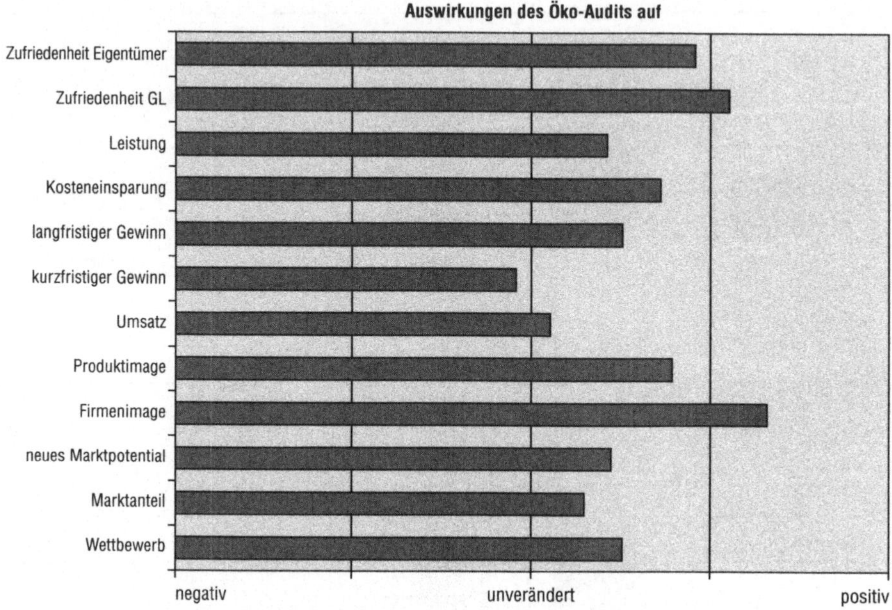

Die befragten Unternehmen sehen die Auswirkungen auf die einzelnen Bereiche im Detail wie folgt:

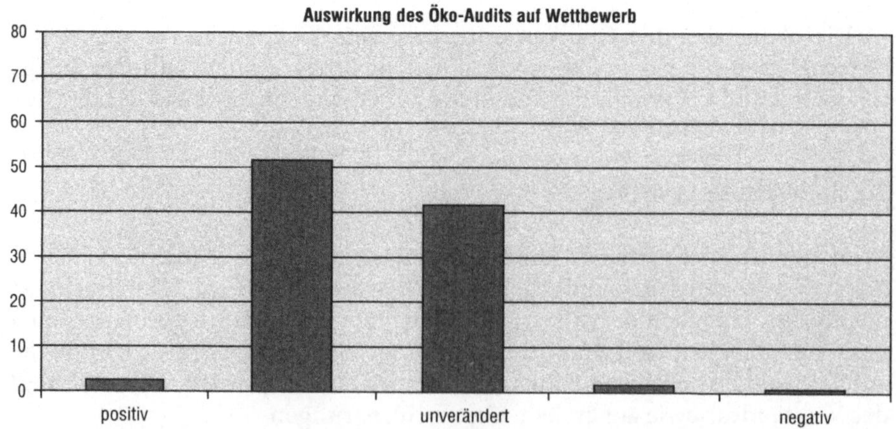

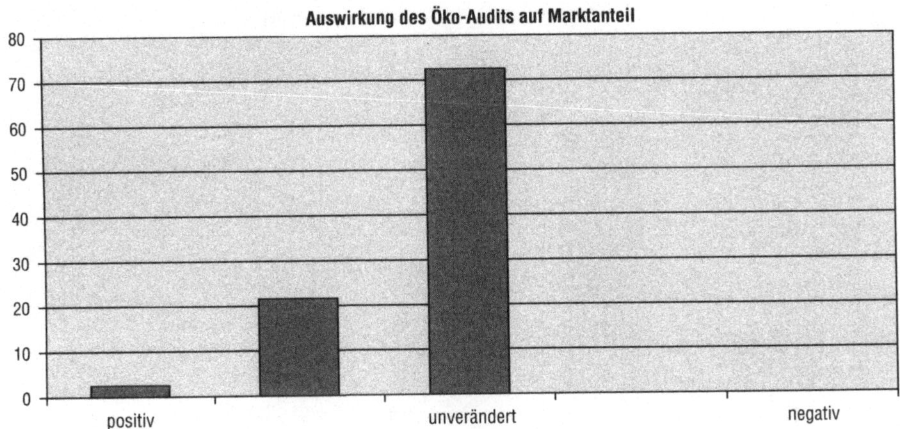
Auswirkung des Öko-Audits auf Marktanteil
80
70
60
50
40
30
20
10
0
positiv
unverändert
negativ

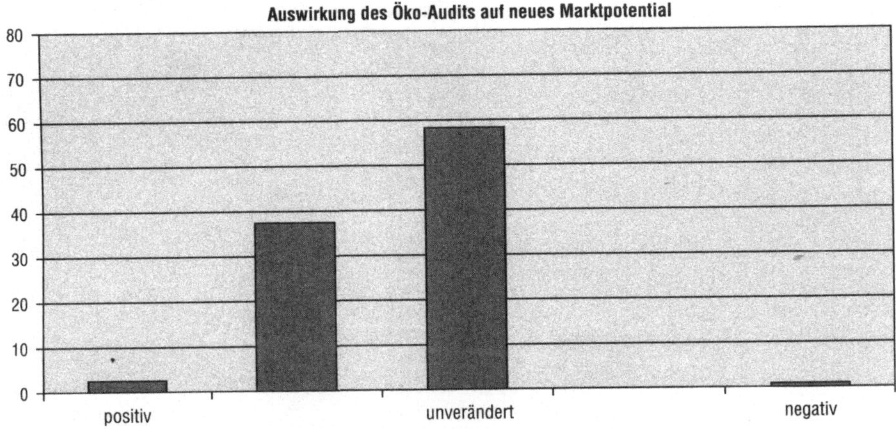
Auswirkung des Öko-Audits auf neues Marktpotential
80
70
60
50
40
30
20
10
0
positiv
unverändert
negativ

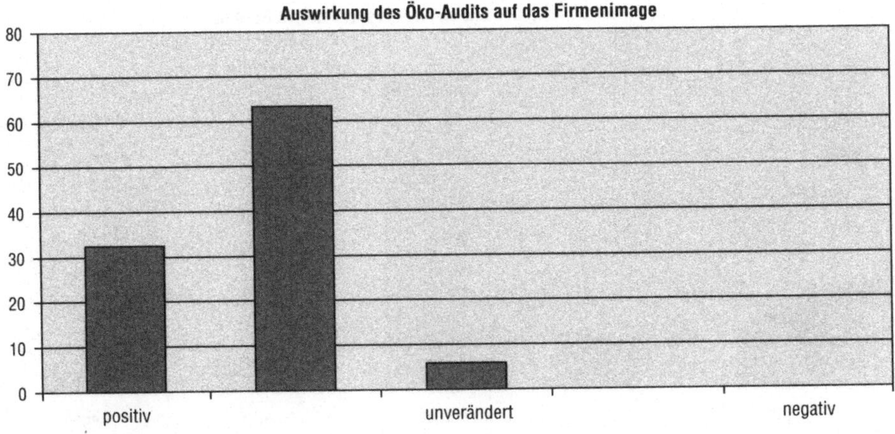
Auswirkung des Öko-Audits auf das Firmenimage
80
70
60
50
40
30
20
10
0
positiv
unverändert
negativ

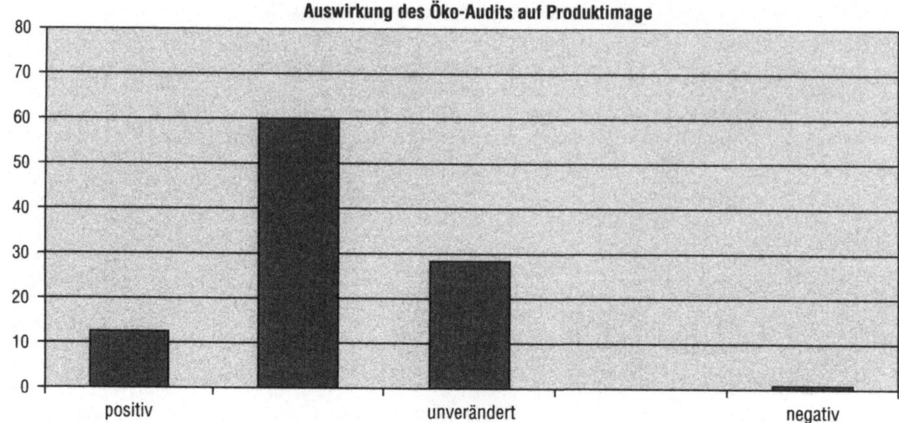
Auswirkung des Öko-Audits auf Produktimage
80
70
60
50
40
30
20
10
0
positiv
unverändert
negativ

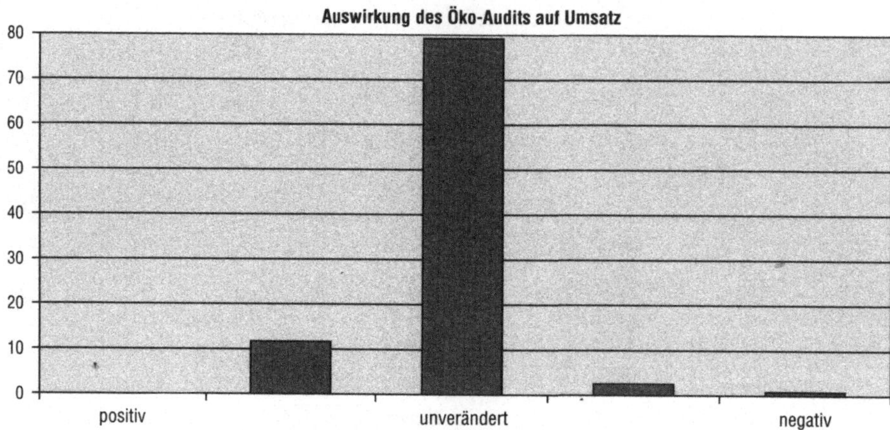
Auswirkung des Öko-Audits auf Umsatz
80
70
60
50
40
30
20
10
0
positiv
unverändert
negativ

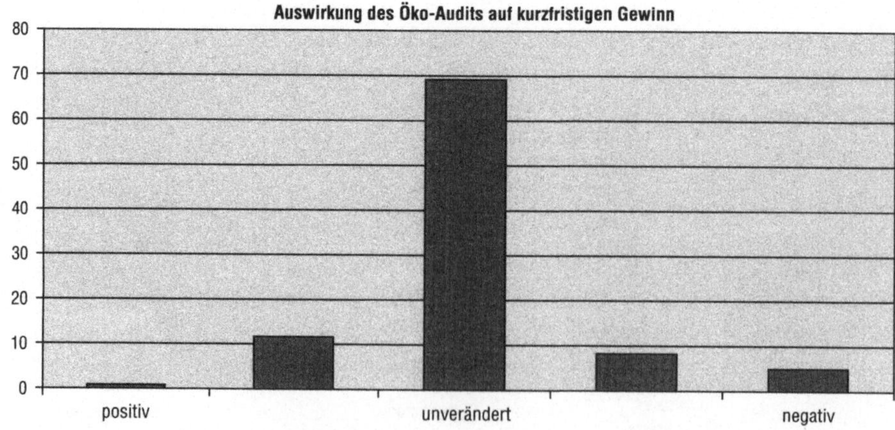
Auswirkung des Öko-Audits auf kurzfristigen Gewinn
80
70
60
50
40
30
20
10
0
positiv
unverändert
negativ

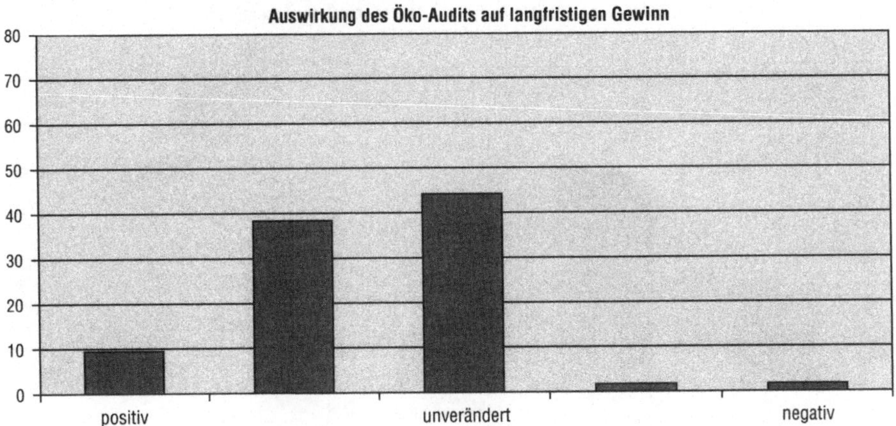
Auswirkung des Öko-Audits auf langfristigen Gewinn
80
70
60
50
40
30
20
10
0
positiv
unverändert
negativ

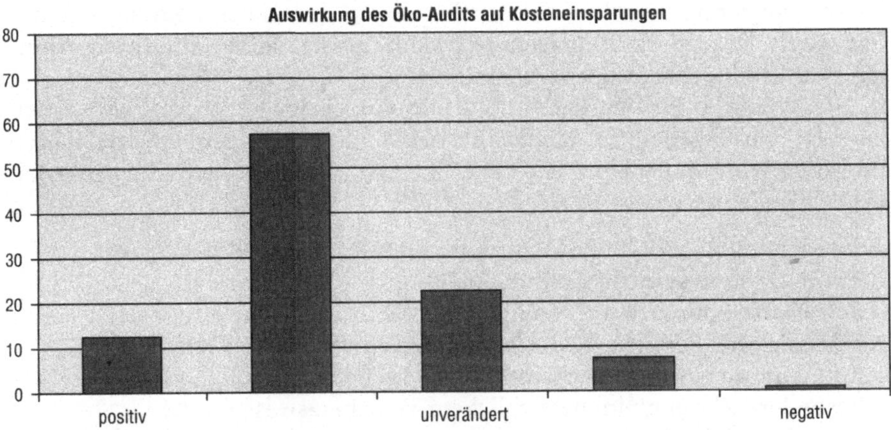
Auswirkung des Öko-Audits auf Kosteneinsparungen
80
70
60
50
40
30
20
10
0
positiv
unverändert
negativ

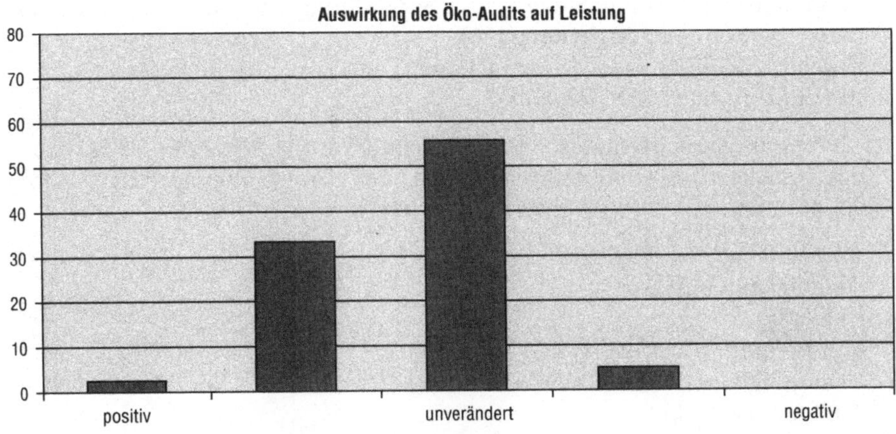
Auswirkung des Öko-Audits auf Leistung
80
70
60
50
40
30
20
10
0
positiv
unverändert
negativ

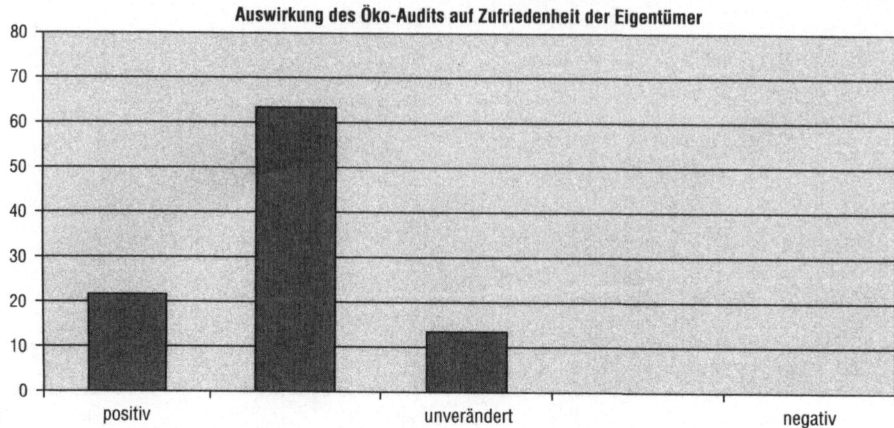

Fast alle der untersuchten Unternehmen (95%) sind der Meinung, daß das Öko-Audit bzw. Umweltmanagementsystem mit seinen Verfahrensanweisungen in angemessener Weise verwirklicht ist.

Die befragten Firmen haben folgende Vorschläge angeboten, mit denen sie den Umweltgedanken in den Betrieben in den folgenden drei Jahren am Leben erhalten wollen. Viele Unternehmen gaben mehrere Möglichkeiten an:

- Ständige Information der Mitarbeiter und Geschäftsführung (37%),
- Umweltziele/Umweltprogramm (30%),
- Betriebsbegehungen, interne Audits (29%),
- Einbeziehung der Mitarbeiter/Mitarbeitermotivation (17%),
- Kontinuierlicher Verbesserungs Prozeß (KVP) (10%),
- Besondere Aktionen im betrieblichem Vorschlagswesen (8%),
- Umwelterklärung (7%),
- Erstellen von Abweichungsberichten (5%),
- Systematische Planung, Steuerung, Überwachung und Dokumentation von umweltrelevanten Tätigkeiten (3%),
- Aufbau TQM (Total Quality Management) (3%),
- Aufbau Umweltcontrolling (3%).

Nach Meinung der befragten Unternehmen wird mit folgenden Tätigkeiten/Aufgaben/Zielen die Weiterentwicklung des Umweltmanagementsystems sichergestellt:

- Aufbau Umweltcontrolling (12%),
- Ökobilanzen (8%),
- KVP (7%),
- Management – Reviews (7%),
- Gründung einer Umweltschutzabteilung (3%),
- Aufbau TQM (3%).

Die untersuchten Unternehmen führen mehrheitlich folgende Aktivitäten im Umweltmanagementsystem durch:

- Kontrolle der Umsetzung der Umweltziele,
- Mitarbeiterschulungen,
- Interne Audits,
- Management Reviews,
- Öko-Bilanzen,
- Pflege des Umweltmanagementhandbuches,
- Öffentlichkeitsarbeit,
- Korrekturmaßnahmen,
- Ermittlung von Kennzahlen,
- Erstellen von internen Rechenschaftsberichten,
- Kundenschulungen,
- Herausgabe von Leitlinien.

98,1% der untersuchten Standorte würden das Öko-Audit noch einmal durchführen, nachdem die Vor- und Nachteile der Teilnahme an diesem System nun besser bekannt sind. Die übrigen 1,9% begründeten ihre ablehnende Haltung mit der Tatsache, daß sich nach deren Meinung die ISO 14000 durchsetzen wird und daß sich das Kosten-/Nutzen-Verhältnis für Kleinstunternehmen besser ausfallen muß bzw. das Öko-Audit für diese Unternehmen (< 20 Mitarbeiter) zu aufwendig ist.

Die befragten Unternehmen nannten als größten Vorteil für die Teilnahme an dem System der Öko-Audit-Verordnung folgende Vorteile bzw. Nachteile:

Vorteile:

- Kosteneinsparung (27 Nennungen),
- Rechtssicherheit, Beseitigung von Schwachstellen (26),
- Verbesserung des Firmenimage (24),
- Umweltbewußtseinsförderung, Motivation (18),
- Außenwirkung durch Umwelterklärung, Transparenz, Dialog mit Öffentlichkeit (8),
- Entlastung der Umwelt (6),
- Vorliegen aller Umweltdaten, Umweltdokumentation (6),
- Beseitigung von Betriebsblindheit, Erkennen von verborgenen Problemen (3),
- Behördenkontakt verbessert (2),
- Minderung von Umweltrisiken (2),
- Umsatzsteigerung,
- Wettbewerbsvorteil.

Nachteile:

- Viel Arbeit, Aufwand (35 Nennungen)
- Kosten (21),
- Bürokratie (5).

1,9% der Unternehmen sehen in dem Öko-Audit keine Vorteile!

Immerhin 19,2% der Unternehmen sehen in dem Öko-Audit keine Nachteile!

4 Zusammenfassung

Die Studie zeigt, daß Kleinunternehmen 1% des Umsatzes für die Beteiligung an der Öko-Audit-Verordnung aufwenden müssen. Je größer die Unternehmen sind, um so niedriger wird diese Quote. Die meisten Unternehmen erzielten durch die Arbeiten zum Öko-Audit Kosteneinsparungen. Diese lagen im Schnitt in der Höhe von einem Drittel der Kosten. Immerhin 25% der befragten Unternehmen haben die Kosten des Audits bereits im ersten Jahr wieder verdient.

Die Entwicklung des Umweltschutzes geht weiter in Richtung des integrierten Umweltschutzes. Nur 25% der getätigten Umweltschutzinvestitionen betreffen sogenannte „End of Pipe"-Maßnahmen. 15% der Unternehmen nutzen bereits zur Bewertung ihres Umwelterfolges das Instrument der Ökobilanzierung.

Literaturverzeichnis

Freimann J (1996) Betriebliche Umweltpolitik, Paul Haupt, Bern
Günther E (1944) Ökologieorientiertes Controlling, Franz Vahlen, München
Meffert H (1993) Marktorientiertes Umweltmanagement, Schäffer-Poeschel, Stuttgart
Sietz M (Hrsg.), Höppner NO (1997) Vergleichende Ökobilanzierung für Kosmetikgrundstoffe, Blottner, Taunusstein 1997

Anhang

FRAGEBOGEN ZUR BEURTEILUNG DER EFFIZIENZ UND AUSWIRKUNGEN DES ÖKO-AUDITS

Diese Umfrage wird im Rahmen eines Forschungsprojektes der Universität Paderborn am Fachbereich Technischer Umweltschutz in Höxter durchgeführt.

Alle Angaben werden streng vertraulich behandelt. Sofern Sie an der Umfrage teilnehmen, werden wir Sie über die Ergebnisse unterrichten.

Bitte senden Sie den Fragebogen bis spätestens zum 1. Februar 1997 zurück an:

Prof. Dr. M. Sietz - Universität-GH Paderborn, Fachbereich Technischer Umweltschutz
An der Wilhemshöhe 44 – 37671 Höxter

Zur Beantwortung der Fragen benötigen Sie ca. 1½–2 Stunden. Vielen Dank für Ihre Kooperation.

A. ANGABEN ZUR FIRMA

1. Name Ihres Unternehmens ______________________

2. Unternehmenssitz ______________________ (Ort)

3. Gründungsjahr ______________________

4. Unternehmenszweck (Branche) ______________________

5. Rechtsform

   Einzelunternehmen ☐
   BGB-Gesellschaft ☐
   OHG ☐
   KG ☐
   GmbH ☐
   AG ☐
   Genossenschaft ☐

6. Wie hoch ist die Gesamtzahl der Beschäftigten in Ihrer Firma? ____________

7. Wie hoch war der Umsatz im letzten abgelaufenen Geschäftsjahr? ____________ DM

8. Wieviel Prozent des Umsatzes erzielen Sie durch Export? ____________ %

9. Welchem Gewerbe gehört Ihr Unternehmen an?

   Produktion von Konsumgütern ☐
   Produktion von Investitionsgütern ☐
   Großhandel ☐
   Einzelhandel ☐
   Dienstleistungen ☐
   Sonstige ______________ ☐
   Bitte angeben

10. Bitte ordnen Sie Ihre Funktion im Unternehmen ein:

Geschäftsleitung ☐
Rechnungswesen ☐
Marketing/Verkauf ☐
Produktion ☐
Qualitätssicherung ☐
Umweltmanagement (Umweltbeauftragter) ☐
Sonstige ____________ Bitte angeben

B. UMWELTORGANISATION

11. Gibt es eine/n Umweltbeauftragt/en in der Firma? **Ja** ☐ **Nein** ☐
Wenn **Ja**, welche ist seine/ihre Qualifikation?

____

____

12. Gibt es einen Umweltausschuß oder ein äquivalentes Gremium in der Firma? **Ja** ☐ **Nein** ☐

Wenn **Ja**, mit wievielen Mitgliedern? ________
Aus welchen Bereichen der Firma stammen sie? ________

____

____

Wie oft trifft er sich?
jede Woche ☐
zweimal pro Monat ☐
einmal pro Monat ☐
alle zwei Monate ☐
alle drei Monate ☐
sonstige

____

13. Gibt es ein Umwelthandbuch in der Firma? **Ja** ☐ **Nein** ☐

Wenn **Ja**, wurde es intern oder extern erstellt? **Intern** ☐ **Extern** ☐
Wenn **Extern**, mit interner Unterstützung erstellt? **Ja** ☐ **Nein** ☐

C. UMWELTDATENBASIS

14. Haben Sie durch das Öko-Audit eine verbesserte Dokumentation über die Umweltauswirkungen ihres Betriebes erreicht? **Ja** ☐ **Nein** ☐

15. In welchen Bereichen gab es bei der Datenbeschaffung die größten Probleme?

	keine Probleme				große Probleme
Lieferanten	□	□	□	□	□
Ältere Mitarbeiter	□	□	□	□	□
Jüngere Mitarbeiter	□	□	□	□	□
Untere Führungsebene	□	□	□	□	□
Mittlere Führungsebene	□	□	□	□	□
Obere Führungsebene	□	□	□	□	□
Sonstige Bitte angeben ____________	□	□	□	□	□
____________	□	□	□	□	□
____________	□	□	□	□	□

16. Wieviele Arbeitstunden hat die Umweltabteilung Ihres Unternehmens benötigt, um das Öko-Audit vorzubereiten, durchzuführen bzw. einen externen Berater zu begleiten?

____

____

17. Gibt es eine Umweltabteilung in Ihrem Unternehmen? **Ja** □ **Nein** □

Wenn **Ja**, wieviele Angestellte gibt es in der Umweltabteilung? ____________

18. Sind mit dem Öko-Audit zusätzliche Personalkosten verbunden? **Ja** □ **Nein** □

Wenn **Ja**, in welcher Höhe? Jährlich ____________ DM

19. Wie hoch liegen die externen und internen Kosten, die direkt zur Erstellung des Öko-Audits notwendig waren? Bitte Höhe angeben

a) Beratung/Durchführung des Öko-Audits
Extern ____________ DM
Intern ____________ DM

b) Zertifizierung ____________ DM

D. EFFIZIENZSTEIGERUNG und RISIKOMINIMIERUNG durch innerbetrieblichen Umweltschutz

20. Inwieweit hat die Firma durch das Öko-Audit Verbesserungen in folgenden Bereichen erreicht?

	wenig		mittel		viel
Bodenschutz	□	□	□	□	□
Abfall	□	□	□	□	□
Wasserverbrauch	□	□	□	□	□
Abwasser	□	□	□	□	□
Luftverschmutzung	□	□	□	□	□
Lärm	□	□	□	□	□
Energieverbrauch	□	□	□	□	□
Minimierung des Umweltrisikos	□	□	□	□	□
Umweltmotivation der Mitarbeitern	□	□	□	□	□

21. Inwieweit hat das Öko-Audit in Ihrer Firma zur Umweltverbesserung geführt?

	gar nicht		mittel		viel
Verbesserung der Rohstoffgewinnung	☐	☐	☐	☐	☐
Verringerung des Rohstoffverbrauchs	☐	☐	☐	☐	☐
Verbesserung der Produktionsverfahren der Lieferanten	☐	☐	☐	☐	☐
Verbesserung der Produktionsverfahren Ihrer Firma	☐	☐	☐	☐	☐
Verbesserung der Distribution/Vertrieb	☐	☐	☐	☐	☐
Verbesserung der Produktentsorgung	☐	☐	☐	☐	☐
Verbesserung der Produktwiederverwertung bzw. -verwendung	☐	☐	☐	☐	☐
Verbesserung des Arbeitsklimas	☐	☐	☐	☐	☐

22. Hat die Einführung des Öko-Audits im Betrieb zur Verbesserung des Umweltbewußtseins geführt? **Ja** ☐ **Nein** ☐

Wenn **Ja**, in welchen Bereichen? ______________________________

____

____

____

____

23. Wurde Abfall im Produktionsprozeß vermieden oder erheblich vermindert? **Ja** ☐ **Nein** ☐

Wenn **Ja**, geben Sie bitte Mengeneinsparungen und Kostenvorteile an:

Pro Jahr __________ t

__________ DM

Pro Monat __________ t

__________ DM

24. Wurden Rücknahmepflichten durch den Lieferanten eingeführt? **Ja** ☐ **Nein** ☐

25. Haben Sie ein System zur Abfalltrennung eingeführt? **Ja** ☐ **Nein** ☐

Wenn **Ja**, wurden Entsorgungskosten niedriger nach der Einführung eines Abfalltrennsystems? Geben Sie bitte Mengeneinsparungen und Kostenvorteile an.

Pro Jahr __________ t

__________ DM

Pro Monat __________ t

__________ DM

26. Hat sich das Öko-Audit auf Ihre Produktentwicklung ausgewirkt? **Ja** ☐ **Nein** ☐

Wenn **Ja,** haben Sie durch das Öko-Audit neue umweltfreundlichere Produkte entwickelt? **Ja** ☐ **Nein** ☐

Wenn **Ja**, wurden Entsorgungskosten niedriger? **Ja** ☐ **Nein** ☐

Wenn **Ja**, könnten Sie bitte Mengeneinsparungen und Kostenvorteile angeben?

Pro Jahr ______ t

______ DM

Pro Monat ______ t

______ DM

27. Haben Sie im Rahmen des Öko-Audits Gefahrstoffe durch umweltfreundlichere Alternativen ersetzen können? **Ja** ☐ **Nein** ☐

Wenn **Ja**, wurden die Entsorgungskosten niedriger? **Ja** ☐ **Nein** ☐

Wenn **Ja**, könnten Sie bitte Mengeneinsparungen und Kostenvorteile angeben?

Pro Jahr ______ t

______ DM

Pro Monat ______ t

______ DM

28. Haben Sie im Rahmen des Öko-Audits Ihren Wasserverbrauch senken können? **Ja** ☐ **Nein** ☐

Wenn **Ja**, könnten Sie bitte Mengeneinsparungen und Kostenvorteile angeben?

Pro Jahr ______ m^3

______ DM

Pro Monat ______ m^3

______ DM

29. Sind Kosteneinsparungen im Bereich Energie eingetreten? **Ja** ☐ **Nein** ☐

Wenn **Ja**, könnten Sie bitte Mengeneinsparungen und Kostenvorteile angeben?

Pro Jahr ______ kWh

______ DM

Pro Monat ______ kWh

______ DM

30. Sind Kosteneinsparungen im Bereich Transporte/Verteilung eingetreten? **Ja** ☐ **Nein** ☐

Wenn **Ja**, können Sie Kostenvorteile angeben? *Pro Jahr* ________ DM

Pro Monat ________ DM

31. Wurden Investitionen in Maschinenanlagen (BAT bzw. BVT: Beste Verfügbare Technologie), aufgrund von Forderungen aus dem Öko-Audit getätigt? **Ja** ☐ **Nein** ☐

Wenn **Ja**, wie hoch sind die Kosten der Investitionen? ________ DM

Wenn **Ja**, wie wurden die Investitionen gefördert? ________________

____

____

____

____

____

32. Planen Sie weitere Investitionen im Umweltschutz? **Ja** ☐ **Nein** ☐

Wenn **Ja**, erklären Sie bitte in welchen Bereichen und in welcher Höhe.

	in den nächsten 12 Monaten	*danach*
☐ Abwasserreinigung	________ DM	________ DM
☐ Abfallverwertung und Abfallbeseitigung	________ DM	________ DM
☐ Luftreinhaltung	________ DM	________ DM
☐ Energieeinsparung	________ DM	________ DM
☐ Technische Anlage	________ DM	________ DM
☐ Produktentwicklung	________ DM	________ DM
☐ Sonstige ____________	________ DM	________ DM

33. Würden Sie die Kosten, die für das Unternehmen im Bereich „Umwelt" entstanden sind, als *Investition* bezeichnen? **Ja** ☐ **Nein** ☐

Wenn **Ja**, hat der Betrieb diese Investition schon amortisiert? **Ja** ☐ **Nein** ☐

Wenn **Nein**, in welchem Zeitraum können Sie dieses erreichen? ________ Jahre

34. Wie hoch schätzen Sie die Folgekosten des Öko-Audits bis zur nächsten Zertifizierung?

Bitte geben Sie die Höhe der Kosten an ________ DM

E. VERBESSERUNG VON MARKTCHANCEN

35. Haben sich durch die Umweltaktivitäten des Unternehmens die Marktchancen verbessert?

gar nicht		mittel		viel
☐	☐	☐	☐	☐

36. Hat sich seit der Veröffentlichung des Umweltberichtes die Nachfrage nach Ihren Produkten/Dienstleistungen erhöht?

gar nicht		mittel		viel
☐	☐	☐	☐	☐

Wenn **Ja**, in welchem Prozentsatz ? ____________ %

37. Erkennen Sie bei Ihrer Kundschaft ein zunehmendes Interesse an Umweltmerkmalen Ihres Produktes?

gar nicht		mittel		viel
☐	☐	☐	☐	☐

38. Hat sich durch das Öko-Audit der Umsatz ihres Betriebes erhöht?

gar nicht		mittel		viel
☐	☐	☐	☐	☐

Wenn **Ja**, könnten Sie bitte die prozentuale Steigerung angeben? ____________ %

F. EIGENVERANTWORTUNG und EIGENKONTROLLE

39. In welchen betrieblichen Bereichen wirkt sich die Einführung des Öko-Audits am stärksten aus?

	gar nicht		mittel		viel
Einkauf	☐	☐	☐	☐	☐
Produktion	☐	☐	☐	☐	☐
Rechnungswesen	☐	☐	☐	☐	☐
Personal	☐	☐	☐	☐	☐
Marketing/Verkauf	☐	☐	☐	☐	☐
Vertrieb/Transporte	☐	☐	☐	☐	☐
Qualitätssicherung	☐	☐	☐	☐	☐
Entwicklung	☐	☐	☐	☐	☐
Werkstatt	☐	☐	☐	☐	☐
Andere Abteilungen ____________	☐	☐	☐	☐	☐
____________	☐	☐	☐	☐	☐
____________	☐	☐	☐	☐	☐

40. Inwieweit haben sich Änderungen in den Abteilungen ergeben? Können Sie bitte Beispiele nennen (z.B. Einkauf umweltfreundlicher Produkte)?

____

____

____

____

____

41. Welche der folgenden Faktoren haben Einfluß auf umweltrelevante Entscheidungen des Betriebes?

	kein		mittel		groß
Umweltgesetze/Umwelthaftungsrisiko	□	□	□	□	□
Image Ihrer Firma	□	□	□	□	□
Kosteneinsparung	□	□	□	□	□
Überzeugung bzw. Einstellung der Eigentümer	□	□	□	□	□
Überzeugung bzw. Einstellung der Geschäftsleitung	□	□	□	□	□
Positionierung Ihrer Produkte auf dem Markt	□	□	□	□	□
Umweltvorsorge	□	□	□	□	□
Erschließung neuer Marktpotentiale	□	□	□	□	□
Sonstige ____________	□	□	□	□	□
____________	□	□	□	□	□
____________	□	□	□	□	□

G. MITARBEITERMOTIVATION

42. Gibt es im Unternehmen ein Verbesserungsvorschlagswesen? **Ja** □ **Nein** □

Wenn **Ja**, sind in diesem System Verbesserungsvorschläge zu Umweltaktivitäten einbezogen? **Ja** □ **Nein** □

43. Wurde im Unternehmen ein *kontinuierlicher Umweltverbesserungsprozeß* eingeführt? **Ja** □ **Nein** □

Wenn **Ja**, werden Vorschläge von Mitarbeitern in diesen Prozeß einbezogen? **Ja** □ **Nein** □

44. Finden regelmäßige *Umweltinformationssitzungen* in den Abteilungen statt? **Ja** □ **Nein** □

Wenn **Nein**, warum nicht? ____________________

____

45. Haben die Mitarbeiter eine Kopie bzw. Zusammenfassung des Umweltberichtes bekommen? **Ja** □ **Nein** □

Wenn **Ja**, haben die Mitarbeiter die Möglichkeit gehabt, eine Kritik dazu darzustellen? **Ja** □ **Nein** □

Wenn **Ja**,

a) Welcher Anteil von Mitarbeitern hat es getan? ______ %

b) Welche Kritik haben die Mitarbeiter vorgebracht? ____________________

____

____

Wenn **Nein**, warum nicht? ____________________

____

46. Hat sich die Anzahl der Arbeitsunfälle seit dem Öko-Audit verringert? **Ja** ☐ **Nein** ☐

Wenn **Ja**, in welchem Umfang? ______ %

H. KREDITWÜRDIGKEIT

47. Hat sich Ihre Teilnahmeerklärung am Öko-Audit positiv auf die Prämienkalkulation des Haftpflichtversicherers ausgewirkt? **Ja** ☐ **Nein** ☐

Wenn **Ja**, bitte spezifizieren ______________________________

____

____

____

____

48. Haben Sie vor kurzem ein Darlehen beantragt? **Ja** ☐ **Nein** ☐

Wenn **Ja**,

a) Hat sich die Kreditwürdigkeit Ihres Unternehmes durch das Öko-Audit Ihres Erachtens nach verbessert? **Ja** ☐ **Nein** ☐

Bitte begründen Sie Ihre Antwort:

____

____

____

b) Hat das Öko-Audit durch die Verminderung des Umweltrisikos zu geringeren Kreditzinsen geführt? **Ja** ☐ **Nein** ☐

Bitte begründen Sie Ihre Antwort:

____

____

____

c) Fühlen Sie, daß die Glaubwürdigkeit des Unternehmens vor den Banken besser geworden ist? **Ja** ☐ **Nein** ☐

Bitte begründen Sie Ihre Antwort:

____

____

____

49. Wie haben Sie das Öko-Audit finanziert?
Wenn mit verschieden Mitteln, geben Sie bitte Prozentsätze an.

Eigene Mittel	☐	___ %
Eigenkapitalhilfe	☐	___ %
Hausbank-Darlehen	☐	___ %
ERP-Umweltdarlehen	☐	___ %
DtA-Umweltdarlehen	☐	___ %
Zuschüsse aus Förderprogramme des Bundes, des Landes, der EU	☐	___ %
Sonstige ______________________	☐	___ %
______________________		
______________________		

50. Haben Sie vor kurzem eine Genehmigung einer neuen Anlage beantragt? **Ja** ☐ **Nein** ☐

Wenn **Ja**, hat sich durch das Öko-Audit Ihres Erachtens das Genehmigungsverfahren bzw. die Formvorschriften erleichtert? **Ja** ☐ **Nein** ☐

I. IMAGE und ÖFFENTLICHKEITSARBEIT

51. Wie würden Sie das Interesse folgender gesellschaftlicher Akteure an Ihrem Umweltbericht bewerten?

	kein		mittel		hoch
Anwohner	☐	☐	☐	☐	☐
Umwelt- und Verbraucherverbände	☐	☐	☐	☐	☐
Behörden	☐	☐	☐	☐	☐
Presse und Medien	☐	☐	☐	☐	☐
Kunden und Lieferanten	☐	☐	☐	☐	☐
Banken und Versicherungen	☐	☐	☐	☐	☐
Mitarbeiter	☐	☐	☐	☐	☐
Konkurrenten	☐	☐	☐	☐	☐
Sonstige ______________	☐	☐	☐	☐	☐
______________	☐	☐	☐	☐	☐
______________	☐	☐	☐	☐	☐

52. Hat sich die Beziehung des Unternehmens zu folgenden Akteuren verändert?

	– –	–	0	+	++
Anwohner	☐	☐	☐	☐	☐
Umwelt- und Verbraucherverbände	☐	☐	☐	☐	☐
Verteiler	☐	☐	☐	☐	☐
Presse und Medien	☐	☐	☐	☐	☐
Kunden und Lieferanten	☐	☐	☐	☐	☐
Finanzinstitutionen	☐	☐	☐	☐	☐
Mitarbeiter/Gewerkschaften	☐	☐	☐	☐	☐
Konkurrenten	☐	☐	☐	☐	☐
Eigentümer	☐	☐	☐	☐	☐
Umweltforschungsinstitutionen	☐	☐	☐	☐	☐
Universität/Fachhochschule	☐	☐	☐	☐	☐
Sonstige ______________	☐	☐	☐	☐	☐
______________	☐	☐	☐	☐	☐
______________	☐	☐	☐	☐	☐

53. Hat sich das Image des Unternehmens Ihrer Meinung nach durch das Öko-Audit verbessert?

Ja	Nein
☐	☐

J. IHRE GESAMTBEURTEILUNG DES ÖKO-AUDITS

54. Wie wirkt sich das umweltfreundlichere Verhalten Ihres Unternehmens in folgenden Bereichen aus?

	--	-	0	+	++
Wettbewerb	☐	☐	☐	☐	☐
Marktanteile	☐	☐	☐	☐	☐
Neues Marktpotential	☐	☐	☐	☐	☐
Image der Firma	☐	☐	☐	☐	☐
Image des Produktes	☐	☐	☐	☐	☐
Umsatz	☐	☐	☐	☐	☐
Kurzfristiger Gewinn	☐	☐	☐	☐	☐
Langfristiger Gewinn	☐	☐	☐	☐	☐
Kosteneinsparung	☐	☐	☐	☐	☐
Leistung bzw. Produktivität	☐	☐	☐	☐	☐
Zufriedenheit der Geschäftsleitung	☐	☐	☐	☐	☐
Zufriedenheit der Eigentümer	☐	☐	☐	☐	☐
Sonstige ______________________	☐	☐	☐	☐	☐
______________________	☐	☐	☐	☐	☐
______________________	☐	☐	☐	☐	☐

55. Ist das Umweltmanagementsystem mit seinen Verfahrensanweisungen in angemessener Weise verwirklicht?

Ja	Nein
☐	☐

56. Wie wollen Sie den Umweltgedanken in den folgenden 3 Jahren am Leben erhalten? Bitte begründen Sie Ihre Antwort:

____

____

____

____

____

57. Wie wird die Weiterentwicklung des Umweltmanagementsystems sichergestellt? Bitte begründen Sie Ihre Antwort:

____

____

____

____

____

____

____

58. Welche Aktivitäten führt das Unternehmen im Umweltmanagementsystem regelmäßig durch?
Bitte begründen Sie Ihre Antwort:

59. Nach der Durchführung des Öko-Audits sind Ihnen die Vor- und Nachteile nun besser bekannt. Würden Sie das Öko-Audit jetzt noch einmal durchführen? **Ja** ☐ **Nein** ☐

Bitte begründen Sie Ihre Antwort:

60. Worin sehen Sie den größten Vorteil bzw. Nachteil, den Ihnen das Öko-Audit gebracht hat?
Bitte begründen Sie Ihre Antwort:

Vorteile:

Nachteile:

Ökologische Produktoptimierung mit Umweltmanagementsystemen und Ökobilanzen

A.v. Röpenack

1 Aufgaben und Ziele eines Umweltmanagementsystems

Die steigende Gefährdung unserer Umwelt, die Gefährdung unserer Lebensgrundlagen hat seine wesentlichen Gründe in der steigenden Weltbevölkerung einerseits und dem steigenden Pro-Kopfverbrauch an Umweltgütern andererseits. Einer ökologischen Umgestaltung unserer Wirtschaft wird für eine Umkehr dieser Entwicklung eine zentrale Rolle zugerechnet.

Diese Erkenntnis ist seit der ersten Umweltkonferenz von Rio im Jahre 1992 nicht mehr umstritten. Als geeignetes Leitbild für diesen Wertewandel wird heute allgemein eine nachhaltige Entwicklung von Wirtschaft und Gesellschaft „Sustainable Development" angesehen.

Dieses Leitbild ist von der im Auftrag der UNO arbeitenden Weltkommission für Umwelt- und Entwicklung unter der Leitung der damaligen norwegischen Umweltministerin Gro Harlem Brundtland in ihrem Abschlußbericht an die UNO unter dem Titel „Our Coming Future" wie folgt definiert:

„Sustainable Development ist eine dauerhafte Entwicklung, die den Bedürfnissen der heutigen Generation entspricht, ohne die Möglichkeiten zukünftiger Generationen zu gefährden, ihren eigenen Lebensstil zu wählen".

Hiermit sind ökologische, ökonomische und soziale Ziele, Gegenwart und Zukunft gleichzeitig angesprochen.

Die Wurzeln dieses Gedankengutes stammen nicht allein aus dem Bereich der Politik, sondern auch aus dem Bereich der Wirtschaft. Sie wurden formuliert von der internationalen Handelskammer in Paris und nach Vorläufern im Jahre 1984 letztlich auf der zweiten Weltindustriekonferenz für Umweltmanagement (WICEM 2) im April 1991 der Öffentlichkeit vorgestellt.

Es sind Umweltleitlinien der Wirtschaft für eine nachhaltige Entwicklung.

Sie bedeuten eine Verpflichtung der Unternehmen, den Umweltschutz als weiteren Produktionsfaktor in allen Aktivitäten des Unternehmens zu berücksichtigen.

Die Einführung eines Umweltmanagementsystems bedeutet daher die Sicherstellung einer kontinuierlichen Verbesserung der Umweltleistung des Unternehmens. Dieses beschränkt sich nicht nur auf die Einhaltung der gesetzlichen Auflagen zum Schutz der Umwelt, sondern bedeutet auch eine umfassende Überprüfung und ständige Optimierung der Produktionsprozesse und Produkte auch unter umweltpolitischen Aspekten.

Es ist eine freiwillige Verpflichtung der Unternehmen, ein Ausdruck von Selbstverantwortung, der unserem marktwirtschaftlichen System gemäß ist.

Diese Gedanken hat die europäische Politik mit dem Erlaß einer Verordnung des Rates über „die freiwillige Beteiligung gewerblicher Unternehmen an einem Gemeinschaftssystem für das Umweltmanagement und die Umweltbetriebsprüfung" im Jahre 1993, kurz Öko-Audit-Verordnung genannt, Rechnung getragen. Diese Rechtsakte ist in allen Mitgliedsländern der Europäischen Union gleichzeitig nationales Gesetz.

Alternativ und ergänzend dazu haben Standardisierungsorganisationen auf Verlangen der Industrie Umweltmanagementsysteme entwickelt, die helfen sollen, die vorstehenden Gedanken zu erklären und in die Tätigkeiten der einzelnen Unternehmen einzuführen.

Vorreiter hierfür war das Britische Normungsinstitut BSI (British Standards Institute), das die nationale britische Umwelt-Managementnorm BS 7750 entwickelt hat.

Dieses Institut hat eine Norm wie folgt definiert:

„Ein Standard ist ein Dokument, daß auf Konsens beruht und durch anerkannte Organisationen bestätigt wurde. Es bietet für die allgemeine und wiederholte Nutzung Richtlinien oder Leitlinien für Tätigkeiten oder deren Ergebnisse, die auf die Erreichung eines Optimums in einem vorgegebenen Zusammenhang abzielen."

Neben BSI gibt es weitere nationale Normungsgremien, wie das Deutsche Institut für Normung e.V. DIN, europäische (Comite Europeen de Normalisation, CEN) und internationale Gremien (International Organisation for Standardisation, ISO).

Zur Vermeidung von unnötiger Konkurrenz und Doppelarbeit von Normungsinstituten und Normen mit dem gleichen Ziel, haben sich diese Gremien auf eine Hierarchie verständigt.

Sobald CEN eine europäische Norm entwickelt, werden die jeweiligen nationalen Normungsgremien ihre diesbezüglichen Arbeiten einstellen. Wenn diese Norm erstellt ist, werden bereits existierende nationale Normen innerhalb von 6 Monaten zurückgezogen.

Wenn ISO eine entsprechende Norm entwickelt, wird CEN keine eigene Norm entwickeln, sondern diesen Standard übernehmen. Dieses Verfahren wird als sogenannte „Doppelabstimmung" oder „parallel voting" bezeichnet.

ISO hat die internationale Umwelt-Managementnorm ISO 14001 entwickelt.

Das Abstimmungsverfahren ist inzwischen abgeschlossen.

Seit Jahresende 1996 ist die ISO-Norm für Umweltmanagement allgemein anerkannt und kann somit weltweit als einzige Umweltmanagement-Norm angewandt werden.

CEN hat diese ISO-Norm als europäische Norm unter der Bezeichnung EN ISO 14001 übernommen.

Dieser Vorgang ist im Rahmen der Globalisierung der Märkte, der Verminderung von Wettbewerbsverzerrungen und dem Schutz der Umwelt von großer Bedeutung.

Mit der ISO-Norm ist damit ein weltweiter Konsens über die Notwendigkeit der strukturierten Organisation des betrieblichen Umweltschutz gefunden. Sie kann in Industrieländern und in den Entwicklungsländern gleichermaßen angewandt werden.

Während bisher das Ordnungsrecht die treibende Kraft im Umweltschutz war, soll in Zukunft alternativ wie additiv die Freiwilligkeit von Maßnahmen den Schutz unserer Umwelt übernehmen.

2 Verknüpfung von Umweltmanagementsystemen

Synergien zwischen der EG-Öko-Audit-Verordnung und der ISO 14001

Beide Managementsysteme basieren auf den gleichen Wurzeln und beide haben das gleiche Ziel, einen Betrag zum Schutz der Umwelt, zur Erhaltung unserer Lebensgrundlagen zu leisten.

In beiden Systemen ist auf die Vorgabe von absoluten Umweltstandards verzichtet worden, sonder jeder – in welchem Land auch immer – startet bei seinen nationalen Umweltstandards.

Beide Systeme haben das Ziel, die jeweilige Umweltleistung des Unternehmens kontinuierlich zu verbessern. Hierbei gilt als Richtungsvorgabe die Anwendung der jeweils besten, verfügbaren Technik unter Berücksichtigung der jeweiligen verfügbaren wirtschaftlichen Möglichkeiten.

Während Einigkeit über die Ziele besteht, ist die Gewichtung der einzelnen Anforderungen unterschiedlich.

Es ist letztlich Sache der Wirtschaft zu entscheiden, von welchem System man sich die meisten Vorteile oder deutlichsten Impulse für die Verbesserung der Umwelt erwartet.

Während die ISO mehr den organisatorischen Ansatz „das Umweltmanagement" betont, basiert das Öko-Audit auf zwei gleichgewichtigen Säulen

1. der Verbesserung und regelmäßigen Überprüfung der Umweltleistung und
2. den dazu erforderlichen organisatorischen Rahmen, das Umweltmanagementsystem.

Darüber hinaus betont das Öko-Audit die Einbeziehung der Öffentlichkeit in das System, die Installierung eines Dialogs zwischen Unternehmen und der Öffentlichkeit.

Beide Systeme stehen eigentlich nicht in Konkurrenz zueinander. Sie ergänzen sich und können miteinander verbunden werden.

Während die ISO-Norm von allen Unternehmen weltweit angewendet werden kann, ist die Öko-Audit Verordnung derzeit auf Europa und die gewerbliche Wirtschaft beschränkt. Es bestehen jedoch Überlegungen dieses letztere System im Rahmen einer Novellierung 1998 auf Branchen des Dienstleistungsbereichs und weltweit auszudehnen.

In der Öko-Audit Verordnung ist bereits vorgesehen (Artikel 12 der Verordnung), daß die ISO-Norm als Baustein für die Registrierung von Unternehmen unter der Öko-Audit-Verordnung benutzt werden kann.

Hierbei werden die kompatiblen Inhalte der ISO-Norm voll auf das Öko-Audit angerechnet und brauchen nicht noch einmal implementiert bzw. geprüft zu werden. Das Zertifikat für die erfolgreiche Implementierung der ISO-Norm kann also voll auf das Öko-Auditsystem angerechnet werden.

Die Bedingungen für eine derartige Anerkennung sind im Artikel 12 der EG-Verordnung geregelt.

Die ISO-Norm kann nach Beratung mit den Mitgliedsländern in einem Arbeitsausschuß, dessen Funktion im Artikel 19 der Verordnung geregelt ist, durch die europäische Kommission als kompatibel erklärt werden.

Neben dieser Anerkennung der Norm muß auch das Verfahren, nach dem diese Norm in einem Unternehmen implementiert wurde, durch die EU-Kommission anerkannt werden.

Eine weitere Voraussetzung ist, daß die Akkreditierung des ausführenden Beratungsunternehmens durch das jeweilige Mitgliedsland anerkannt wird.

Diese Anerkennungsbeschlüsse sind am 16.4.97 durch die EU-Kommission gefaßt worden.

Die EU-Kommission plant, die Unterschiede zwischen beiden Systemen in einem ausführlichen Leitfaden „Guidance Document" zu beschreiben, damit einmal der potentielle Benutzer – also das Unternehmen der Wirtschaft – und zum anderen der Umweltgutachter, der die erfolgreiche Durchführung des Öko-Audits bestätigen soll, die Unterschiede klarer erkennen und berücksichtigen kann.

Die Unterschiede und Synergien sollen im folgenden dargestellt werden. Die Verfahrensabläufe beider Systeme sollen erläutert werden.

Der Hauptunterschied zwischen beiden Systemen ist die Art der Beteiligung der Öffentlichkeit.

Während in der Norm die Öffentlichkeit informiert werden soll, schreibt die Verordnung dieses exakt vor. Dieses ist ein wesentlicher Teil der Öko-Audit-Verordnung, da man alle Menschen zum Schutz der Umwelt motivieren möchte und nicht nur die Akteure der Wirtschaft.

Das Unternehmen muß eine Umwelterklärung mit genau festgelegten Inhalten mindestens in einem Drei-Jahres- Rhythmus der Öffentlichkeit vorlegen, und diese Erklärung durch einen von einer staatlich bestellten „beliehenen" Institution zugelassenen Umweltgutachter prüfen und validieren lassen.

Die Einrichtung einer institutionellen Kommunikation bzw. eines Dialogs mit der Öffentlichkeit ist zwingend vorgeschrieben, was natürlich die Glaubwürdigkeit der Aussagen des Unternehmens erhöht und eine weitgehende Transparenz der Umweltrelevanz des Unternehmens bedeutet. Dieses wiederum heißt auf der anderen Seite auch eine verstärkte Akzeptanz der Unternehmensaussagen durch die Öffentlichkeit.

Ein weiterer Aspekt ist die öffentliche Registrierung der erfolgreichen Teilnahme eines Unternehmens am Öko-Audit-System durch die sogenannte „zuständige Stelle". In Deutschland sind das die Industrie und Handelskammern bzw. die Handwerkskammern.

Eine Liste der registrierten Internehmen wird von der EU-Kommission in regelmäßigen Abständen veröffentlicht und kann von jedermann eingesehen werden.

Eine Streichung von dieser Liste wird sicherlich für das Unternehmen erhebliche wirtschaftliche Nachteile haben und daher eine Fortsetzung des Engagement zwingend notwendig machen.

Dieses ist auch so gewollt. Man wollte die Kräfte des Marktes bewußt zum Schutz der Umwelt einsetzen.

Ein weiterer zu beachtender Unterschied ist die Rolle des Staates. Während die Norm praktisch vollständig auf privatwirtschaftlicher Basis beruht, basiert das Öko-Audit auf einem Gesetz. Der Staat kann zwar eine Beteiligung der Unternehmen nicht erzwingen, er ist aber an der Festlegung der Teilnahmebedingungen, der Inhalte, der Zulassung der Prüfer (der Umweltgutachter) und der Registrierung beteiligt.

Die Qualität und die Fachkompetenz von Umweltgutachtern und Zertifizierern sind für die Validierung der Umwelterklärung bzw. für die normgerechte Implementierung der Norm in beiden Systemen gleich hoch und bedeutungsvoll.

Die Voraussetzungen für eine erfolgreiche Akkreditierung als Umweltgutachter oder Zertifizierer sind umfangreich und erfordern mehrjährige praktische Erfahrungen mit der Materie in leitender Position.

Bei dem Öko-Audit System ist jedoch ergänzend dazu noch eine mündliche Prüfung der Umweltgutachter vorgesehen, die von der bereits vorgestellten beliehenen Institution, der DAU, durchgeführt wird mit Hilfe von externen Spezialisten.

Während die Prüfungsinhalte gesetzlich festgelegt sind, werden die Prüfungsrichtlinien von einem gesellschaftlich zusammengesetzten Gremium, dem Umweltgutachter-Ausschuß festgelegt.

Diese weitgehende Reglementierung ist nur in Deutschland und Österreich üblich, während in den anderen Mitgliedsländern die Zulassung der Umweltgutachter eher dem der Zertifizierer für die ISO-Norm entspricht.

Vor der Akkreditierung eines Norm-Zertifizierers führt die Akkreditierungsstelle ein „Witness-Audit durch, bei dem der Zertifizierer zeigen soll, daß er die Materie beherrscht. Eine derartige Prüfung wird im Öko-Auditsystem erst im Rahmen der Überwachung der Umweltgutachter durchgeführt.

Weitere sachliche Unterschiede sind in der stärkeren Betonung der Produkte im ISO-System im Vergleich zur Öko-Auditverordnung zu sehen. Es ist jedoch zu erwarten, daß im Rahmen der Novellierung der Öko-Audit-Verordnung, die im Jahre 1998 beginnen wird, viele der derzeit noch bestehenden Unterschiede mit Ausnahme des Öffentlichkeitsbezuges beider Systeme ausgeglichen werden. Die Europäische Kommission rechnet mit der Gültigkeitserklärung der Änderungen im Jahre 2000.

Auf Basis der obigen Unterschiede ist es nicht überraschend, daß der Staat beginnt darüber nachzudenken, wie er das Öko-Audit und nicht die ISO-Norm alternativ zum derzeitigen Ordnungsrecht verwenden kann.

Diesbezügliche Ansätze finden sich im „Umweltpakt" des Freistaates Bayern mit der bayerischen Wirtschaft und den „Handlungsanweisungen" des Landes Schleswig-Holstein an seine Vollzugsbehörden.

Beide Landesregierungen wollen die erfolgreiche Teilnahme von Unternehmen am Öko-Auditsystem durch Entlastung von bestimmten rechtlichen Anforderungen honorieren.

Beim Erfolg dieser Ansätze und der Ausweitung auch auf andere Bundesländer könnte dieses zu einer erheblichen Entlastung der deutschen Wirtschaft führen und die Akzeptanz des Öko-Audits entscheidend verbessern.

Derzeit werden in Deutschland ca. 40 Unternehmen pro Monat nach dem Öko-Audit-System registriert, was ca. 75 % aller in Europa registrierten Unternehmen ausmacht.

Für das Jahresende 1997 wird in Deutschland mit ca. 1000 Registrierungen gerechnet.

3 Die Bedeutung des Produktes in den Umweltmanagementsystemen

Das *Öko-Audit* ist ein standortbezogenes System. Die kontinuierliche Verbesserung der Umweltleistung der Unternehmen soll über die Verminderung der Umweltauswirkungen erreicht werden, die von diesem Unternehmen ausgehen.

Diese Umweltauswirkungen sind sehr umfassend zu ermitteln. Sie beginnen mit dem Verbrauch natürlicher Ressourcen, den Gebrauch von Luft und Wasser und aller Emissionen in die Medien Luft, Wasser und Boden. Ein besondere Schwerpunkt ist dabei der Abfall, der nicht nur nach Möglichkeit in den Wirtschaftskreislauf zurückgeführt oder umweltverträglich entsorgt, sondern auch in Menge und Schädlichkeit vermindert werden soll.

Das Ziel jeder produzierenden Tätgkeit ist zwar die Herstellung von Produkten, im Vordergrund stehen jedoch die Produktionsverfahren, die mit dem Ziel der Einführung der jeweils besten verfügbaren Technik unter obigen Zielen optimiert werden sollen. Das Öko-Audit hat daher eher den produktionsorientierten Umweltschutz im Blick als den produktintegrierten Umweltschutz.

Im Umweltmanagementsystem der Öko-Auditverordnung müssen jedoch alle rechtlichen Anforderungen im Bezug auf umweltrelevante Aspekte aller Tätigkeiten, Produkte und Dienstleistungen erfaßt, fortgeschrieben und beachtet werden.

Bei der Planung neuer Produkte sind alle obigen Aspekte beim Design, Verpackung, Transport, Verwendung, Recycling und Endlagerung zu berücksichtigen. Die Umweltauswirkungen sind dabei im Voraus zu schätzen.

Wenn in der Verordnung auch nicht explizit von der Erfassung alter Produkte die Rede ist, so ergibt sich dieses aus dem Geist der Verordnung, so daß obige Gesichtspunkte auch hierfür gelten.

Da das Öko-Audit ein zukunftsgerichtetes System ist, ist die Beschränkung auf neue Produkte logisch. Da jedoch die Zeit, in dem ein bestimmtes Produkt auf dem Markt ist, zum Teil sehr kurz ist, ist es nur eine Frage von wenigen Jahren bis von Ausnahmen abgesehen, nur noch solche Produkte auf dem Markt sind, die unter Beachtung von Umweltaspekten entwickelt und produziert wurden.

Bei den Anforderungen zur Information der Kunden über Umweltaspekte der Produkte, geht die Öko-Auditverordnung bereits weiter und fordert diesbezügliche Beratung zur Handhabung, Verwendung und Endlagerung alter wie neuer Produkte.

Im Vordergrund steht also die umweltverträgliche Entwicklung und Produktion neuer Produkte.

In der Praxis der Anwendung der Öko-Auditverordnung werden jedoch derzeit obige Aspekte nur in wenigen Fällen ausreichend berücksichtigt. Dieses kann man sicherlich derzeit noch mit der Lernphase in der Verwendung dieses Systems entschuldigen.

Dabei ist dieser Punkt ein Aspekt der Umweltprüfung bzw. der Umweltbetriebsprüfung, der Ablauforganisation, des Controlling, des Berichtswesens, der Dokumentation und der Umwelterklärung. Er liegt ausschließlich in der Verantwortung der „obersten Leitung“ und kann ein Aspekt der Umweltpolitik, von Vorschriften, Umweltzielen und Umweltprogrammen sein.

Es ist daher zu erwarten, daß über die Überwachung der Umweltgutachter und der Auswertung von Umwelterklärungen dieser Mangel bald erkannt und schnell abgestellt wird.

Die Hinterfragung der Sinnhaftigkeit von Produkten, was von bestimmten interessierten Kreisen verfolgt wird, ist nicht mit den Zielen der Öko-Audit-Verordnung vereinbar. Dieses gilt natürlich auch in gleichem Maße für die ISO 14001.

Beide Systeme stehen auf dem Boden der Marktwirtschaft, was bereits im 5. Aktionsprogramm der Europäischen Kommission ausdrücklich vermerkt wird und durch die Forderung der Ausnutzung von Marktkräften für den Umweltschutz deutlich unterstrichen wurde.

An dieser Stelle sei noch ein kurzer Blick auf das *Qualitätsmanagement-System* erlaubt, ob dieses System ebenfalls eine Hilfe für die ökologische Optimierung eines Produktes sein kann. Dieses muß jedoch verneint werden, da der Fokus eines Qualitätsmanagement-Systems zwar das Produkt ist, aber aus der Sicht der Vorstellungen des Kunden. Eine bestimmte Qualität soll durch das Qualitätsmanagement-System dem Kunden auf Dauer garantiert werden.

Ein Umweltmanagementsystem dagegen ist auf die kontinuierliche Verbesserung der Umweltleistung des Unternehmens, seiner Aktivitäten, Produkte und Dienstleistungen fokussiert.

Die *ISO 14001* ist eine Teilmenge des Öko-Audits, in Bezug auf das Produkt ist die Norm jedoch deutlicher und klarer.

Die Norm umfaßt die Tätigkeiten einer Organisation, ihre Produkte und Dienstleistungen mit gleicher Bedeutung. Es ist jedoch möglich bestimmte Tätigkeiten, Produkte und Dienstleistungen wegzulassen.

Produktions- und produktintegrierter Umweltschutz sollen also gleichzeitig betrachtet werden.

Bereits in der Einführung zur Norm wird gefordert, die Umweltauswirkungen der Produkte zu prüfen und zu erfassen. Die Umweltpolitik und die Umweltziele wie auch Umweltprogramme sind darauf auszurichten.

Dabei macht die Norm keine Unterschiede zwischen früheren, bestehenden, die Veränderung alter Produkte und neuer Produkte.

Bei der Planung neuer Produkte sind die Phasen des Design, der Nutzung und Entsorgung zu beachten.

Bei den Produktveränderungen wird auf die Möglichkeiten des Marktes abgestellt, wobei man den Wechsel von Rohstoffen, die Recyclingfähigkeit, die Bedienung und die Entsorgungsfähigkeit berücksichtigen soll.

In der Dokumentation wird sogar eine Erfassung der Entstehungsgeschichte der Produkte gefordert.

Die produktspezifischen Unterschiede beim Öko-Audit im Vergleich zur ISO 14001 sind zwar deutlich, aber eigentlich nicht von entscheidender Bedeutung, wie die obigen Ausführungen gezeigt haben Trotzdem ist zu erwarten, daß im Rahmen der Novellierung der Öko-Audit-Verordnung im Jahr 1998 die vorhandenen Unterschiede ausgeglichen werden.

Produkt-Ökobilanzen können bei der ökologischen Optimierung und dem Design neuer Produkte eine gute Hilfe sein. Sie werden jedoch weder von der Norm noch vom Öko-Audit gefordert.

4 Die Bedeutung von Produkt-Ökobilanzen für die Wirtschaft

Öko-Bilanzen sind kein Ersatz für ein Öko-Audit. Sie sind eine Bewertungsmethode von Produkten.

Es geht dabei ausschließlich um ökologische Aspekte, die bewertet werden sollen. Ökobilanzen stellen also keine Gesamtbewertung eines Produktes dar, sondern sind ausschließlich eine Bewertung nach ökologischen Kriterien.

Wollte man eine Gesamtbewertung durchführen, müßte nach dem 3-Säulen-Modell verfahren werden. Neben ökologischen sind auch noch ökonomische und soziale Kriterien zu berücksichten.

Neben diesen Produkt-Ökobilanzen gibt es eine große Anzahl ähnlicher Ökobilanzen, beispielsweise von Prozessen, Dienstleistungen, Firmen, Gemeinden und Regionen. Allen gemeinsam ist jedoch das Problem, daß es hierfür nach wie vor keine umfassenden allgemein anerkannten Regeln gibt. Sie sind also nicht miteinander vergleichbar und daher eigentlich von geringerem Wert.

Produkt-Ökobilanzen stehen im Vordergrund der Normungsarbeit auf nationaler Ebene in Deutschland durch DIN/NAGUS und auf internationaler Ebene durch die ISO.

Diese Arbeit war insoweit erfolgreich, daß es gelungen ist, zu einer Teileinigung zu kommen.

Man konnte sich auf ein international abgestimmmtes Dokument als weltweiten Standard die ISO/DIS 14040 „Principles and Framework on Life Cycle Assessment" einigen, das eine Kommunikation und Strukturierung von Produkt-Ökobilanzen ermöglicht.

Wenn auch noch viele Fragen offen sind, so ist doch ein bedeutender Schritt zu vergleichbaren Produkt-Ökobilanzen getan worden.

In Zukunft sollten nur auf dieser Basis Ökobilanzen erstellt werden.

Dabei sollte es gleichgültig sein, ob es sich um Ökobilanzen für umweltpolitische Entscheidungsprozesse oder im Bereich der Wirtschaft um Produktvergleiche oder Sensitivitätsanalysen handelt.

Will man Ökobilanzen als anerkannte Bewertungsmethode einführen oder erhalten, so darf man ihre Erstellung nicht der Beliebigkeit überlassen, sondern streng nach abgesprochenen Kriterien vorgehen.

Eine Öko-Bilanz besteht aus vier Teilelementen.

1. Bilanzziel/Rahmenbedingungen

Hier muß exakt festgelegt werden, welches Ziel man mit welchen Mitteln erreichen will. Da jedoch die Zieldefinition immer interessengeleitet ist, empfiehlt es sich transparente und nachvollziehbare Rahmenbedingungen festzulegen und strikt einzuhalten.

2. Sachbilanz

Der Lebenszyklus des Produktes ist vollständig „von der Wiege bis zur Bahre" zu erfassen. Die Tiefe der Daten entspricht durchaus der Qualität der Daten aus einem Öko-Audit. Abschneidekriterien sind anzugeben und zu begründen. Angestrebt wird auch aus der Sicht eines ganzheitlichen Umweltschutzes Aussagen über konkurrierende Prozeßalternativen.

3. Wirkungsbilanz

Sie ist im Gegensatz zur Sachbilanz eine Horizontalanalyse und umfaßt alle denkbaren Umwelteinwirkungen.

4. Bilanzbewertung

Dieses ist zweifellos die kritischste Hürde und gleichzeitig schwierigste Aufgabe. Da es anerkannte Umweltziele kaum gibt, ist diese Aufgabe derzeit auch kaum oder nur eingeschränkt lösbar.

Erheblicher wissenschaftlicher Klärungsbedarf für eine konsensfähige Bewertungsmethode ist daher noch erforderlich.

Die Wirtschaft steht der Anwendung von Öko-Bilanzen für umweltpolitische Entscheidungsprozesse sehr kritisch gegenüber, da trotz allem Fortschritt die Lösung der Bewertungsproblematik und die gesicherte Verfügbarkeit von Originaldaten der Industrie nach wie vor ungelöst sind.

Ökobilanzen sind daher als Entscheidungsgrundlage für umweltpolitische Entscheidungen noch nicht reif.

Außerdem müßte geklärt werden, ob sich die politischen Entscheidungsträger an deren Ergebnissen ausrichten werden, was man beispielsweise für die bekannte Ökobilanz zum Thema Einweg/Mehrwegverpackung nicht sagen kann.

Öko-Bilanzen sollten daher freiwillige Maßnahmen der Industrie sein und bleiben. Zur ökologischen Optimierung ihrer Produkte sind sie bereits heute einsetzbar.

Es sollte der Industrie überlassen bleiben, für welche Produkte Ökobilanzen erstellt werden sollen. Dieses ist auch ökonomisch empfehlenswert, da Ökobilanzen im Schnitt sehr teuer sind und damit nicht für alle Produkte angewendet werden können.

Dieses würde die Unternehmen überfordern und gleichzeitig die Innovationsanstrengungen der Industrie behindern oder gar verhindern.

Bei einer internen Anwendung der Ökobilanz entstehen die vorstehend erwähnten Daten- und Bewertungsprobleme nicht.

Sollten diese Öko-Bilanzen jedoch veröffentlicht werden, dann müßten sie objektive Aussagen zur ökologischen Bewertung und über die Herkunft der Daten umfassen.

Sie müßten sich dann auch dem sogenannten „critical review" als 5. Schritt einer Ökobilanz durch externe Experten stellen.

Die bislang veröffentlichten Öko-Bilanzen konzentrieren sich meist auf die Sachbilanz, also auf eine Teilaufgabe. Dieses sollte man jedoch nicht gering schätzen. Als einzelwirtschaftliches Instrument zur Klärung von ökologischen Detailfragen sind sie bereits heute sehr gut nutzbar und werden von der Industrie auch so gesehen.

Daher kann man sie als ein internes Planungsinstrument der Industrie bezeichnen.

Man kann damit natürlich auch das Konsumverhalten von Kunden beeinflussen. Sie können zur Information der Kunden und ganz allgemein der Öffentlichkeit dienen. Allerdings dürfen dann über die Tranparenz der Daten und über die Methode der Bewertung keine Zweifel bestehen. Dieses muß klar gesagt werden.

Der eingangs erwähnte internationale Standard ISO/DIS 14040 sollte stets angewandt werden.

Ein verantwortliches Umgehen mit Ökobilanzen ist die wichtigste Voraussetzung für ihre Akzeptanz.

Trotz vorstehend diskutierter Mängel ergeben sich bereits heute viele Vorteile.

1. Die prinzipielle Akzeptanz für Ökobilanzen als Bewertungsmethode besteht sowohl bei der Industrie als auch bei den gesellschaftlichen Gruppen.
2. Durch Transparenz kann eine weitgehende Objektivität erreicht werden.
3. Sie können Fragen der Konsumenten nach dem ökologisch besserem Produkt zumindest für den Zeitpunkt der Bilanzierung beantworten.
4. Sie können helfen, Aussagen zur Umweltverträglichkeit von Produkten, der Identifizierung von betrieblichen Schwachstellen und der Entdeckung kostengünstiger Verbesserungsmöglichkeiten zu erarbeiten.

Sie sind ein Instrument des produktintegrierten Umweltschutzes.

Sie sollten jedoch nicht zu einem reinen Werbeinstrument verkommen.

Produkt-Ökobilanzen können also die Bedeutung des Öko-Audits unterstützen. Sie sind wie das Öko-Audit eine freiwillige Maßnahme und zeigen Eigenverantwortung und den Willen zur Selbstregulierung. Sie sind ein Element einer modernen zukunftsträchtigen Umweltpolitik. Sie sind geeignet umweltorientierte Entscheidungen der Wirtschaft zu fördern.

Literatur

1. EN ISO/DIS 14040 „Principles and Framework on Life Cycle Assessment“ August 1996, Umweltbundesamt Berlin
2. SETAC: Periodikum „LCA-News", Setac Gruppe-Europa, Av. E. Mournier 83, box 1, 1200 Brüssel
3. Röpenack Av (1994) Die Verwendung von Produkt-Ökobilanzen im Rahmen eines Stoffstrommanagement, 15. Hochschultage Energie, Essen, RWE Energie AG, 45117 Essen

Betriebliche Ökobilanzen

Grundlagen zu Begriffen, Methoden und Anwendungen

S. Seuring

Das diesem Bericht zugrundeliegende Vorhaben wurde mit Mitteln des Bundesministeriums für Bildung, Wissenschaft, Forschung und Technologie unter dem Förderkennzeichen F 1707396 gefördert.

Abkürzungsverzeichnis

BMU	Bundesumweltministerium
BUWAL	Bundesamt für Umwelt, Wald und Landschaft, Schweiz
GoB	Grundsätze ordnungsmäßiger Buchführung und Bilanzierung
Hrsg.	Herausgeber
IÖW	Institut für Ökologische Wirtschaftsforschung
KMU	Kleine und mittelständische Unternehmen
LCA	Life-Cycle Assessment
SETAC	Society of Environmental Toxicology and Chemistry
UBA	Umweltbundesamt
vgl.	vergleiche

1 Einführung

Die Bedrohung unserer Umwelt durch menschliches Verhalten ist mittlerweile allgemein bekannt und akzeptiert. Es hat jedoch einige Zeit gedauert, bis auch Unternehmen bereit waren, sich aktiv dem Umweltmanagement und somit dem aktiven Umweltschutz zu öffnen. Oft geschieht dies weniger freiwillig als vielmehr durch gesetzlichen und/oder gesellschaftlichen Druck, (Umwelt-) Risiken zu minimieren. Schrittweise ergeben sich daraus jedoch Chancen, über das reaktive Management der Umweltkatastrophen zu einem proaktiven Management voranzuschreiten.[1] Im Rahmen des Umweltmanagements sind

---

[1] Siehe hierzu z.B. die Modelle von Hunt, Auster (1990), S. 9ff oder Welford, Gouldson (1993), S. 56.

dabei eine Reihe von Konzepten und Methoden entwickelt worden, deren prominenteste wohl das Öko-Audit,[2] das Öko-Controlling[3] und die Ökobilanz sind.

Das Thema Ökobilanz hat dabei zunehmend an Bedeutung gewonnen, wie z. B. die Gründung einer eigenen Zeitschrift (International Journal of Life Cycle Assessment) zeigt, die sich nur mit dem Thema Ökobilanz beschäftigt. Außerdem sind umfangreiche Monographien[4] erschienen, die das Thema in großer Tiefe behandeln.

Allzu oft wird das Thema der Ökobilanzierung dabei jedoch aus der Perspektive des Staates, als Instrument staatlicher Umweltpolitik, oder aus der Sicht von Großunternehmen dargestellt,[5] deren Möglichkeiten und Bedürfnisse sich deutlich von denen kleinerer und mittlerer Unternehmen (KMU) unterscheiden. Zudem besteht bezüglich Ökobilanzen eine erhebliche allgemeine Unsicherheit, die dazu führt, daß das Instrumentarium Ökobilanz bisher kaum Eingang in die betriebliche Managementpraxis gefunden hat. Dabei zeigen erste empirische Erhebungen, das gerade der Einsatz von Ökobilanzen als Instrument der innerbetrieblichen Entscheidungsfindung und zur Verbesserung des betrieblichen Umweltverhaltens Sinn machen.[6]

Im Rahmen der ersten Hefte des International Journal of Life-Cycle ist in 1996 eine Reihe von Übersichtsartikeln zur Entstehung von Ökobilanzen erschienen, die einen guten Einblick in die historische Entwicklung des Instrumentes gibt.[7]

Zudem sei auf die wegweisenden Arbeiten der Society of Environmental Toxicology and Chemistry (SETAC) hingewiesen, deren „Code of Practice“[8] als Standardwerk der Ökobilanzierung angesehen werden kann. In der deutschsprachigen Literatur stellt die UBA-Publikation „Ökobilanzen für Produkte“[9] den Beginn der breiten Diskussion dar.

Da im Rahmen dieses Beitrages keine vollständige Abhandlung des Themas Ökobilanzen erfolgen kann, werden zum einen wesentliche grundlegende Begriffe erläutert und zum anderen Instrumente angesprochen, die besonders für die praktische Anwendung in KMUs von Bedeutung sind. Dabei kann auf die methodischen Grundlagen der Ökobilanzierung zurückgegriffen werden, ohne bei jeder Anwendung dem Anspruch einer „vollständigen“ Öko-

---

2 Siehe z. B. Schimmelpfeng, Machmer (1995); Petrick, Eggert (Hrsg.); (1995); Sietz (1996) von Boguslawski, Bracht (1996); UnternehmesGrün (Hrsg.) (1996).

3 Siehe z. B. Seidel, E. (1988); Kals (1993); Günther (1994); Bleis (1995); Janzen (1996).

4 Siehe z. B. Curran (Hrsg.) (1996); Eyerer (Hrsg.) (1996).

5 Siehe hierzu die vorgenannten Publikationen sowie verschiedene im Literaturverzeichnis aufgeführte Publikationen des UBA.

6 Grotz, Scholl (1996), S. 226–230.

7 Hunt, Franklin (1996), S. 4–7; Boustead (1996), S. 147–150; Oberbacher, Nikodem, Klöppfer (1996), S. 62–65; außerdem: Curran (1996), S. 1.1–1.9; Postlethwaite (1994), S. 54–55; Schonert (1992), S. 193–200.

8 SETAC (Hrsg.) (1993a).

9 UBA (Hrsg.) (1992).

bilanz gerecht werden zu müssen. Im Bewußtsein dieser Einschränkung bleibt der Hoffnung Ausdruck zu geben, daß in diesen Fällen die angeführte Literatur Möglichkeiten zur inhaltlichen Vertiefung aufzeigt.

Im Beitrag erfolgt zuerst eine Reflexion des Bilanzbegriffes in verschiedenen Wissenschaften, worauf aufbauend eine umfassende Definition des Begriffs Ökobilanz gegeben wird. Daran schließen sich Definitionen zu verschiedenen Teilbilanzen und zur Systematik der Ökobilanzierung an. Einen weiteren Schwerpunkt bildet die Erstellung und Auswertung betrieblicher Stoff- und Energiebilanzen, der auf den zuvor erläuterten Anwendungsmöglichkeiten aufbaut. Das Instrument der Ökobilanz kann nicht alle Probleme des betrieblichen Umweltschutzes und Umweltmanagements lösen, sondern muß im Kanon der verschiedenen Instrumente gesehen werden, die nur in auf des einzelne Unternehmen angepaßter Form ihr volles Potential entfalten werden können.

2 Bilanzen und Bilanzierungsgrundsätze in verschiedenen Wissenschaften

Der Begriff Bilanz ist in verschiedenen Wissenschaften unterschiedlich ausgeprägt. Alle Definitionen basieren aber auf einer gemeinsamen Wurzel. Das Wort „Bilanz" leitet sich ab von bi-lanx, d.h. zweischalig, und bezeichnet im weiteren Sinne die abrechnende Gegenüberstellung von korrespondierenden Größen und Ereignissen.[10]

Ausgehend von dieser übergreifenden Definition haben sich in verschiedenen wissenschaftlichen Disziplinen unterschiedliche Bilanzbegriffe ausgeprägt. Für die Ökobilanz sind im wesentlichen die Bilanzbegriffe der Wirtschaftswissenschaften und der Natur- und Ingenieurwissenschaften von Bedeutung.

Deshalb werden anschließend der naturwissenschaftlich-technische und der wirtschaftswissenschaftliche Bilanzbegriff kurz vorgestellt.

Ausgehend vom Bilanzverständnis dieser unterschiedlichen Disziplinen kann der Begriff der Ökobilanz dann umfassend definiert werden.

2.1 Natur- und Technikwissenschaften

Ökobilanzen erfassen regelmäßig physikalische Daten, so daß die grundlegenden Prinzipien der Naturwissenschaften auch hier Gültigkeit haben, auf denen die weiteren Betrachtungen aufgebaut werden.

---

[10] Gablers Wirtschaftslexikon (1994) S. 526.

2.1.1 Reaktionsgleichungen

In den Naturwissenschaften wird der Begriff der Bilanz oft nicht explizit erwähnt. Er ergibt sich aber direkt aus dem Massenwirkungsgesetz chemischer Reaktionen,[11] das für alle in Labor und Technik durchgeführten Reaktionen, aber auch für alle Vorgänge in der belebten und unbelebten Natur gilt.

Für die Ökobilanzierung sind insbesondere die Erhaltungssätze für Masse und Energie[12] von Bedeutung.[13] Beide sagen aus, daß bei einem chemisch-physikalischen Vorgang weder Masse noch Energie entstehen noch vernichtet werden. Daraus folgt das Input und Output einer Reaktion oder allgemeiner eines Vorgangs immer gleich sein müssen.

Jede vollständige Reaktionsgleichung, wie sie in der Chemie Anwendung findet, ist daher sowohl eine Stoff- als auch eine Energiebilanz. Ausgangsstoffe (A, B) und Endprodukte (C, D) werden einander gegenübergestellt und als Differenz der Energiegehalte der Stoffe ergibt sich die Energie der Reaktion (ΔH), wie im nachfolgenden Schema vereinfacht dargestellt wird.

$$aA + bB \rightleftharpoons cC + dD$$

$$\Delta H = \pm x \text{ kJ/mol}$$ [14]

Abb. 1. Schema der naturwissenschaftlichen Bilanz

Im Gegensatz zur wirtschaftswissenschaftlichen Bilanz ist eine Reaktionsgleichung jedoch dynamisch, d.h. sie folgt den Hauptsätzen der Thermodynamik, so daß sich bei der Veränderung eines Parameters das Gleichgewicht unmittelbar neu einstellt.[15]

Das vorgestellte Prinzip gilt auch für natürliche und künstliche Kernreaktionen, wobei hier keine chemischen Reaktionen vorliegen. Die immensen dabei freigesetzten Energien, die wiederum die Bilanz vervollständigen und den Massenverlust ausgleichen, sind von Kernkraftwerken und Atomwaffen her bekannt und werden von Einsteins legendärer Formel ($E = mc^2$) abgebildet.

---

[11] Siehe z.B. Holleman, Wiberg (1985), S. 190ff; Atkins (1990), S. 219ff.

[12] Der Energieerhaltungssatz wird in der Physik als der Zweite Hauptsatz der Thermodynamik bezeichnet.

[13] Gleichzeitig gilt auch noch die Impulserhaltung, auf deren Betrachtung an dieser Stelle aber verzichtet werden kann.

[14] ΔH wird in der Sprache der Naturwissenschaftler als die „Reaktionsenthalpie" bezeichnet. Sie gibt Aufschluß darüber, ob und in welche Richtung eine Reaktion freiwillig verläuft. Auf eine weitere Erläuterung wird hier verzichtet und auf die vorgenannten Lehrbücher verwiesen.

[15] Die Tatsache, daß auch bei chemischen und physikalischen Vorgängen Zustände fernab des Gleichgewichts stabil, z.B. durch kinetische Hemmung, sein können, bleibt unberücksichtigt und wird nicht weiter diskutiert.

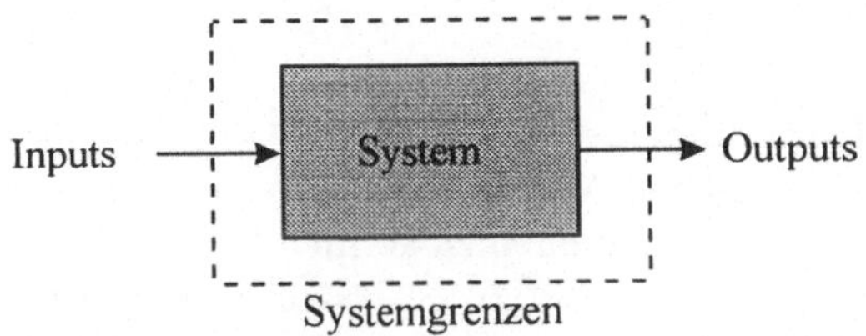

Abb. 2. Fließbild einer technischen Bilanz

2.1.2 Verfahrensbilanzen

Auch in den Ingenieurwissenschaften sind Bilanzen seit langem gebräuchlich. Besonders innerhalb der Verfahrenstechnik spielen Stoff- und Energiebilanzen eine große Rolle, so daß Schnitzer sogar von einem „Denken in Bilanzen"[16] spricht.

Verfahrenstechnische Bilanzen beziehen sich auf die industrielle Produktion und die dabei anfallenden Stoff- und Energieströme, die möglichst exakt erfaßt werden sollen, um eine vollständige Beschreibung eines Systems innerhalb der gewählten Grenzen zu ermöglichen. Insofern übertragen sie den hier gebrauchten Begriff der naturwissenschaftlichen Bilanz in einen größeren, produktionsnäheren Rahmen. Abbildung 2 gibt einen Überblick über ein Fließbild einer verfahrenstechnischen Bilanz.[17]

Für die Lösung technischer Bilanzierungsprobleme werden verschiedene Schemata vorgeschlagen, die bei der Erstellung der Stoff- und Energiebilanz im Rahmen einer Ökobilanz aufgegriffen werden.[18] Methodisch ist dieses Vorgehen im größeren Rahmen der Systemanalyse zu sehen, die in dieser Arbeit nicht weiter betrachtet werden kann.[19]

Während die verfahrenstechnische Bilanz großen Wert auf die numerische Lösung des Problems legt,[20] wird dieser Aspekt bei der Erstellung betrieblicher Ökobilanzen zurücktreten. Erhalten bleibt jedoch der Anspruch der Vollständigkeit, der der mathematisch-numerischen Bilanz implizit ist, da ein Gleichungssystem sonst nicht lösbar ist.

Aufgegriffen wird dies in der Produktionstheorie, die den betrieblichen Leistungsprozeß zu beschreiben sucht[21] und der betriebswirtschaftlichen Methodik zuzurechnen ist.

---

16 Schnitzer (1991), S. 7.
17 Für die Erstellung von Fließbildern gilt DIN 28004.
18 Schnitzer (1991), S. 57.
19 Vgl. z.B. einführende Artikel von: Müller-Merbach (1992), S. 853–876; Wegner (1974), S. 69–82.
20 Siehe z.B. Übersichtsartikel zur Prozeßoptimierung bei: Grossmann, Biegler (1995), S. 27–35; Keil (1996), S. 639–650.
21 Siehe z.B. Kloock (1969); Strebel (1981), S. 508–521.

2.2 Wirtschaftswissenschaften

Ökobilanzen dürfen sich, wie alle Instrumente zur Optimierung der betrieblichen Umweltleistung, einer ökonomischen Analyse nicht verschließen, um so als Basis für Managemententscheidungen dienen zu können.[22]

Der Bilanzbegriff der Wirtschaftswissenschaften ist festgelegt durch die Vorschriften des Handelsgesetzbuches (§§ 242–274 HGB), die detaillierte Vorschriften für die Aufstellung einer Bilanz enthalten.[23]

Definiert wird die Bilanz insbesondere in § 247 HGB als eine Gegenüberstellung von Vermögen und Kapital eines Betriebes,[24] in der „das Anlage- und das Umlaufvermögen, das Eigenkapital, die Schulden sowie die Rechnungsabgrenzungsposten gesondert auszuweisen und hinreichend aufzugliedern“[25] sind. Ergänzt wird diese Vorschrift in § 266 HGB, der verlangt, daß „die Bilanz in Kontenform aufzustellen ist“.[26] Vereinfacht kann dies wie in Abb. 3 dargestellt werden, wobei Rechnungsabgrenzungsposten[27] nicht berücksichtigt werden.

Die Bilanz ist damit eine Gegenüberstellung von Vermögen und Kapital. Das Vermögen (Aktiva) zeigt die konkrete Verwendung der eingesetzten Wirtschaftsgüter und Geldmittel, das Kapital (Passiva) die Ansprüche der Gläubiger (Fremdkapital) und der Unternehmener (Eigenkapital als Saldo zwischen Vermögen und Fremdkapital). Letzteres gibt damit Auskunft über die Mittelherkunft einer Unternehmung.[28]

Die Bilanz im Sinne des HGB[29] und steuerrechtlicher Vorschriften ist auf einen Zeitpunkt, das Ende des Geschäftjahres, bezogen. Sie eröffnet damit als

Aktiva	Passiva
Anlagevermögen Umlaufvermögen	Eigenkapital Schulden

Abb. 3. Schema einer wirtschaftswissenschaftlichen Bilanz

[22] Baum et al. (1994), S. 20; Als Beispiel eines rein betriebswirtschaftlichen Begriffsverständnisses siehe: Baumann, Schiwek (1996), S. 9.

[23] Die Besonderheiten des Steuerrechts bleiben unberücksichtigt, da sie nicht weiter zum Verständnis des Bilanzbegriffes beitragen.

[24] Gablers Wirtschaftslexikon (1994) S. 526.

[25] HGB § 247.

[26] HGB § 266.

[27] Die Rechnungsabgrenzung dient der zeitlich richtigen Zuordnung von Einnahmen und Ausgaben eines Betriebes zur Ermittlung des Periodenerfolges. Gablers Wirtschaftslexikon (1994) S. 2769.

[28] Siehe z.B. Woll, Wirtschaftslexikon (1990), S. 78; Gablers Wirtschaftslexikon (1994), S. 526; Wöhe (1986) S. 898.

[29] HGB, § 242 ff.

Bestandsrechnung einen (mehr oder weniger) repräsentativen Einblick in die Situation der Unternehmung zu einem festgelegten Stichtag, dem Bilanzstichtag. Ergänzt wird die Bilanz durch eine Gewinn- und Verlustrechung,[30] die durch die Gegenüberstellung von Erträgen und Aufwendungen das Unternehmensergebnis ermittelt. Sie ist damit eine periodenbezogene Rechnung.

Innerhalb der Wirtschaftswissenschaften widmen sich ganze Teildisziplinen der Bilanzierung und den damit verbundenen Vorschriften. Für weitere Ausführungen wird auf die umfangreiche Literatur verwiesen.[31]

Als wesentliche Grundlage für die Aufstellung von Bilanzen für Wirtschaftsunternehmen gelten die Grundsätze ordnungsgemäßer Buchführung und Bilanzierung (GoB), die im folgenden Abschnitt als Basis für die Formulierung von Grundsätzen ordnungsgemäßer Ökobilanzierung genutzt werden.

2.3 Kriterien ordnungsmäßiger Ökobilanzierung

2.3.1 Die Grundsätze ordnungsmäßiger Buchführung und Bilanzierung

Die Grundsätze ordnungsmäßiger Buchführung und Bilanzierung (GoB) sind in den Vorschriften des Handelsgesetzbuches (HGB §§ 238–263, seit 1985) und des Steuerrechts[32] kodifiziert. Als Quellen für die GoB dienen „Ansichten ordentlicher Kaufleute", die sich im Laufe der Zeit herausgebildet haben und durch allgemeine Gesetzesvorschriften, Rechtssprechung und Wissenschaft ergänzt wurden, so daß sie heute eine Art Grundkonsens der Buchführung und Bilanzierung darstellen. Sie bilden die allgemeine Grundlage für die handelsrechtliche Bilanzierung und sollen die mit der Erstellung und Veröffentlichung von Jahresabschlüssen verbundenen Zwecksetzungen gewährleisten. Damit wird das Ziel einer Vereinheitlichung von Bilanzen erreicht, so daß diese ihrer Kommunikationsfunktion nach innen (Mitarbeiter/Management) und nach außen (Gläubiger, Kunden, Lieferanten) gerecht werden.

Nachfolgend sind wesentliche Vorschriften der GoB zusammengestellt und stichwortartig erklärt, die anschließend unter „Grundsätzen ordnungsmäßiger Ökobilanzierung" verwendet und diskutiert werden.

- Klarheit und Übersichtlichkeit: Übersichtlichkeit und Eindeutigkeit der Bilanzierung, Verbot der Verrechnung einzelner Positionen;
- Vollständigkeit: Berücksichtigung aller betrieblicher Vorfälle;

---

30 Gablers Wirtschaftslexikon (1994) S. 1367.

31 Siehe z. B. Coenenberg (1985); Baetge (1996); Göllert, Ringling (1991).

32 Handelsrecht §§ 238–263 HGB; Steuerrecht §§ 140–148, 154, 158 AO, §§ 4ff EStG.

- Richtigkeit und Willkürfreiheit: Nachvollziehbarer Ansatz der richtigen Positionen;
- Abgrenzung: Zeitlich und inhaltlich richtige Erfassung der Vorfälle;
- Vorsicht: Prinzip des Gläubigerschutzes, Tendenz zu eher pessimistischen Darstellungen;
- Kontinuität und Stetigkeit: Vergleichbarkeit der Ansätze von Jahr zu Jahr;
- Einzelbewertung: Einzelne Erfassung jedes Vorgangs.

2.3.2 Grundsätze ordnungsmäßiger Ökobilanzierung

Je nach der wissenschaftlichen Ausrichtung vorliegender Arbeiten orientieren sich bisherige Kriterienkataloge mehr an den Arbeitsmethoden und Prinzipien der Naturwissenschaften[33] oder an den GoB, die aber nur selten explizit genannt werden.[34] Die Einhaltung dieser Kriterien gewährleistet, daß Ökobilanzen sowohl für die Wissenschaft als auch für die betriebliche Praxis zu einem nützlichen Werkzeug werden.

Die Grundsätze ordnungsmäßiger Ökobilanzierung können dabei in drei Klassen zusammengefaßt werden:

a) wissenschaftliche Grundsätze,
b) ökonomische Grundsätze,
c) informationsbezogene Grundsätze.

Darunter fallen im einzelnen die nachfolgend aufgeführten Punkte.

Zu a) wissenschaftliche Grundsätze:

- Wissenschaftliche Basis
  Die Datenbasis für die Ökobilanz muß den Ansprüchen wissenschaftlicher Arbeiten genügen. Die betrifft vor allem die vorgenannten Punkte der Klarheit/Eindeutigkeit und Vollständigkeit.
- Nachvollziehbarkeit
  Quellen und Methoden der Datenerfassung werden hinreichend dokumentiert, so daß bei einer Wiederholung vergleichbare Ergebnisse erzielt werden oder auftretende Abweichungen erklärt werden können.
- „Peer Reviewed"
  Sofern Ergebnisse veröffentlicht werden, sollten sie zuvor durch ein Expertengremium überprüft werden, um ihre Validität sicherzustellen.

---

33 SETAC (Hrsg.) (1994a), S. 6.

34 Vgl. Braunschweig, Müller-Wenk (1993), S. 26; SETAC (Hrsg.) (1994a), S. 41; Held (1986), S. 10f. Genannt werden die GoB bei: Wahlers (1995), S. 169.

Zu b) ökonomische Grundsätze:

- Kostengünstigkeit
  Kein Betrieb kann langfristig ohne die Deckung seiner Vollkosten (Gesamtkosten) überleben, so daß dieser Aspekt ein wichtiges Entscheidungskriterium beim Aufbau einer Ökobilanz ist. Da die Ökobilanz als Instrument des internen Managements gleichzeitig auch helfen kann, betriebliche Prozesse zu optimieren, ergeben sich hieraus wiederum Finanzierungspotentiale für die Erstellung einer Ökobilanz.
- Übertragbarkeit
  Die Ökobilanz ruht auf einer Konzeption, die die Ergebnisse möglichst umfassend nutzbar macht, so daß die auch auf andere Situationen übertragen werden können.
- Brauchbarkeit
  Der Auftraggeber der Studie kann diese sinnvoll einschränken. Allerdings sollten Einschränkungen zur Nutzbarkeit und Übertragbarkeit der Untersuchung auf andere Bereiche klar aus der Studie hervorgehen. Die Darstellung selbst sollte klar und verständlich sein.

Zu c) informationsbezogene Grundsätze:

- Quantitative Aussagen
  Alle Energie- und Materialverbräuche werden quantifiziert und auf der Basis aktueller Daten dokumentiert, wobei die Qualität der Daten zu überprüfen ist. Unsicherheiten und Annahmen müssen ebenfalls dargelegt werden.
- Angemessene Detaillierung
  Insbesondere die Daten der Sachbilanz, aber auch die anderen Bestandteile der Ökobilanz, sind mit angemessener Genauigkeit zu erfassen, die der Aufgabenstellung gerecht wird.
- Vollständigkeit/Abgrenzung
  Die Berücksichtigung aller betrieblichen Vorfälle in der Ökobilanzierung führt zu einer vollständigen Input-Output-Analyse, die alle bedeutenden Material- und Energieverbräuche und Umweltbelastungen erfaßt. Die zeitlich richtige Erfassung der Vorfälle und die Definition der Systemgrenzen sind für Ökobilanzen von herausragender Bedeutung. Vor allem die Vergleichbarkeit von Ökobilanzen verschiedener Unternehmen untereinander wird durch die Wahl der Bilanzgrenzen beeinflußt. Alle Einschränkungen und Ausgrenzungen durch Datenverfügbarkeit und Kostengünstigkeit müssen deshalb dokumentiert werden.
- Richtigkeit und Willkürfreiheit
  Für die Ökobilanzierung ist es vor allem wichtig, daß die verwendeten Daten eindeutig und nachvollziehbar sind. Die Herkunft des Datenmaterials muß ebenso verständlich sein, wie die Aggregation einzelner Daten, sofern eine solche vorgenommen wird.

- Stetigkeit/Stabilität/Konsistenz
  Die Ansätze sollen von Jahr zu Jahr bzw. von Studie zu Studie vergleichbar bleiben, so daß eine Aussage über den jeweiligen Entscheidungshorizont gültig bleibt. Dies ist insofern schwierig, als die Umweltwissenschaften ständig neue Erkenntnisse liefern, so daß Aussagen überprüft werden müssen. Die Ergebnisse stimmen mit denen früherer Studien überein. Abweichungen von anderen Studien sind zu erklären.
- Vorsicht
  Das Prinzip des Gläubigerschutzes entstammt klassisch-kaufmännischem Denken und ist auch in diesem Falle anwendbar. Firmen, deren gewöhnliche Geschäftstätigkeit in besonderem Maße Gefährdungspotentiale für die Umwelt darstellen, werden von Umweltauflagen und gesetzlichen Regelungen besonders hart getroffen. Daraus können sich drastische Auswirkungen auf ihren unternehmerischen Erfolg ergeben, so daß Ökobilanzierung hier z.B. dem Gläubiger als Entscheidungshilfe bei seiner Geldanlage oder Kreditvergabe dienen können.[35]

Die angeführten Kriterien gelten für alle Schritte der Ökobilanzierung, die in den folgenden Kapiteln erläutert werden. Aufgrund der bisher vorgestellten Grundlagen kann nun eine Definiton für Ökobilanzen gegeben werden.

3 Eine Definition des Begriffs Ökobilanz

Aufbauend auf die Definitionen des Bilanzbegriffs, wird der Begriff der Ökobilanz erläutert, wie er mittlerweile in der Literatur definiert und im Entwurf zur ISO 14040[36] für die Produkt-Ökobilanz festgelegt ist. Dabei wird im wesentlichen auf den Ökobilanzbegriff des Umweltbundesamtes[37] und der Enquete-Kommission des Deutschen Bundestages „Schutz des Menschen und der Umwelt"[38] zurückgegriffen. Aus den dort gegebenen Begriffsfestsetzungen läßt sich eine sehr umfassende Definition formulieren, die nahezu allen anderen in der Literatur gegebenen Konzepten gerecht wird.[39]

---

35 Überlegungen dieser Art haben bereits in die Auflage verschiedener Öko-Fonds Eingang gefunden und spielen eine hervorragende Rolle bei Kreditvergaben der Frankfurter Öko-Bank.

36 DIN EN ISO 14040 (1996), S. 2.

37 UBA (Hrsg.) (1992), S. 17.

38 Enquete-Kommission (Hrsg.) (1993), S. 75.

39 Ökobilanz-Definitionen finden sich z.B. in: SETAC (Hrsg.) (1993a), S. 5; SETAC (Hrsg.) (1994b), S. 1; BUWAL (Hrsg.) (1990), S. 3; Hallay, Pfriem (1992) S. 58; Schaltegger, Sturm (1992) S. 67; Braunschweig, Müller-Wenk (1993) S. 19; Stahlmann (1994), S. 172. Eine Übersicht verschiedener Ansätze findet sich in: Schaltegger, Kubat (1995), S. 38ff.

Die *Ökobilanz* ist ein möglichst umfassender Vergleich der Umweltauswirkungen des gesamten Lebensweges zweier oder mehrerer unterschiedlicher

- Produkte,
- Produktgruppen,
- Systeme,
- Verfahren oder
- Verhaltensweisen.

Die *Ökobilanz* umfaßt den gesamten Produktlebenszyklus:

- Entnahme und Aufbereitung von Rohstoffen,
- Herstellung,
- Distribution und Transport,
- Gebrauch und
- Verbrauch und Entsorgung bzw. Recycling.

Die *Ökobilanz*

- analysiert die ökologischen Wirkungen und
- bewertet die längs des Lebensweges auftretenden Stoff- und Energieumsätze und
- die daraus resultierenden Umweltbelastungen.

Die *Ökobilanz* dient

- der Analyse von umweltrelevanten Stärken und Schwächen,
- der Verbesserung der Umwelteigenschaften der Produkte,
- der Entscheidungsfindung in der Beschaffung und im Einkauf,
- der Förderung umweltfreundlicher Produkte und Verfahren,
- dem Vergleich alternativer Verhaltensweisen und
- der Entwicklung und Begründung von Handlungsempfehlungen.

Je nach der zugrundeliegenden Fragestellung wird dieser Vergleich um weitere Aspekte ergänzt, wie z. B. einer Beurteilung der Umweltschutzeffizienz finanzieller Mittel.[40]

Etwas enger ist die Festlegung der ISO 14040, da diese sich nur auf die Produkt-Ökobilanz (Life-Cycle Assessment) bezieht. Darin heißt es: „Die Produkt-Ökobilanz ist eine Methode zur Abschätzung von Umweltaspekten und produktspezifischen potentiellen Umweltwirkungen, durch:

- Zusammenstellung einer Sachbilanz von relevanten Input- und Outputflüssen eines Systems;
- Beurteilung der mit diesen Inputs und Outputs verbundenen potentiellen Umweltwirkungen;

---

40 UBA (Hrsg.) (1992), S. 17.

- Auswertung der Ergebnisse der Sachbilanz und Wirkungen hinsichtlich der Zielsetzung der Produkt-Ökobilanz."[41]

In dieser Definition wird der Lebenswegaspekt und das methodische Vorgehen stärker betont, worauf nachfolgend weiter eingegangen wird. Insgesamt greift auch das UBA schon 1992 auf diese, im Rahmen der Arbeiten der SETAC festgesetzten Begriffe zurück, so daß bis auf Nuancen einheitliche Begriffe vorliegen.[42]

Die umfassende Definition der Ökobilanz verdeutlicht die Vielschichtigkeit dieses Instrumentes und seine vielseitige Einsetzbarkeit zur Beurteilung des Umweltverhaltens verschiedener Alternativen. Gleichzeitig werden auch die Grenzen einer Ökobilanz sichtbar, die z. B. in der Einbeziehung sozio-ökonomischer Wirkungen liegen, wie sie die Produktlinienanalyse des Freiburger Öko-Instituts vorsieht[43].

Zudem ist die Ökobilanz in ihrer traditionellen Konzeption eine retrospektive Analyse, mit der bestehende Systeme untersucht werden. Erst in jüngster Zeit finden sich einige Ansätze, eine Ökobilanz auch als gestalterisches Instrument, z. B. im Produktdesign, einzusetzen.[44]

4 Teilbilanzen

4.1 Die Systematik der Teilbilanzen

Wie bereits aus der oben genannten Definition hervorgeht, können Ökobilanzen für verschiedene Objekte durchgeführt werden. Dabei lohnt sich eine genauere Betrachtung des Untersuchungsgegenstandes. Danach können, nach einem vom IÖW erarbeiteten Schema, idealtypisch unterschieden werden:

- Betriebsbilanz (Input-Output-Bilanz),
- Prozeßbilanz,
- Produktbilanz,
- Standortbilanz.[45]

Aus der Unterscheidung des Untersuchungsgegenstandes (Beobachtungsobjektes) lassen sich verschiedene Ansätze für Ökobilanzen ableiten, die sich einer einheitlichen Methodik mit einer fallweisen Anpassung auf die Anwendung bedienen.

---

41 DIN EN ISO 14040 (1996), S. 2.

42 UBA (Hrsg.) (1992), S. 18; vergleiche dazu: SETAC (Hrsg.) (1992); SETAC (Hrsg.) (1993a).

43 Grießhammer (1991), S. 2.

44 Vgl. z. B. Fleischer, Schmidt (1997), S. 20–24; Graedel (1997), S. 25–31. Siehe auch: Rubik, Teichert (1997); Fiskel (Hrsg.) (1996).

45 Hopfenbeck, Jasch (1993), S. 211 f; Hallay, Pfriem (1992), S. 58 f; BMU, UBA (Hrsg.) (1996), S. 4.

4.2 Die Teilbilanzen im Einzelnen

4.2.1 Betriebsbilanz

Eine Reihe verfügbarer Ökobilanzen betrachten die Firma als Black-Box, so daß durch die Orientierung an den physischen Grenzen des Unternehmens gleichsam mit Hilfe der Bilanzgrenzen „Werkstor" eine Input-Output-Bilanz erstellt wird.[46] Die einzelnen innerhalb der Firma ablaufenden Prozesse finden dabei keinerlei Beachtung. Alle Prozesse werden summarisch durch die Menge der verbrauchten Ressourcen (Input) im Vergleich zur Menge der Produkte, Nebenprodukte und Emissionen (Output) erfaßt. Dies wird zudem durch eine juristische Argumentation auf der Basis der Rechtspersönlichkeit des Unternehmens[47] gestützt, der diese Abgrenzung entspricht.[48]

4.2.2 Prozeßbilanz

Die Prozeßbilanz schließlich untersucht die betriebsspezifischen Abläufe der einzelnen Produktionsschritte nach dem Input-Output-Schema und ermöglicht so einen genaueren Einblick in die betriebliche Tätigkeit. Die Basis für diese Betrachtungsweise bildet eine räumliche, zeitliche und produktbedingte Abgrenzung und Beschreibung der einzelnen Prozeßschritte. Durch die Zuordnung von Input und Output zu einzelnen Prozessen oder Prozeßstufen werden Schwachstellen und Optimierungspotentiale genauer lokalisiert. Gemeinsam genutzte Kuppelprodukte werden auf die verschiedenen Prozesse aufgeteilt.[49] Die Gesamtbilanz für den Betrieb ergibt sich aus der Summe der Einzelprozeßbilanzen. Eine Prozeßbilanz liefert damit auch jene prozeßbezogenen Daten, die zur Beschreibung einzelner Abschnitte des Produktlebensweges im Rahmen von Produkt-Ökobilanzen erforderlich sind.[50]

4.2.3 Produktbilanz

Eine andere Zielsetzung verfolgt die Produktbilanz. Sie begleitet den Entstehungsweg eines Produkts, von den Rohstoffen bis zum Endprodukt, den Emissionen und Abfallprodukten. Der Lebensweg ist dabei regelmäßig in mehrere

46 Hopfenbeck, Jasch, Jasch (1996) S. 48; Schaltegger (1996), S. 133 ff.

47 Kytzia (1995), S. 67.

48 Beispiele dafür sind die vielbeachteten Ökobilanzen einiger Firmen, wobei immer nur auf den aktuellsten Bericht verwiesen wird: Hipp (1996); Kunert (1996); Mohndruck (1995); Neumarkter Lammsbräu (1997).

49 Zum Problem der Allokation vergleiche: SETAC (Hrsg.) (1994b).

50 Hallay, Pfriem (1992), S. 58 f; Hopfenbeck, Jasch, Jasch (1996), S. 366; Schmidt (1995), S. 11; Stahlmann (1994), S. 177 f.

Abschnitte unterteilt, die mit den Fertigungsprozessen in den verschiedenen Betrieben der Prozeßkette identisch sind. Natürlich kann auch nur der Fertigungsprozeß innerhalb eines Unternehmens untersucht werden. Bleibt der Untersuchungsrahmen auf ein Unternehmen beschränkt, ergibt sich aus der Summe aller Produkt- oder Prozeßbilanzen wiederum die Betriebsbilanz.

Es sei darauf hingewiesen, daß eine Produktbilanz nicht durchführbar ist, ohne einen konkreten Prozeß zugrunde zu legen, was natürlich auch umgekehrt gilt. Insofern können die Begriffe zwar inhaltlich abgegrenzt werden, für die konkrete Anwendung ergibt sich jedoch immer eine immanente Verknüpfung von Produkt- und Prozeßbilanz.[51]

Von besonderer Bedeutung ist die Produktbetrachtung im Rahmen der ISO 14040 Norm, die sich explizit „nur" auf Produkt-Ökobilanzen bezieht, deren Systematik und Instrumentarium aber auch auf andere Anwendungen im hier diskutierten Sinn übertragen werden kann.[52]

4.2.4 Standortbilanz

Schließlich besteht noch die Möglichkeit einer Standortbilanz, der eng mit dem Begriff des Standortes in der Öko-Audit-Verordnung der Europäischen Union zusammenhängt.[53] In diesem Zusammenhang „entspricht dieser Bilanzierungstyp im wesentlichen der Vorgehensweise bei der Umweltverträglichkeitsprüfung und der Störfallanalyse. Erfaßt werden die strukturellen Eingriffe des Betriebsstandortes auf die Umwelt und daraus entstehende Risiken. Betrachtet werden z. B. die Nutzung der Bodenfläche und Umweltressourcen, die Eingriffe in die Landschaftsstruktur sowie die ökologischen Dimensionen von Anlagevermögen und Lagerbeständen und damit verbundene Unfall- und Haftungsfragen."[54] Damit ergänzt die Standortbilanz die Betriebsbilanz, indem alle Faktoren des Umweltverbrauchs erfaßt werden, die nicht mit den Stoff- und Energieströmen der Produktion verbunden sind.

Eine weitere Verdeutlichung dieser Systematik bietet die folgende Abb. 4, die die Begriffe nochmals zueinander in Beziehung setzt. Zudem werden daraus sowohl die einzelnen Schritte entlang des Produktlebenszyklus als auch die möglichen Teilbilanzen deutlich.

Weitergehend sind nun die methodischen Bestandteile einer vollständigen Ökobilanz zu erläutern, wie sie sich im Laufe der letzten Jahre in der wissenschaftlichen Diskussion herausgebildet haben.

---

51 Schon Strebel (1978), S. 76 verweist auf diesen Zusammenhang von Produkt- und Prozeßbetrachtung.

52 DIN EN ISO 14040 (1996).

53 Verordnung (EWG) 1836/93 (1993).

54 Jasch (1992), S. 6; Hopfenbeck, Jasch (1993), S. 212.

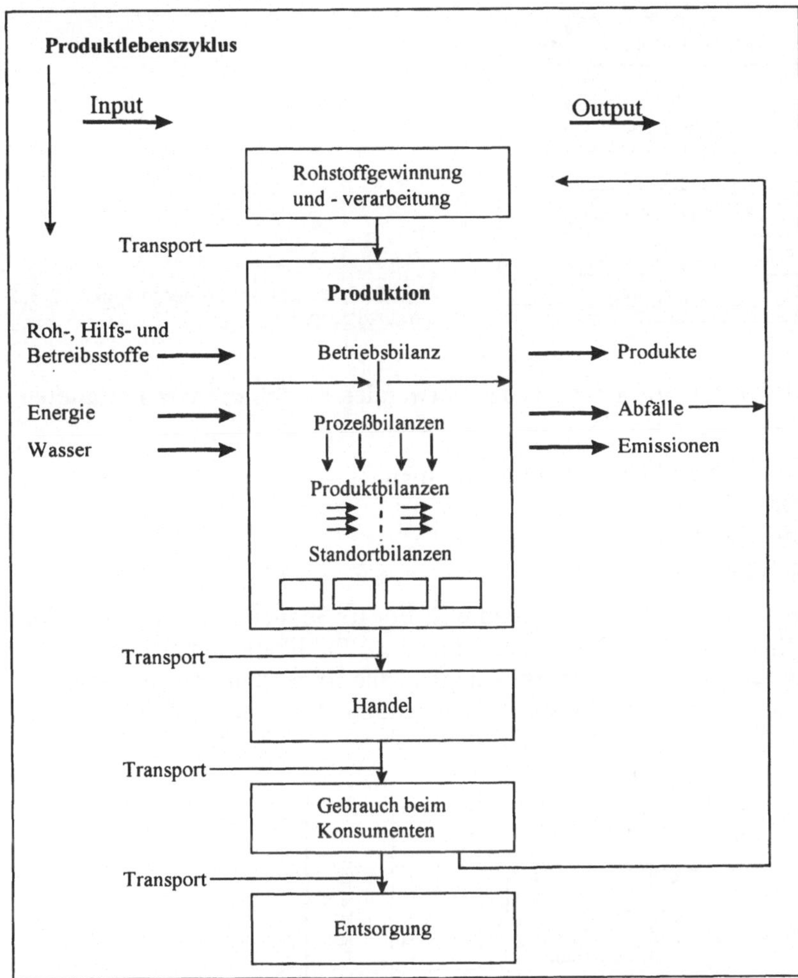

Abb. 4. IÖW-Ökobilanz-Systematik[55]

5 Die Bestandteile einer Ökobilanz

5.1 Die Bestandteile im Überblick

Als Bestandteile einer umfassenden Ökobilanz sind vier Elemente zu nennen, deren Bezeichnung nicht immer einheitlich ist. Hier wird die aktuelle

55 Hopfenbeck, Jasch, Jasch (1996), S. 266.

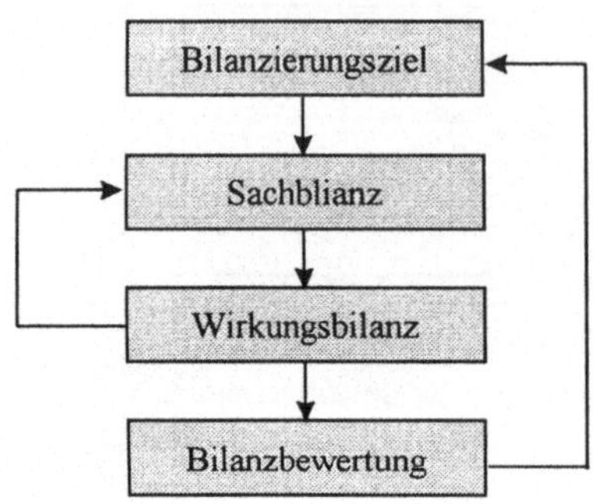

Abb. 5. Prozeßschema einer produktbezogenen Ökobilanz[57]

Nomenklatur der DIN EN ISO 14040 verwendet, so daß die vier Bestandteile sind:

- Zieldefinition und Untersuchungsrahmen,
- Sachbilanz,
- Wirkungsabschätzung,
- Auswertung.[56]

Traditionell werden die vier Elemente als lineare Sequenz (mit Rückkopplungen) gesehen, wie Abb. 5 betont, die einer UBA Publikation entstammt.

Ein anderer Ansatz, die verschiedenen Teile einer Ökobilanz in Beziehung zueinander zu setzen, ist in Abb. 6 gegeben, die der Systematik der SETAC[58]

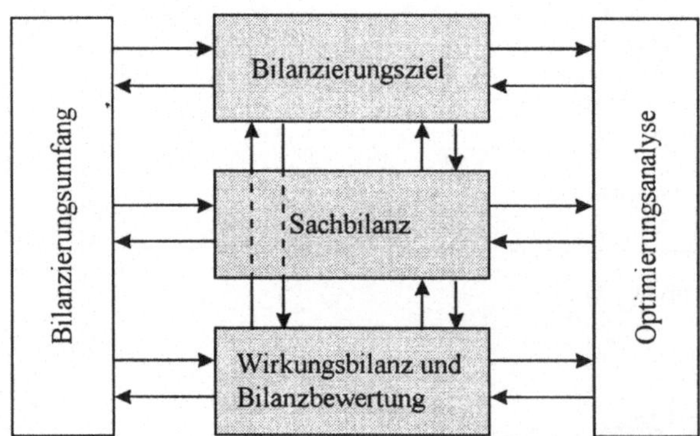

Abb. 6. Verknüpfungen zwischen den Bestandteilen einer Ökobilanz[59]

---

[56] Die genannten Begriffe sind die in der DIN EN ISO 14040 (1996) verwendeten, die z. T. von früheren Arbeiten etwas abweichen, sich jedoch auf die gleichen Inhalte beziehen. Siehe hierzu: UBA (Hrsg.) (1992), S. 17; Klöpffer, Renner (1995), S. 1; UBA (Hrsg.) (1995c), S. A 2; SETAC (Hrsg.) (1993a), S. 7; SETAC (Hrsg.) (1994a), S. XVIII.

[57] Vereinfacht aus: UBA (Hrsg.) (1995c), S. A 2.

[58] SETAC (Hrsg.) (1993b), S. 9.

[59] SETAC (Hrsg.) (1993b), S. 9.

entspricht. Die Durchführung der Ökobilanz wird hier weniger als lineare Sequenz von vier aufeinanderfolgenden Elementen gesehen, sondern es werden die Interdependenzen der einzelnen Elemente untereinander betont. Dabei wird die Notwendigkeit verdeutlicht, den Bilanzierungsumfang für alle Teile der Ökobilanzstudie zu überprüfen. Gleichzeitig wird deutlich, daß sich die Optimierungsanalyse, die als weiterer Bestandteil integriert ist, auf alle Teile der Ökobilanz bezieht. Zudem sind in der SETAC Systematik Wirkungsbilanz und Bilanzbewertung zu einem Schritt zusammengefaßt.

Die ISO 14040 nutzt eine ähnliche Abbildung zur Verdeutlichung ihrer Systematik,[60] die zudem noch auf verschiedene Anwendungen der (Produkt-)Ökobilanz eingeht. Dieser Punkt wird im folgenden Abschnitt aufgegriffen.

Die Vielfalt der Abbildungen wurde aufgenommen, um die verschiedenen Meinungen deutlich zu machen. Die Begriffe selbst werden in den weiteren Abschnitten mit Inhalt gefüllt werden, ohne daß dabei auf alle Meinungspluralitäten eingegangen werden kann.

5.2 Festlegung von Bilanzierungsziel und Bilanzierungsumfang[61]

Der erste Schritt einer Ökobilanz ist die Festlegung des Bilanzierungsziels und des Bilanzierungsumfangs.[62] Dabei wird definiert, welche Bilanzweite (Welche Elemente sind Bestandteil der Untersuchung?) und Bilanztiefe (Wie detailliert werden die einzelnen Elemente untersucht?) angestrebt werden. Beide sind eindeutig auf die beabsichtigte Anwendung abzustimmen.[63] Dazu ist das Erkenntnisinteresse zu beschreiben und die Systemgrenzen sind durch Definiton des Bilanzraumes und der Bilanzgrenzen im einzelnen festzulegen.[64] Die Systemgrenzen bilden die Schnittstelle zwischen einem (Produkt-) System und seiner Umwelt oder anderen (Produkt-)Systemen.[65]

Die Festlegung der Bilanzgrenzen ist ein zwingender Bestandteil, da eine Sachbilanz immer ein Bilanzobjekt in einem bestimmten Rahmen untersucht, auch wenn sie manchmal nur immanent gegeben sind und in der Untersuchung nicht explizit dargelegt werden. Als weiterer Punkt ist der Bilanzzeitraum festzulegen, so daß deutlich wird, auf welchen zeitlichen Horizont sich die erhobenen Daten beziehen.[66]

---

60 DIN EN ISO 14040 (1996), S. 9.
61 UBA (Hrsg.) (1992), S. 24; SETAC (Hrsg.) (1993a), S. 12; DIN EN ISO 14040 (1996), S. 11.
62 SETAC (Hrsg.) (1993a), S. 12; SETAC (Hrsg.) (1993b), S. 9.
63 DIN EN ISO 14040 (1996), S. 11.
64 UBA (Hrsg.) (1995c).
65 DIN EN ISO 14040 (1996), S. 7.
66 Berninger (1994), S. 225.

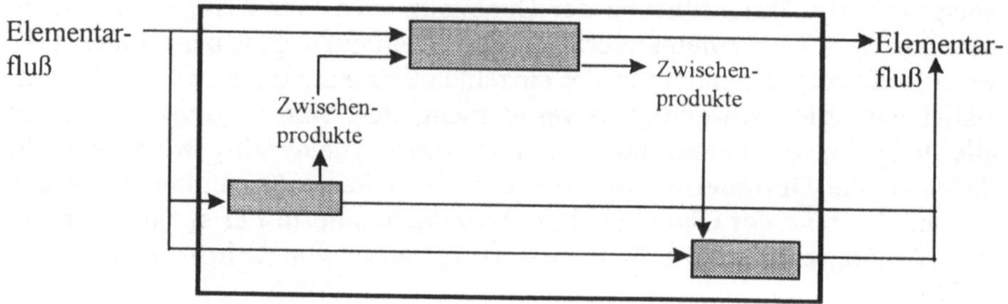

Abb. 7. Ideale Systemgrenzen der Ökobilanzierung[68]

5.2.1 Wahl der Systemgrenzen

Idealerweise kann ein Objekt (Produkt oder Prozeß) so umfassend untersucht werden, daß nur Stoffströme direkt aus der natürlichen Umwelt oder in diese zurück die Systemgrenzen überschreiten. Dadurch würden keine Vorprodukte in die Analyse eingehen, die in der Regel zu unscharfen Abgrenzungen führen. Abbildung 7 verdeutlicht dies in Form von idealen Systemgrenzen, die so gesetzt werden, daß nur Rohstoffe aus der Natur entnommen werden, bzw. Abfälle in diese zurückgegeben werden. In der ISO 14040 sowie bei der SETAC ist dabei von Elementarflüssen die Rede. Ein Elementarfluß ist definiert als: „(1) Stoff oder Energie der bzw. die dem untersuchten System zugeführt wird und der Umwelt ohne vorherige Behandlung durch den Menschen entnommen wurde“ oder „(2) Stoff oder Energie der bzw. die das zu untersuchende System verläßt und ohne anschließende Behandlung durch den Menschen an die Umwelt abgegeben wird.“[67] Durch diese strenge Definition werden Idealsysteme beschrieben, die in der Realität nicht analysierbar sind.

Aufgrund vielfältiger Austauschprozesse zwischen einzelnen Produktionsprozessen und insbesondere des Anfalls von Kuppelprodukten, d.h. Produkten, die technisch bedingt nur gemeinsam erzeugt werden können, müssen Abgrenzungen zu anderen Produkten oder Systemen getroffen werden, wie Abb. 8 verdeutlicht. Dadurch wird die Umsetzung einer Studie überhaupt erst ermöglicht.

Häufig wird der Untersuchungsrahmen noch weiter eingeengt werden, um den vorgenannten Kriterien gerecht zu werden. Insbesondere die Wirtschaftlichkeit und Kostengünstigkeit werden der Untersuchung schnell zusätzliche Grenzen setzen. Dies ist zudem auch von der Zielsetzung der Ökobilanz abhängig, wie weitere, folgende Begriffsklärungen herausstellen.

---

67 DIN EN ISO 14040 (1996), S. 6; vgl. z.B. SETAC (Hrsg.) (1992), S. 37.

68 Verändert nach: SETAC (Hrsg.) (1992), S. 37.

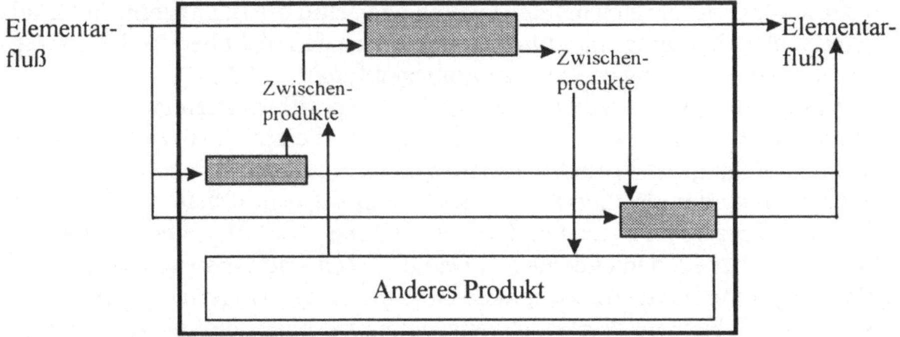

Abb. 8. Praktikable Systemgrenzen der Ökobilanzierung[69]

Ein Beispiel für die falsche Wahl der Systemgrenzen ist eine Studie, die von MacDonalds in Auftrag gegeben wurde,[70] um ihre Schnellrestaurants mit anderen Restaurants zu vergleichen. Die Studie kam zu dem Ergebnis, daß MacDonalds in quasi allen Bereichen wesentlich umweltfreundlicher ist als die Wettbewerber. Besonders die Menge der im Restaurant anfallenden Abfällen und der Energieverbrauch sind laut Studie acht- bis dreizehnmal geringer als in einem konventionellen Restaurant.

Betrachtet man die Studie genauer, so wird das Ergebnis leicht verständlich. Die Systemgrenzen wurden so gezogen, daß nur die einzelne Gaststätte betrachtet wurde. Da bei MacDonalds alle Zutaten fertig vorbereitet (tiefgefroren) angeliefert werden, fallen hier kaum Abfälle an. Im Gegensatz dazu bereiten die anderen, traditionellen Restaurants alle Speisen frisch zu, was natürlich zu der entsprechenden Menge an organischem Abfall führt.

Positiv bleibt anzumerken, daß in der Studie der „Gast" als Zurechnungseinheit gewählt wird, um den Verbrauch der einzelnen Gaststätten vergleichbar zu machen. Das Beispiel verdeutlicht, wie wichtig es ist, die Bilanzgrenzen richtig zu wählen und vergleichbare Daten für vergleichbare Objekte zu verwenden.

5.2.2 Verschiedene Analyseschwerpunkte

Ökobilanzen können als Systemanalyse, bei der ein System für sich alleine untersucht wird, oder als vergleichende Untersuchung konzipiert werden.[71]

---

69 SETAC (Hrsg.) (1992), S. 37.
70 Vgl. ausführliche Darstellung in: Beck (Hrsg.), S. 33ff.
71 White, Franke (1995), S. 347.

Insbesondere bei vergleichenden Ökobilanzen sind die Bilanzgrenzen für alle betrachteten Elemente einheitlich zu wählen, so daß nicht bereits die Konzeption der Untersuchung zu falschen Aussagen führt.

In diesem Zusammenhang sind auch die Begriffe Horizontal- und Vertikalanalyse[72] zu beachten. Die Vertikalanalyse bezieht sich auf die Untersuchung entlang des Produktlebensweges, während die Horizotalanalyse die Untersuchung der gleichen Stufe eines Lebensweges innerhalb verschiedener Produkte/Prozesse betrachtet. Eine Verengung der betrachteten Elemente kann dazu dienen, den enormen Aufwand an Zeit und Finanzen, der notwendig ist, um eine Ökobilanz zu erstellen, deutlich zu verringern. Zudem werden in der betrieblichen Praxis schnelle, effektive Entscheidungshinweise benötigt, die auch eine volle Ökobilanz oft nicht besser erfüllt.[73]

Dies hat dazu geführt, die Entwicklung von Streamlining und/oder Screening Verfahren für Ökobilanzen voranzutreiben.[74] Dabei wird unter Streamlining eine Reduktion von Umfang, Kosten und Aufwand einer Ökobilanz verstanden, indem z.B. verschiedene Stufen des Produktlebenszyklus ausgeblendet werden. Dagegen verschaffen Screening Verfahren einen Überblick über (ökologische) Schwerpunkte und arbeiten den Bedarf für weitere Analysen heraus.[75] Einzelne Beispiele dieser Methoden gibt es bereits in der Literatur.[76]

Zum Thema der Systemgrenzen zurückkehrend, sind Abgrenzungen deshalb sowohl zwischen dem untersuchten System und der Umwelt als auch zu anderen Systemen zu treffen. Der Anspruch der Ökobilanz, ein Objekt von der Wiege bis zur Bahre zu analysieren, impliziert dabei, daß alle Prozesse von der Gewinnung der Rohstoffe bis zur endgültigen Abgabe der Reststoffe an die Umwelt betrachtet werden.[77] Dieser Ansatz würde letztlich dazu führen, daß die Anzahl der zu analysierenden Systemelemente beliebig oder gar unendlich groß wird. Um dies zu vermeiden, ist der Untersuchungsrahmen einer einzelnen Studie schlüssig zu begrenzen. Wie bereits angesprochen, ist es notwendig, Abschneidekriterien so zu definieren, daß der Untersuchungsgegenstand sinnvoll erfaßt wird.

---

72 White, Franke (1995), S. 347; vgl. auch UBA (Hrsg.) (1992), S. 25: In dieser, älteren Quelle wird die Horizontalanalyse auf die „Aufbereitung der einzubeziehenden Kategorien und Indikatoren z.B. Luft- und Wasserbelastungen, Rohstoff- und Energieträgereinsatz und Abfallbelastungen" bezogen.

73 Weitz et al. (1996), S. 79.

74 Curran, Young (1996), S. 57–60; Weitz et al. (1996), S. 79–85; SETAC (Hrsg.) (1997), S. 2.

75 Weidenhaupt, Christiansen (1997), S. 3.

76 Graedel, Allenby, Comrie (1995), S. 134A–139A; Schmidt, Ackermann, Fleischer (1995), S. 69–78; Bringezu, Stiller, Schmidt-Bleek (1996), S. 1–9.

77 SETAC (Hrsg.) (1992), S. 8.

5.2.3 Funktionelle Äquivalenz und Datenqualität

Von gleicher Bedeutung ist in diesem Zusammenhang die Definiton der funktionellen Einheit, die eine klare Aussage zur Funktion eines Systems geben soll. Dadurch wird bei komparativen Untersuchungen sichergestellt, daß vergleichbare Dinge (funktionell äquivalent) einander in äquivalenten Größen gegenübergestellt werden.[78]

Zuletzt ist auch schon in dieser Phase der Untersuchung festzulegen, welche Datenqualität angestrebt wird, um so von Beginn an die Qualität der gesamten Ökobilanz sicherzustellen.[79] Dabei ist ein Mittelweg zwischen der Exaktheit der Analyse und der Wirtschaftlichkeit der Untersuchung zu finden, der beiden Ansprüchen gerecht wird.

Die Wirtschaftlichkeit der Untersuchung ist vor allem für kleine und mittelständische Unternehmen (KMU) ein ganz wesentlicher Punkt, da die interne Bereitstellung materieller und personeller Ressourcen schnell zum Engpaß werden kann, so daß häufig eine Genauigkeit der Daten von 10 % als ausreichend angesehen wird.[80]

5.3 Sachbilanz

„Sachbilanzen[81] umfassen Datensammlungen und Berechnungsverfahren zur Quantifizierung relevanter Input- und Outputflüsse eines Systems. Diese Inputs und Outputs können sich auf die Beanspruchung von zum System gehörenden Ressourcen sowie auf die Emissionen in Luft, Wasser und Boden beziehen. Aus diesen Daten können in Abhängigkeit vom Ziel und Untersuchungsrahmen der Ökobilanz Auswertungen ermöglicht werden.“[82]

Die Sachbilanz erfaßt damit alle Stoff- und Energieströme innerhalb der Bilanzgrenzen. Hier werden physikalische Größen gemessen und in einer Input-Output-Bilanz zusammengestellt. Die Vollständigkeit der Datenerfassung ist ebenso von entscheidender Bedeutung wie die Vergleichbarkeit der Daten verschiedener Alternativen. Die Sachbilanz ist sowohl in der praktischen Anwendung als auch in der wissenschaftlichen Diskussion am weitesten gediehen und kann als weitgehend definiert und verstanden angesehen werden.[83]

---

78 SETAC (Hrsg.) (1993a), S. 13; DIN EN ISO 14040 (1996), S. 12.

79 Siehe hierzu die ausführliche Diskussion in: SETAC (Hrsg.) (1994c); Pohl et al. (1996), S. 51–68.

80 Braun et al. (1997), S. 64; vgl. z.B. auch die Angaben in: Peter (1996), S. 99.

81 UBA (Hrsg.) (1992), S. 24; SETAC (Hrsg.) (1992), S. 35; SETAC (Hrsg.) (1993a), S. 14.

82 DIN EN ISO 14040 (1996), S. 14.

83 SETAC (Hrsg.) (1993a), S. 7.

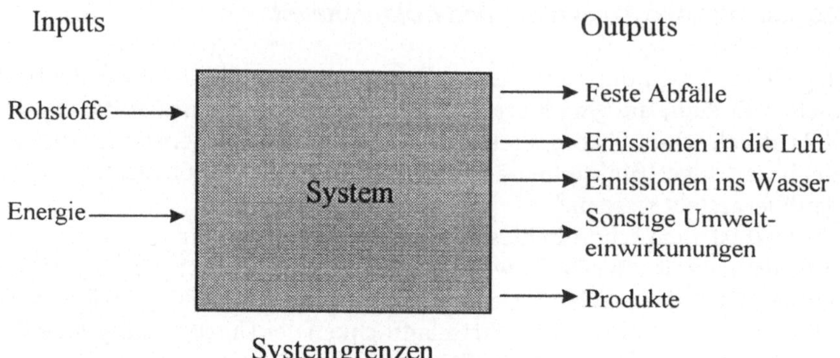

Abb. 9. Definition eines Systems für die Sachbilanz[84]

Abbildung 9 veranschaulicht exemplarisch ein System für die Erhebung von Sachbilanzdaten, ohne dabei über einzelne Prozesse Aufschluß zu geben.

Wird eine detaillierte Analyse gewünscht, die auf einzelne Prozesse des Systems eingeht, so ist ein Stoff- und Energieflußdiagramm zu erstellen, das die einzelnen Prozesse deutlich macht.[85] Eine wesentliche Schwierigkeit dabei ist die Vernetzung industrieller Prozesse. Bei linearen Abläufen bereitet die Zuordnung, in der Sprache der Ökobilanzierung die Allokation,[86] der Input- und Outputflüsse auf ein untersuchtes System keine Probleme.

Treten dagegen Recyclingprozesse auf, so muß eine Allokation der damit verbunden Stoff- und Energieflüsse auf die einzelnen Prozesse erfolgen.[87] Von besonderer Bedeutung sind dabei „closed-loop“[88] und „open-loop“[89] Prozesse. Unter „closed-loop“ wird ein geschlossener Kreislauf verstanden, bei dem ein Produktionsrückstand wieder in den gleichen Produktionskreislauf eingeht, während beim „open-loop“ eine Verwertung des Rückstandes in einem anderen Produktsystem erfolgt. Dies erfordert besondere Allokationsregeln, die an dieser Stelle nicht weiter ausgeführt werden.[90]

Abschnitt 7 geht detaillierter auf die Erstellung der Stoff- und Energiebilanz ein, da dieser Schritt für die betriebliche Praxis von besonderer Bedeutung ist.

Zuvor werden jedoch die weiteren Elemente einer vollständigen Ökobilanz ergänzt, so daß sich eine Betrachtung der Wirkungsbilanz anschließt.

---

84 Boustead, (1995), S. 321; vgl. auch: SETAC (Hrsg.), Berninger (1994) S. 227.
85 Dazu kann z. B. auf DIN 28 004 (1988) zurückgegriffen werden.
86 DIN EN ISO 14040 (1996), S. 6.
87 Vergleiche die folgende Publikation der SETAC, die sich ausschließlich dem Thema Allocation widmet: SETAC (Hrsg.) (1994b); außerdem z. B. Fleischer (1993), S. 209–215.
88 SETAC (Hrsg.) (1994a), S. 78.
89 SETAC (Hrsg.) (1994a), S. 79.
90 Eine Übersicht findet sich in: Klöppfer (1996), S. 27–31.

5.4 Wirkungsbilanz

Die Wirkungsbilanzierung[91] oder Wirkungsabschätzung[92] ist ein quantitativer und/oder qualitativer Prozeß[93] und dient „der Beurteilung der Bedeutung potentieller Umweltwirkungen mit Hilfe der Ergebnisse der Sachbilanz".[94] Die Wirkungsbilanz verbindet somit die Input-Output-Analyse der Sachbilanz mit der Wirkung der Rohstoffentnahmen und Emissionen auf die Umwelt.[95]

Die Phase der Wirkungsabschätzung wird in folgende Schritte unterteilt:[96]

- Klassifikation: Zuordnung von Sachbilanzdaten zu Wirkungskategorien;
- Charakterisierung: Modellierung und Aggregation der Sachbilanzdaten innerhalb der Wirkungskategorien;
- Bewertung (Valuation)[97]: Gewichtung und mögliche Zusammenfassung der Ergebnisse über die Wirkungskategorien hinweg, um sie untereinander vergleichbar und eventuell aggregierbar zu machen.

In der Literatur zur Ökobilanzierung werden eine ganze Reihe von Wirkungskategorien vorgeschlagen. Durch die Festlegung der Wirkungskategorien wer-

- Erschöpfung abiotischer Ressourcen
- Erschöpfung biotischer Ressourcen
- Landschaftsverbrauch
- Treibhauseffekt
- Ozonabbau
- Humantoxizität
- Aquatische Ökotoxizität
- Terrestrische Ökotoxizität
- Bildung von Photooxidantien
- Radioaktive Strahlung
- Entstehung fester, nicht verwertbarer Abfälle
- Versauerung
- Eutrophierung
- Abwärme (Wasser)
- Geruchsbelästigung
- Lärm
- Schädigung von Ökosystemen
- Schädigung von Landschaften
- Opfer/Gesundheitsschäden

Abb. 10. Umweltwirkungskategorien verschiedener Wirkungsbilanzansätze[98]

[91] UBA (Hrsg.) (1992), S. 24; SETAC (Hrsg.) (1993a), S. 14; SETAC (Hrsg.) (1994b); Klöpffer, Renner (1995).

[92] Dieser Begriff wird in der DIN EN ISO 14040 (1996), S. 9 und 15 gebraucht.

[93] SETAC (Hrsg.) (1993a), S. 23.

[94] DIN EN ISO 14040 (1996), S. 15.

[95] SETAC (Hrsg.) (1992), S. 81.

[96] DIN EN ISO 14040 (1996), S. 16; SETAC (Hrsg.) (1993a), S. 23–25.

[97] SETAC (Hrsg.) (1993b); Giegrich et al. (1995).

[98] Hier im wesentlichen zitiert nach: Klöpffer, Renner (1995), S. 26; Ergänzungen aus: SETAC (Hrsg.) (1993a), S. 24; SETAC (Hrsg.) (1992), S. 82, 89, 97; SETAC (Hrsg.) (1993b), S. 15.

den die relevanten Umweltbereiche, die durch das betrachtete Systeme belastet werden festgelegt und die Auswirkungen (Impacts) erfaßt.

Dabei wird z.B. der gesamte Beitrag einer Alternative zum Treibhauspotential ermittelt. Als Summenparameter kann hier der Ausstoß an Kohlendioxid dienen.[99] Die wesentlichen Parameter zum Thema Wirkungskategorien sind in Abb. 10[100] zusammengestellt, die wesentliche Beiträge zum Thema berücksichtigt. In der angeführten Literatur werden Algorithmen zur Berechnung der einzelnen Kategorien geben, auf die an dieser Stelle nicht weiter eingegangen wird.

Die Wirkungsbilanz ist im Rahmen der Ökobilanzierung das am stärksten diskutierte Element des Prozeßschemas (vgl. Abb. 5). Dabei lassen sich folgende Kritikpunkte unterscheiden:

- Festlegung der Wirkungskategorien
  Zwar enthalten ein ganze Reihe von Studien mittlerweile Wirkungsbilanzierungen, jedoch werden dabei oft nur die leicht quantifizierbaren Kategorien, wie das Treibhauspotential oder Ozonzerstörungspotential erfaßt. Andere, wichtige ökologische Parameter, z.B. die Artenvielfalt bleiben unbeachtet, obwohl es sich dabei um schützenswerte Elemente natürlicher Ökosysteme handelt.
- Quantifizierbarkeit
  Für einige Wirkungskategorien liegen anerkannte Formeln zur Berechnung vor. So sind z.B. die Kategorien Treibhauspotential und Ozonzerstörungspotential der Atmosphärenchemie entlehnt.[101] Häufig werden dann nur solche Wirkungskategorien ausgewählt, die sich auf der Basis der Sachbilanzdaten relativ einfach quantifizieren lassen, so daß beide Punkte Hand in Hand gehen.
- Aggregation
  Vor allem frühe Studien zur Ökobilanzierung haben eine Vollaggregation der Daten der Wirkungsbilanzierung mit Hilfe verschiedener Modelle vorgeschlagen.[102] Auf eine weitere Diskussion wird verzichtet, da neuere Arbeiten, selbst aus diesen Arbeitsgruppen,[103] auf eine Vollaggregation verzichten.
- Praktikabilität
  Die Erstellung einer umfassenden Wirkungsbilanz stellt sehr hohe Anforderungen an die erhobenen Stoff- und Energiedaten und deren Auswirkung auf die Umwelt. Dies ist von einem Industriebetrieb in der Regel nicht leistbar.[104]

---

[99] Klöpffer, Renner (1995), S. 18.
[100] UBA (Hrsg.) (1995a); SETAC (Hrsg.) (1992); SETAC (Hrsg.) (1993b).
[101] Berechnungsformeln z.B. in: Klöpffer, Renner (1995), S. 27.
[102] Bundesamt für Umwelt, Wald und Landschaft (Hrsg.) (1990); Braunschweig, Müller-Wenk (1993), S. 43ff.
[103] Peter (1996), S. 95ff.
[104] Ein methodischer Literaturüberblick findet sich in: Böning (1995).

Es wäre wünschenswert, daß weitere Forschungsarbeiten die Belange der betrieblichen Praxis stärker einbeziehen, um ein leichter handhabbares Instrumentarium zu schaffen. Es erscheint z.B. nicht sinnvoll, den Beitrag eines mittelständischen Unternehmens zum Treibhauseffekt aufgrund seiner CO_2 Emissionen zu berechnen. Die Maßgabe, Energieverbrauch und CO_2 Emissionen zu minimieren, ist auch ohne diese Berechnung seit langem aus ökonomischen und ökologischen Gründen einsichtig.

Ein Überblick über den Methodenstand der Wirkungsbilanzierung, vor allem in der deutschsprachigen Literatur, findet sich bei Böning,[105] auf den für weitere Ausführungen verwiesen wird.

5.5 Auswertung

Vorab sei erneut auf die begriffliche Trennung zwischen Bilanzbewertung und Auswertung (Interpretation) hingewiesen. Die Bilanzbewertung gilt noch als Teil der Wirkungsbilanz, während die Auswertung „die Ergebnisse der Sachbilanz und der Wirkungsabschätzung entsprechend dem festgelegten Ziel und dem Untersuchungsrahmen der (Produkt-)Ökobilanz zusammenfaßt".[106] Dabei schränkt die ISO 14040 ein, daß auch nur Sachbilanzstudien durchgeführt werden können.[107] Im Rahmen der ISO Arbeiten wurde der Begriff der Auswertung (Life Cycle Interpretation) als Antwort auf Forderungen eingeführt, den praktischen Bedürfnissen besser gerecht zu werden.[108]

Die Auswertung dient dabei dem besseren Verständnis der Daten und beinhaltet z.B. Sensitivitätsanalyse und Konsistenzprüfung, Identifikation wesentlicher Umweltwirkungen, Bewertung nicht-technischer Faktoren, sowie Schlußfolgerung und Ableitung von Empfehlungen.[109]

Die weiteren Arbeiten im Rahmen der ISO-Ausschüsse und die für 1998 geplante Veröffentlichung der ISO 14043 „Interpretation of Results" wird dazu weiteren Aufschluß geben.[110] Eine weitere Diskussion zur Anwendung der Ökobilanzierung in der betrieblichen Praxis findet im folgenden Abschnitt statt.

6 Funktionen betrieblicher Ökobilanzierung

Die betriebliche Ökobilanz bildet, wie schon in Abschnitt 1 erwähnt, eines der Instrumentarien des betrieblichen Umweltmanagements. Im Rahmen

---

105 Böning (1995).
106 DIN EN ISO 14040 (1996), S. 16.
107 DIN EN ISO 14040 (1996), S. 16.
108 Saur (1997), S. 8.
109 Verändert nach: Saur (1997), S. 8–10.
110 Marsmann, Klüppel, Saur (1997), S. 2–4; Klüppel (1997), S. 69–71.

Tabelle 1. Interne und externe Funktionen betrieblicher Ökobilanzierung

Intern	Extern
Schwachstellenanalyse	Marketing
Produktentwicklung und -optimierung	Anspruchsgruppenmanagement
Prozeßoptimierung	Verbraucherinformation
Betriebskontrolle durch Kennzahlenbildung	Kunden- und Lieferanteninformation
Strategische Planung und Steuerung	Kommunikation mit Behörden
Beurteilung von Umweltwirkungen	Politische Entscheidungsprozesse
Mitarbeiterschulung	

betrieblicher Tätigkeiten können Ökobilanzen für verschiedene Zwecke eingesetzt werden. Hinweise auf Anwendungen von Ökobilanzen gibt auch die ISO 14040 in Bild 1,[111] die mit anderen Literaturstellen kongruent sind.[112] Dabei können prinzipiell die interne Managementfunktion und die externe Kommunikationsfunktion unterschieden werden.[113] Zentral ist die Funktion der Informationsbeschaffung, die Basis für die weiteren, in Tabelle 1 aufgeführten Punkte ist.

- Externe Kommunikation

Die Zusammenarbeit mit allen gesellschaftlichen Gruppen und Interessenvertretungen, die für das Unternehmen von Bedeutung sind, spielt eine zentrale Rolle in den Beziehungen des Unternehmens zu seiner wirtschaftlichen, sozialen und natürlichen Umwelt.[114] Ökobilanzen können als Instrument der Kommunikation genutzt werden, um mit ihrer Hilfe Akzeptanzprobleme abzubauen oder gar nicht erst entstehen zu lassen.

Die wesentlichen Kommunikationspartner sind dabei die Marktpartner, d.h. Kunden und Lieferanten. Daneben spielt auch die Zusammenarbeit mit Banken, Behörden und anderen gesellschaftlichen Gruppen eine wichtige Rolle.

- Internes Management

Von mindestens gleicher Bedeutung ist der innerbetriebliche Nutzen für den Betrieb durch die systematische Erfassung der Stoffe und Energieträger im Rahmen von Stoff- und Energiebilanzen. So ermöglicht die genaue quantitative Erfassung kritischer Stoffe und Emissionen ökologische Schwachstellen aufzudecken. Dadurch können z.B. Ansatzpunkte zur Abfallvermeidung oder Energieeinsparungen aufgezeigt werden. Weiter greifend wird damit der Weg

111 DIN EN ISO 14040 (1996), S. 9.

112 Teichert, Baumgartner, (1990), S. 283; Hopfenbeck, Jasch (1993), S. 217; Gensch (1993), S. 65ff; SETAC (Hrsg.) (1993a), S. 33f; BMU, UBA (Hrsg.) (1995), S. 97; Grotz, Scholl (1996), S. 227f; zur politischen Nutzung vgl. z.B. Neitzel (1997), S. 1–23.

113 Hopfenbeck, Jasch (1993), S. 217.

114 Siehe z.B. Dyllick (1990), S. 190ff.

zum produkt- und produktionsintegrierten Umweltschutz eröffnet, dessen Ziel die umweltgerechte Gestaltung aller betrieblichen Prozesse und Produkte ist.[115]

Die umfassende Dokumentation der betrieblichen Umweltsitutation kann für die Bildung von Kennzahlen genutzt werden, wie sie in Abschnitt 8 diskutiert werden. Dadurch können z.B. Zeitreihen gebildet werden, in denen Veränderungen von Monat zu Monat oder von Jahr zu Jahr dokumentiert werden. Auf diese Weise wird eine Schnittstelle des Umweltmanagements zur betrieblichen Planung und Kontrolle geschaffen, indem durch einen Vergleich der relevanten Daten über die Jahre hinweg Verbesserungen der betrieblichen Umweltsituation zuverlässig dokumentiert werden können.[116]

Durch die Analyse und Überprüfung der Prozesse gewinnen die Mitarbeiter Wissen über die Abläufe und Prozesse des Unternehmens. Dieser passive Wissensgewinn kann noch durch Mitarbeiterschlungen ergänzt werden, so daß die dauerhafte Einbindung des Wissens im Unternehmen sichergestellt wird.[117]

Nach diesem Überblick über Ziele und Vorteile betrieblicher Ökobilanzen wird nun auf die Methodik zu ihrer Erstellung eingegangen.

7 Methodik der Stoff- und Energieflußanalyse

7.1 Die Bedeutung betrieblicher Stoff- und Energiebilanzen

Für betriebliche Ökobilanzen bilden Sachbilanzen, d.h. Stoff- und Energieflußanalysen das zentrale Element,[118] weshalb auf ihre Erstellung detaillierter eingegangen wird. Dieser Teil der Ökobilanz ist für Industrieunternehmen häufig der wichtigste, da die Datenerfassung im Betrieb oft gut möglich ist.

Außerdem können hier gewonnene Einblicke ins Betriebsgeschehen in der Regel direkt in betriebliche Optimierungsansätze einfließen. Es sei wiederholt, daß eine Grenze für die Erfassungsgenauigkeit durch das Prinzip der Wirtschaftlichkeit gegeben ist, da eine immer genauere Datenerfassung häufig nur mit immer größerem Kostenaufwand zu erreichen ist, der sich durch die zusätzlich gewonnenen Ergebnisse nicht rechtfertigen läßt. Hier wird folglich ein gesunder Mittelweg zu finden sein, der die wissenschaftliche Genauigkeit und die Wirtschaftlichkeit sinnvoll miteinander verknüpft.

---

115 Vgl. z.B. Beiträge in Fleischer (Hrsg.) (1994); zudem Strebel (1981), S. 508–521.

116 BMU, UBA (Hrsg.) (1995), S. 97.

117 Siehe z.B. Beiträge in: Wehrmeyer (Hrsg.) (1996).

118 Nissen, Friedel (1995), S. 140; Seuring, Sietz (1997), S. 16; Hofmeister, Schultz (1986), S. 72ff; Buchgeister, Kauschke, Nagel (1997), S. 690; Hopfenbeck, Jasch (1993), s. 213.

Werden Ökobilanzen als Material- und Energiebilanzen einzelner Produkte oder Prozesse eines Unternehmens erstellt, so werden oft die physikalischen Grenzen des Unternehmen selbst als Systemgrenzen der Ökobilanz dienen. Dies bedeutet zwar einen Verzicht auf die universelle Anwendbarkeit und Vergleichbarkeit der Ergebnisse, gewährleistet aber, daß die Ökobilanz konkret genug bleibt, um im Rahmen der betrieblichen Gegebenheiten zu nutzbaren Ergebnissen zu führen. Ein weiterer Punkt mit nicht zu unterschätzender Bedeutung ist die dadurch gegebene rechtliche Abgrenzung.[119]

Damit liefert die Ökobilanz eine Hilfestellung zur Beurteilung von technischen Verfahren oder Produkten auf der Basis betrieblicher Daten. Da nur diese Daten direkt vom einzelnen Industrieunternehmen beeinflußbar sind, wird die Ökobilanz so zu einem echten Instrument der betrieblichen Entscheidungsvorbereitung.

Mit Hilfe der Stoff- und Energieflußanalysen[120] lassen sich die zwischen den betrieblichen Produktionsprozessen und der Umwelt ablaufenden Zu- und Abgänge an Stoff- und Energieströmen quantitativ erfassen und veranschaulichen. Die so erhaltenen Stoff- und Energiebilanzen sind detaillierter als summarische Prozeß-Ökobilanzen, da sie die Stoff- und Energieströme den einzelnen Prozeßstufen möglichst genau zuzuordnen versuchen.

Je differenzierter die innerbetrieblichen Stoff- und Energieströme analysiert und bilanziert werden, desto besser eignen sich die gewonnenen Daten anschließend zur Beschreibung einzelner Abschnitte eines Produktlebensweges im Sinne von Produktbilanzen.

Die im Bereich des betrieblichen Umweltschutzes erarbeiteten Stoff- und Energieflußanalysen leiten sich, wie in Kapitel 2 gezeigt wurde, aus den in der Verfahrenstechnik angewandten Stoffstromanalysen ab, obgleich sich ihre Rechenmodelle wissenschaftlich nicht derart detailliert gestalten. Gleichwohl lassen sich die in den genannten Fachgebieten erfolgreich eingesetzten methodischen Grundlagen und Voraussetzungen der Anlagenbilanzierung auf Ökobilanzen übertragen und besitzen somit auch für sie Gültigkeit.[121]

7.2 Arbeitsschritte der Stoff- und Energieflußanalyse

Bei der Stoff- und Energiebilanzierung werden die einzelnen Bilanzsysteme als „Black Box" betrachtet. Eine Berücksichtigung von Phasenübergängen und chemischen Reaktionen innerhalb eines Bilanzsystems wird dabei nicht vorgenommen. Die Betrachtung der Stoff- und Energieströme endet an den Systemgrenzen (siehe Abb. 9). Diese einfache Betrachtungsweise ist für das

---

119 Kytzia (1995), S. 67.

120 Die Begriffe Stoff- und Energieflußanalyse sowie Material- und Energiestromanalyse werden synonym gebraucht und liefern als Ergebnis eine Stoff- und Energiebilanz.

121 Schnitzer (1991), S. 31 ff.

Ziel der Stoff- und Energieflußanalyse, nämlich die Ermittlung der Entstehungsorte und die Quantifizierung von Rückstands- und Emissionsströmen, ausreichend. Sie wird daher für Ökobilanzen ausschließlich angewandt.[122]

Die Methodik einer durchgeführten betrieblichen Stoff- und Energieflußanalyse orientiert sich zunächst zweckmäßigerweise an den jeweils gegebenen Bedingungen und dem konkreten Untersuchungsgegenstand.

In der Literatur wurden dennoch einige allgemeine Arbeitsschritte einer betrieblichen Bilanzierung ausgearbeitet, die eine Anwendung für verschiedene verfahrenstechnische Produktionsprozesse mit den jeweils noch erforderlichen Anpassungen erlaubt. Abbildung 11 zeigt die an Berninger angelehnten Arbeitsschritte einer Stoffstromanalyse.[123] In den Schritten 2 bis 4 erfolgt eine

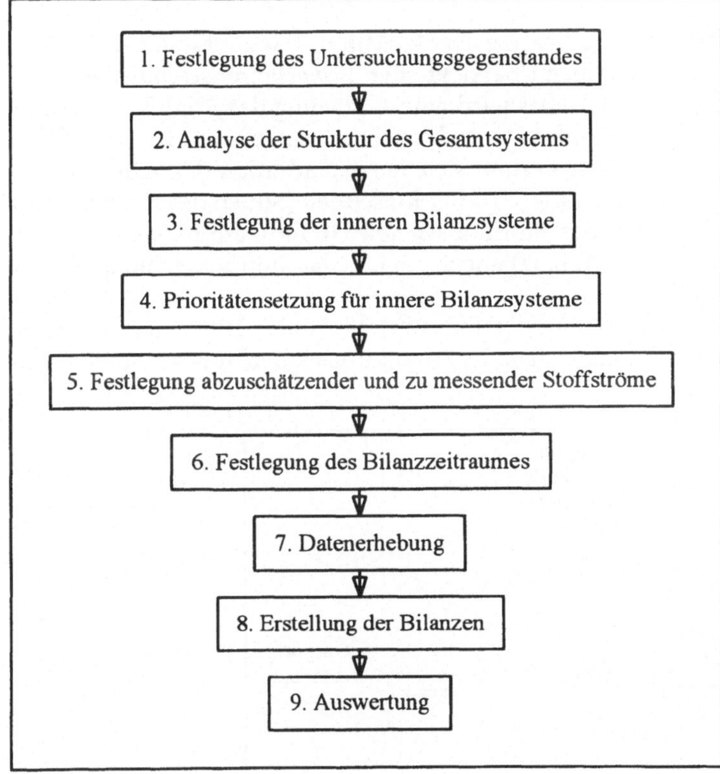

Abb. 11. Arbeitsschritte der Stoffflußanalyse[124]

122 Berninger (1994), S. 4.
123 Berninger (1994), S. 5.
124 Angepaßt nach Berninger (1994), S. 5.

Gliederung der untersuchten Anlage, bevor in den Schritten 5 bis 9 die systematische Erhebung und Auswertung der Daten durchgeführt wird.

Da die Energieströme gekoppelt mit den produktionsbezogenen Stoffströmen auftreten, braucht ihre Erfassung keine eigene Methodik, sondern findet parallel zu den genannten Arbeitsschritten der Stoffflußanalyse statt.

Synonym zur bereits vorgestellten Methodik zum Aufbau von Ökobilanzen (Zieldefinition) erfolgt als erster Schritt eine Festlegung des Untersuchungsgegenstandes. Nach einem ersten Überblick über die Vorgänge und Stoffflüsse im Gesamtsystem (Produktpalette, Hauptmaterialien, Betriebsstoffe, Energieträger, Rückstände, Emissionen etc.) müssen die Systemgrenzen ermittelt und festgelegt werden.

7.3 Gliederung von Prozessen und Anlagen

Als zweiter Schritt folgt die Analyse der Struktur des Gesamtsystems. Zur Verbesserung der oft schwierigen Übersicht über die verfahrenstechnischen Vorgänge innerhalb eines Betriebes wird eine Auflistung der Produktionsstufen und der darin stattfindenden Grundverfahren aufgestellt. Das Stoffflußschema eines Gesamtsystems ergibt sich aus der Addition der Schemata der Grundverfahren. Für jede dieser Produktionsstufen (Stufen des Herstellungsprozesses) wird ein eigenes Stoffflußschema (Input-Output-Schema) nach folgendem Muster (siehe Abb. 12) angefertigt, in das Stoffflüsse rein qualitativ eingetragen werden.

Bei vertikaler Ausrichtung der Einsatzstoffe (Roh-, Hilfs- und Betriebsstoffe) können aufeinanderfolgende Produktionsstufen untereinander dar-

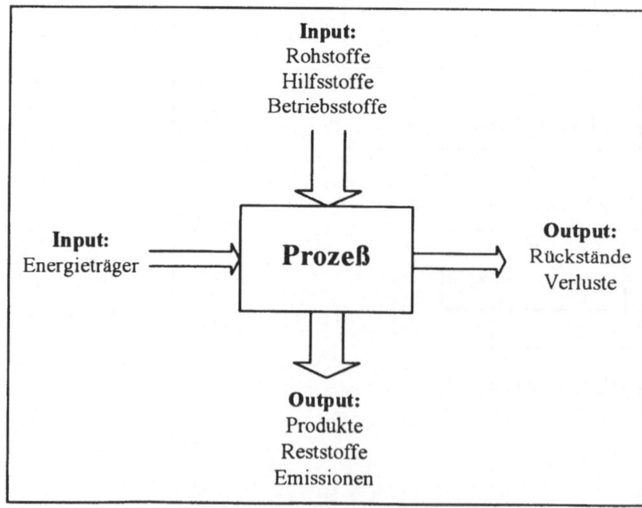

Abb. 12. Stoffflußschema eines Produktionsprozesses

gestellt werden. Verluste können als Output einbezogen werden, wenn sie beispielsweise als Abwärme auftreten und nutzbar wären. Ansonsten wird auf ihre Darstellung verzichtet.

Um Rückschlüsse auf Abfallentstehungsorte und eine Zuordnung der Emissionsquellen zu einzelnen Schritten des Produktionsprozesses zu ermöglichen, muß eine weitere Unterteilung des Gesamtsystems in untergeordnete Bilanzsysteme erfolgen. Diese Festlegung der inneren Bilanzsysteme, die in Abbildung 11 unter Schritt 3 aufgeführt ist, orientiert sich an der vorgegebenen Betriebsstruktur und den betrieblichen Gegebenheiten. Aus anlagentechnischer Sicht kommt folgende Einteilung in 5 Ebenen und Bilanzsystemen in Frage.

Um eine Verwechslung unterschiedlicher Bilanzsysteme zu vermeiden, erhält zum Zwecke der eindeutigen Identifizierbarkeit jedes Bilanzsystem eine eigene Ordnungsnummer (z.B. Numerierung in eckigen Klammern in Abb. 13). Dies ermöglicht eine eindeutige Zuordnung des betrachteten Prozesses im Gesamtsystem, da die Eingliederung ins Gesamtsystem ersichtlicht wird.[126]

Zusätzlich zum gezeichneten Stoffflußschema wird eine textliche Beschreibung der Bilanzsysteme angefertigt, so daß alle wichtigen Punkte der einzel-

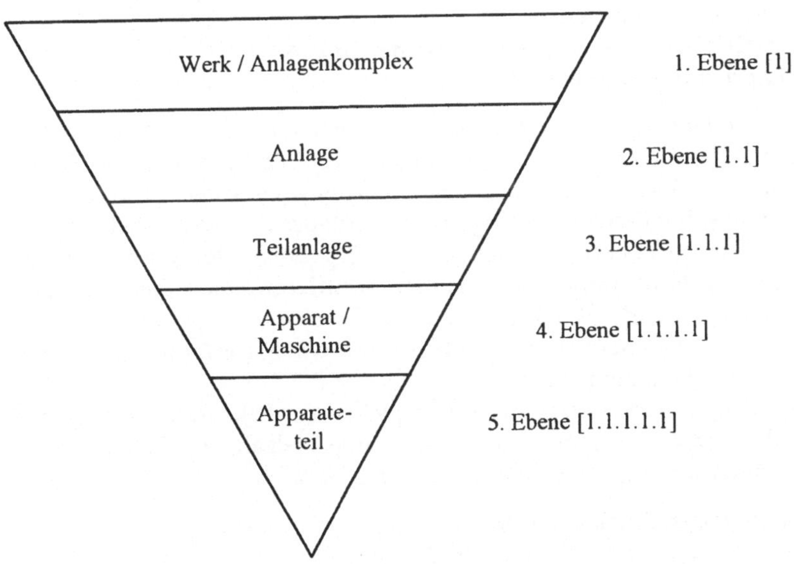

Abb. 13. Einteilung des Gesamtsystems in untergeordnete Bilanzsysteme[125]

125 Nach Berninger (1994), S. 8. Das Vorgehen entspricht damit dem der Systemanalyse, die eine schrittweise Detaillierung vorsieht. Vgl. z.B. Haberfellner et al. (1994), S. 18.

126 So sagt die Angabe [1.3.2.4] aus, daß die Maschine 4 aus der Teilanlage 2 zur Herstellung des Produktes der Anlage 3 in Werk 1 betrachtet wird.

nen Bilanzsysteme deutlich werden (Herkunft der Eingangsstoffe, Grundverfahren, Hauptmaterialien, Betriebsstoffe, Energieträger, Emissionen, Ziel der Ausgangsstoffe etc.).

Im folgenden Arbeitsschritt, der Prioritätensetzung für innere Bilanzsysteme (Schritt 4 in Abb. 11), wird die Untersuchungsreihenfolge der inneren Bilanzsysteme festgelegt. Diese richtet sich nach der vorgenommenen Einschätzung der ökologischen Umweltrelevanz der Einzelprozesse. Dabei ist zu beachten, daß mit dieser vorgenommen Einschätzung der Umweltrelevanz bereits eine gewisse Bewertung erfolgt und somit auf die Bilanzbewertung vorgegriffen wird, die eigentlich erst als abschließender Punkt der Ökobilanz vorzunehmen ist. Im Einzelfall muß die Einschätzung der Umweltrelevanz, eventuell unter Hinzuziehung der betrieblichen Experten, entschieden werden muß.[127]

7.4 Datenquellen

Im Schritt 5 laut Abbildung 11 erfolgt die Festlegung abzuschätzender und zu messender Stoffströme. In aufsteigender Reihenfolge des damit verbundenen Aufwandes sind dabei die folgenden Arten der Datenerhebung möglich:

1. Begründete Schätzung,
2. Messung von Stichproben,
3. Kombination von Messungen und Abschätzungen,
4. Kontinuierliche Messungen.[128]

Bei der Auswahl muß gleichzeitig festgelegt werden, mit welcher Genauigkeit die zu bestimmenden Größen zu ermitteln sind. Die erforderliche Genauigkeit muß für den konkreten Fall im Rahmen des Bilanzierungsziels festgelegt werden.

Bei der anschließenden Festlegung des Bilanzzeitraumes (Schritt 6 in Abb. 11) muß berücksichtigt werden, daß die Ergebnisse der Stoffflußanalyse die aktuellen Zustände möglichst genau repräsentieren sollen. Der Vorteil der produktionsbegleitenden Analyse gegenüber der rein retrospektiven Betrachtung liegt in der Möglichkeit, betrieblich routinemäßig erfaßte Daten durch eigene Erhebungen zu ergänzen.

Die Nutzung innerbetrieblicher Datenquellen zur Erhebung der Stoffströme kann diese wesentlich erleichtern, da oft eine Vielzahl von Daten vorliegt, die nicht prozessual zugeordnet sind. Dazu zählen z. B.:[129]

- Stoffdatenblätter, Stücklisten, Arbeitspläne,
- Materialtransportblätter, Materialflußbögen,

---

[127] Berninger (1994), S. 8 fügt an dieser Stelle die Aufstellung eines Bilanzgleichungssystems ein. Die Ermittlung unbekannter Größen auf mathematischem Wege wird in dieser Arbeit nicht beschrieben und im Beispiel des nachfolgenden Kapitels nicht durchgeführt.

[128] Berninger (1994), S. 15.

[129] Nissen, Friedel (1995), S. 144.

- Materialverwendungspläne, Einkaufslisten,
- Abfallbilanzen, Abfallwirtschaftspläne, Entsorgungsnachweise (Abfallbegleitscheine),
- Emissions- und Abfallkataster,
- Wasserverbrauchszähler,
- Energieverbrauchsübersichten, Verbrauchszähler für elektrische Energie,
- Wärmemengenzähler.

Die eigentliche Datenerhebung (Schritt 7 in Abb. 11) schließt sich den beschriebenen vorbereitenden Festlegungen an. Sie erfolgt EDV-gestützt und liefert die für jedes Bilanzsystem erhobenen Daten in Tabellenform.

Abschließend können die Bilanzen erstellt (Schritt 8) und die Auswertung vorgenommen werden (Schritt 9). Nach Möglichkeit wird eine Liste von Ansatzpunkten für Abfallvermeidungs- und Emissionsminderungsmaßnahmen mit Prioritäten für deren Umsetzung aufgestellt, wozu eine Bewertung der Umweltrelevanz der erfaßten Ströme notwendig ist, wie sie z.B. die Wirkunsabschätzung vorsieht.

Als alternative Instrumente, die der betrieblichen Praxis vertrauter sind, werden im folgenden Kapitel die ABC/XYZ Analyse und die Bildung von Kennzahlen vorgestellt.

8 Instrumente zur Auswertung betrieblicher Ökobilanzen

Im Rahmen des betrieblichen Umweltmanagements sind mittlerweile vielfältige Instrumentarien vorgestellt worden, die teils auf ökologischen Ansätze, teils auf ökonomischen Ansätze basieren. Ökobilanzen dürfen sich, wie alle Instrumente der Optimierung der betrieblichen Umweltleistung, einer ökonomischen Analyse nicht verschließen, um als Basis für Managemententscheidungen dienen zu können.[130] Eine ausführliche Analyse kann im Rahmen dieser Arbeit nicht erfolgen, so daß z.B. auch die erfolgversprechenden Ansätze der Umweltkostenrechnung[131] oder des Öko-Controlling[132] nicht berücksichtigt werden. Für alle Instrumente sind Stoff- und Energiebilanzdaten eine wichtige Basis, weshalb ihnen das vorstehende Kapitel gewidmet wurde.

Um die Praktikabilität zu gewährleisten, wird deshalb auf zwei andere Instrumente, ABC/XYZ Analyse[133] und die Bildung von Umweltkenn-

130 Baum et al. (1994), S. 20; vgl. z.B. die Arbeiten von: Kirchgäßner (1995), Kytzia (1995) und Wahlers (1995).

131 Siehe z.B. die ausführlichen Darstellungen bei: Roth (1992); Piro (1994); BMU, UBA (Hrsg.) (1996).

132 Aus der umfangreichen Literatur seien als Beispiel erwähnt: Seidel (1988); oder die Monographien von Kals (1993); Günther (1994); Bleis (1995); Janzen (1996).

133 Basisarbeiten hierzu finden sich bei: Hallay, Pfriem (1992), S. 91ff; Vgl. auch die ausführliche Darstellung bei: Hopfenbeck, Jasch (1993), S. 226ff.

zahlen[134] zurückgegriffen, die zum einen in der wissenschaftlichen Literatur etabliert sind, zum anderen auf Instrumenten beruhen, die in Industriebetrieben zu vielfältigen Zwecken eingesetzt werden.

8.1 Auswertung nach dem ABC/XYZ-Verfahren

Mit dem ABC/XYZ-Verfahren werden keine quantitativen Aussagen in Form von Zahlenwerten zur Umweltbelastung getroffen. Daher ist das Verfahren für Vergleiche unterschiedlicher Untersuchungsobjekte nicht direkt geeignet. Es dient vielmehr der Ermittlung und übersichtlichen Darstellung von Schwerpunktproblemen und gibt eine Hilfestellung, um die Reihenfolge ihrer Bearbeitung in Sinne einer Schwachstellenanalyse festzulegen.[135]

Das zugrunde gelegte ABC-Raster wird schon seit einiger Zeit erfolgreich im Bereich der Wirtschaftspraxis eingesetzt. Mit ihm wird eine schwer überschaubare Anzahl von Fakten so sortiert, daß die wichtigen von den weniger wichtigen sichtbar getrennt werden. Durch diese Absonderung des Unwesentlichen vom Wesentlichen findet bezüglich des Handlungsbedarfs eine Prioritätensetzung auf die Fälle statt, wo mit verhältnismäßig geringem Aufwand eine hohe Effizienzsteigerung zu erwarten ist.[136]

Bei der Wahl einer Bewertungsmethode für die Daten der Sachbilanz entschied sich etwa die Hälfte der bei einer Untersuchung befragten deutschen Unternehmen für die genannte Methode. Sie kommt mit ihrer praxis- und handlungsorientierten Grundrichtung dem Wunsch der Unternehmen nach Beantwortung der Frage „Was soll geändert werden?“ eher als andere Verfahren entgegen. Aus der Ökobilanz und ihrer Bewertung sollen schnell direkte Handlungsansätze abgelesen und notwendige nützliche Maßnahmen eingeleitet werden können. Einer quantifizierenden Bewertung zum Zwecke einer wissenschaftlich eindeutigen Vergleichbarkeit von unternehmensbezogenen Umwelteinwirkungen wird keine große Praktikabilität zugewiesen.[137]

Die mit diesem Ansatz erzielbare Genauigkeit wird auch deshalb als ausreichend angesehen, weil das eigentlich mit der Bewertung verfolgte Ziel die Beschaffung von Informationen ist, an welchen Stellen mit den Maßnahmen zur Abfallvermeidung und Emissionsverminderung angesetzt werden muß. Mit Hilfe der ABC/XYZ-Analyse kann also eine Schwachstellenanalyse bzw. Prozeßoptimierung betrieben werden.[138]

---

134 Vergleiche den Leitfaden: BMU, UBA (Hrsg.) (1997).

135 Butterbrodt (1995), S. 55.

136 Stahlmann (1994), S. 189. Die Grundlage für diese Betrachtungsweise resultiert aus der Erkenntnis, daß 20 % der Ursachen eines Phänomens für 80 % der Auswirkungen verantwortlich sind. Siehe auch: Butterbrodt (1995), S. 56.

137 Böhler, Kottmann (1996), S. 110 f; Grotz, Scholl (1996), S. 227.

138 Berninger (1994), S. 11.

Bei der Bewertung kann zunächst anhand festgelegter Kriterien eine Einteilung von eingesetzten Stoffen (Roh-, Hilfs-, und Betriebsstoffen), Energieträgern, Emissionen und Produkten in Klassen unterschiedlicher Umweltrelevanz vorgenommen werden.

Für jeden relevanten Faktor erfolgt eine Einstufung als „problematisch" oder „unproblematisch". Die Bewertungsmethode liefert nicht numerische, absolute Rechenergebnisse, sondern stuft die Umweltwirkungen der eingesetzten Rohstoffe und der entstehenden Abfälle relativ ab: „A-Fälle" weisen aufgrund ihrer hohen ökologischen Relevanz auf besonders dringlichen Handlungsbedarf hin, „B-Fälle" sind demgegenüber eher weniger relevant und erst mittelfristig anzugehen, während „C-Fälle" nach dem zugrunde gelegten Wissensstand als unbedenklich zu bezeichnen sind.[139]

Die Gewichtung der ökologiebezogenen Faktoren erfolgt im Idealfall nach sechs Kriterien, die alle für ökologisch-verantwortliche Entscheidungen wichtige Umweltaspekte beinhalten:

Tabelle 2. ABC-Bewertungsraster[140]

	A-Einstufung: Besonders relevantes ökologisches Problem, akuter Handlungsbedarf	B-Einstufung: Ökologisches Problem mit mittelfristigem Handlungsbedarf	C-Einstufung: Nach vorliegendem Kenntnisstand keine oder geringe Umweltprobleme, kein Handlungsbedarf
Kriterium 1	Einhaltung umweltrechtlicher Rahmenbedingungen (Gesetze, Grenzwerte, Verordnungen, Auflagen, Vorschriften)		
Kriterium 2	Gesellschaftliche Akzeptanz (Öffentliche Diskussion)		
Kriterium 3	Gefährdungs- und Störfallpotential (Brand-, Explosionsgefahr)		
Kriterium 4	Internalisierte Umweltkosten (Entsorgungskosten, Abgaben)		
Kriterium 5	Negative Effekte auf vor- und nachgelagerte Produktionsstufen (Rohstoffgewinnung, Vorproduktion, Entsorgung)		
Kriterium 6	Erschöpfung nicht-regenerativer Rohstoffe/Übernutzung regenerativer Ressourcen		

Die Erfassung und Verwendung (Operationalisierung) der Kriterien ist unterschiedlich schwierig und häufig nicht vollständig zu leisten. Daher kann z.B. eine Beschränkung auf die Kriterien „Einhaltung der Gesetze" und „Gefährdungspotential" stattfinden.

Die Methode ist vom Ansatz her grenzwertorientiert. Ihr liegt die Betrachtungsweise zugrunde, daß Stoffe, die durch eine gesetzliche Regelung oder sonstige allgemein anerkannte Regelwerke in irgendeiner Weise eingestuft sind, ein Schädigungspotential für die Umwelt besitzen. Als problematisch bei

139 Hallay, Pfriem (1992), S. 94; Hopfenbeck, Jasch (1993), S. 230f; Stahlmann (1994), S. 189.

140 Verändert nach Bracht, von Bugoslawski (1996), S. 113. Vergleiche die ausführlichen Darstellungen bei: Hallay, Pfriem (1992), S. 91–113 sowie Stahlmann (1994), S. 190–195.

grenzwertorientierten Methoden wird jedoch das Zustandekommen der Grenzwerte angesehen, das meist auf politischer Grundlage erfolgt.[141]

Eine ABC-Analyse kann noch um eine quantitative Aussage erweitert werden. Dabei wird der Mengeneffekt des Einsatzes umweltrelevanter Substanzen mit Hilfe der XYZ-Bewertung relativ abgestuft.[142] Hier findet eine Mengeneinteilung Anwendung, die sich an den betrieblichen Größenordnungen der eingesetzten Stoffe orientiert. Sie gliedert sich folgendermaßen:

- X = Hoher Mengeneinsatz bzw. -anteil,
- Y = Mittlerer Mengeneinsatz bzw. -anteil,
- Z = Geringer Mengeneinsatz bzw. -anteil.

Mit der Kombination zwischen ABC- und XYZ-Bewertung können damit neben qualitativen auch quantitative Einwirkungseffekte der untersuchten Bereiche schwerpunktartig eingekreist und verdeutlicht werden. Die Stoffbewertung ist in einem Bewertungsraster nach folgendem Muster darstellbar:

ABC / XYZ	hohe ökologische Relevanz A	mittlere ökologische Relevanz B	geringe ökologische Relevanz C
hoher Mengenanteil X	hoher Handlungsbedarf		
mitterer Mengenanteil Y		mittlerer Handlungsbedarf	
geringer Mengenanteil Z			geringer Handlungsbedarf

Abb. 14. Kombination der ABC- mit der XYZ-Klassifikation[143]

[141] Berninger (1994), S. 10.

[142] Die quantitative Aussage bezüglich des Materialeinsatzes ist nicht zu verwechseln mit dem oben beschriebenen Merkmal der ABC/XYZ-Bewertung, keine bewertende Beschreibung von Umwelteinwirkungen in zahlenmäßiger Form zuzulassen: Zahlenangaben fließen in die Analyse mit ein, sie bilden aber kein Ergebnis. Siehe dazu Lehrbücher der Materialwirtschaft, z. B. Oeldorf, Olfert (1987), S. 63 f.

[143] Bracht, von Bugoslawski (1996), S. 120.

In diese Klassifikation werden die Einzelstoffe in Form von Punkten oder Feldern eingetragen. Durch diese Form der Visualisierung kann aufgezeigt werden, für welche Produkte, Einsatzstoffe oder Abfälle besonderer Handlungsbedarf besteht.

Eine weitere Abbildung von Stoff- und Energiebilanzen kann mit Hilfe von Kennzahlen und Umweltkennzahlen erfolgen, die im nächsten Abschnitt vorgestellt werden.

8.2 Umweltkennzahlen in Ökobilanzen

8.2.1 Definition und Funktion

Um die Informationen einer Ökobilanz meß- und nachvollziehbar und damit für den Betrieb nutzbar zu machen, muß das gewonnene Datenmaterial entsprechend aufbereitet werden. Eine Auswertung und anschauliche Darstellung der Ergebnisse der Sachbilanz kann mit Hilfe von stoff- und energieflußorientierten Kennzahlen erfolgen. Sie ermöglichen eine vergleichende Bewertung der gewonnenen quantitativen Informationen.

Kennzahlen wurden in verschiedenen wissenschaftlichen Bereichen für die Aufgabe entwickelt, in konzentrierter, stark verdichteter Form und auf eine relativ einfache Weise schnell über einen zahlenmäßig erfaßbaren Tatbestand zu informieren.[144] Sie können als in Zahlenform verdichtete Realität aufgefaßt werden.

In der Praxis fällt eine Unterscheidung zwischen einer einfachen Zahl oder anderen betrieblichen Kennzahlen von einer Umweltkennzahl nicht immer leicht. Allgemein gilt aber, daß im betrieblichen Maßstab eine Kennzahl dann zur Umweltkennzahl wird, wenn sie einen betrieblichen Sachverhalt mit einem solchen der natürlichen Umwelt verknüpft.[145] Legt man eine aus der Betriebswirtschaftslehre bekannte, recht weit gefaßte Definition zugrunde, dann versteht man unter einer Kennzahl zunächst eine „mittelbar oder unmittelbar umweltrelevante Größe, in Form einer absoluten oder relativen Zahl, die gezielt einen betrieblichen Sachverhalt mit erhöhtem Erkenntniswert beschreibt."[146]

Aus dem Bereich der Betriebswirtschaftslehre sind Kennzahlen seit vielen Jahren bekannt und ein in der betrieblichen Praxis vielverwendetes und aus ihr nicht mehr wegzudenkendes Hilfsmittel (als Instrumente der Bilanzanalyse, des Betriebsvergleichs und in der Unternehmensanalyse, beispielsweise als „Return on Investment"). Sie dienen als Steuerungsgrößen, die wichtige

144 Hopfenbeck (1996), S. 196; siehe Beiträge z.B. aus der Betriebswirtschaftslehre: Reichmann (1993), oder den Ingenieurwissenschaften: Stichlmair (1990).

145 BMU, UBA (Hrsg.) (1995), S. 540.

146 Loew, Kottmann (1996), S. 10f.

Informationen zu knappen und anschaulichen Aussagen verdichten. Durch sie lassen sich beispielsweise die finanzielle Lage und die Entwicklung von Unternehmen schnell erkennen, wodurch sie für die Geschäftsführung von besonderer Bedeutung sind.[147]

Umweltkennzahlen hingegen haben in der Praxis noch keine große Verbreitung gefunden. Gleichwohl ist bei Anwendung der EG-Öko-Audit-Verordnung zukünftig eine Umwelterklärung zu erstellen und zu veröffentlichen, die u.a. eine Zusammenfassung von Zahlenangaben (etwa als Kennzahlen) über Schadstoffemissionen, Abfallaufkommen, Rohstoff-, Energie- und Wasserverbrauch sowie Lärm erfordert (Art. 5 Nr. 3c).[148]

Durch die gezielte Ausarbeitung mehrerer Umweltkennzahlen und deren Zusammenfassung zu einem Umweltkennzahlensystem liegt dem Betrieb ein leistungsfähiges Umweltinformationssystem vor. Umweltkennzahlen sind dann in der Lage, die Funktion von effizienten Planungs-, Steuerungs- und Kontrollgrößen für das Controlling und Management der betrieblichen Stoff- und Energieströme zu übernehmen.[149] Zusätzlich dienen sie der Information von Belegschaft und externen Zielgruppen.

Betriebliche Umweltkennzahlen bieten sich für eine umweltorientierte Unternehmensführung durch ihre vielfältigen Nutzungsmöglichkeiten an:

1. Darstellung und Dokumentation der Umweltsituation im Zeitreihen- und Betriebsvergleich: Veränderungen der zeitlichen und räumlichen Entwicklung im betrieblichen Umweltschutz können zahlenmäßig beschrieben und über längere Zeiträume hinweg vergleichbar gemacht und dokumentiert werden.
2. Ermittlung von Schwachstellen und Optimierungspotentialen: Durch die Möglichkeit des Zeitreihen- und Betriebsvergleiches, also der zeitbezogenen Gegenüberstellung von Kennzahlen vergleichbarer Standorte, Prozesse, Maschinen oder Abteilungen, können ökologische Verbesserungsmöglichkeiten aufgedeckt und rechtzeitig Korrekturmaßnahmen eingeleitet werden, wozu sich eine Erhebung in möglichst kurzen Zeitabständen empfiehlt (etwa monatlich).
3. Aufstellung und Verfolgung quantifizierter Umweltziele: Klar formulierte Umweltschutzziele, definiert beispielsweise als prägnante Kennzahlen, werden im Soll-Ist-Vergleich die erreichten Erfolge erst später meßbar.
4. Kommunikationsgrundlage der betrieblichen Umweltleistung: Durch eine offene, datengestützte Umweltberichterstattung, die das Erfüllen der Anforderungen nach der EG-Öko-Audit-Verordnung und der DIN EN ISO 14001 ebenfalls unterstützt, läßt sich ein Vertrauensverhältnis zu den eigenen Mitarbeitern, Behörden und zum Verbraucher aufbauen und das umweltbezogene Unternehmensimage in der Öffentlichkeit verbessern.[150]

---

147 Reichmann (1993), S. 2160 f.

148 Peemöller et al. (1996), S. 4.

149 BMU, UBA (Hrsg.) (1995), S. 539.

150 BMU, UBA (Hrsg.) (1997), S. 10 f.

8.2.2 Systematisierung und Anwendung von Umweltkennzahlen

Damit Umweltkennzahlen ihre Aufgabe, als internes Instrument zur Messung und Verbesserung der Umweltleistung beizutragen, erfüllen können, müssen auch solche Kennzahlen erarbeitet werden, die auf die vorliegenden betrieblichen Verhältnisse zugeschnitten sind und die Produktionsbedingungen entsprechend genau abbilden. Nur wenn die Bedeutung der Umweltkennzahlen für den jeweiligen Produktionsabschnitt von den Mitarbeitern erkannt wird, kann ihre Integration in den betrieblichen Ablauf und eine regelmäßige Fortschreibung und Weiterentwicklung erreicht werden.

Es bieten sich verschiedene Arten von betrieblichen Umweltkennzahlen zur Anwendung an, die in der aktuellen Literatur nach unterschiedlichen Gesichtspunkten systematisiert sind.

Eine Unterscheidung in die Abbildungsbereiche, also bezogen auf die Ebene, die von dem Umweltkennzahlensystem erfaßt wird, gliedert sich in:

1. Umweltleistungs-/belastungskennzahlen, die sich auf die Planung, Beurteilung, Steuerung und Kontrolle der vom Unternehmen ausgehenden Umweltauswirkungen konzentrieren.
2. Umweltmanagementkennzahlen, die darstellen, welche organisatorischen Aktivitäten das Management zur Minimierung der Umweltauswirkungen unternimmt.
3. Umweltzustands-/qualitätskennzahlen, die eine Beschreibung der Umweltqualität in der Umgebung des Unternehmens abgeben sollen.[151]

Abgesehen vom unterschiedlichen Aufwand zur Erstellung dieser Kennzahlen-Klassen ist der unmittelbar resultierende ökologische und ökonomische Nutzen für den Betrieb zunächst von größerer Wichtigkeit. Dieser ergibt sich am deutlichtsten bei Umweltleistungskennzahlen, weil die zugrundeliegenden Stoff- und Energieströme hier schnell erkannt und korrigiert werden können.

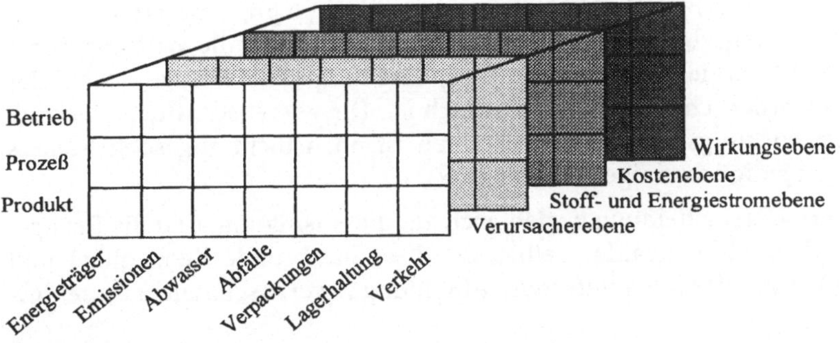

Abb. 15. Differenzierungsmatrix der Umweltkennzahlen[152]

---

[151] BMU, UBA (Hrsg.) (1997), S. 5f.

[152] Verändert nach Loew, Hjálmarsdóttir (1996), S. 23.

Eine andere Unterscheidungsmöglichkeit der gebräuchlichen Umweltkennzahlen bezieht sich auf unterschiedliche Betrachtungsperspektiven, wobei sich eine Differenzierungsmatrix hinsichtlich der verschiedenen Bereiche, auf die sich Umweltkennzahlen beziehen, aufstellen läßt (s. Abb. 15).

Zwischen den Betrachtungsgegenständen bzw. Organisationsebenen (Prozeß, Produkt und Betrieb, vertikal) und den Umweltschutzbereichen (Energiewirtschaft, Verkehr etc., horizontal) läßt sich eine Matrix aufspannen. Um einzelne Umweltschutzbereiche zu analysieren, kann beispielsweise ein Umweltschutzverantwortlicher die relevanten betriebs-, prozeß- und produktbezogenen Kennzahlen heranziehen. Prozeß- oder produktverantwortliche Mitarbeiter in den jeweiligen Fachabteilungen können dagegen alle Umweltschutzbereiche ihres Verantwortungsbereiches betrachten, wenn sie ökologische oder ökonomische Verbesserungsmöglichkeiten suchen oder im Rahmen der Planung Handlungsalternativen bewerten.

Unter Hinzunahme eines dritten Differenzierungskriteriums, den Abbildungsebenen, in denen die Umweltbelastungen oder ihre Ursachen dargestellt werden, wird die Matrix dreidimensional. Hier lassen sich die jeweils mengenbezogenen Ebenen Verursacherebene, Stoff- und Energiestromebene und Wirkungsebene, sowie die finanzbezogene Kostenebene unterscheiden:

- Kennzahlen der Verursacherebene bilden die betriebliche Produktionsaktivität als Folge von Stoff- und Energieströmen ab. Hierzu gehört z. B. die Kennzahl Tonnenkilometer, die für den Bereich Verkehr gebildet wird (Produkt aus transportierter Tonnage und gefahrenen Kilometern).
- Die Stoff- und Energiestromebene enthält die Kennzahlen, die direkt aus Stoff- und Energiestromgrößen berechnet werden. Diese Größen lassen sich, sofern vorhanden, aus den Betriebs-, Prozeß- oder Produktbilanzen entnehmen (z. B. CO_2-Ausstoß pro Produktionseinheit).
- Kennzahlen der Kostenebene werden gebildet, indem die Kosten, die dem Betrieb aufgrund eines Stoff- und Energiestroms entstehen, zugrunde gelegt werden (z. B. betriebliche Entsorgungskosten pro Produkteinheit).
- In der Wirkungsebene sollen mit Hilfe von Kennzahlen die Wirkungen der Stoff- und Energieströme auf die Biosphäre dargestellt werden, wobei der hierzu erforderliche Aufwand sehr hoch ist. Die wissenschaftliche Diskussion um wirkungsbezogene Kennzahlen ist noch nicht abgeschlossen, es existieren lediglich einige Vorschläge.[153]

Eine weitere Unterscheidung bezieht sich auf die Ausbildung und die Bezugsgröße der Umweltkennzahlen selbst, die diese in absolute Kennzahlen und (relative) Verhältniszahlen unterteilt. Abbildung 16 veranschaulicht diese Aufteilung:

---

153 Loew, Hjálmarsdóttir (1996), S. 23 f.

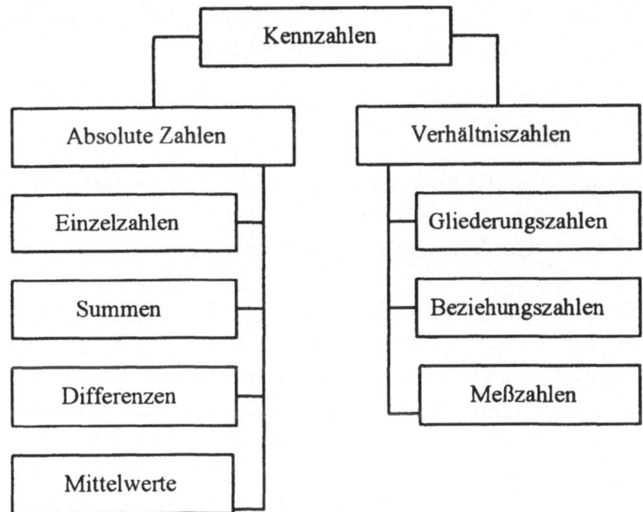

Abb. 16. Arten von Kennzahlen[154]

Die absoluten Kennzahlen sind von Bedeutung, weil sie die Gesamtmenge des Ressourcenverbrauches oder der Schadstoffemission eines Bereiches aufzeigen, und weil sie als Zahlengrundlage für Umweltziele dienen.

Für einen Vergleich unter Effizienzaspekten muß eine Basiszahl allerdings im Verhältnis zu aussagekräftigen Bezugsgrößen betrachtet werden. So sind absolute Zahlen durch Produktions- und Absatzschwankungen während der betrachteten Zeiträume in ihrer Aussagekraft eingeschränkt. Relative, z. B. auf die Produktionsmenge bezogene Verhältniszahlen sind aussagekräftiger, weil sie die Effektivität der Umweltschutzmaßnahmen deutlich machen.[155]

Die Verhältniszahlen lassen sich in drei Kategorien aufteilen:

Gliederungszahlen ergeben sich durch die Beziehungen von Teilgrößen, die zur Gesamtgröße in Beziehung gesetzt werden (z. B. Anteil = Teilmasse im Verhältnis zu ihrer Gesamtmasse). Eine vielverwendete materialbezogene Kennzahl ist die des Rohstoffanteils:

$$\text{Rohstoffanteil A} = \frac{\text{Rohstoffeinsatz A}}{\text{Gesamtrohstoffeinsatz}}$$

Beziehungszahlen drücken das Verhältnis statistisch verschiedenartiger Größen aus, zwischen denen ein Zusammenhang besteht, wobei sie sich auf den gleichen Zeitpunkt oder -raum beziehen sollten (z. B. Quote, Intensität =

154 BMU, UBA (Hrsg.) (1995), S. 540.
155 BMU, UBA (Hrsg.) (1997), S. 8.

Verhältnis verschiedenartiger gleichrangiger Größen)[156]. Auf das Beispiel der Rohstoffe bezogen läßt sich die Rohstoffeinsatzquote bilden:

$$\text{Rohstoffeinsatzquote} = \frac{\text{Rohstoffeinsatz}}{\text{Produkteinheiten}}$$

Kaum gebräuchlich dagegen sind die Meß- bzw. Indexzahlen, die relative Veränderungen von Größen anzeigen, was z.B. über die Bildung von Indizes mit der Basis 100 möglich ist (Meßzahlen sind nicht mit gemessenen Größen zu verwechseln).[157]

Der Abschnitt verdeutlicht, daß Kennzahlen für viele Bereiche Aussagekraft besitzten und sowohl für technische Analysen, wie sie hier beleuchtet wurden, als auch im kaufmännischen Bereich hohe Relevanz besitzen. Dabei ergeben sich zusätzliche Einblicke, wenn z.B. zu den technischen Informationen der Sachbilanz Kosteninformationen hinzugefügt werden. Aufgrund der Komplexität dieses Themas konnte es in diesem Zusammenhang nicht weiter beleuchtet werden, so daß auf die umfangreiche, einschlägige Literatur verwiesen wird.[158]

9 Schlußbemerkung

Abschließend sei angemerkt, daß laut UBA-Heft 24/95 kaum eine Ökobilanz bisher allen Punkten gerecht geworden ist.[159] Dennoch sind Arbeiten, die nur Teilaspekte betrachten als Ökobilanzen anzusehen,[160] um in einer Zeit, da das Instrumentarium der Ökobilanzierung noch beträchtlichen Diskussionen unterliegt, nicht von vornherein Beiträge auszuschließen und Unternehmen zu verschrecken.

Die Diskussion um die ISO 14040 haben sicherlich dazu beigetragen, daß die Begriffe rund um das Instrument der Ökobilanz weiter zu klären. Als eine Erleichterung kann dabei die Aussage der ISO 14040 zu Sachbilanzstudien[161] gesehen werden, so daß Ökobilanzen auch ohne Wirkungsbilanzen durchführbar sind. Dies bildet einen leichter erfüllbaren Rahmen, als ihn die SETAC setzt, für die Sachbilanzen alleine nicht als Ökobilanzen bezeichnet werden können.[162]

---

[156] Bei der Auswahl der Bezugsgrößen ist zu beachten, daß diese exakt definiert sein und in einem logischen Zusammenhang zur Basiskennzahl stehen müssen. BMU, UBA (Hrsg.) (1997), S. 17.

[157] BMU, UBA (Hrsg.) (1995), S. 539 f.

[158] Es sei lediglich auf die schon erwähnten Arbeiten von Reichmann (1993); Roth (1992); Piro (1994) und Kals (1993) verwiesen.

[159] Siehe UBA (Hrsg.) (1995b); dieser Band gibt eine Übersicht über veröffentlichte Ökobilanzen.

[160] SETAC (Hrsg.) (1992a), S. 1 und S. 17.

[161] DIN EN ISO 14040 (1996), S. 10 und 16.

[162] SETAC (Hrsg.) (1993a), S. 6.

Von solch harten, wissenschaftlichen Ausschlußkriterien würden dann sicherlich viele Beispiele betroffen, die spezielle betriebliche Situationen analysieren. Dies könnte zwar zu einer Verbesserung des wissenschaftlichen Gehaltes der vorgelegten Arbeiten führen, würde zwangsläufig aber die Einsetzbarkeit der Ökobilanz in der betrieblichen Praxis von vorne herein beschneiden, ja eventuell dazu führen, daß das Instrument der Ökobilanz in der betriebliche Praxis keine weitere Verbreitung findet, obwohl eine ganze Reihe von Beispielen bereits gezeigt hat, daß es auch hier Anwendung finden kann.[163]

Im einem der nachfolgenden Kapitel findet sich als Anwendungsbeispiel eine Sachbilanzstudie zur Herstellung von Schuhcreme. Es bleibt zu hoffen, daß sich das Instrument der Ökobilanz weiterentwickelt und breiten Einsatz in der industriellen Praxis findet. Wie auf vielen anderen Gebieten auch, werden wesentliche Fortschritte sicherlich dann erzielt werden können, wenn wissenschaftliche Theorie und Methodik und betriebliche Anwendung als gleichberechtigte Partner zusammenarbeiten.

Weitere Impulse werden sich aus den Zusammenhängen mit anderen Instrumenten des betrieblichen Umweltmanagments ergeben, auf die bereits in der Einleitung hingewiesen wurde. Besonders die Arbeiten zur ISO 14000 Normenserie werden die weiteren Entwicklungen vorantreiben,[164] wohl auch, da schon an der Struktur der Normenserie deutlich wird, daß die verschiedenen Instrumente nur gemeinsam zu optimalen Lösungen beitragen werden.

Es bleibt zu wünschen, daß möglichst viele Wissenschaftler und betriebliche Praktiker zu diesem Diskurs beitragen, um zählbare Erfolge für die Umwelt zu erreichen.

10 Literatur

1. Atkins PW (1990) Physikalische Chemie, Weinheim
2. Baetge J (1996) Bilanzen, 4., überarbeitete Auflage, Düsseldorf
3. Baum HG, Coenenberg AG, Günther E, Wittmann R (1994) Zehn Thesen zum umweltorientierten Management, Bonn
4. Baumann S, Schiwek H (1996) Zur begrifflichen Erfassung und Behandlung umweltschutzorientierter Aspekte in der Betriebswirtschaftslehre, in: Albach H (Hrsg) (1996): Zeitschrift für Betriebswirtschaft, Ergänzungsheft, Nr. 2/96, Wiesbaden 1996, S. 3–21
5. Beck M (Hrsg) (1993) Ökobilanzierung im betrieblichen Management, Würzburg

6a. Berninger B (1992) Methodik der betrieblichen Stoffflußanalyse am Beispiel der Lackherstellung, Berlin

6b. Berninger B (1994) Stoffflußanalyse in einem Betrieb der Lackherstellung, in: Fleischer G (Hrsg) (1994): Produktionsintegrierter Umweltschutz, Berlin, S. 223–237

7. Bleis C (1995) Öko-Controlling: betriebswirtschaftliche Analyse zur systematischen Berücksichtigung von ökologischen Aspekten durch Unternehmenscontrolling, Frankfurt

---

163 Vgl. Abschnitt 6 sowie die dort angeführte Literatur.

164 Marsmann, Klüppel, Saur (1997), S. 2–4; Klüppel (1997), S. 69–71.

8. Braun JW, Schardt P, Hillebrand W, Seuring S (1996) Material- und Energiebilanzierung ausgewählter Türklinken aus Aluminium, in: Sietz M, Seuring S (Hrsg) (1997) Ökobilanzierung in der betrieblichen Praxis, Taunusstein 1997, S. 89–111
9. BMU/UBA (Hrsg) (1995) Handbuch Umweltcontrolling, München
10. BMU/UBA (Hrsg) (1996) Handbuch Umweltkostenrechnung, München
11. BMU/UBA (Hrsg) (1997) Leitfaden Betriebliche Umweltkennzahlen, Berlin
12. Böhler A, Kottmann H (1996) Ökobilanzen: Beurteilung von Bewertungsmethoden, in: Umweltwissenschaften und Schadstofforschung, Vol 8, No. 2 (1996), S. 107–112
13. Böning J (1995) Methoden betrieblicher Ökobilanzierung, Marburg
14. von Boguslawski A, Bracht A (1996) Umsetzung der EG-Öko-Audit-Verordnung – Branchenleitfaden Chemie: Ein Praxisleitfaden mit Fallbeispielen aus der chemischen Industrie, herausgegeben von der Hessischen Landesanstalt für Umwelt, Wiesbaden
15. Boustead I (1996) LCA – How it came about: The beginning in the UK, in: International Journal of Life-Cycle Assessment, Vol 1, No. 3 (1996), S. 147–150
16. Braunschweig A, Müller-Wenk R (1993) Ökobilanzen für Unternehmungen – Eine Wegeleitung für die Praxis, Bern
17. Bringezu S, Stiller H, Schmidt-Bleek F (1996) Material Intensity Analysis – A Screening Step for LCA: Concept, method, and applications, Paper presented to The Second International Conference on EcoBalance, November 18–20, Tsukuba, Japan, S. 1–9
18. Buchgeister J, Kauschke P, Nagel C (1997) Transparenz durch Umweltkennzahlen: Umweltmanagement ist auch für kleine und mittelständische Betriebe der Galvano- und Oberflächentechnik rentabel, in: Qualität und Zuverlässigkeit, Vol 42, No. 6 (1997), 688–692
19. Bundesamt für Umwelt, Wald und Landschaft (Hrsg) (1990) Methodik für Ökobilanzen auf der Basis ökologischer Optimierung, Schriftenreihe Umwelt Nr. 133, Bern
20. Butterbrodt D (1995) Umweltmanagement: Moderne Methoden und Techniken zur Umsetzung, München
21. Coenenberg AG (1985) Jahresabschluß und Jahresabschlußanalyse, Landsberg/Lech
22. Curran MA (1993) Broad-Based Environmental Life Cycle Assessment, in: Environmental Science and Technology, Vol 27, No. 3 (1993), S. 430–436
23. Curran MA (1996) Environmental Life-Cycle Assessment, New York
24. Curran MA (1996) The history of LCA, in: Curran MA (1996) Environmental Life-Cycle Assessment, New York, S. 1.1–1.9
25. Curran MA, Young S (1996) Report from the EPA conference on streamlinig LCA, in: International Journal of Life Cycle Assessment, Vol. 1, No. 1 (1996), S. 57–60
26. DIN EN ISO 14040 (1996) Umweltmanagement: Produkt-Ökobilanz: Prinzipien und allgemeine Anforderungen, Entwurf, Berlin
27. Dyllick T (1990) Management der Umweltbeziehungen, in: Die Unternehmung, Vol 42, No. 3 (1990), S. 190–205
28. Enquete-Kommission (Hrsg) (1993) Verantwortung für die Zukunft – Wege zum nachhaltigen Umgang mit Stoff- und Materialströmen, herausgegeben von der Enquete-Kommission „Schutz des Menschen und der Umwelt" des Deutschen Bundestages, Bonn
29. Etterlin G, Hürsch P, Topf M (1992) Ökobilanzen – Ein Leitfaden für die Praxis, Mannheim
30. Eyerer P (Hrsg) (1996) Ganzheitliche Bilanzierung: Werkzeuge zum Planen und Wirtschaften in Kreisläufen, Berlin
31. Fiskel J (Hrsg) (1996) Design for Environment, New York
32. Fleischer G (1993) Der ökologische break-even-point für das Recycling, in: AbfallwirtschaftsJournal, Vol 5, No. 3 (1993), S. 209–215
33. Fleischer G (Hrsg) (1994) Produktionsintegrierter Umweltschutz, Berlin
34. Fleischer G, Schmidt W-P (1997) Iterative Screening LCA in an Eco-Design Tool, in: International Journal of Life-Cycle Assessment, Vol 2, No. 1 (1997), S. 20–24

35. Fuchs-Wegner G (1974) Systemanalyse: Eine Forschungs- und Gestaltungsstrategie, in Zeitschrift für betriebswirtschaftliche Forschung, Sonderheft 3, Köln 1974, S. 69–82
36. Grotz S, Scholl G (1996) Application of LCA in German Industry: Results of a Survey, in: International Journal of Life-Cycle Assessment, Vol. 1, No. 4 (1996), S. 226–230
37. Gablers Wirtschaftslexikon (1994) Gablers Wirtschaftslexikon, 13., vollständig überarbeitete Auflage, Wiesbaden
38. Gahrmann A, Hempfling R, Sietz M (1993) Bewertung betrieblicher Umweltschutzmaßnahmen – Ökologische Wirksamkeit und Ökonomische Effizienz, Taunusstein
39. Gensch C-O (1993) Erfahrungen bei der Erstellung von Produkt-Ökobilanzen und Produktlinienanalysen in Zusammenarbeit mit der Industrie, in: Grießhammer R, Pfeiffer R (Hrsg) (1993) Produktlinienanalyse und Ökobilanzen, 2. Freiburger Kongreß, Freiburg, S. 65–74
40. Giegrich J, Mampel U, Duscha M, Zazcyk R, Osorio-Peters S, Schmidt T (1995) Bilanzbewertung in produktbezogenen Ökobilanzen: Evaluation von Bewertungsmethoden, Perspektiven, in: Umweltbundesamt (Hrsg) (1995 a): Methodik der produktbezogenen Ökobilanz: Wirkungsbilanz und Bilanzbewertung, UBA-Texte 23/95, Berlin
41. Göllert K, Ringling W (1991) Bilanzrecht, Heidelberg
42. Graedel TE (1997) Designing the ideal Green Product: LCA/SLCA in Reverse, in: International Journal of Life-Cycle Assessment, Vol 2, No. 1 (1997), S. 25–31
43. Graedel TE, Allenby BR, Comrie PR (1995) Matrix Approaches to Abridged Life Cycle Assessment, in: Environmental Science & Technology, Vol 29, No. 3 (1995), S. 134 A–139 A
44. Grießhammer T (1993) Produktlinienanalyse und Ökobilanz aus umweltpolitischer und betrieblicher Sicht, in: Grießhammer R, Pfeiffer R (Hrsg) (1993): Produktlinienanalyse und Ökobilanzen, 2. Freiburger Kongreß, Freiburg, S. 1–18
45. Grießhammer R, Pfeiffer R (Hrsg) (1993) Produktlinienanalyse und Ökobilanzen, 2. Freiburger Kongreß, Freiburg
46. Grossmann I, Biegler L (1995) Optimizing chemical processes, in: CHEMTECH, No. 12 (1995), S. 27–35
47. Günther E, Wagner B (1993) Ökologierorientierung des Controlling (Öko-Controlling) – Theoretisches Vorgehen und praktische Ansätze, in: Die Betriebswirtschaft, Vol 53, No. 2 (1993), S. 143–166
48. Günther E (1994) Ökologieorientiertes Controlling: Konzeption eines Systems zur ökologieorientierten Steuerung und empirische Validierung, München
49. Haberfellner R, Nagel P, Becker M, Büchel A, von Massow H (1994) Systems Engineering: Methodik und Praxis, 8., verbesserte Auflage, Zürich
50. Hallay H, Pfriem R (1992) Öko-Controlling – Umweltschutz in mittelländischen Unternehmen, Frankfurt am Main
51. Heijungs R, Guinée J (1996) Resource Depletion in Life-Cycle Assessment – The authors reply in: Environmental Toxicology and Chemistry, Vol 15, No. 9 (1996), S. 1443–1444
52. Held M (1986) Übersicht und Kriterien für die ökologische Bilanzierung, in: Held M (1986) Ökologisch Rechnen im Betrieb: Umweltbilanzierung als Grundlage umweltfreundlichen Wirtschaftens im Dienstleistungsbetrieb, Tutzinger Materialie Nr. 33, Tutzing, S. 5–12
53. Hemming W (1991) Verfahrenstechnik, 6., überarbeitete Auflage, Würzburg
54. Hertwich E (1996) Resource Depletion in Life-Cycle Assessment, in: Environmental Toxicology and Chemistry, Vol 15, No. 9, S. 1442–1443
55. Hipp KG (Hrsg) (1996) Umweltbericht 1995, Pfaffenhofen
56. Höft U (1992) Lebenszykluskonzepte: Grundlage für das strategische Marketing- und Technologiemanagement, Berlin
57. Hofmeister S, Schultz S (1986) Methodische Aspekte der Stoff- und Energiebilanzierung am Beispiel eines Chemiewerkes, in: Held M (1986) Ökologisch Rechnen im Betrieb: Umweltbilanzierung als Grundlage umweltfreundlichen Wirtschaftens im Dienstleistungsbetrieb, Tutzinger Materialie Nr. 33, Tutzing, S. 72–79

58. Hokerts K, Petmecky A, Hauch, Seuring S, Schweitzer R (Hrsg) (1994) Kreislaufwirtschaft statt Abfallwirtschaft – Optimierte Nutzung und Einsparung von Ressourcen durch Öko-Leasing und Servicekonzepte, 2. Auflage, Ulm 1995
59. Holleman AF, Wiberg E (1985) Lehrbuch der Anorganischen Chemie, 91.–100., verbesserte und stark erweiterte Auflage von Nils Wiberg, Berlin
60. Hopfenbeck W, Jasch C (1993) Öko-Controlling – Umdenken zahlt sich aus! Audits, Umweltberichte und Ökobilanzen als betriebliche Führungsinstrumente, Landsberg/Lech
61. Hopfenbeck W, Jasch C, Jasch A (1996) Lexikon des Umweltmanagements, Landsberg/Lech 1996
62. Hunt C, Auster E (1990) Proactive Environmental Management: Avoiding the toxic trap, in: Sloan Management Review, Vol 31, No. 2 (1990), S. 7–18
63. Hunt RG, Franklin WE (1996) LCA – How it came about – Personal reflections on the origin and the development of LCA in the USA, in: International Journal of Life-Cycle Assessment, Vol 1, No. 1 (1996), S. 4–7
64. Immler H (1975) Die Notwendigkeit von Stoff- und Energiebilanzen im Betrieb, in: Das Argument, Vol 93 (1975), S. 822–834
65. Janzen H (1996) Ökologisches Controlling im Dienste von Umwelt- und Risikomanagement, Stuttgart
66. Jasch C (1992) Was ist und kann eine Ökobilanz? – Ökobilanz, Umweltcontrolling und Environmental Auditing, Schriftenreihe 8/1992 des IÖW Wien, Wien
67. Jetter, U (1977) Anleitung zum Erstellen von Material- und Energiebilanzen im Produktionsbetrieb, Frankfurt am Main
68. Kals J (1993) Umweltorientiertes Produktions-Controlling, Wiesbaden
69. Keil FJ (1996) Optimierung verfahrenstechnischer Prozesse, in: Chemie-Ingenieur-Technik, Vol 68, No. 6 (1996), S. 639–650
70. Kirchgäßner H (1995) Informationsinstrumente einer ökologieorientierten Unternehmensführung: Ökobilanz, EU-Öko-Audit, Industrielle Kostenrechnung, Wiesbaden
71. Klöpffer W (1996) Allocation Rule for Open-Loop Recycling in Life Cycle Assessment – A Review, in: International Journal of Life Cycle Assessment, Vol 1, No. 1 (1996), S. 27–31
72. Klöpffer W, Renner I (1995) Methodik der Wirkungsbilanz im Rahmen von Produkt-Ökobilanzen unter Berücksichtigung nicht oder nur schwer quantifizierbarer Umwelt-Kategorien, in: Umweltbundesamt (Hrsg) (1995 a): Methodik der produktbezogenen Ökobilanz: Wirkungsbilanz und Bilanzbewertung, UBA – Texte 23/95, Berlin
73. Kloock J (1969) Betriebswirtschaftliche Input-Output-Modelle: Ein Beitrag zur Produktionstheorie, Wiesbaden
74. Klüppel H-J (1997) Die objektivierte Ökobilanz: Durchführung nach anerkannten Regeln und transparente Darstellung der Ergebnisse, in: Umwelt (VDI), Vol 27, No. 9 (1997), S. 69–71
75. Kniel GE, Delmarco K, Petrie JG (1996) Life Cycle Assessment applied to process design: Enviromental and economic analysis and optimisation of a nitric acid plant, in: Environmental Progress, Vol 15, No. 4 (1996), S. 221–228
76. Kunert AG (Hrsg) (1995) Ökobericht der Kunert AG 1994/95, Immenstadt
77. Kunert AG (Hrsg) (1996) Ökobericht der Kunert AG 1995/96, Immenstadt
78. Kytzia S (1995) Die Ökobilanz als Bestandteil des betrieblichen Informationssystems, St. Gallen
79. Loew T, Hjálmarsdóttir H (1996) Umweltkennzahlen für das betriebliche Umweltmanagement, Schriftenreihe des IÖW 99/96, Berlin
80. Loew T, Kottmann H (1996) Kennzahlen im Umweltmanagement, in: Ökologisches Wirtschaften, No. 2 (1996), S. 10–12
81. Marsmann M, Klüppel H-J, Saur K (1997) Current LCA-ISO Activities: Development of Life Cycle Thinking, in: International Journal of Life Cycle Assessment, Vol 2, No. 1 (1997), S. 2–4

82. Mayer H, Kram A, Ludwig A (1996) Die Verbindung von Umweltbilanz und traditioneller betrieblicher Rechnungslegung zu einem erweiterten Entscheidungsinstrument, Dresden
83. Mohin TJ (1994) Life-cycle assessment, in: Taylor B, Hutchinson C, Pollack S, Tapper R (1994) Environmental Management Handbook, London, S. 138–147
84. Mohndruck (Hrsg) (1995) Umweltleitlinien und Ökobilanz – Geschäftsjahr 1994/95, Gütersloh
85. Müller-Merbach H (1992) Vier Arten von Systemansätzen, dargestellt in Lehrgesprächen, in: Zeitschrift für Betriebswirtschaft, Vol 62, No. 8 (1992), S. 853–876
86. Nagel C, Kauschke P (1997) Umweltmanagement in der Galvano- und Oberflächentechnik, in: Umwelt (VDI), Vol 27, No. 5 (1997), S. 60–62
87. Neitzel H (1997) Bilanz und Perspektiven der Nutzung von Ökobilanzen in Politikbewertung und Umweltkennzeichungen, Vortrag auf der Tagung „Ökobilanzen – Trends und Perspektiven" der Gesellschaft Deutscher Chemiker am 26. Juni 1997, Frankfurt am Main
88. Neumarkter Lammsbräu (Hrsg) (1997) Öko-Controlling Bericht 1996, Neumarkt
89. Nissen U, Friedel A (1995) Untersuchungsmethoden im betrieblichen Umweltschutz, in: Petrick K, Eggert R (Hrsg) (1995) Umwelt- und Qualitätsmanagementsysteme: Eine gemeinsame Herausforderung, München, S. 133–168
90. Oberbacher B, Nikodem H, Klöppfer W (1996) LCA – how it came about. An early systems analysis of packaging liquids, in: International Journal of Life-Cycle Assessment, Vol 1, No. 2, S. 62–65
91. Oeldorf G, Olfert K (1987) Materialwirtschaft, 5., durchgesehene und verbesserte Auflage, Ludwigshafen
92. Peemöller VH, Keller B, Schöpf C (1996) Ansätze zur Entwicklung von Umweltkennzahlen, in: UmweltWirtschaftsForum, Vol 4, No. 2, S. 4–13
93. Peter D (1996) Case Study „Feldschlösschen", in: Schaltegger (Hrsg) et al. (1996): Life Cycle Assessment (LCA) – Quo vadis? Basel, S. 95–129
94. Petrick K, Eggert R (Hrsg) (1995) Umwelt- und Qualitätsmanagementsysteme: Eine gemeinsame Herausforderung, München
95. Piro A (1994) Betriebswirtschaftliche Umweltkostenrechnung: Gestaltung einer flexiblen Plankostenrechnung als betriebliches Umwelt-Informationssystem, Heidelberg 1994
96. Pohl C, Ros M, Waldeck B, Dinkel F (1996) Imprecision and Uncertainty in LCA, in: Schaltegger (Hrsg) et. al. (1996): Life Cycle Assessment (LCA) – Quo vadis? Basel, S. 51–68
97. Postlethwaite D (1994) Developement of Life Cycle Assessment (LCA): The Role of SETAC and the „Code of Pracitce", in: Environmental Science and Pollution Research, Vol. 1, No. 1 (1994), S. 54–55
98. Reichmann T (1993) Kennzahlensysteme, in: Wittmann W et al. (Hrsg) (1993) Handwörterbuch der Betriebswirtschaft, Band 2, 5. Auflage, Stuttgart
99. Reinhardt GA (1993) Energie- und CO_2-Bilanzierung nachwachsender Rohstoffe: Theoretische Grundlagen und Fallstudie Raps, Braunschweig
100. Roth U (1992) Umweltkostenrechnung: Grundlagen und Konzeption aus betriebswirtschaftlicher Sicht, Wiesbaden
101. Rubik F, Teichert V (1997) Ökologische Produktpolitik: Von der Beseitigung von Stoffen und Materialien zur Rückgewinnung in Kreisläufen, Stuttgart
102. Saur K (1997) Life Cycle Interpretation – A Brand New Perspective? in: International Journal of Life Cycle Assessment, Vol 2, No. 1 (1997), S. 8–10
103. Saykowski F, Marsmann M (1997) Ökobilanzen – Fortschrittsbericht, in: Umweltwissenschaften und Schadstofforschung, Vol 9, No. 2 (1997), S. 112–115
104. Schaltegger S (1996) Eco-Efficiency of LCA: The Necessity of a Site-Specific Approach, in: Schaltegger (Hrsg) et al. (1996): Life Cycle Assessment (LCA) – Quo vadis? Basel, S. 133–149

105. Schaltegger S (Hrsg), Braunschweig A, Büchel K, Dinkel F, Frischknecht R, Maillefer C, Ménard M, Peter D, Pohl C, Ros M, Sturm S, Waldeck B, Zimmermann P (1996) Life Cycle Assessment (LCA) – Quo vadis?, Basel
106. Schaltegger S, Kubat R (1995) Das Handwörterbuch der Ökobilanzierung – Begriffe und Definitionen, WWZ-Studie Nr. 45, 2. Auflage, Basel
107. Schaltegger S, Sturm A (1992) Ökologieorientierte Entscheidungen in Unternehmen – Ökologisches Rechnungswesen statt Ökobilanzierung: Notwendigkeit, Kriterien, Konzepte, 2. Auflage, Bern
108. Schaltegger S, Sturm A (1995) Öko-Effizienz durch Öko-Controlling, Stuttgart
109. Schimmpfeng L, Machmer D (Hrsg) (1995) Öko-Audit: Umweltmanagement und Umweltbetriebsprüfung, Taunusstein
110. Schmidt M (1995) Stoffstromanalysen und Ökobilanzen im Dienste des Umweltschutzes, in: Schmidt M, Schorb A (Hrsg) (1995) Stoffstromanalysen in Ökobilanzen und Öko-Audits, Heidelberg 1995, S. 3–13
111. Schmidt M, Schorb A (Hrsg) (1995): Stoffstromanalysen in Ökobilanzen und Öko-Audits, Heidelberg
112. Schmidt WP, Ackermann R, Fleischer G (1995) Iterative Screening Life Cycle Assessment for corrugated roof fibre cement profile sheets, in: SETAC (Hrsg.) (1995) 3rd Symposium for Case Studies – Presentation Summaries, Brüssel, S. 69–78
113. Schnitzer H (1991) Grundlagen der Stoff- und Energiebilanzierung, Braunschweig
114. Schonert M (1992) Ökobilanzen – was wird hier eigentlich bilanziert, in: AbfallwirtschaftsJournal, Vol 4, No. 3 (1992), S. 193–200
115. Seidel E (1988) Ökologisches Controlling: Zur Konzeption einer ökologisch verpflichteten Führung von und in Unternehmen, in: Wunderer R (Hrsg): Betriebswirtschaftslehre als Management und Führungslehre, 2. ergänzte Auflage, Stuttgart 1988, S. 307–322
116. Seuring S, Sietz M (1997) Ökobilanzen – Eine kurze Übersicht zu Begriff und Inhalt, in: Sietz M, Seuring S (Hrsg) (1997) Ökobilanzierung in der betrieblichen Praxis, Taunusstein 1997, S. 9–24
117. SETAC (Hrsg) (1992) Life-Cycle Assessment: Inventory, Classification, Valuation, Data Bases, Brüssel
118. SETAC (Hrsg) (1993a) Guidelines for Life-Cycle Assessment: A „Code of Practice“, Pensacola
119. SETAC (Hrsg) (1993b): A conceptual framework for Life-Cycle Impact Assessment, Pensacola
120. SETAC (Hrsg) (1994a): A technical framework for Life-Cycle Assessment, Second Printing, Pensacola 1994
121. SETAC (Hrsg) (1994b): Allocation in LCA, Leiden
122. SETAC (Hrsg) (1994c): Life-Cycle Assessment Data Quality: A conceptual framework, Pensacola
123. SETAC (Hrsg) (1994d): Integrating Inpact Assessment into LCA, Brüssel
124. SETAC (Hrsg) (1995) 3rd Symposium for Case Studies – Presentation Summaries, Brüssel
125. Sietz M, von Saldern A (Hrsg) (1993) Umweltschutz-Management und Öko-Auditing, Berlin
126. Sietz M (Hrsg) (1994) Umweltbewußtes Management, 2. Auflage, Taunusstein
127. Sietz M (Hrsg) (1995a): Leitfaden für Umwelthandbücher mit Praxisbeispielen, Berlin
128. Sietz M (Hrsg) (1995b): Umwelthandbuch – Öko-Auditing, Konzept, Organisation und Inhalt am Beispiel eines mittelständischen Druckunternehmens, Taunusstein
129. Sietz M (Hrsg) (1996) Umweltbetriebsprüfung und Öko-Auditing, 2. überarbeitete und wesentlich erweiterte Auflage, Berlin
130. Sietz M, Seuring S (Hrsg) (1997): Ökobilanzierung in der betrieblichen Praxis, Taunusstein

131. Stahlmann V (1994) Umweltverantwortliche Unternehmensführung – Aufbau und Nutzen eines Öko-Controlling, München
132. Stichlmair J (1990) Kennzahlen und Ähnlichkeitsgesetze im Ingenieurwesen, Essen
133. Strebel H (1978) Produktgestaltung als umweltpolitisches Instrument der Unternehmung, in: Die Betriebswirtschaft, Vol 38, No. 1 (1978), S. 73–82
134. Strebel H (1981) Umweltwirkungen der Produktion, in: Zeitschrift für betriebswirtschaftliche Forschung, Vol 33, No. 6, (1981), S. 508–521
135. Taylor B, Hutchinson C, Pollack S, Tapper R (1994) Environmental Management Handbook, Pitman Publishing, London
136. Teichert V, Baumgartner T (1990) Die Produktlinienanalyse: Konzept und Ansätze zur politischen Implementation, in: Das Wirtschaftsstudium, Vol 19, No. 5 (1990), S. 282–284
137. Thomé-Kozmiensky K-J (1995) Management der Kreislaufwirtschaft, Berlin
138. Umweltbundesamt (Hrsg) (1992) Ökobilanzen für Produkte: Bedeutung – Sachstand – Perspektiven, UBA – Texte 38/92, Berlin
139. Umweltbundesamt (Hrsg) (1995a) Methodik der produktbezogenen Ökobilanz: Wirkungsbilanz und Bilanzbewertung, UBA – Texte 23/95, Berlin
140. Umweltbundesamt (Hrsg) (1995b): Standardberichtsbogen für produktbezogene Ökobilanzen, UBA – Texte 24/95, Berlin
141. Umweltbundesamt (Hrsg) (1995c): Ökobilanz für Getränkeverpackungen, UBA – Texte 52/95, Berlin
142. UnternehmesGrün (Hrsg) (1996) Konkurrenten oder Partner: Ökobilanz und Öko-Audit im Vergleich, München
143. Verordnung (EWG) 1836/93 (1993) EG-Verordnung Nr. 1836/93 vom 29. Juni 1993 über die freiwillige Beteiligung gewerblicher Unternehmen an einem Gemeinschaftssystem für das Umweltmanagement und die Umweltbetriebsprüfung, in: Amtsblatt der Europäischen Gemeinschaft, 36. Jahrgang, 10. Juli 1993, Brüssel
144. VITO (Viaamse Instelling voor Technologisch Onderzoek) (Hrsg) (1995) Life Cycle Assessment, Cheltenham
145. Wahlers C (1995) Aufbau von Öko-Bilanzen und deren Einfluß auf betriebliche und kommunale Entscheidungen, Göttingen
146. Wang MQ (1993) Life Cycle Assessent: Additional Issues, Transportation Examples, in: Environmental Science & Technology, Vol 27, No. 13 (1993), S. 2658–2661
147. Weidenhaupt A, Christiansen K (1997) SETAC-Europe LCA Screening and Streamlining working group report summary, in: LCA news, Vol. 7, No. 2 (1997), S. 2–4
148. Weitz KA, Todd JA, Curran MA, Malkin MJ (1996) Streamlining Life Cycle Assessment: considerations and a report on the state of practice, in: International Journal of Life Cycle Assessment, Vol. 1, No. 2 (1996), S. 79–85
149. Wehrmeyer W (Hrsg) (1996) Greening People: Human Resources and Environmental Management, Sheffield
150. Welford R, Gouldson A (1993) Environmental Management & Business Strategy, London
151. White PR, Franke M (1995) Sachbilanzinstrumente in der Produktentwicklung, in: Thomé-Kozmiensky KJ (Hrsg) (1995) Management der Kreislaufwirtschaft, Berlin 1995, S. 341–348
152. White AL, Shapiro K (1993) Life Cycle Assessent: A second opinion, in: Environmental Science & Technology, Vol 27, No. 6 (1993), S. 1016–1017
153. Wöhe G (1986) Einführung in die Allgemeine Betriebswirtschaftslehre, 16., überarbeitete Auflage, München
154. Woll A (Hrsg) (1990) Wirtschaftslexikon, 4., verbesserte Auflage, München

Umweltgutachten für das Salta-Polstermöbel Grundmodul

M. Sietz, S. Gebauer und S. Seuring

1 Einführung

Die Salta Design Kollektion GmbH & Co. KG (Salta), Beverungen/Dahlhausen, hat eine neue Polstermöbel-Generation entwickelt. Das Salta-Polstermöbel ist ein konsequent modulares Polstermöbel, dessen Umweltfreundlichkeit es im Rahmen dieses Gutachtens zu beurteilen gilt.

Die Beurteilung umfaßt das Grundmodul des Salta-Polstermöbels. Dies bezeichnet ein zweisitziges Sofa, das aus sechs verschiedenen Polstermöbelteilen besteht, die lösbar miteinander verbunden sind. Es sind: die Rückenlehne, zwei Armlehnen, die Sitzfläche und zwei Sitzpolster. Jedes einzelne dieser Polstermöbelteile bzw. -segmente ist modular aufgebaut, so daß eine vollständige Zerlegung in die Einsatzstoffe, sortenrein sortiert, ermöglicht wird.

Das Salta-Polstermöbel zeichnet sich durch eine erfreulich geringe Materialvielfalt aus, die in den folgenden Kapiteln dargelegt wird.

Wie in Abb. 1 unter dem Punkt „modularer Aufbau" dargestellt, sind die Polstermöbelsegmente jeweils aus bis zu vier Hauptbestandteilen aufgebaut. Die Systematik des Aufbaus und die jeweils verwendeten Materialien unterscheiden sich hierbei nicht.

Aus folgenden Einsatzstoffen setzen sich die Hauptbestandteile eines Segmentes zusammen:

Metallkern	*Federung*	*Polster*	*Bezugshülle*
– Tragrahmen	– Stahlfedern bzw. Latexgewebe	– Schaumstoff – Kokosmatte	– Leder- bzw. Stoff(Textil)bezug – Sonstige[1]

Die verwendeten Einsatzstoffe sind nicht fest miteinander verbunden, d.h. es treten in dem Salta-Polstermöbel keine mehrstofflichen Verbundmaterialien auf, wie es sonst bei der traditionellen Polstermöbelherstellung der Fall ist. Die Stabilität des Aufbaus gewinnt das Salta-Polstermöbel durch seine Gesamtkonstruktion: die einzelnen Bestandteile sind paßgenau aufeinander abgestimmt.

[1] Z.B. Schaumstoffvlies, Reißverschlüsse, etc.

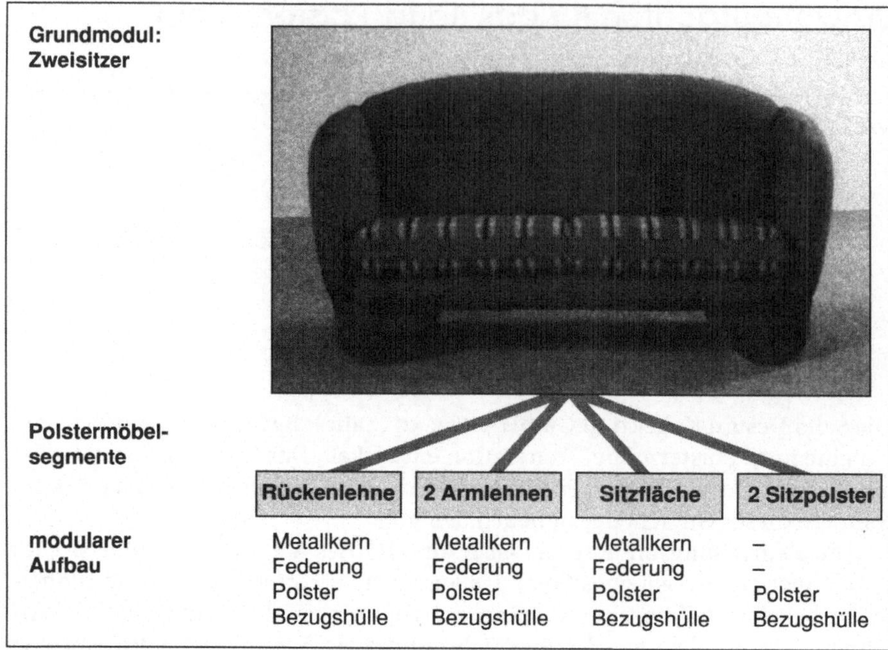

Abb. 1. Salta-Polstermöbel – Grundmodul

Im Kapitel 2 dieser Ausarbeitung werden die Einsatzstoffe detailliert hinsichtlich ihrer Umwelteigenschaften beurteilt. Kapitel 3 bewertet die produktspezifischen Umwelteigenschaften des Salta-Polstermöbels.

Die Gewichtsanteile der einzelnen Hauptbestandteile stellen sich folgendermaßen dar:

Salta-Polstermöbel – Grundmodul: Zweisitzer-Sofa (Federung: Stahlwellenfedern)			
Gesamtgewicht:	ca. 45 kg.	=	100%
Metallkern + Federung			59%
Polster			33%
Bezugshülle			8%
Transportvolumen:	ca. 0,74 m^3		

1.1 Beurteilungsrahmen

Der Beurteilungsrahmen für dieses Gutachten baut auf der Produktverantwortung des Herstellers gemäß § 22ff des Kreislaufwirtschaftsgesetzes auf.

Abb. 2. Anforderungen aus der Produktverantwortung (§ 22 ff KrW-/AbfG)

Abbildung 2 zeigt die verschiedenen Anforderungen, die im Rahmen dieser Verantwortlichkeit an ein Produkt gestellt werden. So ergibt sich zum Beispiel aus technischer Langlebigkeit und mehrfacher Verwendbarkeit eines Produktes eine Nutzungsdauerverlängerung und damit Abfallvermeidung und die Schonung der Umwelt in allen Lebensphasen des Produktes [1].

Um gezielt auf Ressourcenschonung hinzuwirken, ist eine Erhöhung der Materialproduktivität vonnöten. Sie kann durch die Schließung der Materialströme (= *Kreislaufwirtschaft*) erreicht werden. Ein wesentliches Instrument zur Verwirklichung dieser Kreislaufwirtschaft sind Rücknahmeverpflichtungen der Produkthersteller, denn erst die Erfassung der Materialien macht ein Recycling möglich.

Neben dieser – durch das Inkrafttreten des Kreislaufwirtschaftsgesetzes im Oktober 1996 – besonders aktuellen Beurteilungskriterien orientiert sich die Vorgehensweise bei der Bewertung der Einsatzstoffe an der Verordnung (EWG) Nr. 880/92 des Rates vom 23. März 1992. Diese gibt bereits ein grundlegendes Umwelt-Beurteilungsschema für Produkte vor [2].

Aspekte der Nachhaltigkeit, also einer zukunftsgerechten bzw. zukunftsfähigen Entwicklung (*sustainable development*), sind ebenfalls ein wichtiger Bestandteil dieser Produktbewertung. Der Einsatz nachwachsender Rohstoffe, aber auch die human- und ökotoxikologische Unbedenklichkeit des Produktes sind Parameter, deren Beurteilung im Rahmen einer Umweltfreundlichkeits-Studie notwendig ist.

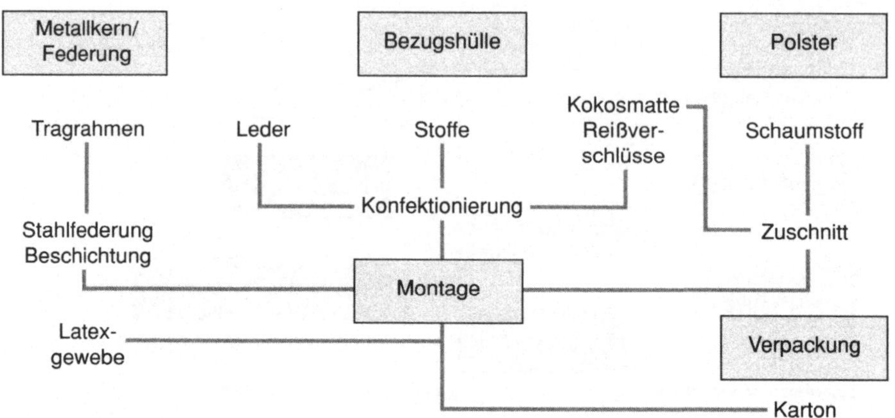

Abb. 3. Flußdiagramm der Einsatzstoffe

1.2 Beurteilungsumfang

An der Produktion des Salta-Polstermöbels sind eine Reihe verschiedener Lieferanten beteiligt. Bei ihnen werden die einzelnen Bestandteile des Sofas gefertigt, um letztendlich von Salta zum Polstermöbel montiert zu werden.

Abbildung 3 zeigt das Flußdiagramm der einzelnen Einsatzstoffe. Die einzelnen Einträge stehen gleichzeitig für die einzelnen, im Rahmen dieses Gutachtens erfaßten Zulieferer von Salta. Die Beurteilung erstreckt sich über die dargestellten Hauptbestandteile und betrachtet die konkret für diese Materialien verwandten Ausgangsstoffe.

Umweltbelastungen, wie z.B. Emissionen und Abfälle, die bei den einzelnen Produktionsschritten durch Zulieferer oder durch deren Vorlieferanten entstehen, werden nicht erfaßt.

1.3 Übersicht der beteiligten Firmen

Hier sind die maßgeblich an der Produktion des Salta-Polstermöbel beteiligten Unternehmen mit den von ihnen gelieferten Polstermöbelbestandteilen genannt.

Salta Design Kollektion GmbH & Co. KG, Beverungen/Dahlhausen	Salta-Polstermöbel
Stork Beschlagtechnik GmbH & Co. KG, Marienfeld	Tragrahmen
VNS Vertriebs- und Beratungsgesellschaft Nord-Süd mbH & Co. KG, Rietberg	Stahlfedern, Beschichtung (Tragrahmen)

Turcksin GmbH & Co. KG, Detmold	Latexgewebe
Draka Interfoam BV, Hillegom (NL)	Schaumstoff, Schaumstoffvlies (Bezugshülle)
VSI Vrije Schuimplastic Industrie BV, Geldermalsen (NL)	Zuschnitt (Schaumstoff)
Schomisch Leder Kettwig GmbH, Essen (Kettwig)	Leder
Gottlob Mönch Polstermaterialien, Weidhausen	Kokosmatte, Reißverschlüsse

2 Beurteilung der Einsatzstoffe

Vor der Beurteilung des fertigen Produktes sind die im einzelnen verwendeten Einsatzstoffe hinsichtlich ihrer Umweltauswirkungen bzw. ihrer umweltbezogenen Merkmale zu beurteilen. Die bewerteten Kriterien lauten:

- Einsatz nachwachsender Rohstoffe,
- Einsatz von Sekundärrohstoffen,
- Einsatz umweltfreundlicher Verfahren/Alternativen,
- Human- und ökotoxikologische Unbedenklichkeit[2],
- Umweltfreundliche Produkteigenschaften (Langlebigkeit, etc.),
- Recyclierfähigkeit der Rohstoffe,
- Entsorgungslogistik (Recycling) bereits vorhanden,
- Verpackung,
- Transportoptimierung.

Die Bewertung dieser Kriterien wird in Form einer einfachen „++, +, 0“ Abschätzung vorgenommen, wodurch sich die Möglichkeit einer übersichtlichen aber wenig differenzierten Beurteilung ergibt [2]. Die Bewertung stellt somit eine erste, grobe Näherung dar. Sie ist komparativen Charakters, wobei im wesentlichen herkömmliche Produktionsverfahren bzw. Produkteigenschaften zum Vergleich herangezogen werden.

Als Bewertungskriterien ergeben sich:

++ umweltfreundlicher, deutlich energieeinsparender, günstiger für den Kunden oder den Handel, deutlich emissions- und abfallärmer, deutlich bessere Produktleistung,

\+ etwas umweltfreundlicher, etwas energieeinsparender, etwas günstiger für den Kunden oder den Handel, etwas emissions- und abfallärmer, etwas bessere Produktleistung,

0 entspricht dem Stand der Technik.

---

2 Eine abschließende Beurteilung der Einsatzstoffe hinsichtlich ihrer ökotoxikologischen Wirkungen konnte im Rahmen dieses Gutachtens nicht vorgenommen werden.

Die Bewertung der Einsatzstoffe ist gemäß den Hauptbestandteilen der einzelnen Polstermöbelsegmente gegliedert. Es erfolgt jeweils eine Vorstellung der verwendeten Materialien, ihrer Funktion und etwaiger umweltbezogener Besonderheiten. Die Beurteilung wird tabellarisch und in Textform (mit Begründung der getroffenen Wertung) angefügt.

2.1 Metallkern

Der Metallkern ist das tragende Teil des Salta-Polstermöbels. Dieser *Tragrahmen* aus Stahl wird im Falle der Sitzfläche von einem Rechteckrohr (40 × 40 × 2 mm) und im Falle der Rücken- bzw. Armlehnen aus einem Rundrohr (D 25 × 2 mm) gebildet. Der verwendete Werkstoff ist ST 37-2. Zusätzlich wird noch Bandstahl eingesetzt. Bei dem hierfür verwendeten Material handelt es sich um STW 22. Die chemische Analyse (unvollständig) der Stähle ist der Tabelle 1 zu entnehmen. Die Werkstoffe sind chrom- und nickelfrei.

Tabelle 1. Chemische Analyse der Werkstoffe; Angaben in Prozent

Werkstoff	C-Gehalt	Si-Gehalt	Mn-Gehalt	P-Gehalt	S-Gehalt	Al-Gehalt	Cu-Gehalt	Cr-Gehalt
ST 37-2	≤ 0,17	–	–	0,050	0,050	–	–	–
STW 22	0,049	0,008	0,228	0,009	0,007	0,037	0,020	–

Der gesamte Tragrahmen wird mit einem kathodischen Elektrotauchlack beschichtet. Diese *Beschichtung* verhindert die Korrosion des Metallgestelles. Sie setzt sich aus einer Pigmentpaste und einem Bindemittel zusammen und wird mit in einer Schichtdicke von 18 mm aufgetragen. Die Pigmentpaste enthält Stoffe, die gemäß der Gefahrstoffverordnung (GefStoffV) als mindergiftig deklariert sind, weswegen die gesamte Zubereitung als mindergiftig eingestuft wurde.

Am Tragrahmen sind *Steckverschlüsse*, die zur Montage der einzelnen Polstermöbelsegmente aneinander notwendig sind, befestigt. Zum Korrosionsschutz dient eine galvanische Verzinkung, da die für den Rahmen verwendete Elektrotauchlack-Beschichtung die Funktionalität der Steckverschlüsse herabsetzt. Dies haben Erfahrungen während der Produktentwicklungsphase gezeigt.

- **Einsatz nachwachsender Rohstoffe**
  Tragrahmen (0): Die Beurteilung dieses Kriteriums ist im Hinblick auf metallene Einsatzstoffe nicht möglich.
- **Einsatz von Sekundärrohstoffen**
  Tragrahmen (+): Bei der heutigen Stahlerzeugung (z.B. mittels Siemens-Martin-Verfahren) werden grundsätzlich größere Mengen Schrott mit eingesetzt, so daß ein Recyclinganteil in den verwendeten Werkstoffen zu erwar-

Tabelle 2. Bewertung der Einsatzstoffe: Metallkern

	Tragrahmen
Einsatz nachwachsender Rohstoffe	0
Einsatz von Sekundärrohstoffen	+
Einsatz umweltfreundlicher Verfahren/Alternativen	0
Human- und ökotoxikologische Unbedenklichkeit	++
Umweltfreundliche Produkteigenschaften (Langlebigkeit, etc.)	++
Recyclierfähigkeit der Rohstoffe	++
Entsorgungslogistik (Recycling) bereits vorhanden	++
Verpackung	++
Transportoptimierung	++

ten ist. Dies ist positiv zu bewerten, hebt sich aber nicht als überdurchschnittlich umweltfreundlich gegenüber Stählen im allgemeinen heraus.

- **Einsatz umweltfreundlicher Verfahren/Alternativen**
  Tragrahmen (0): Die Stähle werden gemäß DIN-Normen gefertigt, dies entspricht dem Stand der Technik. Auch die Korrosionsschutzbehandlung stellt keine umweltfreundlichere Variante gegenüber herkömmlichen Verfahren dar.
- **Human- und ökotoxikologische Unbedenklichkeit**
  Tragrahmen (++): Nach der Fertigung weist der für das Salta-Polstermöbel einsatzfähige Tragrahmen für den Gebrauch keine problematischen Eigenschaften hinsichtlich human- und ökotoxikologischer Effekte mehr auf. Wir gehen davon aus, daß sich die Beschichtung nach dem Auftragen als inert erweist, zumal beim Gebrauch des Polstermöbels kein direkter Kontakt mit dem Metallgestell zu erwarten ist.
- **Umweltfreundliche Produkteigenschaften (Langlebigkeit, etc.)**
  Tragrahmen (++): Der eingesetzte Stahl entspricht einer definierten Qualität und ist gegen Korrosion geschützt, was seine Haltbarkeit und damit Langlebigkeit garantiert. Der Rohstoffeinsatz wurde unter Berücksichtigung der tatsächlichen mechanischen Belastung des Tragrahmens für den Gebrauch im Polstermöbel minimiert.
  Aufbau und Auslegung des Tragrahmens wurden in Hinblick auf eine wiederholte Einsetzbarkeit im Salta-Polstermöbel optimiert.
- **Recyclierfähigkeit der Rohstoffe**
  Tragrahmen (++): Aufgrund der qualitativ hochwertigen Gestaltung des Tragrahmens wird zu allererst eine Mehrfachverwendung dieses Sofabestandteiles, ohne zusätzliche Behandlungsschritte, ermöglicht. Weiterhin ist das Recycling von Schrott zur Erzeugung von neuwertigem Stahl ebenfalls eine bereits weit entwickelte Technik.
- **Entsorgungslogistik (Recycling) bereits vorhanden**
  Tragrahmen (++): Schrotterfassungs- und Aufbereitungssysteme bestehen bereits in ausreichender Zahl. Schrottrecycling ist in der Stahlindustrie seit langem etabliert.

- **Verpackung**
  Tragrahmen (++): Die gefertigten Tragrahmen werden ohne Umverpackungen transportiert.
- **Transportoptimierung**
  Tragrahmen (++): Der Tragrahmen wird zur Beschichtung und Bespannung mit den Wellenfedern direkt zum Lieferanten für die Wellenfedern transportiert, von wo aus der einsatzfertige Metallkern samt Federung zur Montage an Salta geliefert wird.

Optimierungsvorschläge

Tragrahmen:
- Verwendung einer Beschichtung, die nicht gefährlich im Sinne der GefStoffV ist.

2.2 Federung

Die Federung, mit der der zuvor beschriebene Tragrahmen bespannt wird, kann wahlweise aus Stahlwellenfedern (NOZZAG®-Federn) oder aber aus einem Latexgewebe (Telastika) bestehen. Die Kriterien zur Auswahl des jeweiligen Federungsmaterials liegen ausschließlich im Bereich des Polstermöbeldesigns, da durch die Verwendung der Stahlfedern ein sehr voluminöser und durch Einsatz des Latexgewebes ein schlanker Polstereffekt bewirkt werden kann. Beide Materialien versprechen dabei einen gleichbleibend hochwertigen Federungskomfort.

Die *Stahlfedern* bestehen aus gehärtetem Federstahl (Zusammensetzung siehe Tabelle 3). Sie werden mit Verbindungshaken, die aus dem gleichen Federdraht hergestellt werden, an den Tragrahmen befestigt.

Die Beschichtung der Federn entspricht der Beschichtung des Tragrahmens, während für die Verbindungshaken zusätzlich eine weitere Beschichtung (RILSAN Pulver) mit einer Schichtdicke von 70–80 µm nötig wird, um ein Quietschen der Federung zu vermeiden. Das verwendete RILSAN Pulver ist ein Polyamid, welches auf die Verbindungshaken aufgeschmolzen wird.

Das *Latexgewebe* setzt sich aus verschiedenen natürlichen, nachwachsenden Rohstoffen zusammen: Latex, Baumwolle, Zellwolle und Jute. Diese Ein-

Tabelle 3. Chemische Analyse des Federstahls[3]; Angaben in Prozent

Werkstoff	C-Gehalt	Si-Gehalt	Mn-Gehalt	P-Gehalt	S-Gehalt	Cr-Gehalt
Federdraht	0,75	0,19	0,64	0,007	0,008	-

[3] Vermutlich vor der Phosphatierung.

Tabelle 4. Bewertung der Einsatzstoffe: Federung

	Stahlfedern	Latexgewebe
Einsatz nachwachsender Rohstoffe	0	++
Einsatz von Sekundärrohstoffen	+	0
Einsatz umweltfreundlicher Verfahren/Alternativen	0	+
Human- und ökotoxikologische Unbedenklichkeit	++	++
Umweltfreundliche Produkteigenschaften (Langlebigkeit, etc.)	++	+
Recyclierfähigkeit der Rohstoffe	++	+
Entsorgungslogistik (Recycling) bereits vorhanden	++	+
Verpackung	++	++
Transportoptimierung	++	+

satzstoffe wurden größtenteils gemäß Öko-Tex Standard 100 zertifiziert. Das vorliegende Zertifikat für die Latexfäden ist bis 30. September 1996 befristet, die Zertifikate für das Baumwollgarn und die Zellwollfasern gelten bis Ende Dezember 1996. Für das Jutegarn liegt ein solches Zertifikat noch nicht vor.

Das fertige Gewebe aus den benannten Rohstoffen wird zusätzlich noch in einem Latexierbad behandelt. Es handelt sich dabei um eine vorvulkanisierte wäßrige Kautschukdispersion, ca. 61%ig, die mit Ammoniak stabilisiert ist. Der Ammoniakgehalt ist geringer als 1%, so daß die gesamte Zubereitung keine Klassifizierung gemäß GefStoffV aufweist.

- **Einsatz nachwachsender Rohstoffe**
  Stahlfedern (0): Eine Bewertung dieses Kriteriums ist im Zusammenhang mit den verwendeten Stahlfedern nicht möglich.
  Latexgewebe (++): Das eingesetzte Latexgewebe besteht aus pflanzlichen Rohstoffen: Verwendet werden Latexfäden, Baumwolle, Zellwolle, Jute und eine flüssige Latexzubereitung.
- **Einsatz von Sekundärrohstoffen**
  Stahlfedern (+): Auch bei diesem Werkstoff ist aus vorgenannten Gründen (siehe Tragrahmen) ein Recyclinganteil im Material zu erwarten.
  Latexgewebe (0): Der Einsatz von Recyclingmaterialien zur Produktion des Latexgewebes ist nicht möglich.
- **Einsatz umweltfreundlicher Verfahren/Alternativen**
  Stahlfedern (0): Die Stahlfedern werden gemäß dem Stand der Technik in herkömmlicher Weise produziert.
  Latexgewebe (+): Bei der Entwicklung dieses Materials wurde vor allem auf den Einsatz natürlicher Materialien geachtet.
- **Human- und ökotoxikologische Unbedenklichkeit**
  Stahlfedern (++): Von dem Einsatz der Wellenfedern im Salta-Polstermöbel sind keine human- und ökotoxikologischen Auswirkungen zu erwarten (vgl. Tragrahmen).

Latexgewebe(++): Die eingesetzten Gummifäden (Naturlatex), Baumwoll- und Zellwollfasern sind gemäß Öko-Tex Standard 100 zertifiziert. Eine Zertifizierung des Jutegarns liegt allerdings noch nicht vor. Die Zusammensetzung des Latexierbads weist keine kritisch zu bewertenden Inhaltsstoffe auf. Der Hersteller garantiert eine Übereinstimmung mit der BGA-Empfehlung Nr. XXI, Stand 1.7.1980, Absatz 2.1.3.2 für die Herstellung von Bedarfsgegenständen aus Natur- und Synthesekautschuk [3].
Die Schwermetalluntersuchung (siehe Anhang 1) zeigte keine bedenklichen Konzentrationen gefährlicher Stoffe auf.

- **Umweltfreundliche Produkteigenschaften (Langlebigkeit, etc.)**
  Stahlfedern (++): Der eingesetzte Federdraht besitzt eine hohe Festigkeit, wodurch sich eine hohe Belastbarkeit der Wellenfedern ergibt. Dies garantiert die Langlebigkeit der Federung im Sofa. Daneben ermöglichen die Verbindungshaken, mit denen die Wellenfedern am Tragrahmen befestigt werden, einen zerstörungsfreien Austausch beschädigter Wellenfedern, so daß überbeanspruchte Federn durch neue ersetzt werden können, ohne daß die gesamte Federung erneuert werden muß.
  Latexgewebe (+): Das eingesetzte Latexgewebe ist aufgrund seines Aufbaus sehr strapazierfähig und haltbar. Dieser Effekt wird durch die Latexierung noch verstärkt.
- **Recyclierfähigkeit der Rohstoffe**
  Stahlfedern (++): Die Wellenfedern können nach dem Gebrauch im Salta-Polstermöbel wieder in den Kreislauf des Stahlrecyclings eingeschleust werden. Ein weiterer positiver Effekt im Hinblick auf die Recyclierfähigkeit der Wellenfedern ist die Tatsache, daß die Federn einzeln aufgespannt sind und daher selektiv ersetzt werden können.
  Latexgewebe (+): Eine stoffliche Verwertung des Materials ist bisher nicht möglich, da die Latexierung wie eine Oberflächenversiegelung wirkt, wodurch eine rasche biologische Zersetzung verhindert wird. Mittels physikalisch-chemischer Verfahren ist ggf. eine rohstoffliche Verwertung denkbar. Eine realistische Verwertungsmöglichkeit ist aber im Bereich der thermischen Verwertung zu sehen. Das Material hat einen hohen Heizwert und erfüllt damit die Anforderungen gemäß § 6 Kreislaufwirtschaftsgesetz [4].
- **Entsorgungslogistik (Recycling) bereits vorhanden**
  Stahlfedern (++): Schrotterfassungs- und Aufbereitungssysteme bestehen bereits in ausreichender Zahl. Schrottrecycling ist in der Stahlindustrie seit langem etabliert.
  Latexgewebe (+): Im Bereich der thermischen Verwertung bestehen bereits Entsorgungssysteme, die ggf. für das Latexgewebe zu nutzen sein werden.
- **Verpackung**
  Stahlfedern (++): Es werden keine Transportverpackungen eingesetzt.
  Latexgewebe (++): Die Anlieferung der Rohstoffe erfolgt größtenteils mittels Mehrwegverpackungen. Für das fertige Gewebe wird keine Umverpackung eingesetzt.

- **Transportoptimierung**
  Stahlfedern (++): Die Federn werden auf die angelieferten und beschichteten Tragrahmen gespannt und an Salta weitergeleitet. Daraus ergibt sich eine dezentrale Fertigung unter Ausnutzung der kürzesten Wege.
  Latexgewebe(+): Die speziell für das Polstermöbel gefertigten Gewebeschläuche werden vor Ort auf die Tragrahmen gespannt.

2.3 Polster

Die Polsterung des Salta-Polstermöbels setzt sich aus zwei Bestandteilen zusammen. Zum einen handelt es sich dabei um eine Kokosmatte, die als Hülle direkt über der Federung liegt, und zum anderen um ein Schaumstoffpolster, welches über Tragrahmen, Federung und Kokosmatte gestülpt wird und diese so einschließt.

Bei dem eingesetzten *Schaumstoff* (Pantéra) handelt es sich um einen auf der Basis von Methylen-diphenyl-diisocyanat (MDI) hergestellten Polyurethan-Weichschaum. Bei der Produktion werden nach Aussage des Herstellers Hilfsstoffe, sog. Additive, zu 0,1% der Gesamtrohstoffmenge eingesetzt. Dabei handelt es sich um einen Zinnkatalysator, zwei verschiedene Aminkatalysatoren und ein Oberflächenaktiv. Der Zinnkatalysator ist gemäß GefStoffV als ‚giftig' eingestuft, es laufen derzeit Substitutionsversuche mit einem weniger gefährlichen Stoff. Einer der Aminkatalysatoren ist als ‚ätzend', der andere als ‚reizend' gemäß GefStoffV deklariert, wobei ersterer ‚mindergiftige' und letzterer ‚giftige' Inhaltsstoffe aufweist.

Es werden keine Zusätze wie z.B. Flammschutzmittel oder Fungistatika eingesetzt. Der Schaumstoff wird FCKW-frei geschäumt. Auf eine Färbung wird ebenfalls verzichtet.

Die verwendete *Kokosmatte* (90% Kokos, 10% Sisal) dient als Schutz des Schaumstoffs vor mechanischer Beanspruchung durch die Federung (im Falle der Stahlfederung). Sie ist beidseitig beschichtet und zwar wird auf der einen Seite eine Latex-Beschichtung und auf der anderen eine PVAC (Polyvinylacetat)-Beschichtung eingesetzt. Grundsätzlich dient die Beschichtung zur Stabilisierung der Matte. Durch die PVAC-Beschichtung wird zusätzlich eine glatte Oberflächenbeschaffenheit erreicht, die das Aufziehen der Kokoshülle auf den Verbund von Tragrahmen und Federung erleichtert.

- **Einsatz nachwachsender Rohstoffe**
  Schaumstoff (0): Eine Bewertung dieses Kriteriums ist in Verbindung mit diesem Einsatzstoff nicht möglich.
  Kokosmatte (++): Die Kokosmatte besteht zu 90% aus Kokosfasern und zu 10% aus Sisal. Beides sind pflanzliche Erzeugnisse.
- **Einsatz von Sekundärrohstoffen**
  Schaumstoff (+): Derzeit finden Sekundärrohstoffe in der Produktion keinen Einsatz. Bei der Herstellung des Schaumstoffes ist allerdings die Mög-

Tabelle 5. Bewertung der Einsatzstoffe: Polster

	Schaumstoff	Kokosmatte
Einsatz nachwachsender Rohstoffe	0	++
Einsatz von Sekundärrohstoffen	+	++
Einsatz umweltfreundlicher Verfahren/Alternativen	+	(+)
Human- und ökotoxikologische Unbedenklichkeit	++	++
Umweltfreundliche Produkteigenschaften (Langlebigkeit, etc.)	++	++
Recyclierfähigkeit der Rohstoffe	++	++
Entsorgungslogistik (Recycling) bereits vorhanden	++	++
Verpackung	++	++
Transportoptimierung	+	0

lichkeit gegeben, gemahlenes Pantéra zu einem geringen Prozentsatz wieder einfließen zu lassen. Auch der Einsatz von rückgewonnenen Rohstoffen ist theoretisch möglich.
Kokosmatte (++): Im Produktionsprozeß können bis zu 20 % Fasern aus aufgerissenen Kokosmatten mit eingesetzt werden. Eine Erhöhung dieses Anteils ist theoretisch machbar, ist jedoch aufgrund eines geringen Anfalls solcher Altmaterialien derzeit nicht notwendig.

- **Einsatz umweltfreundlicher Verfahren/Alternativen**
  Schaumstoff (+): Pantéra wird FCKW-frei geschäumt. Es wird ohne Zuschlagsstoffe (wie z.B. Flammschutzmittel, Bakterizide, Fungistatika) hergestellt. Die Hilfsstoffzugabe (z.B. Katalysatoren) wurde minimiert. Problematisch ist lediglich der o.g. Einsatz des giftigen Zinnkatalysators.
  Der Schaumstoff wird ungefärbt verwendet. Zum Verleimen des zugeschnittenen Schaumstoffes wird ein lösemittelfreier, umweltverträglicher Dispersionsklebstoff eingesetzt.
  Kokosmatte ((+)): Der Einsatz der Kokosmatte im Salta-Polstermöbel erscheint positiv, da sie aus natürlichen, schadstoffarmen, recyclierfähigem Material besteht. Eine detaillierte Bewertung von Produktionsverfahren oder Alternativen ist aber aufgrund zeitlicher und räumlicher Rahmenbedingungen nicht möglich.

- **Human- und ökotoxikologische Unbedenklichkeit**
  Schaumstoff (++): Nach Aussage des Herstellers ist kein Restmonomergehalt mehr im Schaumstoff enthalten. Die oben aufgeführten Hilfsstoffe werden laut Aussage des Herstellers zu ca. 0,1 % der Gesamtmenge an Rohstoffen bei der Produktion zugegeben, so daß nur niedrige Konzentrationen im Schaumstoff verbleiben. Fungistatika, Bakterizide oder Flammschutzmittel finden keinen Einsatz, so daß von dieser Seite keine human- bzw. ökotoxikologische Bedenklichkeit besteht.

Kokosmatte (++): Bezüglich einer etwaigen Human- bzw. Ökotoxizität wurde dieser Einsatzstoff durch das ECO Umweltinstitut in Köln einer umfassenden Prüfung unterzogen. Aus dem Gutachten [5] geht hervor, daß keine bedenklichen Inhaltsstoffe in der Matte enthalten sind.
Untersucht wurden im einzelnen folgende Schadstoffgehalte: Organochlorpestizide (inkl. Pentachlorphenol), Organophosphorpestizide, Pyrethroide, Herbizide, Schwermetalle und adsorbierbare organische Halogenverbindungen (AOX). Neben diesen Gehaltsanalysen wurde zusätzlich eine Emissionsanalyse (Prüfkammer) durchgeführt, in der die Ausdünstungen der Kokosmatte auf flüchtige organische Verbindungen und Formaldehyd überprüft wurden. Die Meßergebnisse lagen jeweils unterhalb der Nachweisgrenze oder aber im Bereich „völlig unerheblicher Konzentrationen".

- **Umweltfreundliche Produkteigenschaften (Langlebigkeit, etc.)**
  Schaumstoff(++): Pantéra wird mit einem hohen Raumgewicht (50 kg/m^3 gegenüber herkömmlichen Schaumstoffen mit ca. 32 kg/m^3) hergestellt und ist dadurch sehr formstabil und langlebig. Weiterhin ist es nach Aussage des Herstellers schwer entflammbar bzw. sogar flammhemmend.
  Kokosmatte(++): Die Kokosfaser ist ein sehr strapazierfähiges Material von hoher Haltbarkeit. Es ist atmungsaktiv und widerstandsfähig gegen Nässe. Eine Behandlung mit Bioziden ist nicht notwendig.
- **Recyclierfähigkeit der Rohstoffe**
  Schaumstoff(++): Zum einen ist die Möglichkeit gegeben, den Schaumstoff in gemahlener Form wieder bei der Herstellung neuen Pantéras einzusetzen. Zum anderen ist eine rohstoffliche Verwertung des Schaumstoffes möglich. Weiterhin besteht noch die Alternative, das Pantéra, in Flocken zerrupft als Kissenfüllung einzusetzen. Dies ist eine übliche Praxis, um Produktionsabfälle weiter zu verwenden. Allerdings tritt hierbei der Effekt des „Downcyclens" ein, da zusätzliche Einsatzstoffe der Kissenfüllung (z. B. Federn oder andere Schaumstoffflocken), eine sortenreine Trennung verhindern, wodurch ein weitergehendes Recycling unmöglich wird.
  Kokosmatte (++): Wie bereits oben angesprochen, ist es möglich, die zu entsorgende Kokosmatte nach einem mechanischen Zerkleinerungsschritt (‚Aufreißen') wieder in die Produktion einfließen zu lassen. Daneben besteht die Möglichkeit, das Material zu schroten und dann zur Auflockerung von Blumenerde zu verwenden. Als dritte Recyclingmethode gibt der Hersteller das Zerfasern und Kompostieren der gebrauchten Matten an.
- **Entsorgungslogistik (Recycling) bereits vorhanden**
  Schaumstoff(+): Der Einsatz gerupften Schaumstoffs als Kissenfüllung ist eine bereits fest etablierte Weiterverwendungsmethode für Produktionsabfälle. Gemahlenes Material in der Produktion einzusetzen ist ebenfalls technisch durchführbar. Letzteres stellt die ökologisch wünschenswertere Variante dar, da hierdurch ein Wiedereinsatz des Schaumstoffs auf gleichem Qualitätsniveau möglich wird. Eine fest in die Produktion integrierte Anwendung dieser Methode besteht jedoch noch nicht.

Kokosmatte(++): Der Wiedereinsatz zerfaserter Matten in der Herstellung (80 % neue Fasern, 20 % gerissene Fasern) wird zum Teil bereits praktiziert. Derzeitig erfolgt jedoch hauptsächlich eine thermische Verwertung der Matten bzw. der Produktionsabfälle. Laut Aussage des Herstellers wird dieses Vorgehen allerdings im Zuge einer Umstellung des Heizungssystems demnächst beendet werden, was die Umsetzung der o. g. Recyclingmethoden der Kokosmatte zur Folge haben wird. Die Durchführbarkeit der Verwertungsarten ist sichergestellt, da diese Verfahren in vergleichbaren Firmen bereits angewandt werden.

- **Verpackung**
  Schaumstoff(++): Der Schaumstoff wird in eigens für diesen Zweck vorgesehenen Lkw-Preßcontainern transportiert, es findet keine zusätzliche Umverpackung Einsatz.
  Kokosmatte(++): Für den Transport der Kokosmatten wird keine Verpackung benötigt.
- **Transportoptimierung**
  Schaumstoff(+): Der Schaumstoff wird in Hillegom (NL) hergestellt und dann ,en bloc' nach Geldermalsen (NL) transportiert. Dort werden die Schaumstoffpolster zugeschnitten und verleimt. Zur Endfertigung des Sofas werden nur noch die tatsächlich benötigten Polsterteile angeliefert.
  Kokosmatte(0): Die für die Kokosmattenherstellung eingesetzten Kokosnüsse stammen aus Sri Lanka, die Mattenproduktion erfolgt in Slowenien. Aufgrund der Verwendung dieses exotischen, pflanzlichen Rohstoffes ist eine Transportoptimierung hinsichtlich z. B. einer effektiven Wegeverkürzung kaum möglich. Die momentane Vorgehensweise entspricht dem Stand der Technik.

Optimierungsvorschläge

Schaumstoff:

- Messung des Restmonomergehaltes im Schaumstoff,
- Ersetzen des giftigen Zinnkatalysators.

Kokosmatte:

- fair trade-Vereinbarungen mit dem Rohstofflieferanten.

2.4 Bezugshülle

Die Bezugshülle umfaßt alle vorher beschriebenen Bestandteile des modularen Sofas. Sie ist der wesentliche, formgebende Bestandteil des Salta-Polstermöbels, da sie zum einen die anderen Materialien (Metallkern, Federung und Polster) paßgenau aufnimmt und in Form hält und zum anderen entscheidend die Designvariationen beeinflußt.

Grundsätzlich gibt es zwei mögliche Bezugsstoffsorten, die hier ihren Einsatz finden. Es handelt sich um Leder- bzw. Textilbezüge. Diese Hauptbestandteile der Bezugshülle werden innerhalb des Unterpunktes *Bezugsstoffe* vorgestellt und bewertet.

Daneben werden für die Bezugshülle noch weitere Einsatzstoffe verwendet. Dies sind ein weiches Schaumstoffvlies, verschiedenfarbige Reißverschlüsse (RV) und ein einfaches Baumwollgewebe, welches an den nicht sichtbaren Flächen des Bezugs eingesetzt werden kann. Diese Materialien sind unter dem Unterpunkt *Sonstige Einsatzstoffe* zusammengefaßt.

2.4.1 Bezugsstoffe

Bei dem eingesetzten *Leder* handelt es sich um pflanzlich gegerbte Rindshäute. Bei der im Rahmen des Gutachtens betrachteten Probe „schomischs ecopell", blau, wurde auf eine Oberflächenbehandlung verzichtet. Die Gerbung des Leders verläuft im Bereich der Wasserwerkstatt verfahrensgleich zur herkömmlichen Ledergerbung (Verarbeitungsverfahren: Weiche, Äscher, Entfleischen, Spalten, Neutralisieren, Beize und Pickel). Danach erfolgt jedoch im Gegensatz zur üblichen Chromgerbung eine Vorgerbung u.a. mit Glutardialdehyd, einem gemäß GefStoffV als ‚ätzend' eingestuften Stoff, und danach die eigentliche Gerbung mit einer Mischung aus Natriumbicarbonat und Pflanzenauszügen.

Die Färbung erfolgt, nach Aussage des Herstellers, mit synthetischen, schwermetallfreien Säurefarbstoffen, die den Anforderungen des Lebensmittel- und Bedarfsgegenstände-Gesetzes entsprechen.

Bei dem zu begutachtenden *Stoff* handelt es sich um einen Möbelbezugsstoff, der gemäß Öko-Tex Standard 100 zertifiziert wurde. Das der Probe beigefügte Zertifikat ist bis Ende August 1995 befristet. Es bezieht sich auf Möbelbezugsstoffe, jacquardgewebt, aus 100% Baumwolle und Mischungen aus Baumwolle/Viskose und Baumwolle/Polyester.

Tabelle 6. Bewertung der Einsatzstoffe: Bezug

	Leder	Stoff (Textil)
Einsatz nachwachsender Rohstoffe	++	++
Einsatz von Sekundärrohstoffen	0	+
Einsatz umweltfreundlicher Verfahren/Alternativen	++	+(+)
Human- und ökotoxikologische Unbedenklichkeit	++	++
Umweltfreundliche Produkteigenschaften (Langlebigkeit, etc.)	+	+
Recyclierfähigkeit der Rohstoffe	+	+
Entsorgungslogistik (Recycling) bereits vorhanden	+	++
Verpackung	++	*
Transportoptimierung	++	0

- **Einsatz nachwachsender Rohstoffe**
  Leder(++): Leder ist ein natürlicher, nachwachsender Rohstoff. Die verwendeten Häute fallen als Nebenprodukt der Fleischindustrie an.
  Stoff(++): Bei dem vorliegenden Stoffmuster handelt es sich um ein aus Naturfasern hergestelltes Produkt (Baumwolle).
- **Einsatz von Sekundärrohstoffen**
  Leder(0): Eine Bewertung dieses Kriteriums ist in Zusammenhang mit dem verwendeten Material nicht möglich.
  Stoff(0): Ein Einsatz von Recyclingtextilien ist nicht vorgesehen.
- **Einsatz umweltfreundlicher Verfahren/Alternativen**
  Leder(++): Bei dem eingesetzten Leder handelt es sich um ein pflanzengegerbtes Leder. Diese Pflanzengerbung ist eine erheblich umweltfreundlichere Alternative zur herkömmlichen Chromgerbung, da zum einen nachwachsende Rohstoffe zur Gerbung verwendet werden und zum anderen das fertige Leder wesentlich geringere Gehalte an Schwermetallen, insbesondere Chrom, aufweist. Die mit der Gerbung beauftragte Lohngerberei arbeitet mit neuesten Technologien, die eine Wasserersparnis von ca. 50% gegenüber herkömmlichen Gerbverfahren ermöglichen [6].
  Stoff(+(+)): Beim Einsatz des nach Öko-Tex Standard 100 zertifizierten Stoffes wird zusätzlich darauf geachtet, daß auch die Druckfarben nach diesem Standard zertifiziert sind. Weiterhin läßt der geringe Schadstoffgehalt im Material auf verbesserte Umweltbedingungen in der Anbauphase schließen. Eine detaillierte Beurteilung dieses Umweltfaktors ist jedoch nicht Bestandteil dieses Gutachtens.
- **Human- und ökotoxikologische Unbedenklichkeit**
  Leder(++): Das Leder enthält aufgrund der zur Gerbung verwendeten Zusatzstoffe wesentlich geringere Gehalte an Schwermetallen, insbesondere Chrom (vgl. Anhang 1).
  Stoff(++): Der verwendete Bezugsstoff wurde nach Öko-Tex Standard 100 zertifiziert. Dieses Zertifikat weist den Einsatzstoff als human- und ökotoxikologisch unbedenklich aus. Die Ergebnisse der Schwermetalluntersuchung (siehe Anhang 1) bestätigen dies.
- **Umweltfreundliche Produkteigenschaften (Langlebigkeit, etc.)**
  Leder(+): Leder ist ein strapazierfähiges Material, das bei sorgfältiger Pflege eine sehr hohe Nutzungsdauer möglich macht. Das als Muster vorliegende Leder ist naturbelassen, d.h. es wurde auf eine ‚Oberflächenversiegelung‘ verzichtet. Dies führt dazu, daß es zwar zum einen einen höheren Pflegebedarf hat, zum anderen aber wesentlich natürlichere Eigenschaften, wie z.B. eine sehr hohe Wasserdampfdurchlässigkeit, aufweist.
  Stoff(+): Reine Baumwolle ist ein hautsympathisches Material, das Feuchtigkeit gut aufnimmt.
- **Recyclierfähigkeit der Rohstoffe**
  Leder(+): Aufgrund des Verzichts auf eine synthetische Oberflächenbeschichtung ist eine biologische Abbaubarkeit des Leders nachweisbar.

Weiterhin ergibt sich durch das pflanzliche Gerbverfahren nur eine sehr geringe Schadstoffbelastung des Leders, so daß es bei einer Kompostierung nicht zu einer Anreicherung von ökologisch kritisch zu bewertenden Stoffen im Boden kommt. Bezüglich eines praktikablen Kompostierungsverfahrens sind jedoch noch weitergehende Versuche nötig [7].
Stoff(+): Die Gewebefasern der eingesetzten Bezugsstoffe können nach einem „Aufreißen" des Gewebes zur Herstellung verschiedener Recyclingtextilien (z.B. Vliesmatten, Industrieputzlappen etc.) verwendet werden. Es tritt jedoch der Effekt des „Downcyclings" ein.

- **Entsorgungslogistik (Recycling) bereits vorhanden**
  Leder(+): Sofern eine Kompostierung als Biomüll durchgeführt werden soll, wird die bereits bestehende Entsorgungslogistik hierfür zu nutzen sein.
  Stoff(++): Der Anschluß an ein bestehendes Recyclingsystem für die verwendeten Bezugshüllen ist bereits in die Wege geleitet.
- **Verpackung**
  Leder(++): Der Transport des Leders wird in Mehrwegboxen bewerkstelligt.
  Stoff(*): Zu diesem Bewertungskriterium liegen keine Informationen vor.
- **Transportoptimierung**
  Leder(++): Die gezielte Auswahl des pflanzlich gegerbten Leders bewirkt, daß ausschließlich im Inland gefertigte Ware eingesetzt wird.
  Stoff(0): Eine Transportoptimierung ist aufgrund der raschen Trendwechsel im Textilbereich nicht möglich.

2.4.2 Sonstige Einsatzstoffe

Unter den eigentlichen Bezugsstoff wird zum Teil ein extra weiches *Schaumstoffvlies* genäht, um designbedingte Effekte zu erreichen. Bei dem hierfür verwendeten Schaumstoff handelt es sich ebenfalls um Pantéra, er entspricht also dem bereits im Kapitel *Polster* bewerteten Schaumstoff, so daß auf eine erneute Beurteilung verzichtet wird.

Zum Verschließen der Bezugshüllen werden verschiedenfarbige Industrie-*Reißverschlüsse* eingesetzt. Es handelt sich dabei um handelsübliche Reißverschlüsse, weswegen eine tabellarische Bewertung nicht sinnvoll erscheint.

Im Folgenden wird daher ausschließlich auf spezielle, umweltverträglichere Eigenschaften des Produktes, die eine Verbesserung gegenüber dem herkömmlichen Stand der Technik darstellen, eingegangen.

Die Reißverschlüsse werden in Fernost produziert. Die vom Hersteller angegebene chemische Zusammensetzung der Zink-Reißverschluß(RV)-Schieber ist der Tabelle 7 zu entnehmen.

Reißverschlußband und Kette bestehen aus 100% Polyester, zur Färbung werden nach Aussage des Herstellers keine Azo-Farbstoffe verwendet.

Tabelle 7. Chemische Analyse der RV-Schieber; Angaben in Prozent

Material	Al-Gehalt	Fe-Gehalt	Cd-Gehalt	Cu-Gehalt	Mg-Gehalt	Sn-Gehalt	Pb-Gehalt	Ni-Gehalt
Zink-RV-Schieber	ca. 4,0	ca. 0,0048	ca. 0,0002	ca. 0,9	ca. 0,03	ca. 0,0002	ca. 0,002	ca. 0,0003

Die Untersuchung verschiedenfarbiger Reißverschlüsse auf Schwermetallgehalte (siehe Anhang 1) zeigt, daß hinsichtlich der untersuchten Parameter keine die menschliche Gesundheit oder die Umwelt gefährdenden Konzentrationen im Probenmaterial enthalten sind.

Das an den nicht sichtbaren Flächen verwendete *Baumwollgewebe* ist ebenfalls gemäß Öko-Tex Standard 100 zertifiziert. Die Bewertung entspricht weitestgehend der des begutachteten Bezugsstoffes.

Optimierungsvorschläge

Leder:

- Zertifizierung nach Öko-Tex Standard 100

Stoff (Textil):

- Erneuerung der Zertifizierung nach Öko-Tex Standard 100 (abgelaufen August 1995)

2.5 Verpackung

Zur Verpackung der fertigen Polstermöbelsegmente werden *Kartons* eingesetzt. Der Hersteller ist der Interseroh AG angeschlossen, einem Recyclingverband für industrielle Umverpackungen.

Bei dem eingesetzten Karton handelt es sich um eine fünflagige Wellpappe, deren einzelne Schichten mit Maisstärke verleimt sind. Zum Kleben des Kartons wird eine wäßrige Polymerdispersion eingesetzt. Die verwendete Flexodruckfarbe auf Wasserbasis enthält zu 2 Gew.% einen als ‚ätzend' eingestuften Stoff (N,N-Dimethylethanolamin), ist jedoch insgesamt nicht als gefährlicher Stoff (gem. GefStoffV) deklariert.

Diese Umverpackung soll beim Kunden verbleiben und ist daher nicht als Mehrwegverpackung im eigentlichen Sinne einsetzbar, sie kann jedoch vom Kunden mehrfach zum Transport des Sofas verwendet werden, bis sie wieder in den Recyclingkreislauf eingeschleust wird.

Optimierungsvorschläge

Karton:

- Kartonrücknahme ermöglichen

2.6 Übersicht Beurteilung der Einsatzstoffe

Die nachfolgend abgebildete Tabelle stellt eine Zusammenfassung der Beurteilung der einzelnen Einsatzstoffe dar.

Tabelle 8. Übersicht Beurteilung der Einsatzstoffe

	Metallkern	Stahlfedern	Latexgewebe	Schaumstoff	Kokosmatte	Lederbezug	Stoffbezug
Einsatz nachwachsender Rohstoffe	0	0	++	0	++	+	+
Einsatz von Sekundärrohstoffen	+	+	0	+	++	0	0
Einsatz umweltfreundlicher Verfahren/ Alternativen	0	0	+	+	(+)	++	+(+)
Human- und ökotoxikologische Unbedenklichkeit	++	++	++	++	++	++	++
Umweltfreundliche Produkteigenschaften (Langlebigkeit, etc.)	++	++	+	++	++	+	+
Recyclierfähigkeit der Rohstoffe	++	++	+	++	++	+	+
Entsorgungslogistik (Recycling) bereits vorhanden	++	++	+	++	++	+	++
Verpackung	++	++	++	++	++	++	*
Transportoptimierung	++	++	+	+	0	++	0

Beurteilungsgrundlagen

++ umweltfreundlicher, deutlich energieeinsparender, günstiger für den Kunden oder den Handel, deutlich emissions- und abfallärmer, deutlich bessere Produktleistung.

\+ etwas umweltfreundlicher, etwas energieeinsparender, etwas günstiger für den Kunden oder den Handel, etwas emissions- und abfallärmer, etwas bessere Produktleistung.

0 entspricht dem Stand der Technik.

* keine abschließende Beurteilung möglich.

3 Zusammenfassung oder „Das Modulare Sofa"

Das Salta-Polstermöbel ist nicht nur hinsichtlich der verwendeten Einsatzstoffe, sondern auch aufgrund seines geplanten ‚Lebenskonzeptes' umweltfreundlicher als vergleichbare Polstermöbel. Trotzdem muß jedoch für das Salta-Polstermöbel das in Abb. 4 dargestellte Idealbild der Kreislaufwirtschaft zunächst einmal Zukunftsvision bleiben.

Der Innovationssprung in diese Richtung läßt sich analog der aufgeführten Lebensphasen aufzeigen:

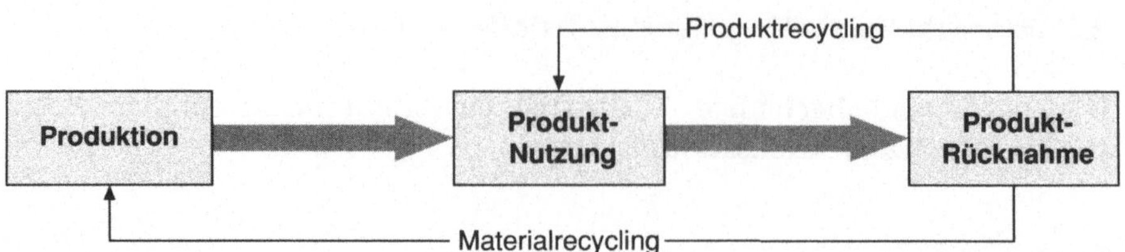

Abb. 4. Lebensphasen eines Produktes

3.1 Produktion

Für eine umweltfreundliche Produktion ist zuallererst die umweltfreundliche Gestaltung des Produktes vonnöten.

Recyclinggerechte Konstruktion ist die Voraussetzung für die Umsetzung der Kreislaufwirtschaft und der damit verbundenen Verminderung der Umweltbelastungen insbesondere des Ressourcenabbaus und die Deponierung von Abfällen. An die recyclinggerechte Konstruktion eines Produktes werden verschiedenste Anforderungen [8] gestellt, die mit der Gestaltung des Salta-Polstermöbels umgesetzt wurden.

Die Verminderung und die Verwertung von Produktionsrückständen sind ebenfalls bereits in die Planungsphase des Produktes einzubeziehen, damit sie während der Produktionsphase auch umgesetzt werden können. Salta beeinflußt diesen Bereich zunächst durch die Auswahl der Einsatzstoffe. Wichtige Punkte sind hier die geringe Materialvielfalt und die Recyclierbarkeit der Einsatzstoffe (s. o.), die im Salta-Polstermöbel weitestgehend sehr gut gelöst wurden.

Für das Recycling der Produktionsrückstände sind die einzelnen Herstellerfirmen verantwortlich. Hierzu zählt auch die Minimierung der Produktionsabfälle. Ein gutes Beispiel dafür ist das als Polsterschaum eingesetzte Pantéra, bei dem aufgrund der zentralen Konfektionierung verschiedener Produktlinien, eine besonders wirkungsvolle Verschnittminimierung durchgeführt werden kann.

3.2 Produktnutzung

Während der Produktnutzung zeigen sich die Umweltvorteile und Kundenvorteile des modularen Aufbaus des Salta-Polstermöbels (siehe Abb. 1).

Die einzelnen Polstermöbelsegmente sind lösbar miteinander verbunden, wobei die Verbindungselemente so ausgelegt sind, daß sie gut zugänglich sind und über die gesamte Nutzungsdauer des Polstermöbels funktionsfähig bleiben. Dies wirkt sich zum einen günstig für Kunden und Handel aus, da es den Transport des Sofas vereinfacht. Zum anderen bietet es dem Kunden eine bisher in dieser Form nicht existierende Flexibilität im Design:

Durch die standardisierten Steckverbindungen lassen sich die einzelnen Polstermöbelsegmente in verschiedenster Weise kombinieren. Dies bedeutet für den Kunden, daß er eine einmal gekaufte Polstermöbelgarnitur nahezu beliebig den räumlichen Gegebenheiten der eigenen Wohnung anpassen kann. Beispielsweise lassen sich ein Sessel und ein Zweisitzer zu einer Sitzecke ergänzen.

Der modulare Aufbau der Polstermöbelsegmente bewirkt dann, daß verschlissene oder nicht mehr zeitgerechte Bezugshüllen problemlos ausgewechselt und die ggf. ergänzte Polstermöbelgarnitur benutzergerecht gestaltet werden kann.

Weiterhin wird eine Reparatur des Möbels wesentlich vereinfacht. Einzelne Teile, wie z.B. das durchgesessene Sitzkissen oder die überbeanspruchten Wellenfedern am ‚Lieblingssitzplatz' können mit geringem Aufwand ausgetauscht werden.

Für die Umwelt bedeuten diese Kundenvorteile eine Verlängerung des Produktlebenszyklus um ein Vielfaches und eine damit einhergehende Ressourcenschonung durch die so erheblich gesteigerte Materialproduktivität.

3.3 Produktrücknahme

Der Käufer eines Salta-Polstermöbels bekommt eine sechsjährige Garantie auf das von ihm erstandene Produkt. Salta kann diese Leistung aufgrund der sorgfältig ausgewählten Einsatzstoffe bieten. Weiterhin garantiert Salta den Besitzern eines Salta-Polstermöbels die Rücknahme des Produktes nach der Nutzungsphase.

Der modulare Aufbau des Salta-Polstermöbels ist die Grundlage für ein wirtschaftliches Produkt- und Materialrecycling. Eine serienmäßige Demontage ist möglich. In Hinblick auf den Begriff des „Rückschreinerns" herkömmlicher Polstermöbel bietet sich eher noch der Begriff der „Remontage" an, da das zerstörungsfreie Zerlegen des Salta-Polstermöbels vor allem auf den Wiedereinsatz bestimmter Bauteile abzielt und die Arbeitsschritte der Remontage denen der Montage sehr nah liegen. Beide Vorgänge nehmen nur wenige Minuten in Anspruch.

Die Wiedernutzbarkeit verwendeter Bauteile (Produktrecycling) ist eine weitere wesentliche Anforderung an recyclinggerechte Produkte. Im Falle des Salta-Polstermöbels ist dies durch den Tragrahmen und die Verbindungselemente realisiert. Der Korrosionsschutz dieser Bestandteile gewährleistet die dazu nötige lange Haltbarkeit der Materialien.

Auch das Materialrecycling wird durch den modularen Aufbau des Salta-Polstermöbels stark vorangetrieben. Die Einsatzstoffe können als sog. Einstoffprodukte wiedergewonnen und so den bereits vorgestellten, möglichen Verwertungswegen zugeführt werden. Dies ermöglicht ein qualitativ hochwertiges Recycling. Verantwortlich für die Verwertung der Materialien, die nicht gleich wieder in die Produktion einfließen, sind deren Hersteller.

Sämtliche, im Salta-Polstermöbel eingesetzten Materialien werden zur Sicherstellung der sortenreinen Erfassung mit dem Salta-Zeichen sowie Produktionsjahr und -monat gekennzeichnet.

Das Salta-Polstermöbel ist wesentlich umweltfreundlicher als ein herkömmliches Polstermöbel. Es stellt den richtigen Schritt zur zukunftsgerechten Produktgestaltung dar. Eine kontinuierliche Entwicklung und die Nutzung neuer Technologien ermöglichen die konsequente Umsetzung des Umweltschutzgedankens.

Literatur

1. Stahel W (1994) Langlebigkeit und Mehrfachnutzung in: Hellenbrandt/Rubik: Produkt und Umwelt, Marburg, S. 189 ff.
2. Sietz M (1993) Produkt-Auditing, in: Sietz/von Saldern: Umweltschutz-Management und Öko-Auditing, Heidelberg 1993, S. 227 ff.
3. Kautschuk-Gesellschaft mbH (Hrsg) (1980) Produktinformation zu LA REVULTEX, vorvulkanisierter Naturlatex, Frankfurt a. M.
4. Westfälisches Umweltzentrum (Hrsg) (1996) Ergebnisbericht zur Kompostierung von dauerelastischem Schwergewebe, Höxter
5. ECO Umweltinstitut GmbH (Hrsg) (1996) Gutachten Ökologische Produktprüfung (Schadstoff-Untersuchung) Kokosisoliermatte, Köln
6. Schomisch GmbH (Hrsg) (1996) Produktinformation schomischs ecopell, So ÖKOMFORTABEL kann Leder sein, Essen
7. Forschungsinstituts für Leder- und Kunstledertechnologie GmbH (Hrsg) (1994) Gutachten über die Abbaubarkeit von Leder durch Mikroorganismen des Erdbodens entsprechend DIN 53739, Freiberg, 24.3.1994
8. VDI (Hrsg) (1993) VDI-Richtlinie 2243 Blatt 1: Konstruieren recyclinggerechter technischer Produkte, Düsseldorf
9. Hopfenbeck, Jasch (1995) Öko-Design: Umweltorientierte Produktpolitik, Landsberg/Lech
10. Kahmeyer, Rupprecht (1996) Recyclinggerechte Produktgestaltung, Würzburg
11. Hockerts, Petmecky, Hauch, Seuring, Schweitzer (Hrsg) (1994) Kreislaufwirtschaft statt Abfallwirtschaft, Ulm
12. Stiftung Warentest (Hrsg) (1994) Ratgeber Möbelkauf, Berlin
13. Deutsche Gütegemeinschaft Möbel (Hrsg) (1996) Profis verkaufen Möbel, Fachratgeber Wohnen, Nürnberg

Anhang 1

Analyse der Gehalte ausgewählter Schwermetalle in Einsatzstoffen des Salta-Polstermöbels

Durchgeführt von der Arbeitsgruppe Sietz, Universität-GH Paderborn, Fachbereich Technischer Umweltschutz, Höxter. Datum: 28.10.1996.

Probe	Cd mg/kg	Cr mg/kg	Ni mg/kg	Pb mg/kg	Zn mg/kg
Latexgewebe (Federung)	< 0,1	1,3	4,3	< 0,1	2390
	n.n.	2,2	0,1	< 0,1	2388
Leder (Bezugshülle)	n.n.	47,3	8,6	n.n.	18,0
„schomischs ecopell", blau	n.n.	55,3	< 0,1	< 0,1	18,5
Stoff (Textil) (Bezugshülle)	n.n.	0,3	< 0,1	< 0,1	16,0
	0,1	1,8	< 0,1	1,2	15,2
Reißverschluß, weiß	n.n.	1,9	22,3	< 0,1	27,2
	n.n.	1,5	2,7	0,1	16,6
Reißverschluß, grün	n.n.	< 0,1	1,3	< 0,1	12,2
	n.n.	1,9	< 0,1	1,4	16,0
Reißverschluß, hellgrau	n.n.	0,4	1,7	< 0,1	11,2
	n.n.	0,2	< 0,1	< 0,1	13,0
Reißverschluß, dunkelgrau	< 0,1	0,2	< 0,1	< 0,1	13,6
	< 0,1	< 0,1	< 0,1	< 0,1	12,4
Reißverschluß, schwarz	n.n.	1,4	15,8	0,5	28,6
	n.n.	0,8	2,2	< 0,1	28,8

Probenaufschluß: Druckaufschluß mit HNO_3/H_2O_2
Messung: Cd, Cr, Ni, Pb: Graphitrohr - AAS
Zn: Flammen - AAS

Bemerkung: Der Cr-Gehalt im pflanzlich gegerbten Leder ist um ein Vielfaches niedriger als der einer vergleichbaren Probe aus herkömmlicher Chromgerbung (Vergleichsprobe: ca. 39000 mg/kg).
Die übrigen Analysenergebnisse zeigten keine nennenswerten Gehalte der geprüften Parameter.

Anhang 2

Fotos: Modularer Aufbau des Salta-Polstermöbels

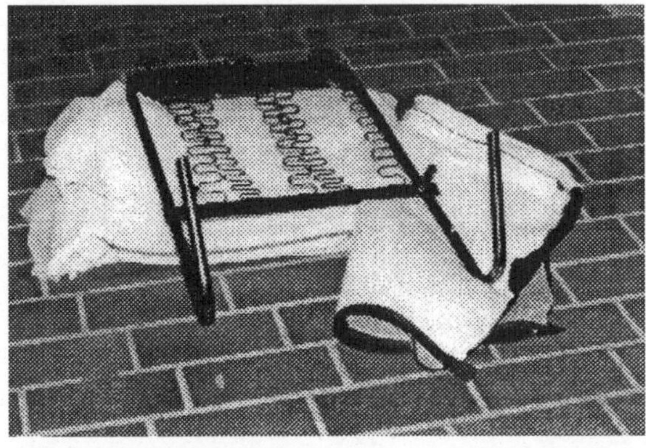

Foto 1. Die Hauptbestandteile einer Armlehne

Foto 2. Der Polsteranteil im Salta-Polstermöbel

Foto 3. Die einzelnen Hauptbestandteile des Salta-Polstermöbels

Fotos: Transport des Salta-Polstermöbels

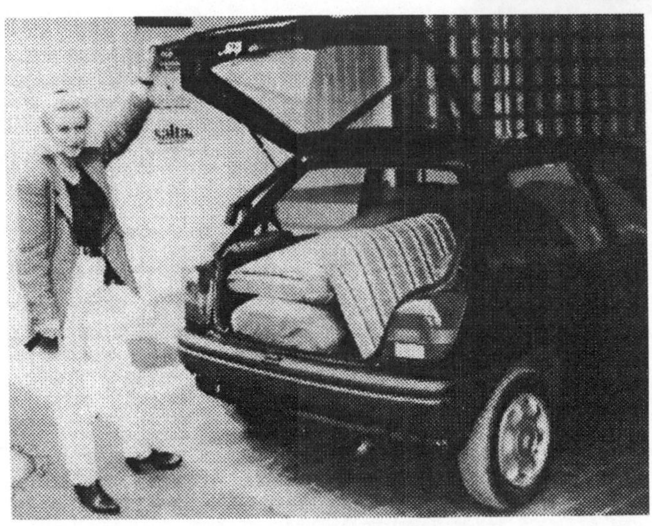

Vergleichende Untersuchung zweier Schuhcreme-Produktionslinien

Prozeßbilanz unter Umweltaspekten

A. Niermeyer, S. Seuring, A. Büttner und M. Sietz

Das diesem Bericht zugrundeliegende Vorhaben wurde mit Mitteln des Bundesministeriums für Bildung, Wissenschaft, Forschung und Technologie unter dem Förderkennzeichen F 107396 gefördert.

Abkürzungsverzeichnis

Aufl.	Auflage
BMU	Bundesministerium für Umwelt, Naturschutz und Reaktorsicherheit
C_{16}	Kohlenstoffkette mit 16 Kohlenstoff-Atomen
DIN	Deutsches Institut für Normung e.V.
EG	Europäische Gemeinschaft
et al.	et altera
etc.	et cetera
e.V.	eingetragener Verein
f/ff	und fort-/folgende
GfK	Gesellschaft für Konsum-, Markt- und Absatzforschung e.V., Nürnberg/Berlin
Jg.	Jahrgang
Hrsg.	Herausgeber
ISO	International Standardisation Organisation
MAK	Maximale Arbeitsplatzkonzentration
o.J.	ohne Jahresangabe
RAL	Reichs-Ausschuß für Lieferbedingungen (gegründet 1927), Nachfolger ist das Deutsche Institut für Gütesicherung und Kennzeichnung Bonn/St. Augustin
R-Sätze	Hinweise auf besondere Gefahren nach Gefahrstoffverordnung
SETAC	Society of Environmental Toxicology and Chemistry
S-Sätze	Sicherheitsratschläge nach Gefahrstoffverordnung
TA Luft	Technische Anleitung zur Reinhaltung der Luft
TRGS	Technische Regeln für Gefahrstoffe
TRK	Technische Richtkonzentration
TÜV	Technischer Überwachungsverein
UBA	Umweltbundesamt

VbF Verordnung über brennbare Flüssigkeiten
VDI Verein Deutscher Ingenieure
vgl. vergleiche

1 Einleitung

In diesem Beitrag wird eine Ökobilanz zweier Schuhcreme-Produktionslinien vorgestellt, die im Rahmen einer Prozeßbilanz unter Umweltgesichtspunkten vergleichend bewertet. Für den Verfahrensvergleich in dieser produktions- und umweltorientierten Vergleichsstudie werden für die Einzelbilanzen der betrachteten Produktionsverfahren Bilanzbewertungen durchgeführt sowie Umweltkennzahlen entwickelt und angewendet.

Angefertigt wurde die Untersuchung bei der Firma Werner & Mertz GmbH, Ingelheimstraße 1–3, in 55120 Mainz. Das Mainzer Traditionsunternehmen ist mit einer Mitarbeiterzahl von derzeit etwa 350 und einem Jahresumsatz von mehr als 400 Mio. DM einer der führenden Hersteller von Putz- und Reinigungsmitteln in Deutschland und Österreich. Die bekanntesten Marken sind Erdal, Frosch, Emsal, Rex und Tarax.

Unter dem Namen Erdal werden mehrere unterschiedliche Schuhpflegemittel vertrieben. Bei den für die stoff- und energiebezogene Bilanzierung ausgewählten Schuhcreme-Produktionslinien handelt es sich um eine Lösemittelhaltige Schuhcreme schwarzer Farbe, die seit mehreren Jahrzehnten angeboten wird („Erdal Rotfrosch Schwarz 75 ml“), sowie um eine neuentwickelte, lösemittelfreie Schuhcreme.

Die Linie „Schwarz 75 ml“ hatte im Jahre 1996 den größten Anteil an der Produktion schwarzer Dosenschuhcreme (etwa 80 %) und stellt ein bekanntes und repräsentatives Produkt dar. Für dieses wurde der Produktionsweg, der nach alter Tradition in diskontinuierlicher Arbeitsweise (Chargenbetrieb) durchgeführt wird, im Detail verfolgt.

Die Firma vollzieht momentan eine Umstellung dieser herkömmlichen Produktionsweise auf einen modernen, kontinuierlichen Prozeß, womit ein für die Schuhcremeherstellung völlig neuartiges Herstellungsverfahren eingeführt wird. Gleichzeitig kann damit die Umstellung der Rezeptur auf eine lösemittelfreie Schuhcreme realisiert werden.

Im Rahmen dieser Arbeit liegt der Schwerpunkt auf der Erfassung der alten Anlage, die ausführlicher dargestellt wird. Die Dokumentation erfaßt dieses Fallbeispiel detailliert. Die neue Produktionslinie befindet sich noch im Aufbau, so daß bisher nur teilweise Daten erhoben werden konnten. Damit muß sich auch der Vergleich auf diese bisher vorliegenden Daten beschränken.

Zur ausführlichen Analyse und Bilanzierung der Stoff- und Energieströme der beiden Produktionsanlagen und zur Dokumentation der durch diese Produktionsweisen hervorgerufenen Umweltbeeinflussungen wird die Methodik der Ökobilanzierung benutzt. Als medial übergreifendes Analyseinstrument für den betrieblichen Umweltschutz haben Ökobilanzen in den letzten Jahren Bedeutung erlangt. Durch eine systematische Erfassung und Bewertung aller mit der betrieblichen Tätigkeit verbundenen Stoff- und Energieströme können die umweltrelevanten Gesamtzusammenhänge eines untersuchten Systems (Produkt, Prozeß oder Produktionsstätte) sichtbar gemacht werden, die sich oft nur bei einer bereichsübergreifenden, ganzheitlichen Betrachtung erkennen lassen.

Der wichtigste Grund für die Durchführung einer Ökobilanzierung ergibt sich aus ihrem Charakter einer Schwachstellenanalyse, bei der schon während der Erfassung der produktionsspezifischen Stoff- und Energieströme ökologische Verbesserungsmöglichkeiten erkannt und realisiert werden können. Als weitere Zwecke von Ökobilanzen werden die Ermittlung aller Umwelteinwirkungen des Unternehmens angegeben, gefolgt von Hinweisen für die Maßnahmenplanung und der Darstellungsmöglichkeit betrieblicher Umweltaktivitäten.[1]

Die strukturierte Vorgehensweise bei der durchgeführten Bilanzierung des Gesamtprozesses durch seine Aufteilung in Teilbilanzen wird anhand der folgenden Abbildung verdeutlicht:

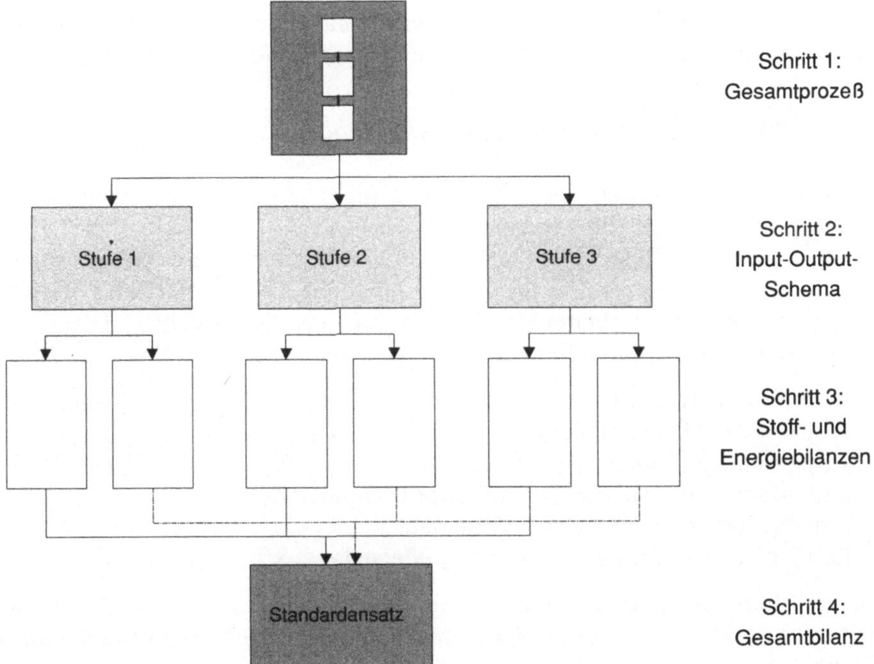

Abb. 1. Strukturierte Vorgehensweise der Bilanzierung

[1] Eine Befragung von Unternehmen über deren Erfahrungen mit Ökobilanzen wurde durchgeführt von Böhler, Kottmann (1996).

Der Gesamtprozeß wird in drei Stufen aufgeteilt, deren verfahrenstechnischen Beschreibungen ausführlich gehalten werden. In Schritt 3 findet die Darstellung von erhobenen Einsatz- und Verbrauchswerten der Produktion in Fließbildern in Form von Stoff- und Energiebilanzen statt, deren Bezugsgrößen sich an den betrieblichen Gegebenheiten orientieren.

Im vierten Schritt der Bilanzierung wird die Gesamtbilanz der Schuhcremeproduktion mit Hilfe eines normierten Standardansatzes aufgestellt. Der Standardansatz dient als anschauliche Bezugsgröße für die produktionsbezogenen Stoff- und Energieströme, indem alle ermittelten Einsatz- und Verbrauchswerte auf die Produktion einer Palette Schuhcreme umgerechnet werden. Der Bezug auf einen rechnerischen Standardansatz ist gerade auch für den einwandfreien Vergleich zweier Herstellungsverfahren notwendig.

2 Systemanalyse einer alten Schuhcreme-Produktionslinie

2.1 Produktbeschreibung

Zum Zwecke der Einführung in das traditionelle Produktionsverfahren der Schuhcremeherstellung wird zunächst der thematische Hintergrund beschrieben, bevor die verwendeten Inhaltsstoffe betrachtet werden.

2.1.1 Allgemeines zur Schuhcremeherstellung

Schuhpflegemittel geben dem Schuhleder nicht nur einen gewissen Glanz, sondern verleihen ihm bei regelmäßiger Verwendung auch einen dauerhaften Schutz vor den Einflüssen des Wetters. Im aktuellen Pflegemittelangebot der Firma Werner & Mertz werden unterschiedliche Ledersorten und -farben sowie die Pflegegewohnheiten des Endverbrauchers berücksichtigt. Dieser hat derzeit die Wahl zwischen folgenden Produkten:

- Lösemittelhaltige Dosen-Schuhcreme („Ölware“ als Standardware und Tropenware, für Glattleder),
- Wasserhaltige Tubencreme („Emulsionsware“, für naturbelassene Leder und offenporige Nappaleder in breiter Farbpalette),
- Imprägniersprays für Rauh-/Wildleder,
- Restliche Aufmachungen (Lederfett, Pflegeglanz, Schwämme etc.).[2]

Den größten Marktanteil dieser Angebotsformen halten neben den Sprays die seit ca. 100 Jahren in ähnlicher Zusammensetzung hergestellten pastenartigen Schuhcremes in der Dose.[3]

---

[2] Siehe auch Schlachter (1987), S. 284.

[3] Laut Anfrage bei der GfK hielten Dosenschuhcremes und Sprays in den Jahren 1995/96 jeweils etwa ein Drittel des Marktanteils.

Die Ölware besteht in ihrer Grundrezeptur aus einem Gemisch von wachsähnlichen Substanzen und Lösemitteln, wobei der Wachsgehalt der Schuhcreme eine Konservierung der Lederoberfläche bewirkt. Damit die Schuhcreme auch bei höheren Umgebungstemperaturen noch lagerfähig und optimal zu verarbeiten ist, muß die Rezeptur hinsichtlich der eingesetzten Wachssorten geändert werden (Tropenware).

Die genaue Abstimmung der Wachskomponenten sowie der Vorgang ihrer Vermischung mit dem Lösemittel stellt dabei das besondere Know-how der Firma Werner & Mertz dar und ist als Betriebsgeheimnis zu behandeln, weswegen im folgenden nicht an allen Stellen ausführlich auf genaue Herstellungsparameter eingegangen werden kann.

Dies ist leicht nachzuvollziehen, wenn man sich mit den komplizierten und chemisch wenig untersuchten Zusammenhängen befaßt, die während und nach der Lösemittelzugabe zu den Wachsen in der so gewonnenen Paste[4] stattfinden.[5]

Das Gebiet der Herstellung von Schuhcreme unterscheidet sich von anderen Produktionsprozessen im wesentlichen dadurch, daß die Aufnahme einer größeren Produktion einer marktfähigen Rezeptur erst nach langwierigen Beobachtungen und praktischen Erfahrungen möglich werden kann. Im Vorfeld sind nur begrenzte Aussagen über die erzielbaren Produkteigenschaften anzustellen, wenn man von Vorversuchen im Labor in die technische Produktion übergehen will. Die auf diesem Gebiet stattfindende produktbezogene Forschung und Entwicklung muß eine Vielzahl von arbeitsintensiven Mischungsversuchen anstellen, bis die Schuhcreme allen Qualitätsansprüchen gerecht wird.

Dieser Zusammenhang mag als Grund dafür gelten, warum nur wenig Fachwissen über die Schuhcremeherstellung und die dabei stattfindenden physikalisch-chemischen Vorgänge veröffentlicht worden ist.

Bei der Schuhcremeherstellung handelt es sich prinzipiell um einen Mischungsprozeß, der in diskontinuierlicher Fahrweise als Chargenbetrieb ausgeführt wird. Nach dem vollständigen Vermischen der Wachse in dem zuvor erhitzten Lösemittel erstarrt diese Wachslösung bei einer niedrigeren Temperatur wieder zu einer festen bis halbfesten Masse bzw. Paste. In dieser physikalischen Strukturverbindung wird das Lösemittel mehr oder weniger fest gebunden gehalten. Bei der Lösungsfähigkeit des Lösemittels in bezug auf die Wachse ist zu beachten, daß durch dieses zunächst die leichter löslichen

---

4 Bei der untersuchten Schuh-„Creme" handelt es sich genaugenommen um eine „Paste", da Cremes definitionsgemäß wasserhaltige Zubereitungen darstellen. Der unscharf definierte Begriff Paste hingegen deutet auf eine Festkörperdispersion von teigiger Konsistenz in einer Flüssigkeit hin (in: Falbe, Regitz (Hrsg.) Band 2 (1990), S. 803 und Band 4 (1991), S. 3231).

5 Bezeichnenderweise ist der Autor der einzigen ausführlichen Abhandlung neueren Datums, die sich mit der Herstellung der verschiedenen Schuhpflegemittel befaßt, ein ehemaliger Mitarbeiter der Firma Werner & Mertz (Bischoff (1981), S. 689 ff).

Bestandteile aus dem Wachs herausgelöst und gebunden werden. Die beiden Einsatzstoffe haben nach dem Lösungsvorgang nicht mehr die gleiche Zusammensetzung, er ist anschließend durch physikalische Trennverfahren nicht mehr reversibel. Dies ist insofern von Bedeutung, als daß durch diesen Prozeß die geltende Definition für Lösemittel, wonach sich beim Lösungsvorgang weder der lösende noch der gelöste Stoff chemisch verändern, nicht eingehalten wird.[6]

Eine bei der Schuhcremeherstellung gebräuchliche Ausdrucksweise bezieht sich auf das als Kristallisation bezeichnete Phänomen der Phasenumwandlung der Schuhcreme beim Übergang zur Festphase. Mit den hierbei stattfindenden Vorgängen haben sich vor Jahrzehnten einige wenige Wissenschaftler befaßt, was zur Einführung eines eigenen Wissenschaftszweiges, der sogenannten Retentionslehre nach Ivanovszky, führte. Auf diesen in der Literatur ausführlich abgehandelten Gesamtzusammenhang, der sich u.a. mit Fragen zur Bildung von Mischkristallen, dem Vorliegen von Eutektika und auch der Kristallinität von halbfesten Wachs-Lösemittel-Systemen beschäftigt, soll hier nicht detaillierter eingegangen werden.[7]

Für die Bezeichnung der Vorgänge als Kristallisation spricht das Vorliegen einer möglichst schnell abzukühlenden Schmelze, wodurch ein „feinkristallines" Produkt gewonnen wird, dagegen jedoch die Begriffsbestimmung der Kristallisation als thermisches Trennverfahren.[8]

Letztlich sind für eine erfolgreiche Schuhcremeherstellung einige Rahmenbedingungen einzuhalten, die sich im wesentlichen aus den Besonderheiten der Einsatzstoffe ergeben. Die dabei bestimmenden Kristallisationsfaktoren sind:

1. Die Zusammensetzung der Wachskomposition,
2. Die Zusammensetzung des Lösemittels,
3. Die Temperaturführung während des Zusammenmischens der Wachse,
4. Die Temperaturführung nach dem Vergießen im Kühltunnel.

Abweichungen von den jeweiligen optimalen Verhältnissen sind nur in gewissen Schwankungsbereichen tolerabel, da das eigenwillige Kristallisationsverhalten der Wachse schnell zu nicht mehr korrigierbaren Produkteigenschaften führen kann.

Die derzeit noch stattfindende Produktionsweise nach dem nachfolgend beschriebenen herkömmlichen Verfahren ist seit Beginn der Schuhcremeherstellung gegen Anfang dieses Jahrhunderts nahezu unverändert beibehalten worden. Sie ist vor allem bezüglich der Temperaturführung nicht meßwert-, sondern erfahrungsabhängig, und bringt eine für die diskontinuierliche Betriebsweise im Chargenbetrieb typische, ungleichmäßige Produktqualität (Konsistenzprobleme), sowie einen hohen und damit personalintensiven

---

[6] Definition „Lösemittel" bei Falbe, Regitz (Hrsg.) Band 3 (1990), S. 2541.
[7] Zur Retentionslehre siehe Ivanovszky (1954), S. 144ff.
[8] Falbe, Regitz (Hrsg.) Band 3 (1990), S. 2368; Bartholomé (Hrsg.) Band 15 (1978), S. 672ff.

Arbeitsaufwand mit sich. Die Schwierigkeiten bei der Wachsverarbeitung spiegeln sich in einem unter Umständen relativ hohen Anteil an Produktionsausschuß wieder, der aber stofflich wiederverwertet werden kann.

Der Herstellungsprozeß läßt sich in vier für den diskontinuierlichen Betrieb typische Phasen aufteilen. Für jede Charge besteht er aus den Phasen Füllung, Wandlung, Entleerung und Reinigung. Bei der Füllung wird dem Herstellbehälter der gesamte Input zugeführt, gleichzeitig findet aber auch hier schon, z. B. aufgrund von Undichtigkeiten an den Klappenöffnungen, eine Ausgasung leicht flüchtiger Stoffe statt (Output). Folgende Tabelle zeigt eine Übersicht über die Phasen des Chargenbetriebs mit den zugehörigen Inputs und Outputs:

Tabelle 1. Phasen des Chargenbetriebs am Beispiel der Schuhcremeherstellung[9]

Phase	Input	Output
1 Füllung	Rohstoffe (Testbenzin) Vor-/Halbprodukte (Wachsschuppe) Hilfsstoffe (-) Betriebsstoffe (Schmierfett) Energieträger (Dampf, Strom etc.)	Abluft-Emissionen (Testbenzin) Rückstände (Betriebsstoffe)
2 Wandlung	-	Abluft-Emissionen
3 Entleerung	-	Abluft-Emissionen Prozeßprodukte (Schuhcreme)
4 Reinigung	Reinigungsmittel (Testbenzin) Betriebsstoffe (Lappen)	Abluft-Emissionen Rückstände (Betriebsstoffe)

Auf den Materialinput in Form der eingesetzten Stoffe sowie auf den Output an gasförmigen Komponenten des Testbenzins wird nachfolgend genauer eingegangen.

2.1.2 Beschreibung der Einsatzstoffe

Bei allen in das Produkt „Erdal Rotfrosch Schwarz 75 ml" einfließenden und im folgenden vorgestellten Einsatzstoffen handelt es sich um Rohstoffe. Eine genaue Trennung zwischen einem Rohstoff und einem Hilfsstoff ist hier nicht allgemeingültig vorzunehmen, weil die Grenze sich im Zweifelsfall nur über die jeweils eingesetzten Mengen ziehen läßt. Somit wird die Begriffswahl für den Einzelfall freigestellt.[10]

---

[9] Verändert nach Berninger (1994), S. 19.

[10] Die Definition der Hilfsstoffe, wonach sie wie die Rohstoffe in das Produkt eingehen, aber nur eine Hilfsfunktion haben, setzt wiederum eine genaue Definition des Begriffes „Hilfsfunktion" voraus, die für alle Produktionsprozesse nicht einheitlich zu bestimmen ist.

Die zur Verpackung der abgefüllten Schuhcremedosen benötigten Kartonagen sind als Hilfsstoffe aufzufassen. Sie gehen zwar in die Verkaufseinheit (10 Dosen pro Karton) und den Standardansatz (1 Palette Schuhcremekartons) mit ein, bilden hier aber keinen Schwerpunkt der Stoffströme. Gleiches gilt für die angelieferten Verpackungen der Rohwachse, die aber nicht in das Produkt eingehen.

- Wachse

Wachse sind chemisch relativ stabile, sauerstoffhaltige Naturstoffe, und zählen wie die Fette und Terpene zu den Lipiden. Natürlich vorkommende Wachse sind niedrig schmelzende Feststoffe und zumeist komplizierte Gemische aus Estern unverzweigter langkettiger Carbonsäuren ($> C_{16}$) und Alkohole.[11]

Wachse sind chemisch nie einheitlich, sondern beinhalten neben den Wachsestern außerdem wechselnde Anteile an freien Fettsäuren, Wachsalkoholen, Fetten und hochschmelzenden unverzweigten Kohlenwasserstoffen (Paraffinen), sowie vereinzelt auch an Ethern und aromatischen Verbindungen. Die langgestreckten Moleküle sind im Molekülgitter parallel gerichtet, wobei zwischen den Ebenen nur geringe intermolekulare Kräfte (van-der-Waals-Kräfte) wirken. Diese Tatsache bedingt die Weichheit und Plastizität des Gesamtgefüges.[12] Die Einzelverbindungen dieses komplexen Vielstoffgemisches neigen in unterschiedlicher Weise zu Assoziation und Kristallisation, weswegen Wachse trotz ihrer kristallähnlichen Struktur nicht den Gesetzen der Kristallographie gehorchen und so als Mischkristalle oder „pseudokristalline Gebilde" angesehen werden können.[13]

Schon die Pflanzen des Erdmittelalters schützten sich vor zu großem Wasserverlust an ihrer Blattoberfläche unter anderem durch die Ausscheidung von Wachsen. Im Verlauf langdauernder geologischer Prozesse wurden sie unter bestimmten Umständen zusammen mit der pflanzlichen Substanz zu Braunkohle umgebildet, aus der sie wieder extrahiert werden können. Das so gewonnene Produkt wird als Rohmontanwachs bezeichnet, welches anschließend für eine weitere Verwendung in der chemischen Produktion durch Raffination modifiziert wird.[14]

Die ab der Jahrhundertwende einsetzende industrielle Verwendung und die damit einsetzende intensive Beschäftigung mit der Stoffgruppe Wachs führte in den fünfziger Jahren zu einer Klärung des bis dahin sehr willkürlich angewandten Wachsbegriffes. Der Begriff „Wachs" ist seitdem eine technologische Sammelbezeichnung für eine Reihe von Substanzen mit ähnlichen Eigenschaften, die natürlicher oder künstlicher Herkunft sein können. Sie weisen nach einer Definition der Deutschen Gesellschaft für Fettwissenschaft

11 Fox, Whitesell (1995), S. 631.
12 Henglein (1968), S. 623.
13 Finck (1967), S. 267.
14 Malitschek (ohne Jahresangabe), S. 14.

(DGF), die diese erstmals 1957 veröffentlichte und 1974 neu faßte, einige charakteristische mechanisch-physikalische Kennzeichen auf, die für die Herstellung von Schuhcreme von Bedeutung sind.[15]

Das verzweigte Gebiet der zahlreichen Typen von Wachsen läßt sich nach deren Vorkommen und Bildung klassifizieren. Die für die Herstellung von Schuhcreme verwendeten Wachse gehören nach der geltenden Klassifikation (natürliche, chemisch veränderte, synthetische Wachse) größtenteils zu der Gruppe der chemisch veränderten Wachse.[16] Diese zeichnen sich aus im Hinblick auf ihr Aufnahmevermögen für Lösemittel und Farbstoffe, sowie durch ihre Fähigkeit, Härte, Temperaturbeständigkeit und den Schmelzpunkt anderer Wachse, bedingt durch ihren eigenen hohen Schmelzpunkt, zu erhöhen.

Wachse sind als kristallines Stoffgemisch zur Mischkristallisation befähigt, die Einzelkomponenten sind in der Schmelze homogen ineinander löslich.[17] Durch Zusammenschmelzen mehrerer Typen gleicher oder verschiedener Wachsarten lassen sich zahlreiche weitere Wachssorten herstellen. Für die Zusammensetzung solcher sogenannten Kompositionswachse ergibt sich je nach Anzahl und Verhältnis der eingesetzten Wachstypen eine Vielzahl von möglichen neuen Wachsarten, die ganz neue Eigenschaften aufweisen können.

Die folgend aufgeführten spezifischen Eigenschaften der Wachse ergänzen die obige Definition des Wachsbegriffes und sind geprägt durch den homogenen Mischungszustand der Wachse aus vielen Einzelstoffen:

- Die Kohlenwasserstoffketten als Grundbausteine wirken wasserabweisend und bedingen die Löslichkeit in unpolaren Lösemitteln.
- Beim Erhitzen zeigen sie keinen scharfen Schmelzpunkt, sondern einen sich über mehrere Grade erstreckenden Schmelzbereich.
- Die Komponenten sind in einer relativ niedrigviskosen Schmelze homogen ineinander löslich.
- Beim Abkühlen der reinen Wachslösung kristallisieren die verschieden langen Moleküle der Einzelstoffe nacheinander oder teilweise gar nicht mehr aus (Bildung eines Eutektikums).[18]

---

15 Der Wortlaut der Definition bei Malitschek (ohne Jahresangabe), S. 10: „Wachs ist eine technologische Sammelbezeichnung für eine Reihe natürlicher oder künstlich gewonnener Stoffe, die folgende Eigenschaften aufweisen: Bei 20 °C knetbar, fest bis brüchig hart, grob- bis feinkristallin, durchscheinend bis opak, jedoch nicht glasartig, über 40 °C ohne Zersetzung schmelzend, schon wenig oberhalb des Schmelzpunktes verhältnismäßig niedrigviskos, stark temperaturabhängige Konsistenz und Löslichkeit, unter leichtem Druck polierbar. Sind in Grenzfällen bei einem Stoff mehr als eine dieser Eigenschaften nicht erfüllt, ist er kein Wachs im Sinne dieser Definition".

16 Falbe, Regitz (Hrsg.) Band 6 (1992), S. 4972.

17 Definition „Mischkristalle" bei Falbe, Regitz (Hrsg.) Band 4 (1991), S. 2806: Bezeichnung für homogene feste Lösungen, deren Plätze im Kristallgitter durch die Atome oder Ionen von zwei verschiedenen Elementen oder Verbindungen besetzt sind.

18 Definition „Eutektikum" bei Falbe, Regitz (Hrsg.) Band 2 (1990), S. 1271 f.: Ein (im eigentlichen Sinne) binäres Gemisch aus nur in flüssigem Zustand völlig miteinander mischbaren Substanzen, dessen Schmelzpunkt niedriger ist als der seiner Einzelsubstanzen (Schmelzpunktdepression).

- Je nach vorherrschender mittlerer Kettenlänge zeigen sie unterschiedliche Lösemittelaufnahme und Lösemittelbindefähigkeit (Retention), wobei die Fähigkeit zur Bildung netzartiger Verbindungen zwischen den einzelnen Wachs-Lösemittel-Kristallen besonders wichtig ist.

Den einzelnen Wachssorten fallen bei der Schuhcremeherstellung ganz bestimmte Funktionen zu. So ergibt beispielsweise erst ein bestimmter Anteil an sogenannten Hartwachsen (z.B. Carnaubawachs) die angestrebte Glanzwirkung, während die Paraffine für ein gutes Verarbeitungsverhalten durch eine optimale salbige und trotzdem feste Beschaffenheit der Schuhcreme sorgen.[19]

Ein im Falle der Schuhcremeherstellung wichtiges Gebrauchs- und Qualitätsmerkmal ist die Entstehung von Reibglanz auf der mit einem Wachsfilm überzogenen Schuhlederoberfläche beim Polieren unter Druck. Während des Poliervorgangs werden wenige Molekülschichten des aufgetragenen Wachsfilmes thixotrop[20] verflüssigt, bevor sie nach Ablassen der Krafteinwirkung sofort wieder unter Bildung einer glänzenden Oberfläche erstarren.[21]

- Lösemittel

Das Lösemittel hat die Aufgabe, die in ihm verteilten oder suspendierten Wachse als dünnen Wachsfilm auf den Schuh auftragen zu können. Dieser Wachsfilm läßt sich dann unter Zuhilfenahme einer Bürste zu einer glatten und glänzenden Oberflächenschicht bearbeiten. Dem Lösemittel wurde früher eine besondere reinigende Wirkung zugeschrieben, die als vom Verbraucher erwünscht angesehen wurde.[22]

Als Lösemittel für die untersuchte Standardware wird Testbenzin verwendet. Testbenzin ist nach deutscher Norm eine raffinierte Benzinfraktion mit einem Flammpunkt von mindestens 21 °C und einem Siedebereich von 130 - 220 °C.[23] Das mit dem Hinweis auf seine Siedegrenzen „Testbenzin 145/200“ genannte Kohlenwasserstoffgemisch wird außerdem noch je nach Hersteller/Lieferant unter den Handelsnamen „Essovarsol 40“, „Kristallöl 30“, „Lackbenzin“, „Stoddart-Lösemittel“, „Terpentinölersatz“ und „(Low Aromatic) White Spirit“ geführt. Es ist ein klares, farbloses und geruchsmildes Erdöldestillat, das als Löse- und Verdünnungsmittel besonders bei der Lack- und Farbenherstellung Verwendung findet. Testbenzin ist ein Gemisch aus aliphatischen Kohlenwasserstoffen mit vorherrschenden Kettenlängen von C_9 bis C_{11} und einem Anteil aromatischer Kohlenwasserstoffe, der in der Regel mindestens 16 bis höchstens 24 Volumenprozent beträgt. Die in dieser höher-

---

19 Leitner (1970), S. 41.

20 Definition „Thixotropie“ bei Falbe, Regitz (Hrsg.) Band 6 (1992), S. 4597: Verflüssigung eines Feststoffes unter Einwirkung mechanischer Kräfte.

21 Finck (1967), S. 268.

22 Malitschek (1968), S. 734.

23 DIN 51632 4/71 sowie die „Lieferbedingungen und Prüfverfahren für Testbenzin (Lackbenzin) nach RAL. Nr. 848 E“.

siedenden Erdölfraktion enthaltenen Aromaten sind mehrheitlich Xylole, Propyl- und Ethylbenzole sowie Mesitylen.[24] Ein erhöhter Aromatengehalt trägt zwar zur Verbesserung des Lösevermögens bei, kann jedoch u.a. Geruchsprobleme bedingen.

Die genaue Zusammensetzung des Testbenzins schwankt je nach angelieferter Charge. In den Sicherheitsdatenblättern werden bezüglich des Aromatengehaltes keine genauen Angaben gemacht. Überprüfungen der Herstellerangaben auf den Sicherheitsdatenblättern, die allerdings keine Zusicherungen der Produkteigenschaften darstellen, finden als routinemäßige Schnelluntersuchungen bezüglich der Dichte, der Refraktion und der Verdunstungszahl statt.

Eine der Produktion entnommene Testbenzin-Probe wurde in einem analytischen Labor analysiert. Die gaschromatografische Untersuchung auf aromatische Kohlenwasserstoffe beschränkte sich auf Benzol, Ethylbenzol, Toluol, Xylol (Isomerengemisch) und Mesitylen. Die Gehalte der nachzuweisenden Substanzen entsprachen dabei den Herstellerangaben.

Für die Zusammensetzung des Testbenzins sind bezüglich der bekannten Inhaltsstoffe folgende Gehalte zugrundezulegen, wenn die Ergebnisse der Analyse und die Angaben auf den Sicherheitsdatenblättern gemeinsam berücksichtigt werden:

Tabelle 2. Zusammensetzung des Testbenzins

Inhaltsstoff	Gehalt (%)
Aliphatische Kohlenwasserstoffe	80
Aromatische Kohlenwasserstoffe	20
davon Benzol	< 0,01
Ethylbenzol	< 1
Propylbenzol	2,5
Mesitylen	2,7
Toluol	< 0,2
Xylol	5

- Farbstoff

Zum Einfärben der schwarzen Schuhcreme wird eine Nigrosinbase verwendet, die eine flüssige Farbstoff-Zubereitung aus einem in Ölsäure gelösten Gemisch von Phenazinfarbstoffen darstellt.[25] Diese in Testbenzin lösliche („spritlösliche") Nigrosinzubereitung entsteht bei der chemischen Kondensation von Anilin, Salzsäure und Nitrobenzol, wobei im Produkt noch Restanteile der Edukte verbleiben können.[26]

---

24 Quelle: Angaben der Hersteller/Lieferanten in den jeweiligen Sicherheitsdatenblättern.

25 Phenazine sind heterocyclische Kohlenwasserstoffe, die den Grundkörper zahlreicher wichtiger Farbstoffe darstellen und oft auch nur Azinfarbstoffe genannt werden (Falbe, Regitz (Hrsg.) Band 1 (1989), S. 325 und Band 4 (1991), S. 3346).

26 Raue (1974), S. 222 f.

- Parfüm

Die verwendete Parfümöl-Komposition besteht aus einer Vielzahl von Einzelsubstanzen, deren gefährlichen Inhaltsstoffe laut Sicherheitsdatenblatt jeweils weniger als 5 % am Gesamtanteil darstellen. Da der Parfümanteil an einem Ansatz zudem gering ist, wird hier nicht weiter auf ihn eingegangen.

- Verpackung

Bei der Verpackung handelt es sich um eine sogenannte Knebeldose aus Metall, an deren Deckel der Knebel seitlich als Öffnungshilfe angebracht ist. Sie ist aus gewalztem Stahlblech gestanzt und faßt 75 ml Inhalt.

Der Deckel besteht aus Schwarzblech und ist im Walzlackierverfahren lackiert. Das Unterteil besteht aus Weißblech (verzinntes Schwarzblech), wobei je nach Produktionsauftrag zwei Ausführungen verwendet werden: Die Lackierung der silberfarbenen Dose auf Bindemittelbasis eines modifizierten Polyesters oder die goldenfarbene auf der eines Epoxid-Phenolharzes. Beide Varianten tragen auf der Unterseite eine spezielle „Anti-Slip"-Beschichtung, bei der es sich um einen rundum tropfenweise aufgebrachten transparenten und farblosen Auftrag eines PVC-Plastisols handelt.[27]

2.2 Grundlagen zur Datenerfassung an der alten Anlage

Nachfolgend wird eine genaue Abgrenzung der untersuchten Aspekte der herkömmlichen Schuhcremeproduktion von denjenigen vorgenommen, die aus den genannten unterschiedlichen Gründen vernachlässigt werden mußten.

2.2.1 Der Bilanzrahmen

Vor Beginn der Datenerfassung wurde der physische Bilanzrahmen festgelegt. Dieser ist begrenzt durch die zur Schuhcremeproduktion im Werk Mainz betriebenen Anlagen, die zur systematischen Erfassung der Energie- und Materialströme in drei aufeinanderfolgende Produktionsstufen aufgeteilt wurden:

1. Herstellung der Wachskomposition;
2. Herstellung der Schuhcreme;
3. Abfüllung der Schuhcreme.

---

[27] Unter einem Plastisol versteht man eine Dispersion von Polyvinylchloriden (PVC) in organischen Lösemitteln. Letztere fungieren insbesondere bei hohen Gehalten als Weichmacher und bilden mit dem Kunststoff PVC ein flexibles, formstabiles und abriebfestes System (Falbe, Regitz (Hrsg.) Band 5 (1992), S. 3476 und 3579).

Die betrachtete Wachskomposition[28] trägt die Bezeichnung „RQS“ und wird verwendet für Standardware (Schwarz, Hell-, Mittel- und Dunkelbraun), Tropenware (Schwarz, Braun, Blau) und Lederfett (Schwarz).[29] Die damit hergestellte schwarze Standardware hatte in 1996 einen Massenanteil an der Produktion schwarzer Dosenschuhcreme von etwa 75% (neben Tropenware und Lederfett). Hiervon entfielen wiederum etwa 80% auf die Herstellung des Produktes „Erdal Rotfrosch Schwarz“ in der 75 ml-Dose.[30] Die gewählte Dosenlinie kann deshalb als für die Schuhcremeproduktion repräsentativ gelten und rechtfertigt damit die Festlegung des Bilanzrahmens auf die Produktionslinie „Erdal Rotfrosch Schwarz 75 ml“.

Eine Abgrenzung wurde vorgenommen bezüglich der zur Schuhcremeherstellung eingesetzten Maschinen und maschinellen Anlagen, die in der Untersuchung nur über die während des Betriebszustandes auftretenden Umweltwirkungen (Einsatz von Verbrauchsmaterialien, Energieträgern und Auftreten von Emissionen) berücksichtigt werden. Eine Betrachtung der Herkunft dieser Maschinen, ihre Materialzusammensetzung sowie ihr Verbleib wurde ausgeklammert, da es sich um langlebige Wirtschaftsgüter handelt und der Materialnachschub in großen Intervallen erfolgt.

Eine weitere Abgrenzung betraf den Energieverbrauch durch die Gebäudeheizung, die den produzierenden Betriebsbereichen nicht separat zugerechnet wurde und in die Bilanz nicht mit einfließt.

Der Energieverbrauch durch die Beleuchtung wurde bei den Messungen aus technischen Gründen teilweise miterfaßt, konnte aber nicht explizit aufgeführt werden.

Der Frage nach den (potentiellen) Umweltbelastungen durch Lärm und Abwärme wurde nicht weiter nachgegangen, weil die Produktionsbedingungen keine erhöhten Emissionen diesbezüglich aufweisen. In keinem der untersuchten Bereiche sind aufgrund eines zu erwartenden hohen Lärmpegels entsprechende Schutzvorkehrungen (Gehörschutz) zu treffen.

Das zu Kühlzwecken verbrauchte Leitungswasser wurde erfaßt. Ein Materialoutput über zu reinigendes Abwasser fällt aber in keinem der untersuchten Betriebsteile an, weil das Wasser nicht mit den verarbeiteten Stoffen in Kontakt gerät.

Ausgeklammert wurde der Bereich „Innerbetrieblicher Transport“. Dieser umfaßt sowohl den Transport der Wachsschuppen von der Wachsschupperei zur Schuhcremeherstellung, als auch die aufgrund der Prozeßführung (Chargenbetrieb) erforderliche menschliche Arbeitsleistung im Bereich der Herstellung. Eine genaue Bestimmung und Quantifizierung der Leistungen des

---

28 Im folgenden wird die Wachskomposition gemäß dem firmeninternen Sprachgebrauch als „Wachsschuppe“ bezeichnet.

29 Im Jahre 1996 betrug der Massenanteil der Wachskomposition RQS zur Herstellung von schwarzer Standardware etwa 60% der Gesamtmasse von RQS.

30 Abgegrenzt wurde die Herstellung für den Vertrieb WMP, die Winterschmuckdose, die Hartwachspaste und die 150 ml-Dose.

„Energieträgers Mensch" wird in Prozeßbilanzen, für die eine solche Betrachtung einen interessanten Aspekt darstellen könnten, nicht durchgeführt.[31]

Stoffseitig wurde eine Trennung der jeweils Gemische darstellenden Rohstoffe Testbenzin, Wachs, Farbstoff und Parfüm in ihre Bestandteile nur soweit vorgenommen, wie es mit den zur Verfügung stehenden Informationsquellen möglich war. Eine vorgenommene Laboranalyse des Testbenzins lieferte die Gehaltsangaben derjenigen Stoffe, die mit der gewählten Analysenmethode bestimmt werden konnten. Sie diente der Überprüfung von Herstellerangaben, insbesondere bezüglich des potentiell krebserregenden Inhaltsstoffs Benzol, sowie als Hilfe zur Beurteilung der eingesetzten Rohstoffe im Rahmen der Bilanzbewertung (ABC-/XYZ-Bewertung).

Der zeitliche Bilanzrahmen für die genaue Erhebung der Materialströme erstreckt sich von April bis Juli 1997. Die zur Erfassung der Produktionsmengen einsehbaren Unterlagen reichten noch bis Oktober 1996 zurück, ältere waren für den untersuchten Betriebsabschnitt nicht mehr einsehbar.

2.2.2 Datengenauigkeit

Vor der ersten Datenerfassung wurde geprüft, ob ein Arbeiten mit Checklisten sinnvoll ist, um die für die Bilanzierung benötigten Informationen zu beschaffen. Im konkreten Fall der Ökobilanzierung einer Schuhcreme-Produktionslinie erwiesen sie sich jedoch als zu oberflächlich, weil sie in erster Linie zur Informationsbeschaffung im Hinblick auf gesamtbetriebliche Umweltaspekte entwickelt wurden. Detaillierte Checklisten finden sich in der Literatur.[32]

Die Qualität der zur Verfügung stehenden Daten war sehr unterschiedlich: Einerseits waren umfangreiche Unterlagen vorhanden (Emissionsmessungen, Sicherheitsdatenblätter), andererseits existierten keine ausreichend genauen firmeninternen Aufzeichnungen zu Dampf-, Druckluft- und Stromverbräuchen, die sich auf die untersuchten Betriebsteile bezogen.

Obwohl das persönliche Gespräch mit den beschäftigten Personen wichtig für das Kennenlernen der Betriebsabläufe war, erwies sich das Zusammentragen der Informationen aus den einzelnen Abteilungen als sehr zeitintensiv. Dabei war die Vorgehensweise bei der Datenerhebung der unternehmensinternen Situation angepaßt: Sie war zeitlich weniger genau strukturiert, sondern orientierte sich mehr an den jeweiligen Produktionszeiten und -bedingungen.

---

[31] In der von den Autoren gesichteten Literatur findet sich kein Hinweis, der auf diese Problematik eingeht.

[32] Dazu siehe Sietz, Sondermann (1990), S. 37ff.

Auf die möglichst genaue Dokumentation und Überprüfbarkeit der erhaltenen Daten wurde Wert gelegt. Eine gute Dokumentation des Weges der Datenaufnahme und Auswertung der Informationsquellen ist für die Transparenz der Untersuchung und für deren Nachvollziehbarkeit bei Folge- und Vergleichsuntersuchungen wichtig.

Es wurden so weit wie möglich firmenspezifische und -interne Angaben für den Berechnungsteil verwendet, um den Informationsbeschaffungsaufwand gering zu halten. Wo keine genauen Angaben möglich waren, mußten allgemeine Literaturwerte oder Erfahrungs- und Schätzwerte der mit der Problematik der Anlagen und Maschinen vertrauten Beschäftigten herangezogen werden, die als solche auch gekennzeichnet sind.

An Ökobilanzen wird u.a. die Forderung nach Richtigkeit und Willkürfreiheit in bezug auf das zugrundeliegende Datenmaterial gestellt. Aus diesem Grund soll die Fehlertoleranz, d.h. die aufgrund falscher Annahmen oder Rechenmodelle erzielte Unsicherheit möglichst gering sein. Bezogen auf die getroffenen Endaussagen zu Stoff- und Energieflüssen wird im Rahmen dieser Arbeit eine erreichte Zahlengenauigkeit von etwa 10% als realistisch angesehen.[33] Im weiteren Verlauf wird an den entsprechenden Stellen auf die mit dem gewählten Ermittlungsverfahren verbundene Fehlergröße hingewiesen.

2.2.3 Stoffbilanzdaten

Um die zur Stoffflußanalyse benötigten Informationen zu erhalten, wurden die während des laufenden Betriebes der betrachteten Einzelprozesse jeweils stattfindenden Vorgänge untersucht. So konnten die den Berechnungen zugrundegelegten Annahmen recht genau getroffen werden.

Eine größere Unsicherheit bei der Bestimmung der Stoffflüsse ergab sich bei der Quantifizierung der während der Schuhcremeproduktion emittierten Mengen an Testbenzin.

Die Firma Werner & Mertz bedient sich für die Abschätzung von Emissionsmengen der eingesetzten und verarbeiteten Substanzen eines selbstentwickelten Emissionsmodells, das insbesondere in den zu erstellenden Emissionsberichten Verwendung findet. Es geht von zwei während der Produktion und der Abfüllung parallel stattfindenden Emissionsvorgängen aus. Demnach wird einerseits beim Umfüllen einer flüssigen Substanz ein dieser Menge äquivalentes Volumen an bereits gesättigter Luft aus dem Behälter verdrängt und gelangt so in die Umwelt, andererseits findet ein an mehr oder weniger offenen Behältern permanent verlaufender Stoffaustausch durch Diffusion statt. Die Schwierigkeiten bei der Anwendung dieses Modells liegen allerdings in

[33] Eine Fehlergröße von 10% wird bei ähnlichen Untersuchungen ebenfalls angestrebt. Braun et al. (1997), S. 64.

der schlechten Verfügbarkeit gesicherter Stoffdaten, insbesondere von Stofftransportkoeffizienten der eingesetzten Substanzen (Gemische) bei den verschiedenen Temperaturen.[34]

Eine quantitative Bestimmung der während der Schuhcremeproduktion stattfindenden Emissionsvorgänge konnte mit Hilfe folgender Datengrundlagen erfolgen:

1. Im Zusammenhang mit der Dimensionierung der Abgasreinigungsanlage für die neue Produktionslinie durchgeführte Berechnungen zum Dampfdruck des Testbenzins lassen eine theoretische Berechnung der Emissionen zu.
2. Vorliegende Ergebnisse von Emissionsmessungen des TÜV im Bereich von zur Produktion gehörenden Behältern geben Aufschluß über tatsächlich festgestellte Emissionen.

Die Durchführung eigener Konzentrationsmessungen mit Prüfröhrchen brauchte aufgrund der vorhandenen Datenbasis nicht zu erfolgen. Die Berechnung einer Lösemittelfracht mit den erhaltenen Werten wäre ebenso mit der notwendigen Annahme eines Volumenstromes verbunden gewesen wie bei der erfolgten Berechnung der Emission mittels Dampfdrucks. Zudem weisen die erhältlichen Prüfröhrchen für Benzinkohlenwasserstoffe erhebliche Querempfindlichkeiten gegenüber mehreren im Testbenzin enthaltenen Stoffen auf.[35]

2.2.4 Energiebilanzdaten

Die im Laufe des untersuchten Produktionsprozesses eingesetzten Energieträger Strom (Elektrische Energie), Druckluft, Wasserdampf und das zu Kühlzwecken verwendete Wasser sowie die eingesetzten Verfahren zu ihrer Ermittlung werden im folgenden kurz vorgestellt.

Elektrische Energie:

Der im Werk benötigte Strom wird ausschließlich vom Energieversorgungsunternehmen bezogen. Eine eindeutige Erfassung der relevanten Betriebs-

---

[34] Eine wissenschaftliche Abschätzung bzw. Berechnung der Stoffübergangs- und Stoffdurchgangskoeffizienten zur Beschreibung des Stofftransportes für den Übergang Flüssigkeit-Gas wurde aus Gründen der Reproduzierbarkeit von experimentellen Messungen zunächst nur für Reinstoffe durchgeführt. Die Ergebnisse sind auf die hier vorliegenden Verhältnisse (Gemische) nicht übertragbar. Hierzu siehe Gmehling, Schwaitzer (1984), S. 2f und Weidlich, Gmehling (1986), S. 32.

[35] Die entwickelten Verfahren zu Konzentrationsmessungen am Arbeitsplatz weisen eine ausreichende Selektivität in der Regel nur auf für diejenigen Stoffe, die gemäß den jeweils geltenden gesetzlichen Bestimmungen mit Grenzwerten belegt sind. Bei Vorliegen eines komplexen Stoffgemisches wie in diesem Fall, auf das die Prüfröhrchen nicht kalibriert werden können, bleibt für die Gasmeßtechnik nur die Möglichkeit, Laborverfahren (gaschromatografische Analyse von Aktivkohleröhrchen) einzusetzen. Dräger (1997): Dräger-Röhrchen Handbuch, S. 18f.

bereiche über Stromzähler war nicht in allen Fällen möglich, so daß Aussagen über die Energieintensität teilweise durch Messungen der momentanen Leistungsaufnahmen getroffen werden konnten.

Druckluft:

Die zum Betrieb von Zylindern und Ventilen benötigte Druckluft wird an drei Stationen im Betrieb erzeugt und den Verbrauchsstellen über ein verzweigtes Rohrleitungsystem zugeführt. Hierbei wird der anliegende Leitungsdruck nach Regelventilen (Sekundärdruck) zwar an einigen Stellen angezeigt, Luftverbrauchsmessungen finden allerdings nicht statt. In der Praxis wird für die Kostenstellenrechnung den Kostenstellen je nach Produktionsdauer ein erfahrungsabhängiger Schätzwert zugeschrieben. Da diese Angaben für das Untersuchungsziel zu ungenau erschienen, wurden Luftverbrauchsmessungen an der Abfüllung durchgeführt, anhand derer eine Ermittlung des zur Bereitstellung der Druckluft benötigten Energieverbrauchs möglich war.

Wasserdampf:

Der im Werk an vielen Stellen zu Heizzwecken benötigte Wasserdampf wird zentral im Kesselhaus für den gesamten Betrieb erzeugt. Die Möglichkeit der Durchführung von Verbrauchsmessungen einzelner Abnehmer ist nicht gegeben, daher findet sie derzeit nicht statt. Eine genaue Aussage über den Dampfverbrauch wäre über die nach einem Verbraucher jeweils anfallende Kondensatmenge zwar möglich gewesen, stellte sich meßtechnisch allerdings als zu aufwendig heraus, weil einige Umbauten erforderlich gewesen wären. Im Rahmen dieser Arbeit konnten die für die Schmelzvorgänge benötigten Wärmemengen anhand der spezifischen Wärmemengen der eingesetzten Rohstoffe hinreichend genau ermittelt werden, zumal für die Wärmebedarfsermittlung der neuen Anlage genauso verfahren wird. Die Wärmemengen wurden anschließend in die elektrische Verbrauchseinheit umgerechnet. Eine Unsicherheit besteht allerdings in den Annahmen zum Wirkungsgrad der Behälter und des Kesselhauses, sowie für den Energieverbrauch während des Rührbetriebs und für andere beheizte Aggregate (Rohrleitungen etc.).

Kühlwasser:

Das in geringen Mengen benötigte Kühlwasser wird als Leitungswasser städtisch bezogen, eigene Rheinwasserbrunnen sind zur Versorgung dieses Betriebsteils nicht mehr in Betrieb. Einige zu Produktionszwecken entnommene Wassermengen konnten an einer eigens installierten Wasseruhr abgelesen werden, andere Verbrauchsangaben stützen sich auf Herstellerangaben.

2.3 Verfahrensbeschreibung

Der Gesamtprozeß der Schuhcremeherstellung läßt sich zum Zwecke der stufenweisen Bilanzierung in drei aufeinanderfolgende Einzelprozesse aufteilen.

Das Input-Output-Schema verdeutlicht qualitativ die wichtigsten Stoff- und Energieströme:

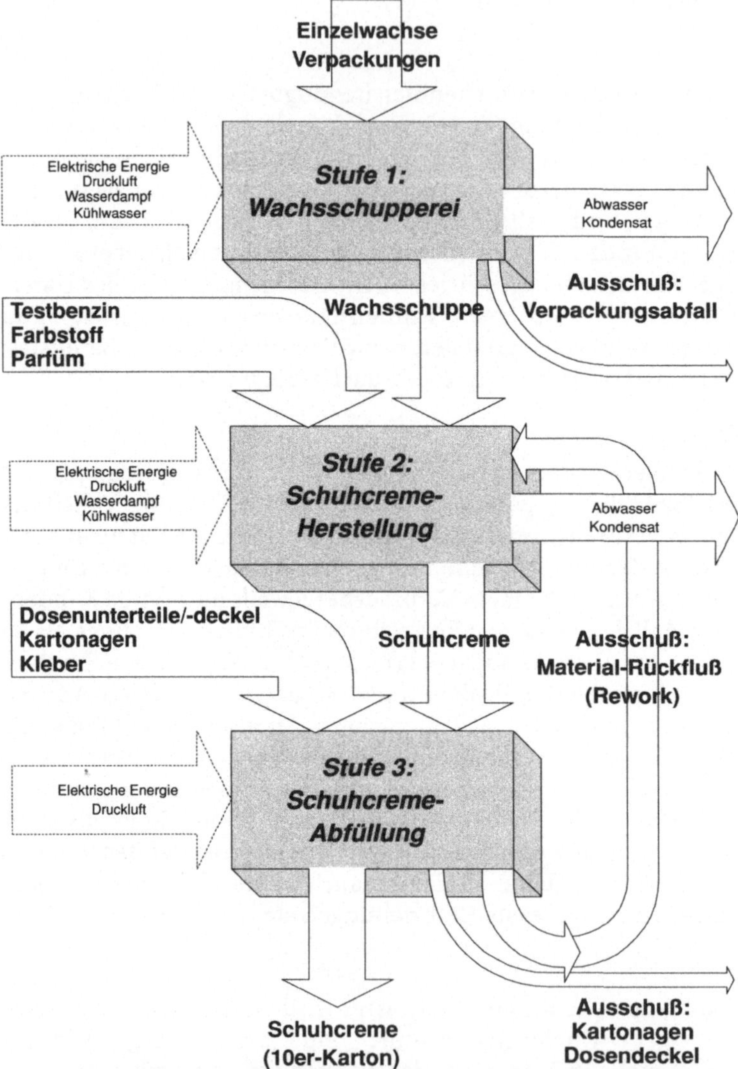

Abb. 2. Stoff- und Energieströme des Gesamtprozesses

Die Einteilung des Gesamtprozesses in diese drei Verfahrensstufen begründet sich durch deren räumliche Trennung sowie durch einen Materialinput an bestimmten Stellen des Herstellungsverfahrens.

In den folgenden Abschnitten findet eine detaillierte Beschreibung der einzelnen Produktionsstufen statt, wobei eine Einteilung der Verfahrensabschnitte in untergeordnete Bilanzsysteme vorgenommen wird.

2.3.1 Stufe 1: Herstellung von Wachsschuppen

Das folgende Input-Output-Schema verdeutlicht qualitativ den zur Herstellung der Wachsschuppe eingesetzten Stofffluß (vertikal) und die dazu benötigten Energieträger (horizontal):

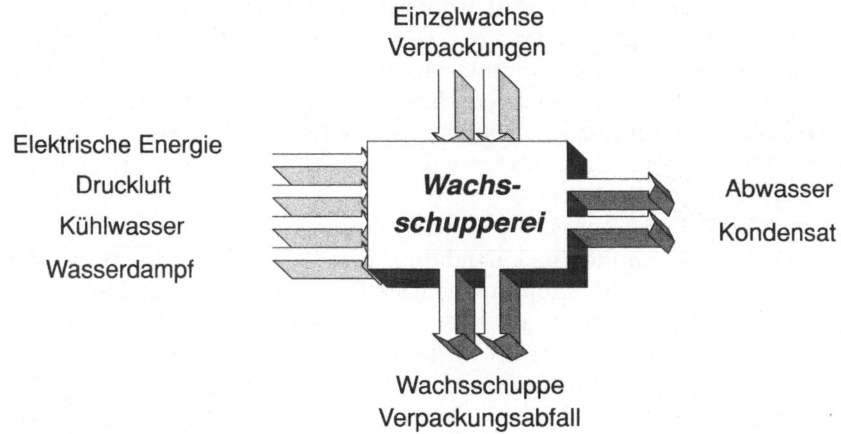

Abb. 3. Input-Output-Schema der Wachsschupperei

Abb. 3. Input-Output-Schema der Wachsschupperei

2.3.1.1 Das Verfahren

Die Herstellung der Wachsschuppen findet in einem separaten Gebäude statt. Die benötigten Mengen der von verschiedenen Herstellern und in unterschiedlicher Form (als Granulat, Schuppen, Pulver oder Kugeln) in Papier- und Plastiksäcken angelieferten Wachssorten werden auf einer Bodenwaage abgewogen und in den Aufgabetrichter einer Saugförderanlage geschüttet. Eine Seitenkanalvakuumpumpe fördert die in einer vorgegebenen Reihenfolge aufgegebenen Wachssorten in einen Totalabscheider, der als Vorlagebehälter dient. Die angesaugte Förderluft verläßt den Totalabscheider durch eine Filterpatrone mit Rotationsluftdüse, die sich durch Druckluftstöße automatisch reinigt, sowie durch einen Sicherheitsfilter in die Atmosphäre. Das in den Vorlagebehälter gesaugte Wachs wird mittels seitlich angebrachter Membrane vermischt und so vor dem Anbacken an der Behälterwand gehindert. Ist ein bestimmter Füllstand in dem Vorlagebehälter erreicht, wird zunächst das Vakuum durch Einsaugen von Luft aufgehoben, erst dann öffnet sich der unten befindliche Auftragskonus. Durch diesen fällt das Wachs auf einen Gurtbandförderer, der die kontinuierliche Aufgabe des Wachses in den Wachsschmelzer gewährleistet.

In diesem dampfbeheizten Wachsschmelzer, an dessen oberen Rand eine Wasserkühlung Anbackungen von Wachsen verhindert, werden diese bei etwa 110 °C verflüssigt, bevor sie in einen Sammel-Mischbehälter abfließen. Die

Wachsschuppenherstellung ist insofern ein Chargenprozeß, als durch die definierte Wachsaufgabe immer nur ein Mischbehälter gefüllt werden kann. Zur anschließenden kontinuierlichen Weiterverarbeitung des Inhalts stehen dann mehrere Mischbehälter zur Verfügung.

In diesen Behältern findet die intensive Vermischung der Wachssorten mittels eines Ankerrührwerks statt, wobei erst nach vollständiger Zugabe aller Sorten das neue Kompositionswachs („Wachsschuppe“) mit den gewünschten Eigenschaften entsteht. Der Sammel-Mischbehälter ist dampfbeheizt, ebenfalls die zum weiteren Transport der schmelzflüssigen Wachsschuppe benötigten Stahlrohre. Der Einsatz von Förderaggregaten zum Transport der schmelzflüssigen Wachse wird dadurch vermieden, daß die Verfahrensschritte in drei Ebenen übereinander stattfinden.

Damit die fertige Wachsschuppe gelagert und zum gegebenen Zeitpunkt der eigentlichen Schuhcremeherstellung zur Verfügung gestellt werden kann, muß sie durch Abkühlen in eine feste Form überführt werden. Hierzu fließt die Wachsflüssigkeit aus den Mischbehältern zunächst in eine dampfbeheizte Verteilerwanne ab. In diese Wanne taucht eine Aufgabewalze ein, die das flüssige Wachs auf eine im Innenraum wassergekühlte Kühlwalze aufträgt. Während des Abkühlens haften die Wachse auf der Oberfläche der Walze in dünnen Schichten an und können so mit einem feststehenden Messer abgeschabt werden („Schuppen“). Über einen Trichter wird die derartig neu gewonnene Wachssorte (Wachsschuppe „RQS“) in Stoffsäcke (18 Stück à 40 kg) abgefüllt, die händisch verschlossen und abgefahren werden.

Die Stoffsäcke zum Transport der Wachsschuppe zur Schuhcremeherstellung werden nach dem Entleeren ungesäubert wiederbefüllt und brauchen daher für die weitere Bilanzierung nicht berücksichtigt zu werden.

Die Abfuhr der mit Wachsschuppen gefüllten Säcke zur Schuhcremeherstellung geschieht mit Elektrofahrzeugen, die im gesamten Werk zu Transportzwecken eingesetzt werden. Eine genaue Betrachtung der Fahrleistungen zum Transport der zur Herstellung schwarzer Schuhcreme verwendeten Wachsschuppen wird nicht angestellt. Ihr Anteil an der Gesamt-Energiebilanz wird als gering angesehen, zumal eine Bestimmung der Gesamtfahrleistung der Förderfahrzeuge aufwendig erscheint. Der innerbetriebliche Transport fließt daher nicht mit in die Bilanzierung ein.

2.3.1.2 Stoffbilanz

Das Grundfließbild der Wachsschuppenherstellung auf der folgenden Seite veranschaulicht die Reihenfolge der Verfahrensschritte und den stattfindenden Stoffstrom. Der Stoffstrom durch die genannten Aggregate besteht in dieser Stufe nur aus dem der Wachse. Zur besseren Übersicht über den Prozeßablauf wurde die Angabe der Temperatur der Einzelaggregate als den kleinsten Bilanzsystemen mit in das Grundfließbild aufgenommen.

Die im vorgestellten Prozeß lediglich miteinander vermischten Wachse unterliegen einer thermischen Beanspruchung durch den Wachsschmelzer.

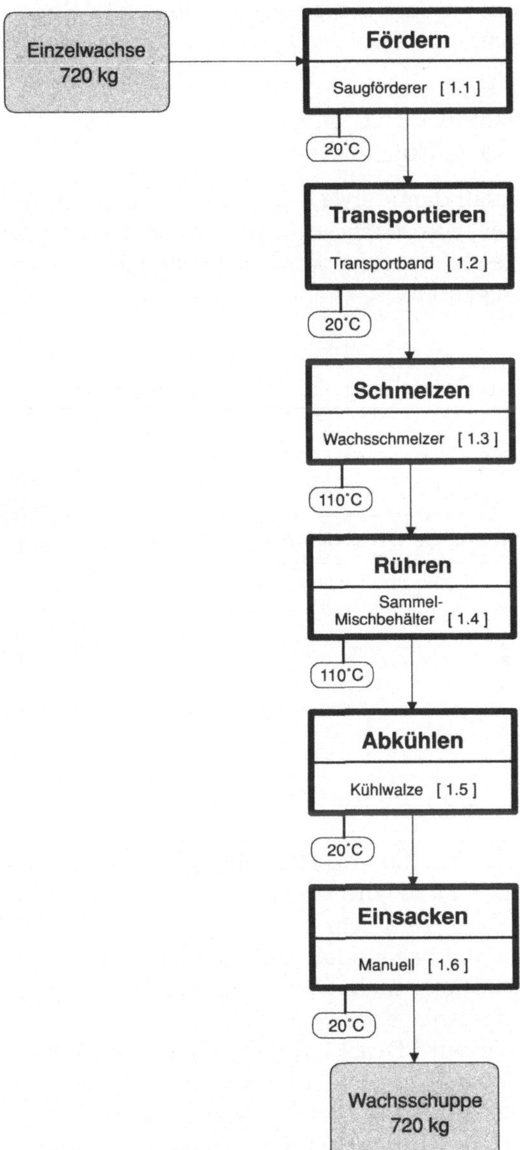

Abb. 4. Grundfließbild und Stoffstrom der Wachsschuppenherstellung

Hierbei verdampft ein gewisser Anteil an Wasser, der je nach Sorte verschieden und insgesamt vernachlässigbar gering ist.

Reststoffe in Form von Verpackungsabfall fallen als geleerte Papier- bzw. Plastiksäcke an, in denen die Einzelwachse angeliefert wurden. Diese werden in drei Abfallströme geteilt und der Verwertung bzw. Entsorgung zugeführt.

Der Abfallanfall jeder Fraktion, bezogen auf die Produktion einer Charge Wachsschuppe RQS, setzt sich zusammen aus:

- Papiersäcken: Altpapier, ca. 3,7 kg,
- Beschichtete Papiersäcken: Restmüll, ca. 3,6 kg,
- Kunststoffsäcken: Plastikmüll, ca. 0,6 kg.

Insgesamt beträgt der Reststoffanfall damit etwa 8 kg pro Charge. Aufgrund unterschiedlicher Restanhaftungen von Wachsen an den Säcken kann der Wert schwanken. Für die weitere Betrachtung werden die drei Fraktionen gemeinsam als Verpackungsabfall geführt.

2.3.1.3 Energiebilanz

Die folgende Tabelle zeigt die zur Herstellung der Wachsschuppe erforderlichen Energieträger auf:

Tabelle 3. Energieträger der Wachsschupperei

Aggregat	Elektrische Energie	Wasserdampf	Kühlwasser	Druckluft
Saugförderer/Abscheider	x			x
Transportband	x		x	
Wachsschmelzer		x	x	
Sammel-Mischbehälter	x	x		
Rohrleitung		x		
Heizwanne		x		
Kühlwalze	x		x	
Meß-/Steuereinrichtungen	x			x

Eine Charge der Wachskomposition für die Herstellung der schwarzen Schuhcreme hat eine Masse von 720 kg und wird in einer Zeit von etwa 3 Stunden hergestellt. Dabei beträgt die Zeit zum Schmelzen aller Wachsrohstoffe rund 1,5 Stunden, die etwa gleichzeitig beginnende Rührzeit kann mit insgesamt 2 Stunden angegeben werden. Die restliche Dauer wird zum „Schuppen" und Abfüllen, sowie zum Rüsten der Anlage verwendet.

Im Bereich der Wachsschupperei wird Druckluft nur während der Schaltvorgänge zur Betätigung der pneumatischen Ventile und für den Totalabscheider verbraucht. Aufgrund der durch die Druckluftmessung im Bereich der Abfüllung und der Ermittlung des damit verbundenen Energieverbrauchs gemachten Erfahrungen kann der in diesem Bereich erwartete Energieverbrauch durch Druckluft vernachlässigt werden.

Das Energieflußbild der Stufe 1 auf der nächsten Seite verdeutlicht die in dieser Stufe stattfindenden Verbräuche an Energieträgern für einen Ansatz der hergestellten Wachsschuppe. Dabei sind die ermittelten Verbräuche nur an den Stellen in die Abbildung eingefügt, für deren durch die Pfeile als Verbraucher gekennzeichnete Aggregate der Verbrauch genau ermittelt werden konnte. Differenzen der Gesamtverbräuche (links) zu den Summen der Ein-

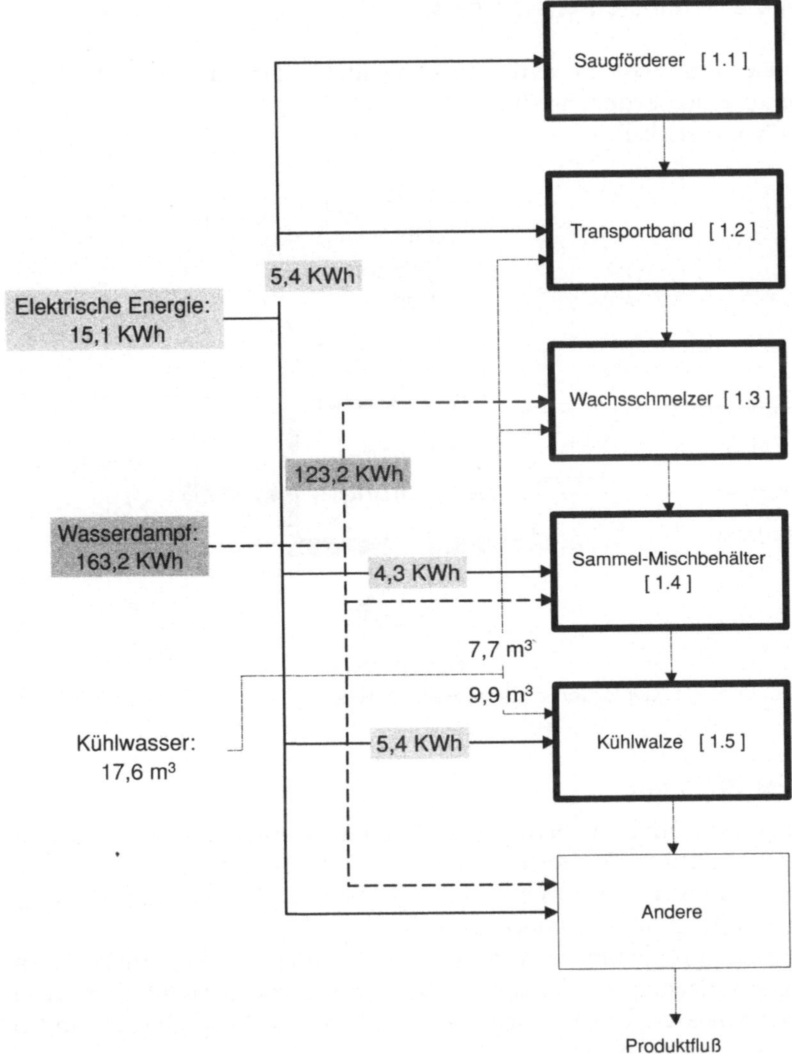

Abb. 5. Energiebilanz der Wachsschupperei

zelverbraucher (in den Pfeilen) deuten auf eine unsichere Datenbasis hin, so daß genaue Zahlen nicht dargestellt werden können.

Die Berechnung der Verbrauchsangaben der Energieträger im Bereich der Wachsschupperei wird hier nicht beschrieben.

Die auf die Herstellung eines Ansatzes bezogenen Zahlen werden hinten auf einen rechnerischen Standardansatz von einer Palette abgefüllter Schuhcremedosen umgerechnet. Dabei wird der prozentuale Anteil der Wachsschuppe an der Schuhcreme berücksichtigt.

2.3.2 Stufe 2: Schuhcremeherstellung

Das Input-Output-Schema verdeutlicht qualitativ den zur Herstellung der Schuhcreme eingesetzten Stofffluß (horizontal) und die dazu benötigten Energieträger (vertikal):

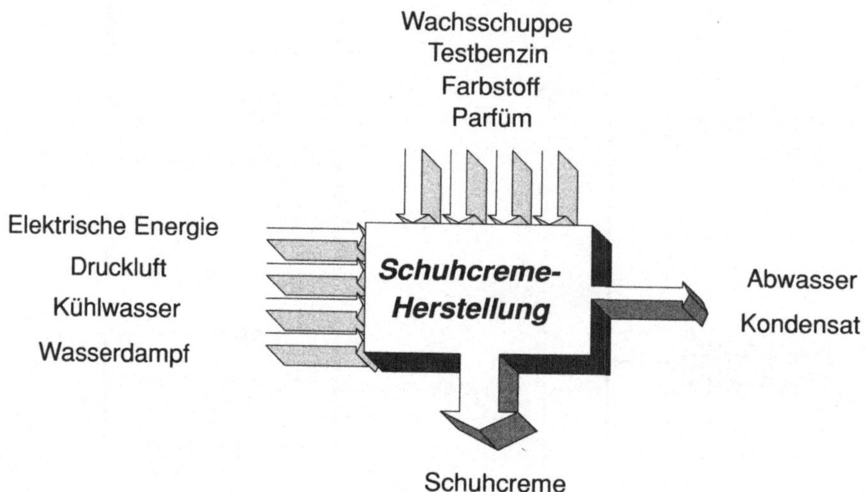

Abb. 6. Input-Output-Schema der Schuhcremeherstellung

2.3.2.1 Das Verfahren

Die Schuhcremeproduktion befindet sich in einem viergeschossigen Gebäude, wobei der automatische Weitertransport des Produkts zu der jeweils nachfolgenden Produktionsstufe durch den so gegebenen Höhenunterschied von einem Stockwerk in das darunterliegende erfolgt.

Um die zur problemlosen Abfüllung notwendige kontinuierliche Fahrweise zu gewährleisten, werden am Produktionstag jeweils Parallelansätze in zwei nebeneinander befindlichen Behältern mit jeweils abwechselnden Betriebszuständen produziert.

Das Testbenzin wird aus den Lagerbehältern des Tanklagers in einen Wiegetank im dritten Stock gepumpt. Die zur Herstellung der schwarzen Schuhcreme benötigte abgewogene Masse wird über eine teils offene Fallleitung den Misch-/Rührkesseln im zweiten Obergeschoß zugeführt, in die es aus einer an den Behälterdeckeln endenden Rohrleitung hineinströmt. In diesen als Herstellbehältern bezeichneten doppelwandigen Kesseln wird das Lösemittel mittels in Behälterwandung und -boden einströmenden Sattdampf auf eine Temperatur von etwa 95 °C erwärmt. Diese Temperatur wird während der folgenden Zugabe weiterer Stoffe aufrechterhalten. Ab einer gewissen Mindesttemperatur kann dabei schon mit der Zugabe der Wachskomposition begonnen werden.

Die angefahrenen Wachssäcke werden per Hand in einen Aufgabetrichter im dritten Stock entleert und gelangen von dort ebenfalls über eine Fallleitung durch eine im Behälterdeckel befindliche Klappenöffnung in die Herstellbehälter. Ein sich darin mit konstanter Rührgeschwindigkeit drehendes Ankerrührwerk gewährleistet dabei schon während der Wachszugabe eine optimale Vermischung der Komponenten. Nach vollständiger Wachszugabe erfolgt das Eingießen der abgewogenen Menge an Farbstoff und Parfüm durch die Klappenöffnung. Im Herstellbehälter befindet sich nun die fertige Schuhcrememasse, die noch solange gerührt wird, bis sie vollständig in ein Kühlaggregat (Schabkühler) abgelassen worden ist. Dieser Kühler befindet sich unter den Herstellbehältern im ersten Geschoß und hat die Aufgabe, die Schuhcreme auf etwa 41–43 °C abzukühlen. Aus dem Schabkühler heraus gelangt die Masse in einen Gießkessel, in dem ebenfalls gerührt wird. Er hat eine Pufferfunktion vor der Abfüllung, die an der Gießmaschine stattfindet.

Einige Abschnitte der Produktionsanlage müssen vor jedem Abfahren der Anlage von der anhaftenden Masse befreit und mit Testbenzin gespült werden, um ein Festbacken der erkalteten Masse zu verhindern. Hiervon betroffen sind der Schabkühler, der Gießkessel, die Gießmaschine und die Leitungen zwischen diesen Aggregaten. Zum Zweck der Spülung wird eine ausreichende Menge Testbenzin mit einer Pumpe in den Schabkühler gesaugt und anschließend durch die nachfolgenden Anlagenteile gespült. Die Gießmaschine wird separat gereinigt.

Zusätzlich wird vor jedem Anfahren der Anlage die Gießmaschine gespült, um die nötige Verarbeitungstemperatur zu erreichen. Dies geschieht zunächst mit Testbenzin und anschließend mit fertiger Schuhcrememasse, die dann allerdings verworfen werden muß.

Das zu Reinigungs- und Spülzwecken genutzte Testbenzin wird in einem ständig beheizten Kessel auf ca. 80 °C erwärmt und gelangt von dort teilweise gepumpt zum Gebrauchsort. Dort wird es offen gehandhabt.

2.3.2.2 Material-Rückfluß (Rework)

Der bei jedem Anfahr- und Reinigungsprozeß anfallende Materialausschuß und die am Gießbalken bereits verfüllten, aber aufgrund unterschiedlicher Einflüsse fehlerhaften Dosenunterteile (firmeninterner Sprachgebrauch: „Rework") können als Rücklaufmassen wieder in den Produktionsablauf integriert werden. Der Ausschuß umfaßt drei Fraktionen:

- Schuhcreme-Masse (pastöse Form),
- Testbenzin (flüssige Form),
- Verfüllte Dosenunterteile (feste Form).

Zum Zwecke der Reintegration von Reststoffen in den Produktionsprozeß wird die in Fässern gesammelte Schuhcrememasse von pastöser Konsistenz („Masse"), die am Gießbalken anfällt, in einem Wärmeraum gelagert und einem späteren Ansatz der fertigen Neuproduktion hinzugegeben.

Der flüssigere Anteil („Spül-/Schmutzöl"), der nach der Reinigung von Schabkühler, Gießkessel und Gießbalken anfällt, wird ebenfalls in Fässern transportiert und zum gegebenen Zeitpunkt den Herstellbehältern aus einem Sammelkessel im dritten Stockwerk wieder zugeführt. Da die Massenanteile aller Komponenten rezepturbedingt eingehalten werden müssen, wird die bei einem neuen Ansatz mit zu verarbeitende flüssige Rücklaufmasse von der Nominalmasse an Testbenzin abgezogen, während die feste Fraktion zu einem gewissen Anteil der Fertigmasse aufgeschlagen werden kann, da sie ja im Prinzip Schuhcreme darstellt. Der flüssige Ausschuß stellt somit keine echte Rücklaufmasse dar, weil in ihm auch nur ein geringer Anteil Schuhcreme enthalten ist.

Das Wiedereinbringen des in Fässern gesammelten flüssigen und pastösen Rücklaufs in die Herstellbehälter geschieht in beiden Fällen mittels einer Handpumpe. Um den Anteil der „Masse" überhaupt pumpfähig zu machen, werden die Fässer, die diese Art des Material-Rückflusses enthalten, in einer speziellen Wärmekammer bei etwa 80 °C gelagert.

Die beschriebenen Vorgänge und damit auch der schwankende Gesamtanfall an Rücklaufmassen ist im wesentlichen von der Anzahl der Betriebsunterbrechungen abhängig. Diese ergeben sich bei längeren Produktionsstörungen, durch die Frühstücks- und Mittagspause (letztere nicht während Zweischichtbetrieb), den Feierabend, sowie bei Rezeptur- bzw. Farbänderung.

Eine weitere Art der Rücklaufmasse, nämlich die der bereits verfüllten, aber aufgrund von Blasenbildung, unsauberer Befüllung oder ähnlichen Mängeln nicht verkaufsfähigen Dosen, ist jedoch neben Anlagenstörungen hauptsächlich abhängig von der Qualität der erzeugten Schuhcreme, und in ihrem Anfall dementsprechend sehr unterschiedlich. Diese Form des Rücklaufs wird in einem Behälter im obersten Stockwerk aufgeschmolzen und kann abhängig von seiner Qualität einem anderen Ansatz in einem bestimmten Mengenverhältnis zugefügt werden. Bevor die so gewonnene schmelzflüssige Schuhcreme („Spachtelmasse") in einen Herstellbehälter abgelassen werden kann, müssen die nun unbrauchbaren Dosenunterteile mit Hilfe eines Siebes manuell aus dem Spachtelmassebehälter entfernt werden. Sie können trotz geringer Restanhaftungen an Schuhcreme als Schrott zusammen mit im Verlauf anderer Produktionsprozesse anfallenden Metallteilen der Verwertung zugeführt werden.

In bezug auf das Wiedereinbringen der nicht verkaufsfähigen Materialanteile ist der Herstellungsprozeß des Produktes „Erdal Rotfrosch Schwarz" geschlossen; in bezug auf die Art der in diesen Kreislauf zusätzlich eingebrachten Rücklaufmassen aus anderen Farb- und Wachskompositionen jedoch nicht: Die Produktionslinie „Schwarz" nimmt aufgrund ihrer relativen Unempfindlichkeit gegenüber anderen Farbtönen und Wachsarten die bei der Herstellung dieser Produkte anfallenden Rücklaufmassen fast komplett mit auf. Aus dem in der Abbildung „Darstellung des Material-Rückflusses" auf der folgenden Seite verdeutlichten geschlossenen Materialkreislauf wird daher

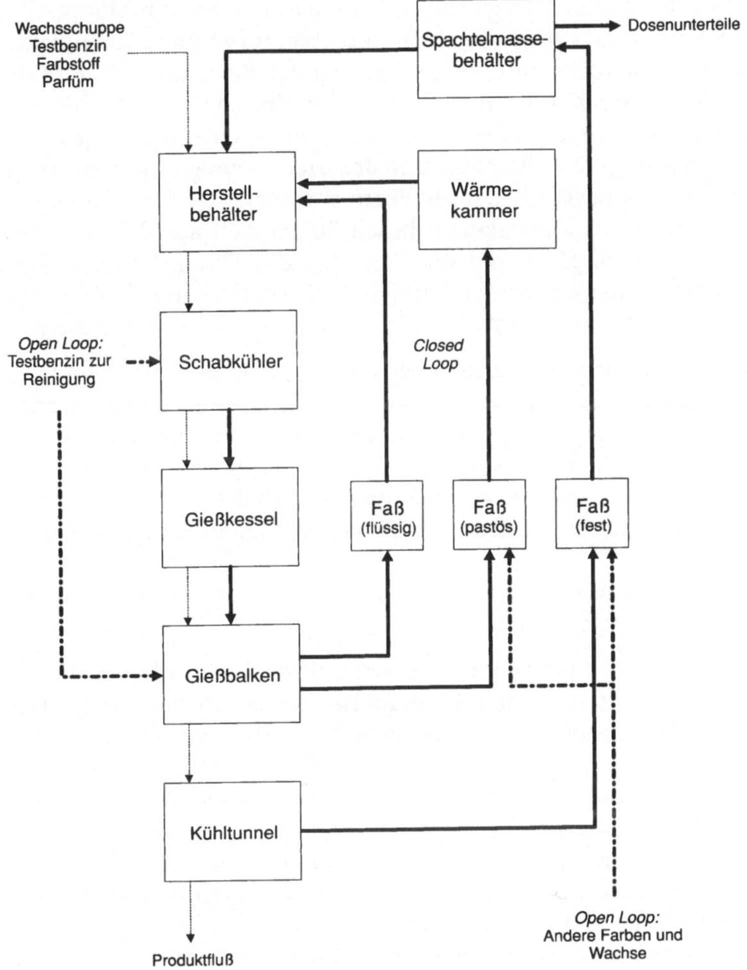

Abb. 7. Darstellung des Materialrückflusses

aus einem „closed loop recycling" ein „open loop". Der offene Kreislauf wird durch die gestrichelten Pfeile dargestellt.[36]

2.3.2.3 Produktionsmengenbestimmung

Wie zuvor beschrieben, handelt es sich bei der stattfindenden Schuhcremeherstellung um eine eher erfahrungsabhängige Produktionsweise. Sie ist nur

36 Die Begriffe gehen zurück auf ein von der SETAC herausgegebenes Standardwerk (SETAC (Hrsg.) (1993), S. 21). Danach wird ein Recycling innerhalb einer Produktionskette als „closed-loop-recycling", ein solches zwischen mehreren Produktionsketten als „open-loop-recycling" bezeichnet.

teilweise meßwertgesteuert, beispielsweise im Bereich der Abfüllung. Die Herstellung orientiert sich abgesehen von der Rezepturvorgabe an subjektiven Kriterien, die besonders für die Einarbeitung der Rücklaufmassen in die Produktionslinie „Schwarz" gilt. Hier kommt es infolge von Fehleinschätzungen wiederholt zu Konsistenzproblemen bei der Schuhcreme. Die Folge ist ein schlechtes Verarbeitungsverhalten während des Gießvorganges, was zu einem erhöhten Anfall von Materialrücklauf in Form von verfüllten Dosenunterteilen führt. Die Korrekturmöglichkeiten beschränken sich auf die Wahl der Transportbandgeschwindigkeit und die Regelung des Dosen-Füllgrades an der Gießmaschine in einem gewissen Bereich. Die resultierende Abfüllmenge ist also einigen Schwankungen unterworfen, die mehrere Ursachen haben:

1. Eine genaue Ermittlung der tatsächlich hergestellten und zur Abfüllung gelangenden Massen findet im Verlauf des Herstellungsprozesses nicht statt.
2. Hauptkriterium für die jeweilige Abfüllmenge ist die Füllhöhe in bezug zum Dosenrand, die „auf Sicht", d.h. nach optischer Begutachtung eingestellt wird (der Verbraucher soll eine gut gefüllte Dose erhalten).
3. Die Höhe des Dosenrandes variiert jedoch nach der Qualität der angelieferten Chargen.
4. Zeitliche Schwankungen der Füllmenge einzelner Düsen des Gießbalkens ergaben Differenzen von über 3 g.

Die einzige aufgrund der geltenden Eichvorschriften notwendige Kontrollmöglichkeit der abgefüllten Massen findet im Bereich der Kartonierung statt, wo der Nachweis der Mindestfüllmenge (75 ml) zu erbringen und zu dokumentieren ist. Die hierfür gleichzeitig zu ermittelnden Angaben bezüglich der Dichte des Produktes und der Massen der Dosenbestandteile werden stündlich bzw. arbeitstäglich überprüft.

Zusammenfassend muß festgestellt werden, daß eine exakte Bestimmung der an einzelnen Produktionstagen tatsächlich hergestellten und abgefüllten Mengen an Schuhcreme nicht möglich ist.

Die Hauptgründe hierfür liegen in der Anlagenkonzeption:

1. Die vom Massedurchflußzähler ermittelte Menge Testbenzin stimmt nicht mit der tatsächlich im Wiegetank befindlichen Menge überein, da durch in der Leitung befindliche Luft bei Förderbeginn etwa 4–5 Liter angezeigt, aber nicht eingefüllt werden.
2. Das Gewicht eingearbeiteter Rücklaufmassen ist nicht genau bekannt: Im Falle des Einarbeitens von pastöser Faßware[37] werden noch einige Liter Testbenzin zur Reinigung der Handpumpe mitverarbeitet, im Falle des

[37] Die der schwarzen Linie beigemengten Ausschußmengen anderer Produktionslinien (Farben, Wachse), werden nur vor ihrer Lagerung in der Wärmekammer gewogen. Aufgrund der in dieser Kammer herrschenden Temperatur verdunstet ein je nach Zusammensetzung der Schuhcreme unterschiedlicher Anteil an Testbenzin, der vor dem Einarbeiten aber nicht abgerechnet wird.

Ablassens ausgekochter Dosen aus dem Spachtelmassebehälter wird die tatsächlich verarbeitete Masse aufgrund von Restanhaftungen an den Dosen nicht genau angegeben.

3. Eine Massenermittlung der hergestellten und zum Gießbalken gelangenden Schuhcreme ist nicht vorgesehen; dabei gelangen abgewogene Mengen nicht verlustfrei in die Behälter (z.B. im Falle des hochviskosen und nur sehr langsam fließenden Farbstoffs).
4. Das Füllergebnis des Gießbalkens ist nicht konstant.
5. Die ausgelieferte Ware wird nicht gewogen, sondern nach Stückzahl den Einzelaufträgen zugeschrieben.
6. Die am Tagende im Gießkessel verbleibende und am nächsten Tag neu erhitzte Restmasse kann nur geschätzt werden.

Aus diesen Gründen wurde die Ermittlung der Produktionsmengen nicht an Einzelchargen durchgeführt, sondern orientierte sich an durch die vorhandenen Aufzeichnungen in Form der Chemie- und Fertigungs-/Produktionsauf-

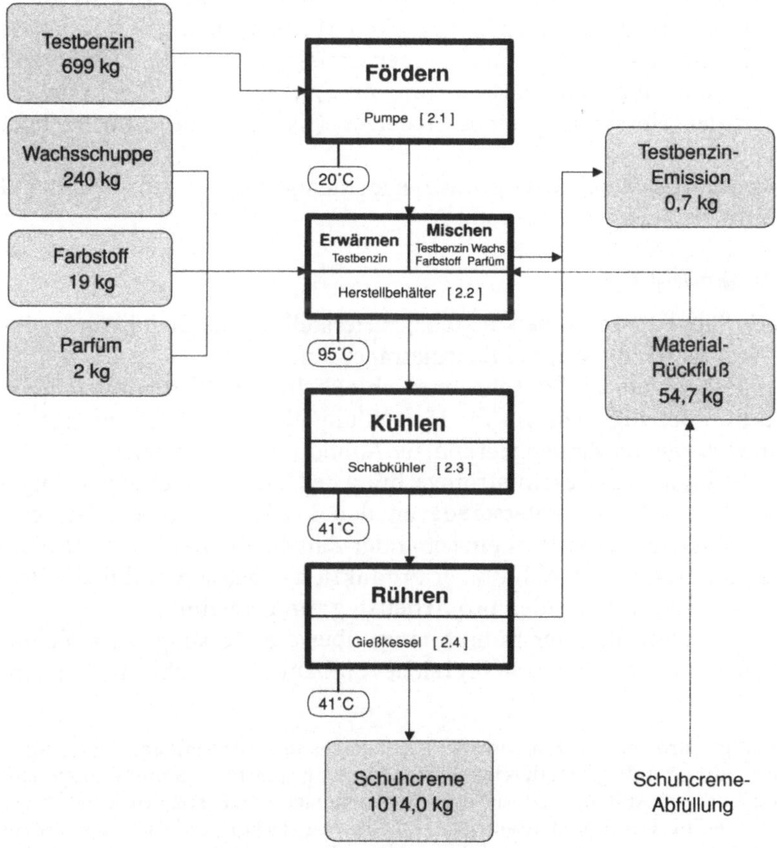

Abb. 8. Grundfließbild und Stoffströme der Schuhcremeherstellung

träge gewonnenen langfristigen Mittelwerten. Die Bestimmung der Produktionsmengen aus den Auftragsarten für den untersuchten Zeitraum von Oktober 1996 bis Juni 1997 und die Ermittlung der eingetragenen Mengenangaben zum Material-Rückfluß werden hier nicht beschrieben.

2.3.2.4 Stoffbilanz

Das Grundfließbild der Schuhcremeherstellung veranschaulicht die aufeinanderfolgenden Verfahrensschritte mit den dazugehörigen Stoffströmen in ihrer Reihenfolge (s. Abb. 8).

Durch den ermittelten Materialrückfluß erhöht sich die Nominalmasse an Schuhcreme, die im Herstellbehälter pro Charge produziert wird (960 kg), um durchschnittlich 54,7 kg. Diese Zahl beinhaltet allerdings nur den Anteil an schwarzer Rücklaufmasse (Standardware), der im Verlauf der Produktion schwarzer Schuhcreme anfällt und wiederverwertet wird. Materialeinträge über andersfarbige Schuhcreme und solche aus anderen Wachsen (Tropenware) wurden nicht mit einbezogen.

Gleichzeitig werden im Bereich der Herstellung etwa 0,7 kg (< 0,1 %) an Testbenzin emittiert, die von der hergestellten Masse abzuziehen sind. Diese Angabe stützt sich auf die Ergebnisse einer Emissionsmessung. Danach gilt für den Herstellbehälter ein Massenstrom von 471,3 g/h, der auf die tatsächliche Dauer der Herstellung eines Ansatzes (1,5 Stunden) umgerechnet wurde.[38]

Die pro Charge tatsächlich produzierte Menge beläuft sich somit auf durchschnittlich 1014 kg anstatt 960 kg.

2.3.2.5 Energiebilanz

Die folgende Tabelle 4 zeigt die von den zur Herstellung der Schuhcreme eingesetzten Aggregaten benötigten Energieträger auf.

Die Einzelaggregate sind in sehr unterschiedlichem zeitlichen Ausmaß an der Produktion beteiligt. Die auf die Herstellung eines Ansatzes von 960 kg Schuhcreme bezogenen Zahlen werden auf Abbildung 9 dargestellt.

Die Ermittlung des Gesamtstromverbrauches der Herstellung erfolgte durch Ablesen der Stromzählerstände an den Produktionstagen. Für den Bereich der Herstellung existiert ein separater Zähler. Die Zählerstände wurden vor Beginn und nach Abschluß der Produktion abgelesen und in die Verbrauchseinheit (Kilowattstunden pro Arbeitstag) umgerechnet.

Die genaue Ermittlung der Dampfmenge über die Messung der anfallenden Kondensatmenge hätte umfangreiche Einbauten an schlecht zugäng-

---

[38] Berücksichtigt wurde nur die Emission des Herstellbehälters. Die Emission des Gießkessels kann auf der Grundlage der durchgeführten Messungen nicht bestimmt werden, sondern nur über die im Anhang beschriebenen Berechnungen zum Partialdruck. Sie ist vergleichsweise gering. Der Emissionsanteil des Rücklaufes (54,7 kg) wurde nicht anteilig zur Gesamtmasse mit berücksichtigt, obwohl gerade im Bereich der Spachtelmassebehälter absolut die höchsten Emissionen auftreten. Auch er wäre anteilsmäßig gering.

Tabelle 4. Energieträger der Schuhcremeherstellung

Aggregat	Elektrische Energie	Wasserdampf	Kühlwasser	Druckluft
Testbenzin-Pumpe	x			
Rework/Reinigung:				
- Testbenzin-Pumpe (warm)	x			
- Spülöl-Handpumpe	x			
- Wärmekammer		x		
Herstellung:			x	
- Behälter-Rührwerk	x			
- Beheizung		x		
- Absaugung	x			
Pumpe Schuhcreme	x			
Schabkühler	x		x	
Gießkessel-Rührwerk	x	x		
Meß-/Steuereinrichtungen	x			x
Rohrleitungen (teilweise)		x		

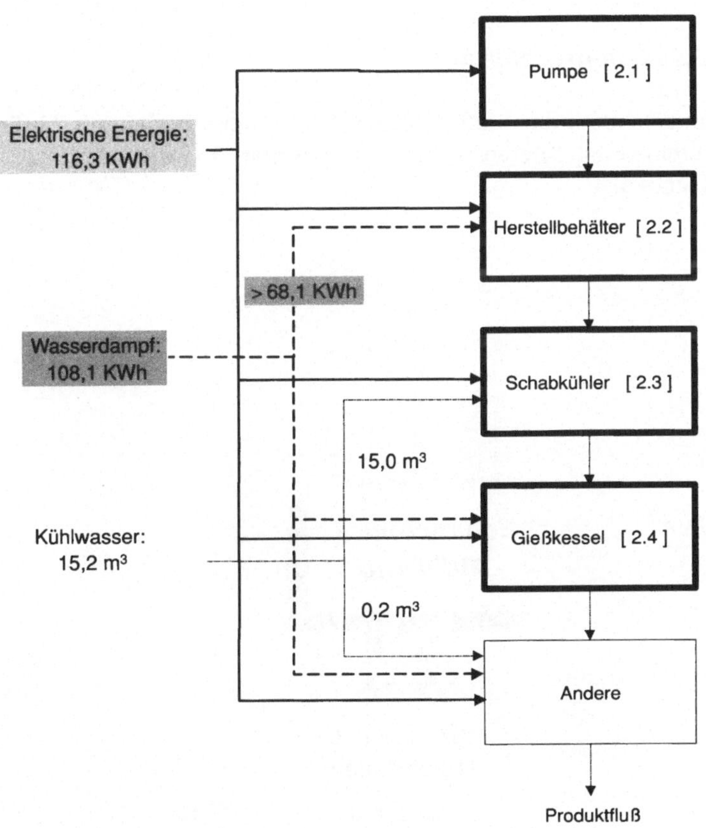

Abb. 9. Energiebilanz der Schuhcreme-Abfüllung

lichen Stellen erfordert, deswegen mußte die Ermittlung einer Verbrauchsangabe über die einzubringenden Wärmemengen erfolgen.

Zur Ermittlung des Wasserverbrauchs konnten Herstellerangaben herangezogen werden.

Druckluft wird im Bereich der Herstellung nur während der Schaltvorgänge zur Betätigung der pneumatischen Ventile, mit denen das Einströmen von Testbenzin in die Herstellbehälter reguliert wird, benötigt. Aufgrund der durch die Druckluftmessung im Bereich der Abfüllung und der Ermittlung des damit verbundenen Energieverbrauchs gemachten Erfahrungen kann der in diesem Bereich erwartete Energieverbrauch durch Druckluft vernachlässigt werden.

Maschinen und Aggregate, die an der Produktion und am Energieverbrauch beteiligt sind, aber in der Darstellung fehlen, sind unter „Andere" erfaßt.

Die auf die Herstellung eines Ansatzes bezogenen Zahlen werden hinten auf einen rechnerischen Standardansatz von einer Palette abgefüllter Schuhcremedosen umgerechnet.

2.3.3 *Stufe 3: Schuhcremeabfüllung*

Das Input-Output-Schema der Stufe 3 verdeutlicht qualitativ den zur Abfüllung der Schuhcreme eingesetzten Stofffluß (horizontal) und die eingesetzten Energieträger (vertikal):

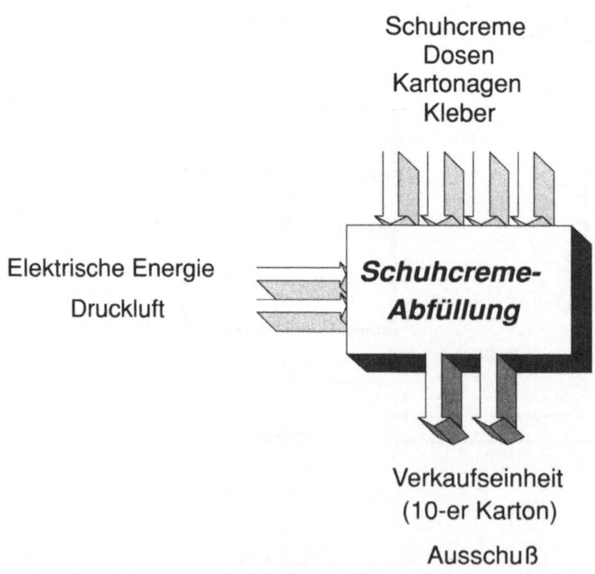

Abb. 10. Input-Output-Schema der Schuhcremeabfüllung

2.3.3.1 Das Verfahren

Im Erdgeschoß wird die Schuhcreme mittels einer hydraulischen Gießmaschine („Gießbalken") in bereitgestellte Dosenunterteile verfüllt, die auf einem Förderband in Reihen unter ihr hindurchlaufen. Im Falle der schwarzen Schuhcreme erfolgt die Verfüllung aus dem Gießbalken parallel durch 11 Düsen. Um das Verstopfen des Gießbalkens mit Schuhcreme während der Stillstandszeiten zu verhindern, wird er mit umlaufendem und in einem Durchlauferhitzer erwärmtem Wasser auf Gießtemperatur gehalten.

Die richtige Plazierung der Dosenunterteile unter diesen Gießbalken erfolgt ab ihrer Entnahme aus Gitterboxpaletten und über ihren Transport auf dem Zuführsystem vollmaschinell und automatisiert. Ein gleichartiges Zuführsystem sorgt für den Transport der Dosendeckel zur Deckelmaschine.

Die angelieferten Gitterboxpaletten mit den Dosenunter- und oberteilen werden mit Hilfe von Hubwagen auf Kettenförderer gehoben. Die Kettenbahnen sind jeweils Teile einer Transport- und Puffereinrichtung, in der die Dosenteile mittels eines Magneten aus den Boxen gehoben werden. Mittels Magnetbändern gelangen die Unterteile auf das Förderband und die Deckel in die Deckelmaschine.

Die verfüllten Dosenunterteile passieren anschließend einen Kühltunnel, in dem die Schuhcreme auf etwa 15 °C abgekühlt wird.

Die verschlossenen Dosen werden in einer Sammelpackung aus Pappkarton zu je 10 Stück („Verkaufseinheit") auf Paletten gestapelt und ausgeliefert. Dazu werden ausgestanzte Papptabletts („Stanzzuschnitte") in einem Trayformer gefaltet und der Boden geklebt, bevor die Dosen pneumatisch in diese 10er-Kartons gehoben werden. Die voll bestückten Kartons passieren anschließend einen Kartonverschließer, der die Deckel verklebt.

Die abschließende Stapelung der Kartons auf Europaletten erfolgt per Hand.

2.3.3.2 Stoffbilanz

Das Grundfließbild der Schuhcremeabfüllung auf der folgenden Seite veranschaulicht die produktdurchlaufenen Verfahrensschritte (ohne Dosenförderung) mit den ermittelten Stoffströmen in ihrer Reihenfolge (s. Abb. 11).

Die abgefüllte Schuhcrememasse reduziert sich um den zuvor beschriebenen Anteil an Ausschuß sowie um den emittierten Anteil an Testbenzin um 58,6 kg pro hergestellter Charge. Für die Umrechnung der pro Charge entweichenden Masse als Testbenzin wurde dessen ermittelte tägliche Emission aus dem Kühltunnel durch die durchschnittliche Zahl der Ansätze pro Tag geteilt. Wird eine Füllung einer Dose mit 63,0 g Schuhcreme zugrundegelegt, läßt sich ein Verlust an Ware von 6 Kartons pro hergestellter Charge allein durch die Emission an Testbenzin berechnen.

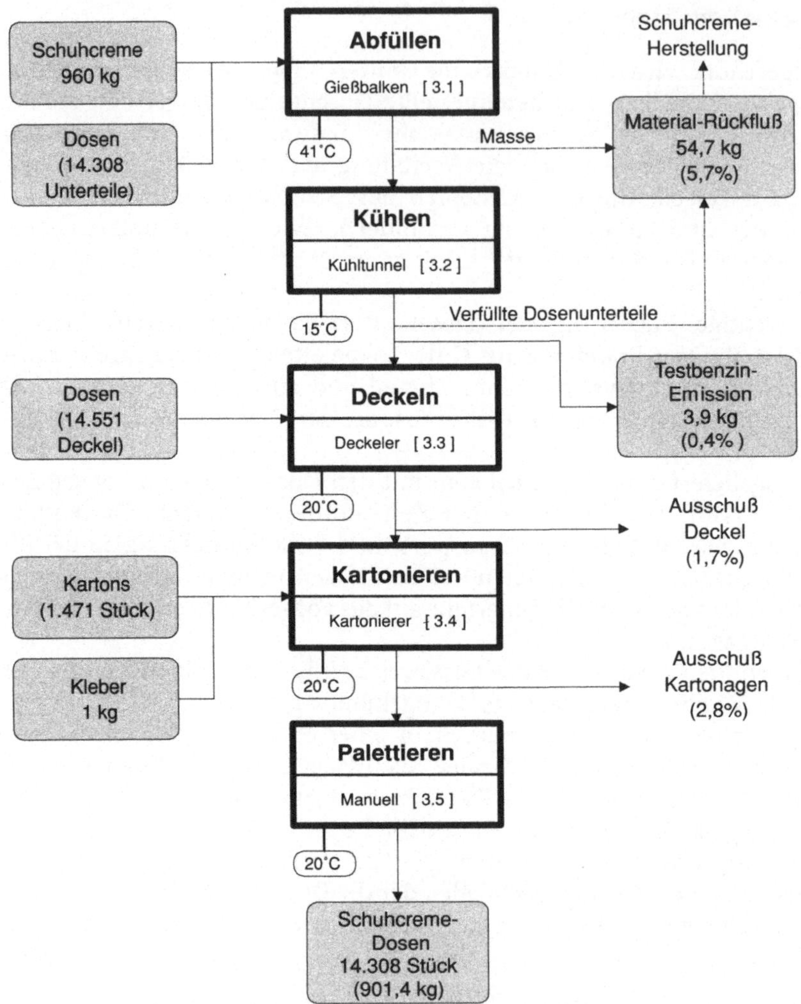

Abb. 11. Grundfließbild und Stoffströme der Schuhcremeabfüllung

Aus der verbleibenden Menge können 14308 Dosen abgefüllt werden. Die benötigte gleiche Anzahl an Dosendeckeln erhöht sich um den ermittelten Anteil an Ausschuß (1,7%) auf 14551 Stück. Aufgrund des Ausschusses an Stanzzuschnitten wird eine um 2,8% erhöhte Anzahl an 10er-Kartons für die Kartonierung der Dosen benötigt (1471 Stück).

Der zum Verschließen dieser hergestellten Verkaufseinheiten (10er-Karton) notwendige Verbrauch an Klebstoff wurde durch Abwiegen der benötigten Mengen ermittelt und beträgt etwa 1kg. Der verwendete Kleber ist ein lösemittelfreier Schmelzklebstoff, der warm und in flüssigem Zustand aufgetragen wird, bevor er im Verlauf des Erkaltens erstarrt und ohne chemische

Reaktion abbindet.[39] Hierbei handelt es sich um einen Hilfsstoff, der für diese Bilanzierung nicht genauer untersucht wird.[40]

Die Ausschußmengen an leeren, nicht verfüllten Dosenunterteilen werden nicht angegeben, da sie im Vergleich zu denen der Deckel gering ist.

2.3.3.3 Energiebilanz

Folgende Tabelle zeigt die im Bereich der Abfüllung benötigten Energieträger auf:

Tabelle 5. Energieträger der Schuhcremeabfüllung

Aggregat	Elektrische Energie	Druckluft
Gießbalken:		
- Ölpumpe	x	
- Warmwasserpumpe	x	
Dosen-Transportanlage	x	x
Förderband	x	
Kühltunnel	x	
Kartonleimer	x	x
Absaugung	x	
Meß-/Steuereinrichtungen	x	

Alle aufgeführten Anlagenteile sind während der zur Produktion zählenden Arbeitszeit ständig und abgesehen von Betriebsstörungen, die hauptsächlich durch die Dosen-Transportanlage hervorgerufen werden, in gleichbleibendem Ausmaß in Betrieb.

Die auf eine Produktionsstunde mit einer Abfülleistung von 8500 Dosen bezogenen Zahlen werden als Energiebilanz der Schuhcremeabfüllung auf der folgenden Abbildung 12 verdeutlicht.

Im Bereich der Abfüllung beträgt der stündliche Gesamtenergieverbrauch in Form von elektrischer Energie und Druckluftnutzung 18,1 kWh. An der Abfüllung ist eine Vielzahl von Stromverbrauchern installiert, deren einzelne Erfassung zu aufwendig gewesen wäre. Hierzu zählen:

1. Bandmotoren zum Transport der Dosenunterteile und -deckel,
2. Magnete in der Gitterboxstation und an Bändern,
3. Motoren zum Betrieb des Kühltunnels (Förderband, Kälteanlage),
4. Abluftgebläse,
5. Elektrische Heizungen in den Kartonleimern,
6. Elektronische Geräte zur Produktionsüberwachung, -steuerung und -erfassung (Waagen, Zähler etc.).

---

[39] Falbe, Regitz (Hrsg.) Band 3 (1990), S. 2252.

[40] Hilfsstoffe fließen nicht mit in die Bilanzierung ein. Das betrachtete Produkt ist wie beschrieben die Einzeldose Schuhcreme, auch wenn im folgenden der Standardansatz einer Palette vorgestellt wird.

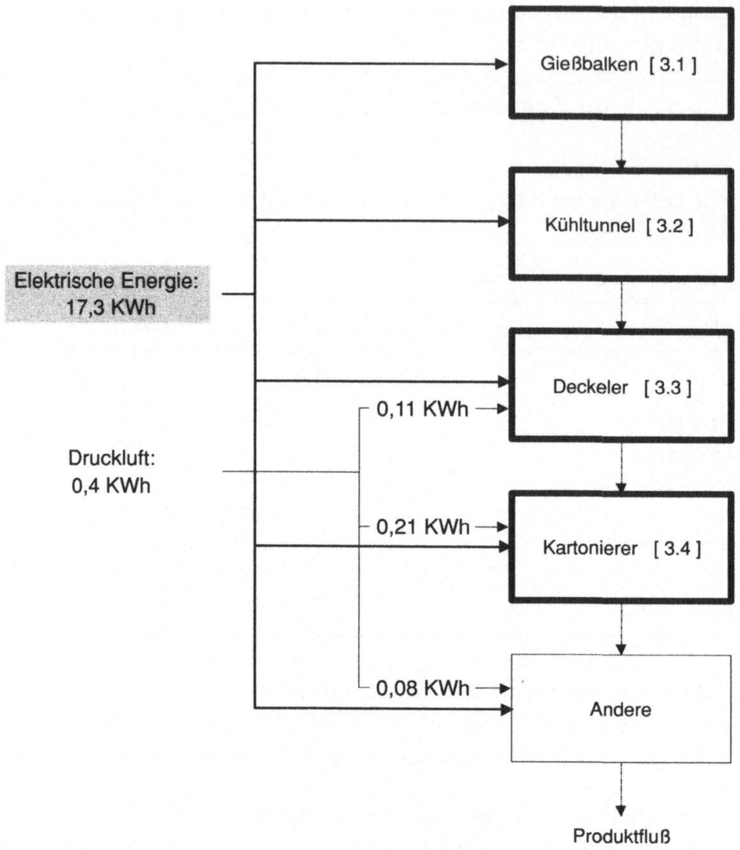

Abb. 12. Energiebilanz der Schuhcreme-Abfüllung

Die Ermittlung des Gesamtstromverbrauches der Abfüllung erfolgte daher durch Ablesen der Stromzählerstände an den Produktionstagen. Für den Bereich der Abfüllung existiert ein separater Zähler. Die Zählerstände wurden vor Beginn und nach Abschluß der Produktion abgelesen und anschließend in die Verbrauchseinheit (Kilowattstunden pro Arbeitstag) umgerechnet.

Der zweite Energieträger Druckluft trägt nicht wie im erwarteten Maße zum Gesamtverbrauch der Abfüllung bei, obwohl an mehreren Stellen Gebrauch von ihm gemacht wird: Das automatische Aussortieren fehlerhafter (etwa verbogener und größenungleicher) Dosenteile erfolgt durch kurze Druckstöße aus Luftdüsen, die an mehreren Positionen am Bandlauf installiert sind. Druckluft wird außerdem zum Betrieb der Pneumatik-Zylinder benötigt, die an einigen Stellen einen Weitertransport der Ware bewerkstelligen. Mittels Druckluft geschieht auch das Hineinheben der Dosen in die Kartons und das Aufbringen des Klebers an den Schmelzklebstoff-Auftragsaggregaten.

Die zur Bereitstellung der Druckluft in den Verdichterstationen benötigte elektrische Energie konnte berechnet werden. Dazu wurden die dem System an vier Stellen entnommenen Luftmengen mit einer Gasuhr ermittelt und anschließend die zu deren Erzeugung aufzuwendende Energie den Leistungsangaben der Verdichterstationen entnommen.

2.4 Gesamtbilanz der drei Produktionsstufen

Die Gesamtbilanz faßt die Ergebnisse der Stoff- und Energiebilanzen der aufeinanderfolgenden Produktionsstufen zusammen. Um einen eindeutigen Vergleich der in den drei Stufen jeweils ermittelten Stoff- und Energieströme anstellen zu können, werden die Zahlenangaben auf einen Standardansatz umgerechnet.

2.4.1 Wahl des Standardansatzes

Für die Gesamtbilanz wurden alle ermittelten Einsatz- und Verbrauchswerte auf einen rechnerischen Standardansatz umgerechnet, um die Bilanz in allen Aspekten vergleichbar zu gestalten. Er sollte einen Verfahrensvergleich der alten mit der neuen Produktionsanlage ermöglichen und eine möglichst anschauliche Bezugsgröße für die produktionsbezogenen Stoff- und Energieströme darstellen.

Der gewählte Standardansatz hat die Form einer Europalette. Auf einer solchen Palette befinden sich 399 „Verkaufseinheiten" in Form von Kartons, wobei jede einzelne dieser Einheiten aus 10 Schuhcremedosen pro Karton besteht.[41] Damit umfaßt der Standardansatz 3990 Dosen Schuhcreme „Erdal Rotfrosch Schwarz 75 ml".

Ausgehend vom durchschnittlichen Gewicht der 3990 Dosen können die Mengenangaben zur Stoffbilanz durch Rückrechnung der in den Stoffbilanzen der drei Verfahrensabschnitte ermittelten prozentualen Zahlenangaben zum jeweils anfallenden Ausschuß und Material-Rückfluß berechnet werden.

Die Verbrauchsangaben zur Energiebilanz werden mit Hilfe von Umrechnungsfaktoren, die den unterschiedlichen Materialeinsatz und die damit verbundene Energieintensität der Verfahrensabschnitte berücksichtigen, folgendermaßen berechnet:

Bei einer mittleren Füllung der 3990 Dosen mit 63,0 g Schuhcreme müssen 251,4 kg aus dem Kühltunnel gelangen, die in Kartons verpackt werden können. Zusätzlich ist der Anteil an Schuhcreme als Rücklauf zu berücksichtigen, der nicht zur Abfüllung gelangt bzw. nach dem Kühltunnel aussortiert wird (5,7 % = 14,3 kg), sowie die im Tunnel emittierte Menge an Testbenzin (0,4 % = 1,0 kg). Der Umrechnungsfaktor für den Standardansatz beträgt damit 266,7 kg/960 kg = 0,28.

---

41 Auf einer Palette stapeln sich 7 Etagen à 57 Kartons (13 × 3 + 6 × 3).

Diese 266,7 kg und zusätzlich die aus dem Herstellbehälter emittierende Masse an Testbenzin (0,2 kg) müssen also in der Stufe 2 hergestellt werden (266,9 kg).

In einer Dose Schuhcreme beträgt der Wachsanteil etwa 25 %. Mit einem Ansatz der Wachsschuppe (720 kg) sind so 3 Ansätze Schuhcreme möglich (960 kg). Die Verbrauchswerte der Energieträger aus Stufe 1 (Wachsschupperei) müssen daher verdreifacht werden, wenn sie mit denen der Stufe 2 (Schuhcremeherstellung) vergleichbar sein sollen. Werden die Zahlen auf den Standardansatz bezogen, gilt zusätzlich der Faktor der Stufe 2. Es ergibt sich ein Gesamtfaktor für die Stufe 1 von $3 \times 0{,}28 = 0{,}84$.

Mit einer zugrundegelegten Stundenproduktion von 8500 Dosen wird der Standardansatz von der Stufe 3 (Schuhcremeabfüllung) innerhalb etwa einer halben Stunde abgefüllt (28 Minuten), was einem Faktor von 0,47 entspricht.

Die berechneten Verbräuche der Energieträger für die Produktion einer Palette Schuhcreme lassen sich tabellarisch darstellen:

Tabelle 6. Verbräuche der Energieträger (Standardansatz)

Bilanzstufen	Faktor für Standardansatz	Elektrische Energie (kWh)	Druckluft (kWh)	Wasserdampf (kWh)	Kühlwasser (m^3)
1: Wachs-schupperei	0,84	12,7	-	137,1	14,8
2: Schuhcreme-Herstellung	0,28	32,6	-	30,3	4,3
3: Schuhcreme-Abfüllung	0,47	8,1	0,2	-	-
Summe:		53,4	0,2	167,4	19,1

Der Gesamtenergieverbrauch zur Produktion des Standardansatzes beträgt damit 221 kWh, wozu die Bereitstellung des Wasserdampfes mit rund 75 % beiträgt.

2.4.2 Stoff- und Energiefluß des Standardansatzes

Zur Herstellung des gewählten Standardansatzes ergeben sich demnach die in Abbildung 13 eingetragenen Stoff- und Energieströme.

Es lassen sich vier Hauptströme auf der Abbildung unterscheiden:

- Energieströme in horizontaler Richtung,
- Stoffströme in vertikaler Richtung,
- Ströme des Material-Rückflusses (grau),
- Testbenzin-Emissionen (dunkelgrau).

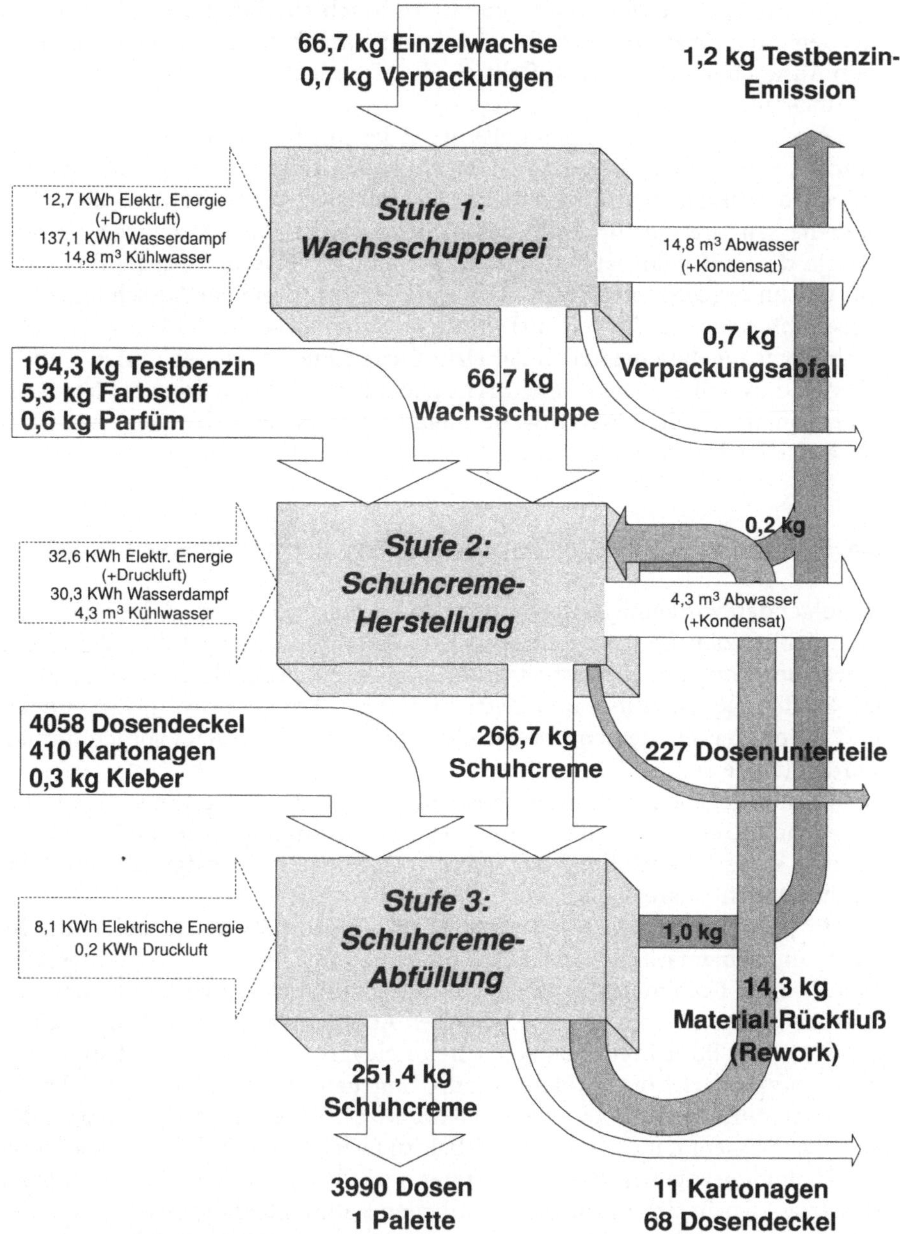

Abb. 13. Stoff- und Energiebilanz der Schuhcremeproduktionslinie

Bei der Angabe der Dosenunterteile ist zu beachten, daß diese Zahl sich erst aus dem Materialrücklauf ergibt und dementsprechend erst zeitversetzt nach dem Auskochen der Dosen auftritt. Sie ist also nicht als Ausschuß der Stufe 2 aufzufassen.

Folgende Einschränkungen müssen bei der Interpretation der Abbildung 13 beachtet werden: Auf die genaue Ermittlung der in Klammern gesetzten Ströme wurde verzichtet. Im Falle der Druckluft sind die zu erwartenden Verbräuche sehr gering, im Falle des Kondensats ist die tatsächliche Dampfmenge, die als Kondensat im Kreislauf wieder dem Kesselhaus zugeführt wird, nur von untergeordneter Bedeutung. Auf die Ermittlung der Ausschußzahl an Dosenunterteilen (nicht verfüllt) wurde verzichtet, weil die Zahl gering ist. Die Verbrauchsangaben bezüglich der elektrischen Energie in den Stufen 2 und 3 können durch ihre gemeinsame Erfassung mit produktionsfremden Verbrauchern einen zu hohen Wert vortäuschen. Ferner basieren die Dampfverbräuche auf teilweisen Schätzungen.

2.5 Bilanzbewertung mittels ABC/XYZ-Analyse und Umweltkennzahlen

Im folgenden wird eine Bewertung für das vorliegende Beispiel der Stoff- und Energiebilanzierung nach dem ABC/XYZ-Verfahren durchgeführt. Bei dieser Bewertung kann anhand festgelegter Kriterien eine Einteilung von eingesetzten Stoffen (Roh-, Hilfs-, und Betriebsstoffen), Energieträgern, Emissionen und Produkten in Klassen unterschiedlicher Umweltrelevanz vorgenommen werden (siehe Seite 97f).

Im hier gegebenen Rahmen beschränkt sich die Bewertung im wesentlichen auf die eingesetzten Rohstoffe. Die zur Verfügung stehende Datenbasis für eine sichere Beurteilung der Energieträger nach Umweltgesichtspunkten erscheint nicht ausreichend.

Für jeden relevanten Faktor erfolgt eine Einstufung als „problematisch" oder „unproblematisch". Die Bewertungsmethode liefert nicht numerische und absolute Rechenergebnisse, sondern stuft die Umweltwirkungen der eingesetzten Rohstoffe und der entstehenden Abfälle relativ ab: „A-Fälle" weisen aufgrund der ihrer hohen ökologischen Relevanz auf besonders dringlichen Handlungsbedarf hin, „B-Fälle" sind demgegenüber eher weniger relevant und erst mittelfristig anzugehen, während „C-Fälle" nach dem zugrundegelegten Wissensstand als unbedenklich zu bezeichnen sind. Die Gewichtung der ökologiebezogenen Faktoren erfolgt nach den Kriterien „Einhaltung von Gesetzen", worin sich die umweltrechtlichen Rahmenbedingungen widerspiegeln, sowie nach ihrem Gefährdungspotential, das mögliche Gefahren für den Umgang mit den Stoffen berücksichtigt.

Weiterhin werden Umweltkennzahlen vorgestellt, die ebenso zur Bewertung der produktionsbedingten Stoff- und Energieflüsse eingesetzt werden können, wenn sie über einen längeren Zeitraum hinweg aufgestellt werden und die ermittelten Zahlen vergleichbar sind.

2.5.1 ABC/XYZ-Analyse der alten Schuhcremeproduktion

Im folgenden wird das verwendete Konzept der Stoffbewertung mit den zur Verfügung stehenden Informationsquellen, Zielen und Vorgaben zur Einstufung der berücksichtigten Stoffe vorgestellt:[42]

Kriterium 1: Umweltrechtliche/-politische Anforderungen

- Ziel: Einhaltung der bestehenden Umweltgesetze und vorbeugende Abwehr staatlichen Handlungszwanges.
- Informationsquellen: Angaben in Sicherheitsdatenblättern, MAK-Werte, TRK-Werte, VbF-Klassen, Einteilung nach Gefahrstoffverordnung (R- und S-Sätze), Grenzwerte der TA Luft.
- Einstufung:
  A: Umweltgesetze und Vorschriften werden nicht eingehalten (z. B. Grenzwertüberschreitungen, vorschriftswidrige Verwendung von Stoffen).
  B: Betroffenheit durch voraussehbare Verschärfung von Umweltgesetzen (z. B. Grenzwertänderungen, Anwendungsverbote).
  C: Unproblematischer Einsatz und vorschriftsmäßige Handhabung von Stoffen.

Kriterium 2: Gefährdungs-/Störfallpotential

- Ziel: Vermeidung und Abbau von Risikopotentialen zur Reduzierung von Umweltrisiken und -kosten und Verhinderung von Imageeinbußen.
- Informationsquellen: Angaben in Sicherheitsdatenblättern, MAK-Werte, TRK-Werte, VbF-Klassen, Einteilung nach Gefahrstoffverordnung (R- und S-Sätze).
- Einstufung:
  A: Hohes Gefährdungspotential, hohe Störfallgefahr (z. B. Freisetzen eines großen Luftvolumens giftiger, krebserzeugender und explosibler Stoffe, genehmigungsbedürftige Anlage).
  B: Mittleres Gefährdungspotential, mittlere Störfallgefahr (z. B. Freisetzen eines mittleren Luftvolumens mindergiftiger, brandfördernder Stoffe).
  C: Kein/kaum ökologisches Gefährdungs- und Störfallpotential.

Bei allen für die Schuhcremeproduktion verwendeten Rohstoffen handelt es sich nicht um Einzelstoffe, sondern um komplexe Gemische von Bestandteilen unterschiedlicher Zusammensetzung sowie Zubereitungen. In den ausgewerteten Quellen sind lediglich Eintragungen von Einzelkomponenten der gesuchten Stoffe, nicht aber die verwendeten Rohstoffe selbst aufgeführt. Angaben zu Grenzwerten und Risikopotentialen beziehen sich in allen Fällen lediglich auf einzelne Komponenten der eingesetzten Stoffe, über deren Wirkungen in Verbindung mit anderen Stoffen keine Aussage gemacht werden

---

[42] Vgl. die ausführlichen Bewertungskonzepte in BMU/UBA (1995), S. 130 f; Stahlmann (1994), S. 190 f.

kann, und die daher mit Unsicherheiten behaftet sind. Aus diesem Grund werden bestehende Grenzwerte im folgenden nicht aufgeführt und nach ihrer Höhe beurteilt, sondern finden nur qualitativ Eingang in die Beurteilung.

Als Literaturquellen zur Einschätzung der Umweltrelevanz standen zur Verfügung:

- Technische Regeln für Gefahrstoffe (TRGS); Die TRGS enthalten Werte der Stoffe, bei denen davon auszugehen ist, daß es sich nach der Gefahrstoffverordnung um Technische Richtkonzentrationen (TRK), Maximale Arbeitsplatzkonzentrationen (MAK, beide TRGS 900), um Biologische Arbeitsplatztoleranzwerte (BAT, TRGS 903) oder um krebserzeugende, erbgutverändernde oder fortpflanzungsgefährdende Stoffe (TRGS 905) handelt.
- Unterstellung nach der Verordnung über brennbare Flüssigkeiten (VbF) gemäß den Angaben auf den Sicherheitsdatenblättern.
- Kennzeichnungspflicht gemäß Anhang 1 der Gefahrstoffverordnung; Hinweise auf besondere Gefahren (R-Sätze), Sicherheitsratschläge (in Form von S-Sätzen).

Die folgende Tabelle zeigt die untersuchten Stoffe, deren bekannten Komponenten eine Nennung in den aufgeführten Quellen erfahren:

Tabelle 7. Umweltrechtliche Nennungen der Einsatzstoffe

Stoff	TRGS	VbF	R-Sätze	S-Sätze
Schuhcreme			10	2, 16
Testbenzin	(Ethylbenzol)	A2	10, 51, 53	20, 27, 61
Wachse	(Polyethylen)			
Farbstoff	(Anilin)			
	(Nitrobenzol)		24, 27	
Parfüm		A3	43	24, 37

Für die nachgewiesenen und in den Sicherheitsdatenblättern aufgeführten Komponenten des Testbenzins gelten keine MAK-Werte, diese sind nur bis zum Oktan (C_8) aufgestellt worden. Nur Ethylbenzol findet eine Nennung in der TRGS 900. Für Testbenzin gelten einige R- und S-Sätze.

Für das verwendete Einzelwachs Polyethylen gilt nach der TRGS 900 ein allgemeiner Staubgrenzwert.

Die Inhaltsstoffe des Farbstoffs werden in den TRGS genannt (Anilin: 900, 903, 905; Nitrobenzol: 900).

Für das Parfüm gelten R- und S-Sätze.[43]

Für die mengenbezogene Einordnung der Stoffe nach dem ABC/XYZ-Bewertungsverfahren werden deren prozentualen Gewichtsanteile am Stan-

[43] Auf die Erläuterung der einzelnen R- und S-Sätze wird hier verzichtet.

dardansatz zugrundegelegt. Damit sind alle Kriterien für die Einordnung der betrachteten Stoffe in die ABC/XYZ-Klassifikation vorhanden; sie stellt sich folgendermaßen dar:

ABC / XYZ	hohe ökologische Relevanz **A**	mittlere ökologische Relevanz **B**	geringe ökologische Relevanz **C**
Mengenanteil 10-100%		Schuhcreme Testbenzin	Wachse
Mengenanteil 1-10%		Farbstoff	
Mengenanteil < 1%		Parfüm	

Abb. 14. ABC/XYZ-Klassifikation der alten Schuhcreme

Das Produkt Schuhcreme ist in die Bewertung mit aufgenommen worden, weil die langfristigen Umweltbelastungen durch die Freisetzung des Testbenzins aus der Schuhcreme dieselbe Wirkung besitzen, und daher das zu seiner Herstellung verwendete Testbenzin nicht getrennt von ihm gesehen werden kann. Die Einstufung in die Klasse B rechtfertigt sich vor dem Hintergrund einer sich verschärfenden Umweltgesetzgebung. So wird eine europäische Lösemittelrichtlinie vorbereitet, nach der eine festgelegte Form der Stoffbilanzierung für solche Unternehmen zur Vorschrift werden könnte, die Lösemittel in bestimmten Mengen verarbeiten.[44] Bei einem Störfall im Bereich der Produktion sind keine großen Freisetzungen an Testbenzin und seinen Dämpfen zu erwarten, da jeweils nur mit definierten Mengen umgegangen wird. Allerdings sind Störfälle durch auslaufendes Testbenzin nicht ausgeschlossen.

Die Hilfsstoffe Kleber und Kartonagen sowie der Ausschuß an Metalldosen haben allesamt keine nennenswerten Schädigungspotentiale und sind mengenmäßig bezogen auf den Standardansatz auch nur von untergeordneter Bedeutung (< 1%). Auf ihre Darstellung wurde aus Gründen der Übersichtlichkeit verzichtet.

---

44 Zum „Solvent Management Plan" der EG und der geplanten Lösemittelbilanzierung siehe BMU/UBA (Hrsg.) (1995), S. 257f.

2.5.2 Umweltkennzahlen

Kennzahlen eignen sich zur fortlaufenden Kontrolle der gesetzten Zielvorgaben, da sie den zuständigen Mitarbeitern die Möglichkeit einer schnellen Einsichtnahme in die betrieblichen Produktionsbedingungen erlauben. Allerdings werden sie erst durch die regelmäßige Fortschreibung und Weiterentwicklung zu einem effektiven Instrument im Sinne des Umweltschutzes.[45] Beim Aufbau eines Kennzahlensystems soll der praktische Nutzen, den diese Form der Informationsdarstellung für den Betrieb hat, das Hauptkriterium für die jeweils gewählten Kennzahlen sein. Durch eine möglichst einfache Ermittlung der den Kennzahlen zugrundeliegenden Daten wird auch die Einführung des Kennzahlensystems erleichtert.

Vor dem Hintergrund der Ablösung des alten Herstellungsverfahrens durch ein neues bietet sich für den alten Bereich der Schuhcremeherstellung eher die Ausarbeitung solcher Kennzahlen an, die einen Verfahrensvergleich unter Umweltgesichtspunkten zulassen.

Im folgenden werden Kennzahlen und Umweltkennzahlen für die wichtigsten Aspekte und Energieträger der Schuhcremeproduktion vorgestellt. Sie sind aus Gründen der Übersichtlichkeit fortlaufend numeriert und bezogen auf die Produktion, den Ausschuß und den Abfall (Nummern 1–7), die Energieträger (8–10) und auf das Ausmaß der Luftverunreinigung durch Testbenzin-Dämpfe (11–13).

2.5.2.1 Produktionsbezogene Kennzahlen

Die produktionsbezogenen Kennzahlen bilden die aus der Herstellung resultierenden Ströme von verarbeiteten Materialien ab, die nicht aus den Energieträgern, sondern aus den jeweils eingesetzten Rohstoffen resultieren.

Sie sind nach Produktionsstufen geordnet aufgeführt:

Wachsschupperei:

In diesem Bereich ist kein veränderlicher Produktionsausschuß und auch kein Materialrücklauf vorhanden, deswegen wird hier auf die Bildung einer Kennzahl verzichtet.

Schuhcremeherstellung:

Hier kann der Anteil an denjenigen Rücklaufmassen bestimmt werden, die nicht aus der erstellten Produktionslinie, sondern über eine andere in den hergestellten Ansatz gelangen und damit aus einem „open loop" stammen. Diese Kennzahl sollte dann ermittelt werden, wenn die Art der eingebrachten Massen eine negative Veränderung der Produktqualität zur Folge haben kann. So wird der Anteil am Rework, das aus Gründen der Einmischung

---

[45] BMU/UBA (Hrsg.) (1997), S. 4f.

schlecht zu verarbeitender Massen zusätzlich anfällt, klein gehalten. Die Kennzahl lautet:

$$\text{Reworkanteil [\%]} = \frac{\text{Einsatzmenge Rework (nicht Schwarz)}}{\text{Produktionsmenge}} \tag{1}$$

Ein Vergleich der eingebrachten Reworkmengen mit den resultierenden Ausschußmengen an Dosenunterteilen kann einen Zusammenhang zwischen der Herstellung und der Abfüllung aufzeigen. Hier ist eine gemeinsame Betrachtung der Herstellung und der Abfüllung notwendig.

Der Reworkanteil an „Schwarzfremden" Rücklaufmassen kann bis zu 32 % betragen, wie den Chemie-Aufträgen der letzten Monate entnommen werden konnte. Der langfristige Mittelwert beträgt unter 5 %.

Der Anteil an Testbenzin als Spülöl, das zu Reinigungszwecken benutzt wird, sollte klein gehalten werden, um die Umweltbeeinflussung durch die Verdunstung des Lösemittels zu verringern. Auf eine Verringerung der Kennzahl zum Spülöleinsatz ist daher durch Optimierungen in diesem Bereich hinzuwirken. Die Kennzahl lautet:

$$\text{Spülölanteil [\%]} = \frac{\text{Einsatzmenge Spülöl}}{\text{Produktionsmenge}} \tag{2}$$

Ihre Erhebung bietet sich für jeden Arbeitstag an, da jeder Produktionstag mit den Reinigungsvorgängen abgeschlossen wird. Die an einigen Produktionstagen durch Abwiegen erhobenen Spülölanteile und die hergestellten Mengen Schuhcreme sind in der folgenden Tabelle aufgeführt:

Tabelle 8. Spülölanteile der Schuhcremeproduktion

Datum	Tagesproduktion (kg)	Spülöl (kg)	Anteil (%)
7.5.1997	4422	320	7,2
12.5.1997	3980	127	3,2
18.6.1997	3421	233	6,8
19.6.1997	2197	218	9,9
Mittelwert:			6,8

Abfüllung:

Hier werden die anfallenden Mengen an Ausschuß in Form von verfüllten Dosen, Dosendeckeln und Kartonagen bereits an jedem Arbeitstag erfaßt. Die Produktionskennzahlen lauten:

$$\text{Dosenausschußanteil [\%]} = \frac{\text{Ausschußmenge}}{\text{Produktionsmenge}} \tag{3}$$

$$\text{Dosenausschußanteil [\%]} = \frac{\text{Ausschußmenge}}{\text{Produktionsmenge}} \tag{4}$$

$$\text{Kartonagenausschußanteil [\%]} = \frac{\text{Ausschußmenge}}{\text{Produktionsmenge}} \tag{5}$$

Der mittlere Ausschußanteil an verfüllten Dosen liegt bei 3,2 %, der an Deckeln bei 1,7 % und der an Kartonagen bei 2,8 %.

Eine produktionsbezogene Kennzahl, die eine Beziehung zwischen den Produktionsstufen Schuhcremeherstellung und -abfüllung über den Ausschuß herstellt, lautet:

$$\text{Produktionsquote [Stück/kg]} = \frac{\text{Anzahl verpackter Kartons}}{\text{Hergestellte Masse}} \tag{6}$$

Bei geringen Störeinflüssen und dementsprechend weniger Ausschuß in beiden Stufen wird die Produktionsquote um so höher.

Die aus dem Ausschuß resultierende Abfallmenge, die im wesentlichen Metallschrott darstellt, kann anhand der Gesamtzahl an anfallenden Dosenunterteile, die zum Auskochen in den Herstellungsprozeß zurückgeführt werden, und den unbrauchbaren Dosendeckeln ermittelt werden. Hieraus errechnet sich die Kennzahl zum spezifischen Abfallaufkommen:

$$\text{Spezifisches Abfallaufkommen [\%]} = \frac{\text{Metallschrott}}{\text{Produktmenge}} \tag{7}$$

Die Angabe erfolgt hier in Prozent, weil die produzierten Mengen sowie der Ausschuß routinemäßig schon als Stückzahlen erfaßt werden. Bei einer Umrechnung in eine Gewichtseinheit wären durchschnittlich 16,6 g für das Unterteil und 14,1 g für den Deckel zugrundezulegen.

2.5.2.2 Kennzahlen der Energieträger

Kennzahlen, die sich auf den Verbrauch an Energieträgern beziehen, sind in besonderem Maße zum Aufzeigen von Einsparpotentialen geeignet. Das Ziel besteht in einer Verringerung des Inputs bei definiertem Output. Allerdings sind Optimierungen hier weniger durch kurzfristige Änderungen der Produktionsweise zu realisieren, sondern eher durch finanzielle Investitionen in Energiespartechniken oder neue Verfahrensweisen. Daher bieten sich energiebezogene Kennzahlen aber gleichzeitig besonders für einen Anlagenvergleich an.

Für den Bereich der alten Anlage können Kennzahlen der Energieträger überall dort schnell ermittelt werden, wo schon Ablesemöglichkeiten des jeweiligen Verbrauches gegeben sind.

Wachsschupperei:

Im Vergleich zu den anderen Stufen ist die Herstellung der Wachsschuppen unter Umweltgesichtspunkten weniger relevant. Sie hat auch in bezug auf den Vergleich zwischen alter und neuer Produktionsweise keine Bedeutung, da sie nach derzeitigem Kenntnisstand unverändert beibehalten werden soll. Allerdings erfolgt allein auf dieser Stufe ein nennenswerter Wasserverbrauch, weswegen sich die Bildung einer diesbezüglichen Kennzahl anbietet:

$$\text{Wassereinsatzquote [m}^3\text{/Ansatz]} = \frac{\text{Wasserverbrauch}}{\text{Ansatz Wachsschuppe}} \tag{8}$$

Der Wasserverbrauch in Kubikmetern wird zweckmäßigerweise auf einen Ansatz von 720 kg bezogen, damit die Kennzahl „Wassereinsatzquote" schnell gebildet werden kann.

Schuhcremeherstellung und Abfüllung:

Die Möglichkeit von Verbrauchsablesungen existiert für beide Bereiche nur für die elektrische Energie. Allerdings sind diese Werte aufgrund der Tatsache, daß noch andere Verbraucher an den Stromzählern angeschlossen sind, in ihrer Aussagekraft eingeschränkt. Die Möglichkeit der Hinterfragung außergewöhnlich hoher Werte besteht dennoch, so daß energiebezogene Kennzahlen für beide Bereiche gebildet werden können:

$$\text{Spezifischer Stromverbrauch [kWh]} = \frac{\text{Stromverbrauch}}{\text{Produkteinheit}} \tag{9}$$

Als Produkteinheiten bieten sich die in den Produktionsaufträgen eingetragenen Stückzahlen an.

Durch die Verwendung mehrerer Energieträger läßt sich der jeweilige Energieträgeranteil am Gesamtverbrauch ermitteln:

$$\text{Energieträgeranteil [\%]} = \frac{\text{Verbrauch pro Energieträger}}{\text{Gesamtenergieverbrauch}} \tag{10}$$

Die Energieträgeranteile können auf die Herstellung eines Ansatzes des jeweiligen Produktes oder auf die Herstellung des vorgestellten Standardansatzes bezogen sein. Diesbezüglich ermittelte Zahlenangaben können den Energiebilanzen der einzelnen Stufen sowie der Gesamtbilanz der Schuhcreme-Produktionslinie entnommen werden.

2.5.2.3 Prozeßbezogene Umweltkennzahlen

Prozeßbezogene Umweltkennzahlen ermöglichen den Vergleich der unterschiedlichen Anlagen unter den betrachteten Umweltgesichtspunkten. Hierzu eignen sich nur solche Kennzahlen, deren Verbrauchs- und Produktionsmengen normiert, also auf einen Standardansatz der durchschnittlichen Produktion bezogen sind. Dieser wurde bereits vorgestellt, alle ermittelten Zahlen lassen sich der Abbildung „Stoff- und Energiebilanz der Schuhcreme-Produktionslinie" entnehmen und können als prozeßbezogene Kennzahlen verstanden werden.

2.5.2.4 Umweltkennzahlen zur Lösemittelemission

Dem Ausstoß von Luftschadstoffen kommt wegen seiner Umweltrelevanz und den vielfältigen Auswirkungen (gesundheitliche Beeinträchtigungen, Treibhauseffekt etc.) eine große Bedeutung zu.

Umweltkennzahlen zu Emissionen können nicht wie solche der Produktion schnell ermittelt, sondern müssen aufwendig berechnet werden. Im Hinblick auf den Verfahrensvergleich zwischen der alten und der neuen Produktionsstätte ist eine diesbezügliche Aussage mittels einer Umweltkennzahl aber von großer Bedeutung; sie wird in Form einer absoluten Zahl angegeben:

$$\text{Lösemittelfracht pro Tag [kg]} \tag{11}$$

Für den Bereich der alten Anlage wurde die Lösemittelemission eines durchschnittlichen Produktionstages mit 17,3 kg berechnet.

Bezogen auf den gewählten Standardansatz beträgt die tägliche Testbenzinemission 1,2 kg. Die Umweltkennzahl lautet:

$$\text{Lösemittelemission pro Standardansatz [kg] oder [\%]} \tag{12}$$

Für das untersuchte Herstellungsverfahren kann schließlich eine quantitative Aussage zur Lösemittelemission, bezogen auf eine Dose Schuhcreme getroffen werden:

$$\text{Emissionsquote} = \frac{\text{Ermittelte Schadstoffmenge}}{\text{Produkteinheit}} \tag{13}$$

Diese Umweltkennzahl beträgt für den Standardansatz 0,3 g pro Dose.

3 Systemanalyse einer neuen Schuhcreme-Produktionslinie

Im folgenden wird das neuentwickelte Produktionsverfahren zur Herstellung einer Lösemittelfreien Dosenschuhcreme vorgestellt. Die Anlage wird ebenfalls im Werk Mainz betrieben, allerdings wird mit ihrer endgültigen Fertigstellung und der Aufnahme einer kontinuierlichen Produktion erst nach Ablauf des für diese Untersuchung gesetzten Zeitrahmens gerechnet.

Neben der Anlagenkonzeption wird auch die Rezeptur der Schuhcreme verändert. Es wird davon ausgegangen, daß der Gebrauchswert dieser neuen Schuhcreme im Vergleich zu demjenigen der im vorangegangenen Kapitel untersuchten Schuhcreme als gleichwertig einzuschätzen ist.

Ein Vergleich der beiden Anlagen wird insofern vorgenommen, als daß die Einsatzstoffe und der Energieverbrauch der verschiedenen Produktionsstufen der beiden Linien gegenübergestellt werden.

3.1 Einführung eines neuen Produktionsverfahrens

Vor Beginn jeder Investition in neue Produktionsanlagen und verbesserte Anlagenkonzeptionen muß deren Notwendigkeit und Ausgestaltung auch im Hinblick auf eine Reduzierung der vom Herstellungsprozeß ausgehenden Umweltbelastungen geprüft werden. Hieraus resultiert die Möglichkeit, den zur Schonung der gegebenen Ressourcen und zum Erhalt der vorhandenen Lebensgrundlagen als unverzichtbar anzusehenden Umweltschutz näher zum eigentlichen Herstellungsprozeß hin zu führen und in das Produktionsverfahren zu integrieren. Diesem Aspekt wurde bei der Anlagenneuplanung besonderes Gewicht beigemessen.

Ein weiterer wichtiger Ansatzpunkt bei der Realisierung einer umweltfreundlicheren industriellen Produktion geht vom hergestellten Produkt selbst aus. Beim Verzicht auf umweltgefährdende Inhaltsstoffe, in diesem Falle des in der Schuhcremeproduktion seit Jahrzehnten eingesetzten organischen Lösemittels, kommt eine verantwortungsvolle Unternehmensphilosophie zum Tragen. Dieses ist vor dem Hintergrund der Unsicherheit, die über die mit dem neuen Produkt zu erzielende Verbraucherakzeptanz herrscht, um so positiver zu bewerten.

Die Anforderungen an die operative Führung verfahrenstechnischer Betriebe steigen. Vor dem Hintergrund der notwendigen Prozeßsicherheit bedingt durch Umwelt- und arbeitssicherheitstechnische Anforderungen müssen optimierte Produktionsabläufe geschaffen werden. Weitere beachtenswerte Aspekte sind die geforderte zunehmende Flexibilität in der Produktion, optimierte Effektivität in der Rohstoffnutzung, verkürzte Produktdurchlaufzeiten, wachsende Anforderungen der Qualitätssicherung sowie regelmäßig durchzuführende Instandhaltungsmaßnahmen.

Auf der Seite der Automatisierungseinrichtungen hat daher eine Verschmelzung der klassischen Meß-, Steuer- und Regelgeräte zu integrierten Automatisierungssystemen stattgefunden, wie im Kapitel „Verfahrensbeschreibung" exemplarisch beschrieben wird.

Mit einem veränderten Verfahrensablauf werden auch an die eingesetzten Rohstoffe andere Anforderungen gestellt. Die Inhaltsstoffe der neuen Schuhcreme werden im folgenden kurz vorgestellt.

3.2 Beschreibung der Einsatzstoffe

- Wachse

Die in unterschiedlicher Konsistenz (fest, pastös) angefahrenen und vermischten Wachssorten weisen einen niedrigeren Schmelzpunkt als diejenigen der alten Rezeptur auf, woraus eine signifikante Energieersparnis für ihr Aufschmelzen resultiert. Der Gesamtanteil der Wachse an der neuen Schuhcreme wurde dabei noch erhöht, was eine Qualitätssteigerung bedeutet, da ein hoher

Feststoffanteil der Schuhcreme vom Verbraucher als positives Qualitätskriterium angesehen wird.

- Lösemittel

Als Lösemittel wird das unter arbeits- und sicherheitstechnischen Gesichtspunkten als nicht unbedenklich einzuschätzende Testbenzin durch vollentsalztes Wasser ersetzt. Dazu wird Rheinwasser aus betriebseigenen Brunnen gefördert. Zur Aufbereitung wird dem Wasser Mangan und Eisen entzogen. Nach einer anschließenden Voll-entsalzung (Ionenaustauscher, Mischbettpassage) steht es der Produktion zur Verfügung (VE-Wasser).

- Tensid

Um Wachse und Wasser miteinander zu verbinden wird ein nichtionisches Tensid zudosiert, das zudem die Reinigungswirkung der Schuhcreme unterstützt.

- Konservierungsmittel

Die Zugabe einer geringen Menge an Konservierungsstoffen erfolgt, um im Wasser enthaltenen Mikroorganismen entgegenzuwirken, die zum Verderben des Produktes führen könnten.

- Parfüm

Die verwendete Parfümöl-Komposition besteht aus einer Vielzahl von Einzelsubstanzen, deren gefährliche Inhaltsstoffe laut Sicherheitsdatenblatt jeweils weniger als 5% am Gesamtanteil darstellen. Da der Parfümanteil an einem Ansatz zudem gering ist, wird nicht weiter auf ihn eingegangen.

- Farbstoff

Der schwarze Farbstoffes ist eine bindemittelfreie nichtionogene wäßrige Pigmentdispersion.

- Verpackung

Die Ausgestaltung der Dose wird noch diskutiert. Aufgrund des nun wasserhaltigen Produktes kommt die Verwendung der traditionsreichen Blechdose allerdings nicht mehr in Betracht, da keine adäquate Beschichtung einen restlosen und dauerhaften Schutz vor Rostbildung bietet. Aus diesem Grunde wird der Einsatz einer Plastikdose erwogen, auf die der Deckel mittels Schraubverschluß gedreht wird.

3.3 Grundlagen zur Datenerfassung an der neuen Anlage

Die Aufnahme relevanter Betriebsdaten beschränkt sich auf den Zeitpunkt bis kurz vor Fertigstellung der neuen Anlage. Aufgrund der nicht gegebenen Möglichkeit zur Ermittlung von Stoff- und Energieströmen unter Produktionsbedingungen muß sich die Angabe der Energiebilanzdaten auf die Nennleistungen der eingesetzten Aggregate beschränken. Die tatsächlichen Leistungsaufnahmen können mit etwa 70% der Nennleistungen angenommen werden.

Stoffbilanzdaten zur Umrechnung von Verauchsmengen an Energieträgern zur Herstellung eines Standardansatzes werden nur als Plandaten berücksichtigt, die sich an Größen der Anlagenauslegung orientieren. Ausschußmengen können nicht angegeben werden.

Der Energieverbrauch erfaßt die Gesamtanlage ohne die noch nicht vollständig montierten Anlagenteile der Ablufterfassung und der Dosenförderung.

3.4 Verfahrensbeschreibung

3.4.1 Prozeßleittechnik

Die Forderung der chemischen Industrie nach sicherer Beherrschung der Herstellprozesse hat eine wachsende Automatisierung der Produktionsanlagen zur Folge. Verschiedene Chemieprodukte sollen stets in gleicher Qualität wirtschaftlich und umweltgerecht hergestellt werden. Ferner zwingt der Übergang von Chargen- zu kontinuierlichen Produktionsprozessen zu kürzeren Zykluszeiten der Informationsbeschaffung und -übertragung und zur direkten Kopplung von Dosierung und Prozeßsteuerung.

Um den Anforderungen an Qualität und Reproduzierbarkeit der Produkte gerecht zu werden und um ein hohes Maß an Sicherheit für Personen und Umwelt zu gewährleisten, wird bei der Planung neuer Anlagen eine dem jeweiligen Anwendungsfall angepaßte Prozeßleittechnik eingesetzt. Diese liefert den nötigen Informationsfluß für das Prozeßgeschehen und lenkt die benötigten Material- und Energieströme dahingehend, daß der Prozeß in definierten Zuständen gefahren werden kann. Einrichtungen zur Energieversorgung sind ebenso Bestandteil der Prozeßleittechnik wie melde-, warn- und sicherheitstechnische Einrichtungen mit Mitteln der Meß-, Steuerungs- und Regelungstechnik. Wichtige Steuerungsfunktionen für eine sichere Prozeßführung sind beispielsweise Sicherheits- und Not-Aus-Verriegelungen und die Überwachung von Ventilen und Antrieben.

Das eingesetzte Prozeßleitsystem unterstützt die Betriebsleitung bei der Führung der Anlage und bei der Steuerung und Überwachung des Produktionsprozesses, indem es jederzeit abrufbare Informationen über den Anlagenzustand gewährt und Eingriffsmöglichkeiten in den Prozeß bietet.

Das Prozeßwissen besteht im wesentlichen aus der Gewinnung, der Ordnung und der Ablage von Informationen. Folgende Funktionen werden dazu vom integrierten dezentralen Produktionssteuerungssystem (Yokogawa Centum CS) erfüllt:

- Automatisierte Prozeßführung mit den Vorgaben der Führungsfunktionen (Rezepturen als Herstellvorschriften);

- Sicherungsfunktionen, die unabhängig von diesen Vorgaben wirken und in den Prozeß eingreifen (Sicherheitsverriegelungen);
- Bildschirmgestützte Visualisierungsfunktionen, die den Operator über den Anlagen- und Prozeßzustand in konzentrierter und übersichtlicher Form informieren (Mensch-Maschine-Schnittstelle, z. B. als Handlungsanweisungen über Schrittketten, denen der Bediener interaktiv folgt);
- Melde- und Alarmfunktionen, die das Eintreten bestimmter Ereignisse in optischer und akustischer Weise anzeigen; eine Fehleranzeige auf der Bedienertastatur führt ihn anschließend über den Bildschirm zur Korrekturmöglichkeit hin;
- Protokollierungs- und Auswertefunktionen, die gewünschte Daten auslesen, auswerten und ausgeben können;
- Archivierungsfunktionen, die eingetretene Ereignisse, Meßwerte, Zustandsverläufe und auch erfolgte Bedienereingriffe nachvollziehbar machen (z. B. Alarmlisten- und Bedienereingriffsarchiv);
- Einfache Ausbau- und Optimierungsmöglichkeiten im Hinblick auf geänderte Rezepturen.

Aus der kontinuierlichen Verfahrensweise der Schuhcremeherstellung resultieren neben steuerungstechnischen Änderungen auch notwendige verfahrenstechnische Verbesserungen gegenüber der alten Konzeption:

- Die Zugabe der Inhaltsstoffe erfolgt aus beweglichen und austauschbaren Dosierstationen heraus, um die notwendige Flexibilität während der laufenden Produktion zu erzielen.
- Alle produktdurchlaufenen Rohrleitungen und Behälter sind beheizbar und in doppelwandigem Edelstahl ausgeführt, um optimale Verarbeitungsbedingungen für die temperaturempfindlichen Rohstoffe und Produkte gewährleisten zu können.
- Durch eine verbesserte durchfluß- und meßwertgesteuerte Dosierung und Mischung der Komponenten entfällt der Anfall von Ausschußmengen und damit die Notwendigkeit einer aufwendigen Behandlung von Reworkmassen weitgehend, wie sie bei der alten Anlage notwendig sind.
- Die Erfassung der anfallenden Abluft erfolgt im Gegensatz zu der herkömmlichen Weise bereits in den Behältern, so daß selbst bei eventuellem Einsatz flüchtiger Inhaltsstoffe keine Freisetzung von Gasen in den zu schützenden Arbeitsbereich erfolgen kann.
- Die kompakte Bauweise und Anordnung aller technischen Einrichtungen auf engem Raum unterstützt durch ihre Übersichtlichkeit die Forderung nach schnellen Kontroll- und Eingriffsmöglichkeiten während der Produktion. Der innerbetriebliche Transport wird überflüssig.

Für die folgende Verfahrensbeschreibung und die anschließende Bilanzierung wird die Einteilung der Gesamtanlage in drei Verfahrensstufen, wie sie bei der alten Anlage durchgeführt wurde, beibehalten.

Die Anlagenbeschreibung und Preisgabe von Betriebsbedingungen wird aus berechtigtem Interesse der Firma Werner & Mertz, die als erste ein derartiges Herstellverfahren für Schuhcreme realisiert, bewußt knapp gehalten. Die Darstellung der Energiebilanzdaten, soweit sie ermittelbar waren, findet sich in tabellarischer Form im Kapitel „Gesamtbilanz".

3.4.2 Stufe 1: Aufschmelzen der festen Wachsrohstoffe

Das Aufschmelzen der festen Wachskomponenten geschieht durch die bewährte Technik: Eine pneumatische Saugförderanlage fördert die Einzelwachse aus einem Aufgabetrichter über einen Flachgurtförderer in den dampfbeheizten Wachsschmelzer. Die hierin verflüssigten Wachse fließen in einen Vorlagebehälter, in dem ein wandgängiges Ankerrührwerk für die benötigte Homogenisierung der Komponenten sorgt. Durch diesen Verfahrensschritt entfällt das bisher notwendige Abkühlen und Abfüllen der aufgeschmolzenen Wachse.

3.4.3 Stufe 2: Schuhcremeherstellung

Die Funktion der Herstellbehälter wird durch eine kontinuierlich durchströmte Mischstrecke ersetzt, in der sich die Hauptkomponenten Wachse und Wasser optimal kolloid vermischen und in der die weiteren Inhaltsstoffe (Tensid, Konservierungsstoff, Parfüm) zudosiert werden. In dieser Mischstrecke befinden sich spezielle Einbauten, mit denen dieser Mischungsvorgang erzielt wird.

Die Zugabe des Farbstoffes erfolgt als letzter Schritt in einer weiteren Mischstrecke, da die Grundmasse ohne Farbstoff bis dahin für alle Dosenschuhcremes identisch ist.

Vor dem Einlauf in den Gießkessel ist eine Einschleusungsmöglichkeit für Reworkmassen vorgesehen, die ebenfalls aus flexiblen Behältern zudosiert werden können. Die Ausschleusung eventuell anfallender mangelhafter Masse geschieht nach dem Gießkessel.

3.4.4 Stufe 3: Schuhcremeabfüllung

Der prinzipielle Verfahrensablauf der Dosenabfüllung wurde nicht verändert, allerdings mußten einige Verbesserungen bezüglich der Beheizung der Leitung zwischen Gießkessel und Gießbalken sowie am Gießbalken selbst vorgenommen werden. Der Kühltunnel ist den Erfordernissen der erweiterten Produktionskapazität entsprechend vergrößert worden.

3.5 Gesamtbilanz der drei Produktionsstufen

Der Energieverbrauch wurde für Teile der Stufen 1 und 2 gemeinsam ermittelt, da manche Leistungen der die Hilfsenergien erzeugenden Anlagenteile (Dampf, Heißwasser, Warmwasser) nicht einer der Stufen „Wachsherstellung“ und „Schuhcreme-Produktion“ zugeordnet werden können. Die Zurechnung erfolgt auf beide Stufen zu gleichen Teilen.

Die Pumpen dieser Einrichtungen zur Energiebereitstellung und -verteilung stellen dadurch, daß es sich um mehrere über Wärmetauscher verbundene Heizkreisläufe handelt, nie ausschließlich die Hilfsenergien für nur eine Produktionsstufe zur Verfügung. Diese Aufteilung in drei verschieden warme Temperaturbereiche ist energetisch günstiger, da hierdurch insgesamt geringere Wärmeverluste zu erwarten sind. Bei ausschließlicher Dampfbeheizung aller Aggregate wären die Verluste und Bereitstellungskosten höher.

Die Verbrauchsangaben für die elektrische Energie der Stufen 1 und 2 beruhen auf Angaben zu den Nennleistungen der Aggregate, die Werte der Stufe 3 wurden durch Messung der momentanen Leistungsaufnahmen ermittelt.

Der Energieverbrauch für die Druckluftbereitstellung konnte vor Produktionsbeginn nicht erfaßt werden; er liegt bedingt durch die automatisierte Steuerung und die dafür notwendige Vielzahl an elektro-pneumatischen Ventilen, die bei elektrischer Ansteuerung bestimmte Luftmengen freigeben, voraussichtlich höher als bei der alten Anlage.

Die zum Schmelzen der festen Wachse benötigte Energie wurde für die Stufe 1 berechnet. Sie liegt bedingt durch den geringeren Anteil hochschmelzender Komponenten niedriger als bei der alten Anlage. Der Dampfverbrauch für die Bereitstellung der Hilfsenergien (Wärmekreisläufe) und zur Beheizung der Rohrleitungen konnte vor Aufnahme der Produktion nicht realistisch abgeschätzt werden, weswegen bisher keine Angaben möglich sind.

Ein Wasserverbrauch, vergleichbar mit dem der alten Anlage, findet durch die Kreislaufführung nicht mehr statt. Ein außerhalb des Gebäudes stehender

Tabelle 9. Gesamtenergiebilanz der neuen Anlage

Bilanzstufen	Elektrische Energie (kWh)	Druckluft (kWh)	Wasserdampf (kWh)	Wasserverbrauch (m^3)
1: Wachsherstellung	6,2	k. A.	7,6	0,3
2: Schuhcremeherstellung	6,9	k. A.	k. A.	0,3
3: Schuhcremeabfüllung	9,6	k.A.	–	–
Summe:	22,7	k. A.	k. A.	0,6

Kühlturm verrieselt das Wasser des äußeren Kreislaufs, welches das Wasser des inneren Kreislaufes über einen Wärmetauscher kühlt. Der Wasserverlust durch Verdunstung im Kühlturm wird mit 0,3 m^3/h veranschlagt. Kühlwasser wird für das Transportband und den Wachsschmelzer (Stufe 1) und als Kühlmedium der Gleitringdichtungen der Mischeinheit (Stufe 2) benötigt.

Die in Tabelle 9 angegebenen Verbrauchsangaben wurden auf den vorgestellten Standardansatz umgerechnet. Berechnungsgrundlagen sind das durch die bekannte Dichte ermittelte Palettengewicht und die auf Plandaten beruhende Produktionsdauer für den Standardansatz.

4 Anlagenvergleich

Der Vergleich der Schuhcremeproduktion nach konventioneller und neuentwickelter Verfahrensweise kann hinsichtlich produkt- und prozeßbedingten Verbesserungen getrennt werden.

4.1 Vergleich auf Produktebene

Hinsichtlich des hergestellten Produktes wird eine Bewertung nach der ABC/XYZ-Klassifikation, wie sie bereits für die herkömmliche Schuhcreme beschrieben wurde, durchgeführt.

Die folgende Tabelle zeigt die untersuchten Stoffe, deren bekannten Komponenten eine Nennung in den aufgeführten Quellen erfahren:

Tabelle 10. Umweltrechtliche Nennungen der Einsatzstoffe

Stoff	TRGS	VbF	R-Sätze	S-Sätze
Schuhcreme				
VE-Wasser				
Wachse	(Polyethylen)			
	(Fettalkoholethoxylat)		22, 38, 41	24, 37
Tensid			36, 38	
Konservierungsmittel	(Carbendazim)		34, 40, 43	26, 28, 36, 37, 39
Farbstoff				2
Parfüm				

Die Inhaltsstoffe VE-Wasser, Parfüm und Farbstoff erfahren aufgrund ihres chemischen Charakters keine oder nur wenig bedeutsame Nennungen in den ausgewerteten umweltrechtlichen Quellen.

Für eine Wachskomponente gilt ein Staubgrenzwert nach der TRGS 900, für eine andere wurden R- und S-Sätze aufgestellt.

Das Tensid ist außer durch die R- und S-Sätze durch eine hohe Wassergefährdungsklasse (nicht aufgeführt) charakterisiert, weswegen die Einstufung nicht als ökologisch gering erfolgen kann.

Eine hohe ökologische Relevanz geht von einer wichtigen Komponente des Konservierungsmittels aus. Hier begründen eine erbgutverändernde Wirkung (TRGS 905) sowie eine ebenfalls hohe Wassergefährdungsklasse die Einstufung. Für einen weiteren Inhaltsstoff gilt ein MAK-Wert. Der in der Rezeptur eingesetzte Mengenanteil des Konservierungsmittels liegt jedoch deutlich unter 1%.

Zusammen mit den prozentualen Gewichtsanteilen der Einzelstoffe an der Rezeptur stellt sich die Einordnung in die ABC/XYZ-Klassifikation folgendermaßen dar:

ABC / XYZ	hohe ökologische Relevanz A	mittlere ökologische Relevanz B	geringe ökologische Relevanz C
Mengenanteil 10-100%			Schuhcreme Wachse Wasser
Mengenanteil 1-10%		Tensid	Farbstoff
Mengenanteil < 1%	Ks.-mittel		Parfüm

Abb. 15. ABC/XYZ-Klassifikation der neuen Schuhcreme

Im Vergleich mit der Klassifikation für die alte Schuhcremerezeptur (Vgl. Abb. 14) fällt vor allem die aus ökologischer Sicht verbesserte Einstufung des Produktes ins Gewicht. Hier besteht kein mittelfristiger Handlungsbedarf mehr. Die sich allein aufgrund des hohen Mengenanteils der Inhaltsstoffe VE-Wasser und Wachse ergebende Einstufung als ökologisches Problem mit mittelfristigem Handlungsbedarf (mittelgrau hinterlegte Zone) muß bei der objektiv sehr geringen Umweltrelevanz dieser Stoffe als Schwachpunkt der ABC/XYZ-Klassifikation nach diesem Muster angesehen werden.

4.2 Vergleich auf Prozeßebene

Die auf unterschiedliche Art und Weise ermittelten Angaben zum Energieverbrauch wurden auf die zur Produktion eines Standardansatzes (3990 Schuhcremedosen) benötigten Energiemengen umgerechnet. Die Gegenüberstellung der Einsatzmengen an Energieträgern beider Verfahrensweisen stellt sich folgendermaßen dar:

Tabelle 11. Energie- und Wasserverbrauch der Schuhcremeproduktionen

Bilanzstufen	Elektrische Energie (kWh)		Wasserdampf (kWh)		Wasserverbrauch (m^3)		Lösemittelemission (kg)	
	Alt	Neu	Alt	Neu	Alt	Neu	Alt	Neu
1. Wachsherstellung	12,7	6,2	137,1	7,6	14,8	0,3	-	-
2. Schuhcremeherstellung	32,6	6,9	30,3	k.A.	4,3	0,3	0,2	-
3. Schuhcremeabfüllung	8,1	9,6	-	-	-	-	1,0	-
Summe:	53,4	22,7	167,4	k.A.	19,1	0,6	1,2	-

k.A. = keine Angabe möglich, Messung erst bei Produktionsbeginn.

Um eventuell anfallende Ausschußmengen, die bezogen auf die Herstellung eines Standardansatzes eine Steigerung des Energieverbrauches in den Stufen der Schuhcremeherstellung und -abfüllung verursachen, in die Berechnung miteinzubeziehen, muß bis zur Einstellung eines geregelten Produktionsbetriebes gewartet werden. Solange sind zudem keine gesicherten Angaben über den Druckluft- und Wasserdampfverbrauch möglich (k. A.).

Mit der Bildung von Umweltkennzahlen, die sich besonders gut für einen Prozeßvergleich eignen, sollte ebenso bis zur Aufnahme einer kontinuierlichen Produktion gewartet werden. Schwankungen in der Einlaufphase können sonst zu Fehlinterpretationen der Anlagenleistungsfähigkeit führen.

Die Gesamtanlage kommt mit ihren vorstehend beschriebenen anlagentechnischen Verbesserungen dem gesellschaftlich geforderten Idealbild eines produktionsintegrierten Umweltschutzes sehr entgegen. Dem Produkt ist daher bei seiner Markteinführung eine hohe Verbraucherakzeptanz zu wünschen.

5 Literatur

Berninger B (1994) Methodik der betrieblichen Stoffflußanalyse am Beispiel der Lackherstellung, Dissertation Technische Universität Berlin

Bischoff E (1981) Schuhpflegemittel, in: Bartholomé E et al. (Hrsg) (1974–1983): Ullmanns Enzyklopädie der technischen Chemie. Band 1–25, 4. Auflage, Weinheim/Bergstr. 1974–1983, Band 20 (1981), S. 689 ff

Böhler A, Kottmann H (1996) Ökobilanzen: Beurteilung von Bewertungsmethoden, in: Umweltwissenschaften und Schadstoff-Forschung, 8. Jg., Heft 2 (1996), S. 107–112

Bundesministerium für Umwelt, Naturschutz und Reaktorsicherheit/Umweltbundesamt (Hrsg) (1995): Handbuch Umweltcontrolling, München

Bundesministerium für Umwelt, Naturschutz und Reaktorsicherheit/Umweltbundesamt (Hrsg) (1997): Leitfaden Betriebliche Umweltkennzahlen, Bonn, Berlin
Braun JW et al. (1997) Material- und Energiebilanzierung ausgewählter Türklinken aus Aluminium, in: Sietz M, Seuring S (Hrsg) (1997): Ökobilanzierung in der betrieblichen Praxis. Taunusstein 1997, S. 55-87
DIN 51632 (1971) Deutsche Industrie Norm Nr. 51632 Mindestanforderungen an Testbenzine, April 1971, Berlin
Drägerwerk AG (Hrsg) (1997) Dräger-Röhrchen Handbuch: Boden-, Wasser- und Luftuntersuchungen sowie technische Gasanalyse, 11. Auflage, Lübeck
Falbe J, Regitz M (Hrsg) (1989-1992): Römpp Chemie-Lexikon, Band 1-6, 9. Auflage, Stuttgart, New York
Finck E (1967) Wachse, in: Foerst W (Hrsg) (1951-1969): Ullmanns Enzyklopädie der technischen Chemie. Band 1-19, 3. Auflage, München, Berlin, Wien 1951-1969, Band 18 (1967), S. 262ff
Fox M, Whitesell J (1995) Organische Chemie. Heidelberg, Berlin, Oxford
Gmehling J, Schwaitzer U (1984) Berechnung von Expositionen beim Umgang mit lösemittelhaltigen Zubereitungen, Schriftenreihe der Bundesanstalt für Arbeitsschutz, Forschungsbericht 382, Dortmund
Henglein FA (1968) Grundriß der chemischen Technik, Weinheim/Bergstraße
Ivanovszky L (1954, 1960) Wachs-Enzyklopädie. Band 1 (1954), Band 2 (1960), Augsburg
Leitner H (1970) Probleme bei schwarzer Schuhcreme, in: Seifen-Öle-Fette-Wachse, 96. Jg., Heft 1/2, Augsburg 1970, S. 17-21, S. 41-45
Malitschek O (o.J.) Höchst-Wachse: Gewinnung, Eigenschaften, Anwendung, Gersthofen
Raue R (1974) Azinfarbstoffe in: Bartholomé E et al. (Hrsg) (1974) Ullmanns Encyklopädie der technischen Chemie, Band 8, 4. Auflage, Weinheim/Bergstr., S. 222ff
Schlachter A (1987) Schuh, Leder und Schuhzubehör. 2. Auflage Köln
SETAC (Hrsg) (1993) Guidelines for Life Cycle Assessment: A 'Code of Practise'. Pensacola, Brüssel
Sietz M, Sondermann WD (1990) Umwelt-Audit und Umwelthaftung: Anleitung zur Risikominimierung, Vorsorge und Produktqualitätssicherung in der Betriebspraxis. Taunusstein
Stahlmann V (1994) Umweltverantwortliche Unternehmensführung: Aufbau und Nutzen eines Öko-Controlling. München
Weidlich U, Gmehling J (1986) Expositionsabschätzung - Ein Methodenvergleich mit Hinweisen für die praktische Anwendung, in: Schriftenreihe der Bundesanstalt für Arbeitsschutz, Forschungsbericht 488, Dortmund

Umweltprüfung

Erstellung einer Umweltprüfung in Anlehnung an die geplante Neufassung der Verordnung EWG Nr. 1836/93 für nicht gewerbliche Unternehmen in 1998 bei der GELSENWASSER AG

C. Behlert, U. Marquardt, R. Rüdel – GELSENWASSER AG

Abkürzungsverzeichnis

Abb.	Abbildung
Abs.	Absatz
AOX	adsorbierbare organische Halogenwasserstoffe
BD	Betriebsdirektion
BS	Begleitschein
bzw.	beziehungsweise
CO	Kohlenmonoxid
CO_2	Kohlendioxid
dB(A)	Dezibel(A)-Einheit für gewichtete Schallpegel
DN	Nennweite
DSD	Duales System Deutschland
DVGW	Deutscher Verein des Gas- und Wasserfaches e.V.
EG	Europäische Gemeinschaft
EN	Entsorgungsnachweis
EnEG	Energieeinsparungsgesetz
EMAS	Environmental Management and Audit Scheme
EVG	Elektronische Vorschaltgeräte
EWG	Europäische Wirtschaftsgemeinschaft
FCKW	Fluor-Chlor-Kohlenwasserstoffe
FE-Metall	Eisenmetall
FWL	Feuerungswärmeleistung
g	Gramm
Gew.-%	Gewichtsprozent
GW	GELSENWASSER AG
h	Stunde
HDPE	hochdruckfestes Polyethylen
HB	Hochbehälter

IndVO	Indirekteinleiterverordnung
KFZ	Kraftfahrzeug
kg	Kilogramm
kV	Kilovolt
kWh	Kilowattstunde
MAK	Maximale Arbeitsplatzkonzentration
MID	Magnetisch-induktiver Durchflußmesser
MGB	Müllgroßbehälter
Mio.	Millionen
MVA	Megavoltampere
MW	Megawatt
NE-Metall	Nichteisenmetall
NO_X	Stickstoffoxid
Nr.	Nummer
ÖPNV	Öffentlicher Personennahverkehr
PBSM	Pflanzenbehandlungs- und Schädlingsbekämpfungsmittel
PC	Personalcomputer
PCB	Polychlorierte Biphenyle
PE	Polyethylen
PP	Polypropylen
ppm	parts per million
PVC	Polyvinylchlorid
R-Sätze	Hinweise auf besondere Gefahren
RAL	Deutsches Institut für Gütesicherung und Kennzeichnung
SEN	Sammelentsorgungsnachweis
Sidabla	Sicherheitsdatenblatt
SO_2	Schwefeldioxid
t	Tonne
TA-Lärm	Technische Anleitung zum Schutz gegen Lärm
TA-Abfall	Technische Anleitung zur Lagerung, chemisch/physikalischen, biologischen Behandlung, Verbrennung und Ablagerung von besonders überwachungsbedürftigen Abfällen
TA-Luft	Technische Anleitung zur Reinhaltung der Luft
Tab.	Tabelle
TASI	TA-Siedlungsabfall, Technische Anleitung zur Verwertung, Behandlung und sonstigen Entsorgung von Siedlungsabfällen
THM	Trihalogenmethane
TRGS	Technische Regeln für Gefahrstoffe
TÜV	Technischer Überwachungsverein
TVO	inoffizielle Abkürzung für Trinkwasserverordnung

UBA	Umweltbundesamt
UZ	Umweltzeichen
VEN	Vereinfachter Entsorgungsnachweis
V_{ges}	Gesamtvolumen
Vol.	Volumen
WG	Wassergewinnung
z. B.	zum Beispiel
z. Z.	zur Zeit

Abkürzungsverzeichnis Gesetze:

AbfBestV	Abfallbestimmungsverordnung
ArbStättV	Arbeitsstättenverordnung
ASiG	Arbeitssicherheitsgesetz
ASR	Arbeitsstättenrichtlinie
BauO NW	Bauordnung für das Land Nordrhein-Westfalen
BestbüAbfV	Bestimmungsverordnung besonders überwachungsbedürftiger Abfälle
BestüVAbfV	Bestimmungsverordnung überwachungsbedürftiger Abfälle zur Verwertung
BGB	Bürgerliches Gesetzbuch
BImSchG	Bundesimmissionsschutzgesetz
BImSchV	Bundesimmissionsschutzverordnung
ChemG	Chemikaliengesetz
ChemVerbotsV	Chemikalienverbotsverordnung
EAKV	Verordnung zur Einführung des Europäischen Abfall-Kataloges
EMAS	Environmental Management and Audit Scheme
EnEG	Energieeinsparungsgesetz
GefStoffV	Gefahrstoffverordnung
HKWAbfV	Verordnung über die Entsorgung gebrauchter halogenierter Lösemittel
IndVO	Indirekteinleiterverordnung
KrW-/AbfG	Kreislaufwirtschafts- und Abfallgesetz
LabfG NW	Abfallgesetz für das Land Nordrhein-Westfalen
LWG	Landeswassergesetz
NachwV	Nachweisverordnung
RestBestV	Reststoffbestimmungs-Verordnung
StGB	Strafgesetzbuch
StVZO	Straßenverkehrszulassungs-Ordnung
TgV	Transportgenehmigungsverordnung

TrinkwV	Trinkwasserverordnung
UIG	Umweltinformationsgesetz
UmweltHG	Umwelthaftungsgesetz
VAwS	Verordnung über Anlagen zum Lagern, Abfüllen und Umschlagen wassergefährdender Stoffe und über Fachbetriebe
WärmeschutzV	Wärmeschutzverordnung
WHG	Wasserhaushaltsgesetz

Gesetzliche Einheiten:

SI Basiseinheiten (Definition nach DIN 1301)

Basisgröße	Name	Zeichen
Länge	Meter	m
Masse	Kilogramm	kg
Zeit	Sekunde	s
Stromstärke	Ampere	A
Temperatur	Kelvin	K
Stoffmenge	Mol	mol
Lichtstärke	Candela	cd

SI Vorsätze:

Potenz	Name	Zeichen
10^6	Mega	M
10^3	Kilo	k
10^2	Hekto	h
10^{-2}	Zenti	c
10^{-3}	Milli	m
10^{-6}	Mikro	μ

Gesetzliche und nicht gesetzliche Einheiten:

Größe	Einheitenname	Zeichen	Beziehungen
Volumen	Kubikmeter	m^3	
Gewicht	Gramm	g	$1\,g = 10^{-3}\,kg$
Zeitspanne	Minute	min	1 min = 60 s
Frequenz	Hertz	Hz	1 Hz = 1/s
Brennwert	Kalorie	cal	1 cal = 4,1868 J
elektrische Spannung	Volt	V	1 V = 1 W/A

Vorwort zur 1. Umweltprüfung, technischer Teil, bei der GELSENWASSER AG

Die GELSENWASSER AG hat im Rahmen der EG-Öko-Audit Verordnung[1] den Auftrag zur Durchführung einer ersten Umweltprüfung durch die Universität GH Paderborn, Abteilung Höxter, erteilt.

Hier soll exemplarisch der Untersuchungsort, bestehend aus dem Wasserwerk Echthausen und der Betriebsdirektion Unna inklusive des zugehörigen Rohrnetzes, mit dem Ziel der Erfassung der kompletten Wassergewinnung, Wasseraufbereitung, Wasserverteilung sowie der Rohrnetzreparatur und -wartung dokumentiert werden.

Der Bericht umfaßt drei Hauptkapitel. In Kap. 1 (Einleitung) wird der Betrieb der GELSENWASSER AG kurz vorgestellt. Kap. 2 (Öko-Audit) beschreibt die begrifflichen und rechtlichen Grundlagen einer Umweltprüfung nach der EG-Verordnung.

Kap. 3 ist der Bericht über die in der Zeit vom 14.4.97 bis 16.7.97 durchgeführten Untersuchungen. Er gliedert sich nach den Sachbereichen **Abfall- und Reststoffe** (Abschnitt 3.1), **Wasser, Abwasser und Gewässerschutz** (Abschnitt 3.2), **Gefahrstoffe und Arbeitsschutz** (Abschnitt 3.3), **Energie** (Abschnitt 3.4) und **Emissionen** (Abschnitt 3.5).

Jeder dieser Abschnitte führt zunächst in die rechtlichen und technischen Grundlagen ein und dokumentiert dann die Ergebnisse für die Untersuchungsgebiete Echthausen und Unna sowie das zugehörige Rohrnetz. Auf den Ist/Soll-Abgleich folgen jeweils die Vorschläge der durchzuführenden Maßnahmen. Diese werden in Kap. 4 (Zusammenfassung) noch einmal tabellarisch aufgeführt.

Maßnahmen, die mit dem Symbol ☺ gekennzeichnet sind, wurden während des Untersuchungszeitraums bereits vollzogen. In diesem Zusammenhang ist als ein allgemeines Ergebnis festzuhalten, daß die GELSENWASSER AG den Vorgaben und Anforderungen an ein umweltbewußtes Unternehmen schon jetzt weitgehend entspricht.

1 Einleitung

1.1 Betriebsbeschreibung der GELSENWASSER AG

Im Januar 1887 gründeten Industriepioniere des Ruhrgebiets das „Wasserwerk für das nördliche westfälische Kohlenrevier“ mit Sitz zunächst in Castrop und seit 1893 in Gelsenkirchen. 1973 erfolgte die Umbenennung zur GELSEN-

[1] Verordnung (EWG) Nr. 1836/93 des Rates vom 29. Juni über die freiwillige Beteiligung gewerblicher Unternehmen an einem Gemeinschaftssystem für das Umweltmanagement und die Umweltbetriebsprüfung.

WASSER AG. Ebenfalls im Jahr 1973 wurde mit dem Erwerb der Niederrheinischen Gas- und Wasserwerke GmbH (NGW), Duisburg, der Grundstein der GELSENWASSER-Gruppe gelegt. Mit weiteren Beteiligungen an der Gasversorgung Westfalica GmbH (GVW), Bad Oeynhausen, und der Gas- und Wasserversorgung Höxter GmbH zum Jahreswechsel 1977/1978 erfolgte die Umgründung der GELSENWASSER-Tochter Vereinigte Wasserversorgung GmbH in Rheda-Wiedenbrück in die Vereinigte Gas- und Wasserversorgung GmbH (VGW). In den folgenden Jahren kam auch bei der GELSENWASSER AG die Sparte Erdgas durch Aufbau der Versorgung in 13 Kommunen des Münsterlandes hinzu. Neben der traditionellen Wasser- und Energieversorgung gehört der Bereich der Dienstleistungstätigkeiten wie die Abwasserentsorgung, der Tief- und Rohrleitungsbau, die Rohrnetzüberwachung und das Engineering zu den Aufgabenfeldern der GELSENWASSER-Gruppe [1].

Die Betriebsdirektion Unna ist eine dezentrale Verwaltungs- und Betriebseinrichtung der GELSENWASSER AG mit etwa 100 Mitarbeitern und einem angeschlossenen Versorgungsgebiet von 700000 Menschen in den Kreisen Unna und Soest sowie im Märkischen Kreis und im Hochsauerlandkreis. Ein Teil des benötigten Trinkwassers wird im Wasserwerk Echthausen gewonnen, welches seit 1942 besteht.

1.2 Beschreibung des Untersuchungsgebietes

Das Wasserwerk Echthausen befindet sich im Ruhrtal zwischen Arnsberg, Neheim und Wickede am Nordrand des Sauerlandes. Echthausen liegt östlich des Rheinisch-Westfälischen Steinkohlenreviers bei Wickede an der Ruhr, etwa 4 km südlich von Werl. Es befindet sich im Grenzbereich der Ausläufer des Sauerlandes im Süden und der Münsterländer Bucht mit ihrer Randerhebung Haarstrang im Norden, die bei Echthausen durch die Ruhr morphologisch getrennt werden. Unna liegt südlich des Münsterlandes und östlich vom Ballungszentrum Ruhrgebiet. Unna bildet den nördlichen Abschluß des Sauerlandes.

1.3 Geologie Bodenkunde und Hydrogeologie des Untersuchungsgebietes

1.3.1 Geologische Beschreibung des Untersuchungsgebietes

Das Bearbeitungsgebiet (Wasserwerk Echthausen) zwischen Wickede und Neheim liegt am Nordrand des Rheinischen Schiefergebirges. Es enthält die Transgressionsgrenze zwischen dem gefalteten Oberkarbon und der Oberkreide. Im Süden befinden sich die nördlichen Höhenzüge des Sauerlandes, deren anstehendes Gestein aus einer Wechsellagerung von Tonschiefern,

Grauwackeschiefern und Grauwackesandsteinen der Hagener Schichten (flözleeres Oberkarbon) besteht. Die Ablagerungen der Oberkreide (Cenoman und Turon) bilden nördlich des Ruhrtals als südliche Randerhebung der Münsterländer Kreidebucht den Haarstrang, der als mesozoische Pultscholle dem Oberkarbon aufliegt. Der heutige Verlauf des Kreiderandes stellt aber nicht die ursprüngliche Verbreitungsgrenze dar, sondern ist vielmehr der Erosionsrand einer ehemals weiter nach Süden reichenden Ausbreitung. Eine weitere geologische Einheit bildet die dünne pleistozäne Sedimentdecke des Ruhrtals. Es handelt sich hierbei um eiszeitliche Schotterterrassen der Ruhr und Verwitterungslehme, die über dem Oberkarbon liegen.

Die geologische Beschaffenheit am Untersuchungspunkt Betriebsdirektion Unna weicht erheblich von der oben beschriebenen und für das Wasserwerk Echthausen zutreffenden Geologie ab. Die obere Deckschicht besteht hier aus Mutterboden und hat eine Mächtigkeit von ca. 0,50 m. Sie setzt sich aus feinsandigen, humosen Schluffen zusammen [20]. Unter dem Mutterboden folgt bis in eine Tiefe von 1,4–1,6 m ein feinsandiger bis stark feinsandiger, im oberen Bereich schwach humoser, hellbrauner Schluff. Gemäß der Geologischen Karte handelt es sich dabei um Löß bzw. Lößlehm [20]. Unter dem Lößlehm wurde bis ca. 1,80 m unter Gelände ein geringmächtiger, schwach toniger, schwach sandiger, grünlichbrauner Schluff angetroffen (Übergangszone).

Unter der Schluffüberdeckung folgen bis zur Endteufe von 2,80 m die verwitterten Festgesteinsschichten der Oberkreide. Während diese im oberen Bereich bis ca. 2,10 m unter Gelände noch als sandig-steinige, schwach schluffige Verwitterungsschicht vorliegen, nimmt der Anteil an Gesteinsbruchstücken mit zunehmender Teufe rasch zu, während der Schluffanteil abnimmt. Das Festgesteinsmaterial setzt sich hauptsächlich aus grünlich-grauen bis grünlich-braunen Sandmergelsteinen, z.T. auch aus Kalkmergelsteinen, zusammen [20].

1.3.2 Bodenkundliche Beschreibung des Untersuchungsgebietes

Die am weitesten verbreitete Bodenart im Bereich der Wassergewinnung Echthausen unmittelbar im Bereich der Ruhr sind braune, zum Teil vergleyte Auenböden. Die Klasse der Auenböden beinhaltet die aus Sedimenten aufgebauten Böden in den Talauen der Bäche und Flüsse. Sie zeichnen sich durch eine periodische, mehr oder weniger häufige Überflutung und durch einen meist stark schwankenden Grundwasserspiegel aus. Dieser wiederum wird durch die Höhe des Wasserstandes der Ruhr beeinflußt. Auch die Böden jenseits der Eindeichung an Flüssen sind häufig noch weiterhin stark den Einwirkungen des sogenannten Qualmwassers, das sich unter dem Deich hindurchdrückt, ausgesetzt. Die Vorkommen der semiterrestrischen Böden sind allgemein an das Grund-, Quell- oder Überschwemmungswasser gebunden. Die Bodenkarte zeigt aber auch, daß die Auenböden entlang der Ruhr partiell mit Auenrohböden inselartig durchzogen sind. Bei Auenrohböden bestehen die Ablagerungen meist aus Gesteinszerreibsel, welche nicht als M-, sondern als C-Horizonte bezeichnet werden. Die Bodenkarte zeigt weiterhin, daß angrenzend an die Bereiche der Wassergewinnung bzw. an die Ruhrauen Parabraunerden zu finden sind [40]. Parabraunerden sind typische Waldböden, in denen eine Tonverlagerung stattgefunden hat. Stellenweise findet man auch linsenartige Vorkommen von Podsol-Braunerden, die in ihrer Zusammensetzung aus sandigem Lehm bestehen. Podsole sind nährstoffarme, saure Böden mit nur geringer Ertragsleistung [40].

1.3.3 Hydrogeologie des Untersuchungsgebietes

Für die wasserwirtschaftliche Nutzung von wesentlicher Bedeutung ist die über dem Karbon liegende Talfüllung der Ruhr. Es handelt sich hierbei um pleistozäne Schotter der Ruhrniederterrasse. Dieser meist aus sandigen Kiesen bestehende Porengrundwasserleiter besitzt auf Grund seiner recht stark wechselnden Feinkorngehalte eine größere Inhomogenität. Bei den grobkiesigen Anteilen, deren Ausgangsgestein zumeist die in der Umgebung vorkommenden Grauwacke, Tonschiefer und Gangquarze sowie vereinzelt Diabase sind, überwiegen plattig geformte Gerölle. Bei der Sedimentation im Wasser lagerten sich die Gerölle flach ab, während sich dazwischen stärker gerundete, kleinere Partikel legten. Hierdurch kam eine Schichtung innerhalb des Grundwasserleiters zustande, so daß sich durch den Unterschied zwischen horizontaler und vertikaler Wasserdurchlässigkeit eine starke Anisotropie des Leiters ergibt [13].

Da es sich, wie oben erwähnt, bei den Terrassenkiesen der Ruhr um ein sehr inhomogenes Material handelt, welches unter periodisch wechselnden Ablagerungsbedingungen sedimentiert worden ist, weisen diese starke Schwankungen der Durchlässigkeitswerte auf [13].

Im Bereich der BD Unna wurden in den nur lokal vorhandenen schwach tonigen, schwach sandigen Schluffen unter dem Lößlehm bereichsweise Staunässebildungen beobachtet. Die verwitterten Festgesteinsschichten wiesen in allen Bohrungen bis zur Endteufe nur eine sehr geringe Bodenfeuchte auf [20].

In der Karte „Grundwassergleichen in Nordrhein-Westfalen, Blatt Unna" wird für das Untersuchungsgebiet ein Grundwasserstand (aufgenommen nach längerer Trockenheit) von etwa 82 m ü. NN angegeben. Der Grundwasserabstrom erfolgt in nördlicher bis nordnordwestlicher Richtung [20].

1.4 Umweltrelevanz von Geologie, Hydrogeologie und Bodenstruktur

Aufgrund der geschilderten geologischen, hydrogeologischen und bodenkundlichen Situation am Standort lassen sich umweltrelevante Aspekte ableiten, die einige generelle Aussagen über Konsequenzen beim Eintritt von Umweltschadensfällen ermöglichen. Bei den im Untersuchungsgebiet (Echthausen) angetroffenen Böden handelt es sich überwiegend wegen der Ruhrsedimente um Böden hoher Wasserdurchlässigkeit. Der hier vorhandene sogenannte Ruhrschotter besitzt im Mittel einen kf-Wert (Durchlässigkeitsbeiwert) von 10^{-4} m/s. Dieser Ruhrschotter ist mit einer bindigen Deckschicht versehen, die einen kf-Wert von 10^{-7} m/s besitzt und somit verhindert, daß ein eventuell in den Boden eintretender Schadstoff in die grundwasserführenden Schichten eindringen kann und von dort über das Grundwasser weitergeleitet wird [41].

Forschungsarbeit der GELSENWASSER AG im Umweltbereich

Um den ständig wachsenden Anforderungen des Umweltschutzes gerecht zu werden, hat die GELSENWASSER AG im Forschungs- und Entwicklungsbereich im Geschäftsjahr 1996 eine Reihe von Projekten verwirklicht und neu ins Leben gerufen [5].

Verwirklicht wurden:

- Umweltbetriebsprüfung im Wasserwerk Haltern und in der Betriebsdirektion Lüdinghausen,
- Pilotprojekt einer Öko-Bilanz für Natur und Landschaft,
- Flächenentsiegelungen auf GELSENWASSER-Flächen,
- Regenwasserversickerung,
- Kooperation Landwirtschaft/Wasserwirtschaft,
- Forschungsprogramm biologisch abbaubarer Kraft- und Schmierstoffe,
- Erdgasfahrzeuge.

Neue Projekte sind:

- Erweiterung des Öko-Auditprogramms auf das Wasserwerk Echthausen und die BD Unna,
- Gefahrstoffkataster der GELSENWASSER AG,
- Erstellung eines Umwelthandbuchs für alle Standorte,
- Wildkaninchenforschungsprogramm.

2 Öko-Audit

2.1 Begriffliches, Historie

Unter Öko-Audit versteht man die freiwillige Beteiligung gewerblicher Unternehmen an einem Gemeinschaftssystem für das Umweltmanagement. Ziel des Öko-Audits ist eine kontinuierliche Verbesserung der Umweltleistung eines Unternehmens.

Ein Öko-Audit ist ein Umweltspiegel, also eine Momentaufnahme aller umweltrelevanten Tätigkeiten, Verfahrensabläufe und Zustände innerhalb eines Unternehmens und der Abgleich mit den umweltgesetzlichen Soll-Anforderungen [6].

Dies betrifft zum Beispiel:

- den Umgang mit brennbaren und umweltgefährdenden Stoffen,
- Gefahrstoffe am Arbeitsplatz,
- Abfälle, Reststoffe, Abfallwirtschaftskonzepte,
- Haftung für Umweltschäden sowie
- Aufbau einer „gerichtsfesten" Organisation.

Aus unterschiedlichen globalen Strömungen aus Politik, Wirtschaft und ehrenamtlichem Engagement zur Umwelterhaltung und des schonenden Umgangs mit den uns umgebenden Ressourcen, (z.B. Club of Rome „Die Grenzen des Wachstums", 1972, „Die Herausforderung des Wachstums", 1990, 1. Europäisches Naturschutzjahr 1970, Bericht „Unsere gemeinsame Zukunft" der World Commission of Environment and Development unter Leitung der norwegischen Umweltministerin Gro Harlem Brundtland). Allen gemeinsam ist die Untersuchung der drohenden Gefährdung unserer Lebensgrundlagen durch eine Überforderung der Regenerationsfähigkeit der Natur und die steigende Inanspruchnahme der natürlichen Ressourcen unseres Planeten [10]. Im Bereich der Wirtschaft wird von ersten Öko-Audits in den 70er Jahren aus den Vereinigten Staaten berichtet.

Klarer definierte Grundzüge umweltorientierter Unternehmensführung werden in der „Business Charter for Sustainable Development", der ICC in 16 Prinzipien zusammengefaßt und auf der Weltindustrie-Konferenz für Umweltschutz im April 1991 veröffentlicht. Bereits 1991 traten mehr als 600 Firmen des In- und Auslandes dieser Charter bei und erkannten somit diese 16 Prinzipien als Grundlage ihrer künftigen Unternehmenspolitik an.

Darin verpflichten sich die Unterzeichner u. a.:

- Umweltziele in den Katalog vordringlicher Unternehmensziele aufzunehmen und diese gleichzeitig mit anderen Zielen zu verwirklichen.
- Produkte und Dienstleistungen zu entwickeln, die keine übermäßigen Umweltauswirkungen haben, die in bezug auf Energie- und Ressourcenverbrauch effizient sowie recycelbar, wiederverwendbar oder gefahrlos zu lagern bzw. zu entsorgen sind.
- Produktprozesse unter Berücksichtigung einer effizienten Energieversorgung, einer nachhaltigen Nutzung erneuerbarer und nicht erneuerbarer Ressourcen zu entwickeln und zu verwenden [10].

Diese Ideen finden sich im 5. Umweltprogramm der EG von 1991 und in der EG-Öko-Audit Verordnung wieder. Die Öko-Audit-Verordnung ist also eine Entwicklung, die stark von der Wirtschaft beeinflußt, von ihr gewollt wurde und auch von ihr getragen wird. Die Verordnung beruht auf folgenden Prinzipien:

Freiwillige Eigenverantwortung

- Übernahme von Verantwortung für die Umwelt bezüglich Auswirkungen der Produktion und aller Tätigkeiten.

Kontinuierliche Verbesserung der Umweltleistung

- Einhaltung der Gesetze – fortschrittlicher Stand der Technik (bester verfügbarer Stand unter wirtschaftlich vertretbaren Bedingungen).

Kreislaufprinzip

- Bewußter Umgang mit den Ressourcen.

Kooperationsprinzip

- Einbeziehung von interessierten Kreisen.

Öffentlichkeitsprinzip

- Kontinuierliche Bekanntmachung der Umweltleistung.
- Aufbau eines Dialoges.

Selbstregulierung

- Freiwillige Maßnahmen alternativ und ergänzend zum Ordnungsrecht, Deregulierung [10].

Zum Standortbegriff (84)

In der Verordnung (EMAS) ist der Begriff des Standortes („site") zentral und tritt im Gegensatz zu anderen Begriffen sehr häufig auf. Dabei müssen sowohl seine Definition wie die Vorgabe zur konkreten Beschreibung von Standorten in der gesamten Verordnung einheitlich gelten. Für die Anwendung dieses Begriffes sind daher einige Hinweise erforderlich.

Die Verordnung bestimmt den Begriff des Standortes wie folgt: Unter Standort („site") versteht man das gesamte („geographische") Gebiet („all land"), auf dem unter der Verantwortung einer Firma („under the control of a company") in einem bestimmten Areal („at a given location") industrielle Tätigkeit („industrial activity") stattfindet. In diese Tätigkeit ist die Lagerung von Rohstoffen, von Neben- und Zwischen-, End- und Abfallprodukten ebenso eingeschlossen wie die Unterhaltung der (beweglichen und unbeweglichen) Anlagen und der notwendigen Infrastruktur.

Eine gewisse Flexibilität erlaubt diese Definition bei der Interpretation der Schlüsselbegriffe „das gesamte Gebiet", „unter der Verantwortung einer Firma" und „in einem bestimmten Areal". Es wird zur Zeit diskutiert, wie der Standort für die GELSENWASSER AG festzulegen ist.

2.2 Ziele der EG-Öko-Audit-Verordnung

Aus den weiter oben genannten Prinzipien der Öko-Audit-Verordnung können nachfolgende Hauptziele und Grundsätze entwickelt werden.

1. „Die Verhütung, die Verringerung und, soweit möglich, die Beseitigung der Umweltbelastungen insbesondere an ihrem Ursprung auf der Grund-

lage des Verursacherprinzips sowie eine gute Bewirtschaftung von Rohstoffquellen und den Einsatz von sauberen oder saubereren Technologien" (Präambel der Verordnung). Auch Vorsorge- und Vermeidungsprinzip, die vorrangige Grundsätze der Europäischen Umweltpolitik sind, haben die Verordnung geprägt. Die gewerbliche Industrie wird mit der Verordnung aufgefordert, ein wirkungsvolles Konzept zur wirtschaftlichen Stärkung und zum Schutz der Umwelt in der Europäischen Union zu entwickeln [7].
2. Ein weiteres wichtiges Ziel ist die Transparenz des betrieblichen Umweltschutzes in der Öffentlichkeit. Der Zweck der Verordnung ist die kontinuierliche Verbesserung des betrieblichen Umweltschutzes bei den teilnehmenden Unternehmen. Hilfen hierzu können sein: Festlegung und Umsetzung standortbezogener Umweltpolitik, Umweltmanagement und Umweltprogramme, regelmäßige Bewertung der Umweltaktivitäten und -leistungen.

Bei positivem Ablauf aller Verfahrensschritte kann so überprüften Firmen eine Teilnahmeerklärung, die lediglich für die allgemeine Werbung, nicht aber für Produktwerbung eingesetzt werden darf, verliehen werden.

2.3 Stand der Umsetzung der EG-Öko-Audit-Verordnung

Ab Sommer 1995 wurden erste betriebliche Öko-Audit-Prüfungen durchgeführt. Die Festlegungen durch die verschiedenen Firmen wurden von öffentlich bestellten Umweltgutachtern validiert und bei den zuständigen Stellen registriert. Im März 1997 waren in Deutschland 524 Unternehmen registriert, das sind ca. $^{2}/_{3}$ aller Registrierungen in der EU [10]. Die in der Öko-Audit-Verordnung vorgesehene Überprüfung der Umweltgutachter, die nach Art. 12 GG einen Eingriff in die Berufsfreiheit darstellt, und die Beeinträchtigung eines Unternehmers nach Herausnahme aus dem Standortregister, die nach Art. 14 GG ebenfalls eine unzulässige Beeinträchtigung darstellt, machten das im Dezember erlassene Bundesgesetz (Umwelt-Audit-Gesetz) erforderlich. Mit dem neuen Gesetz regelt eine private Akkreditierungs- und Zulassungsgesellschaft die Zulassung der Umweltgutachter. Bis Anfang 1997 waren in Deutschland 140 Umweltgutachter zugelassen. Eine abgeschlossene Umwelt-Betriebsprüfung wird bei den Industrie- und Handelskammern oder bei den Handwerkskammern registriert.

Neben der Öko-Audit-Verordnung werden national und international weitere Umweltmanagementsysteme (Umwelt-Normen) diskutiert:

BS 7750	United Kingdom
IS 310	Irland
UNE 77/801 (2) 94	Spanien
ISO 14001	International

Nationale Umweltmanagementnormen können als mit der Öko-Audit-Verordnung kompatibel erklärt werden. Mit Ausnahme der ISO 14001 ist dies im Februar 1996 geschehen [10]. Die deutlich schwächere Ausstattung der Norm ISO 14001 gegenüber der Verordnung verhindert derzeit die gewünschte Gleichschaltung. Schwachpunkte sind: Der Standort umfaßt alle Tätigkeiten, die Norm nicht. Audithäufigkeit alle 3 Jahre, Norm beliebig; Umweltprüfung ist Bestandteil der Verordnung, Umweltprüfung in der Norm lediglich eine Option für die Unternehmen, die noch kein Managementsystem eingeführt haben; Umwelterklärung und Registrierung der Teilnehmer in Brüssel nur beim Audit. Es kann von daher gesagt werden, daß die Öko-Audit-Verordnung die Norm voll abdeckt und noch weit darüber hinausgeht [10].

2.4 Öko-Audit für die GELSENWASSER AG

Nach der EG-Öko-Audit-Verordnung haben Unternehmen die Möglichkeit, auf freiwilliger Basis ein Umweltmanagementsystem aufzubauen und dafür mit einem EG-Umwelt-Zeichen zu werben. Nach der gültigen Rechtslage beschränkt sich der Anwendungsbereich der EG-Öko-Audit-Verordnung derzeit auf „gewerbliche" Unternehmensbereiche im Sinne der EG-Öko-Audit-Verordnung. Die Bundesregierung ist aber per Gesetz ermächtigt, den Anwendungsbereich auf dem Wege der Verordnung auf nichtgewerbliche Branchen zu erweitern. Hierzu wurde vom Bundesministerium für Umwelt, Naturschutz und Reaktorsicherheit der Referentenentwurf einer Erweiterungsverordnung vorgelegt[2]. Im § 1 in Verbindung mit dem zugehörigen Anhang des Entwurfs der UAG-Erweiterungsverordnung wird der Geltungsbereich u.a. durch die Energieversorgung, Wasserversorgung sowie Abwasserbeseitigung und sonstige Entsorgung gemäß den Abteilungen 40, 41 und 90 des Anhangs zu Artikel 2 Abs. 2 der Verordnung (EWG) Nr. 3037/90[3] erweitert.

Ein wesentlicher Aspekt für die Teilnahme von Wasserversorgungsunternehmen sind die vor Jahrzehnten angelaufenen und seitdem verstärkten Bemühungen der deutschen Wasserwirtschaft, nachteilige Einwirkungen auf das für die Trinkwassergewinnung benötigte Grund- und Oberflächenwasser zu vermindern bzw. zu beseitigen. Dabei wird insbesondere im Agrarbereich und auch bei der Industrie umwelt- und gewässerverträgliches Handeln angemahnt. Diese teilweise massiven Forderungen an das Verhalten anderer können um so glaubwürdiger vertreten werden, wenn die Wasserversorgungswirtschaft als Fordernde mit positivem Beispiel vorangeht und dies auch öffentlich dokumentiert [17].

---

[2] Verordnung nach dem Umweltauditgesetz über die Erweiterung des Gemeinschaftssystems für das Umweltmanagement und die Umweltbetriebsprüfung auf weitere Bereiche (UAG-Erweiterungsverordnung – UAG-ErwV).

[3] Verordnung (EWG) Nr. 1836/93 des Rates vom 29. Juni 1993 über die freiwillige Beteiligung gewerblicher Unternehmen an einem Gemeinschaftssystem für das Umweltmanagement und die Umweltbetriebsprüfung.

Daraus kann gefolgert werden, daß es sich bei den im Wasserwerk Echthausen und der Betriebsdirektion Unna der GELSENWASSER AG durchgeführten Öko-Audits um eine Pilotstudie handelt, die wichtige Praktikabilitäts-Aufschlüsse zur Prüfung verschiedenster Verfahrensschritte im Umweltmanagementsystem eines Dienstleistungsunternehmens liefert und richtungsweisend für andere Unternehmen sein kann.

Die folgende Abbildung zeigt den Regelkreis und die Abläufe beim Umweltmanagement in Anlehnung an den BS 7750:

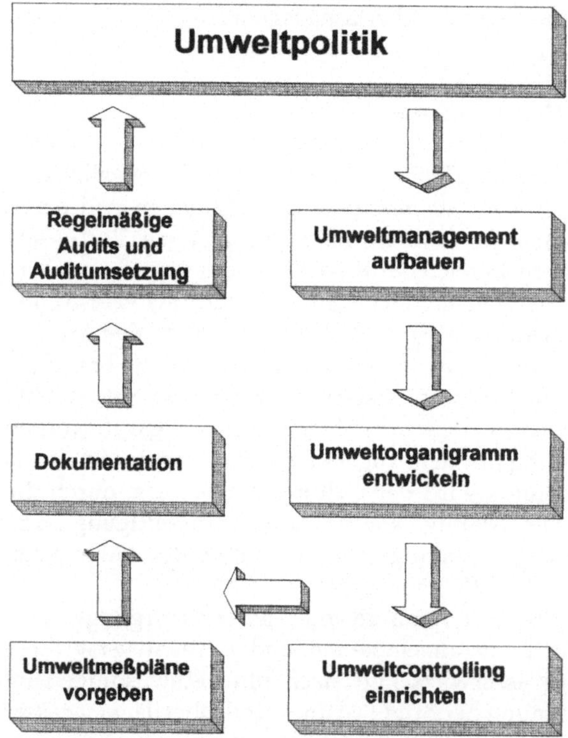

Abb. 1. Umweltbewußtes Management

Strukturierung der einzelnen Prüfschritte:

- Zieldefinition in schriftlicher Form,
- Festlegung des Prüfungsumfanges,
- Organisations- und Vorbereitungsplanung Umweltbetriebsprüfungs-Tätigkeiten, Prüfung des Umweltmanagementsystems und seiner Instrumentarien, Aufnahme des Ist-Zustandes,
- Abgleich des Ist-Zustandes mit geltenden gesetzlichen und betriebsinternen Soll-Vorgaben (Umweltzielen),

- Erstellung eines Prüfberichtes, der Festlegungen, Schlußfolgerungen und Korrekturmaßnahmen in Form eines Maßnahmenkatalogs beinhaltet,
- Fixierung eines neuen Audittermins (maximale Intervalldauer 3 Jahre).

Sind die Voraussetzungen nach Verordnung (EWG) Nr. 1836/93 erfüllt, so könnte die von der GELSENWASSER AG erstellte Umwelterklärung durch einen akkreditierten Gutachter validiert werden. Dieser wichtige Schritt kann erst 1998, nach Inkrafttreten der UAG-Erweiterungsverordnung, erfolgen [64].

3 Erste Umweltprüfung, technischer Teil

3.1 Abfall- und Reststoffe

3.1.1 Einführung in die Abfallgesetzgebung

Die für die Betriebsdirektion Unna und für das Wasserwerk Echthausen wichtigsten Gesetze, Verordnungen und Richtlinien im Bereich Abfallwirtschaft werden nachfolgend kurz erläutert.

Allgemein unterscheidet man:

- EG-Verordnungen; sie bedürfen keiner Umsetzung in nationales Recht, da sie unmittelbar in jedem Mitgliedsstaat gelten [49].
- EG-Richtlinien; sie gelten grundsätzlich nicht unmittelbar, sondern bedürfen zu ihrer Rechtswirksamkeit einer Umsetzung in das nationale Recht der jeweiligen Mitgliedsstaaten.
- Gesetze; sie werden durch vorgeschriebene Gesetzgebungsverfahren von der EG, den Bundes- oder Landesparlamenten erlassen. Dabei gilt, EG-Recht bricht Bundesrecht, Bundesrecht bricht Landesrecht.
- Verordnungen; sie können erlassen werden, wenn eine Ermächtigung dazu im Gesetz festgeschrieben ist. Sie werden daher in zeitlicher Verschiebung zu dem Gesetz erstellt.
- Verwaltungsvorschriften; sie enthalten ebenfalls Detailvorschriften und dienen den Behörden als Hilfe bei der Anwendung von Gesetzen. Sie haben damit für den Außenstehenden indirekte Bedeutung (z. B. TA Siedlungsabfall oder TA Abfall).
- Satzungen; sie werden im Rahmen von Bundes- und Landesgesetzen von den Kommunen erlassen und sind nur für das Gebiet der jeweiligen Kommune gültig (z. B. Abfallsatzung der Stadt Unna).
- Technische Regeln, Richtlinien; sie sind als Empfehlungen zu verstehen, d. h. sie haben in der Regel keinen Gesetzescharakter (z. B. TRGS 519 für den Umgang mit Asbest).

Die Abfallgesetzgebung selbst kann wie folgt gegliedert werden:

- Europäisches Abfallrecht,
- Kreislaufwirtschafts- und Abfallgesetz des Bundes (KrW-/AbfG),

- Verordnungen zum KrW-/AbfG,
- Abfallgesetz für das Land Nordrhein-Westfalen (LAbfG NW),
- Abfallsatzungen der Städte und Kreise (z. B. Abfallsatzung der Stadt Unna).

Für die GELSENWASSER AG bedeutsame Rechtsverordnungen sind die

- Verpackungsverordnung,
- Altöl-Verordnung.

Weiterhin sind Regelungen über folgende Bereiche zu erwarten:

- KFZ,
- Elektronikschrott,
- Batterien,
- Altpapier,
- Bauschutt,

Die Grundlage der Abfallgesetzgebung in Deutschland bildet das am 7.10.1996 in Kraft getretene Kreislaufwirtschafts- und Abfallgesetz. Der Zweck des Gesetzes ist die Förderung der Kreislaufwirtschaft und die Sicherung einer umweltverträglichen Beseitigung von Abfällen.

Nachfolgend sollen die wichtigsten die GELSENWASSER AG betreffenden Paragraphen angesprochen bzw. kurz erläutert werden, auf die später in der Dokumentation Bezug genommen wird.

Kreislaufwirtschafts- und Abfallgesetz

§ 2 KrW-/AbfG (Geltungsbereich)

- Der sachliche Geltungsbereich gegenüber dem Abfallgesetz von 1986 ist erweitert worden. Dabei soll die Idee der Kreislaufwirtschaft in der Rangfolge Vermeidung, Verwertung, Beseitigung umgesetzt werden.

§ 3 KrW-/AbfG (Abfallbegriff)

- Das alte Abfallgesetz galt nur für Abfälle, die beseitigt wurden, und für besonders überwachungsbedürftige Reststoffe zur Verwertung. Wertstoffe bzw. Sekundärrohstoffe wie Altpapier, Altglas, Schrott etc. unterlagen nur dann dem Abfallrecht, wenn sie im Rahmen der öffentlichen Abfallentsorgung erfaßt wurden. Das neue Gesetz will vor allem die Lücke zwischen Sekundärrohstoffen und Abfällen schließen. Auch Produktionsrückstände, die der Verwertung zugeführt werden, sind zukünftig Abfall [49].

Damit in der Kreislaufwirtschaft nicht alles zu Abfall wird, müssen auch der Entledigungswille und die Entledigungspflicht gegeben sein.

Darüber hinaus wird der Begriff des Abfallbesitzers neu definiert. Dies ist in Anlehnung an den bürgerlich-rechtlichen Begriff des Besitzers jede natürliche oder juristische Person, die die tatsächliche Sachherrschaft über den Abfall hat. Infolgedessen sind Entsorgungs- und Recyclingunternehmen, die Abfälle aus welchem Grund auch immer in ihrer tatsächlichen Sachherrschaft haben, immer auch Abfallbesitzer [49].

Erstmals ist auch definiert worden, wer als Abfallerzeuger gilt. Erzeuger ist derjenige, durch dessen Tätigkeit Abfälle angefallen sind. Darüber hinaus ist auch derjenige Erzeuger, der Abfälle vermischt oder behandelt und dadurch die Natur oder Zusammensetzung des Abfalls verändert. Auch die Abfallentsorgung wird definiert. Sie umfaßt sowohl die Verwertung als auch die Beseitigung von Abfällen [49].

§ 4 KrW-/AbfG (Grundsätze der Kreislaufwirtschaft)

- Die Grundsätze zielen darauf ab, die bereits im Abfallgesetz von 1986 verankerte Zielhierarchie „Vermeidung - Verwertung - Beseitigung" zu bekräftigen und ihr im Vergleich zum Abfallgesetz eine weitergehende rechtliche Verbindlichkeit beizumessen. Leitidee der Grundsätze ist, daß möglichst geschlossene Kreisläufe angestrebt werden [49].

Neu im KrW-/AbfG ist die Unterteilung der Abfallverwertung. Das Gesetz unterscheidet nun zwischen der stofflichen und der energetischen Verwertung: Diese Begriffe werden in § 4 Abs. 3 und 4 näher erläutert.

Für die Verwertung gilt folgendes:
- Abfälle zur Verwertung sind möglichst getrennt zu halten und zu behandeln.
- Die Verwertung muß ordnungsgemäß erfolgen.
- Die Verwertung muß schadlos erfolgen.
- Die Pflicht der Verwertung ist nicht uneingeschränkt einzuhalten, sondern nur solange dies technisch und wirtschaftlich zumutbar ist.

§ 6 KrW-/AbfG (Stoffliche und Energetische Verwertung)

- Abfälle können stofflich verwertet oder zur Gewinnung von Energie eingesetzt werden. Damit stehen zunächst die stoffliche und die energetische Verwertung gleichrangig nebeneinander. Vorrang hat allerdings in jedem Fall die umweltverträglichere Verwertungsart [49].

§ 7 KrW-/AbfG (Anforderungen an die Kreislaufwirtschaft)

- Die Bundesregierung erhält Ermächtigungsgrundlagen, durch Rechtsverordnungen zur Sicherung der schadlosen Verwertung bestimmte Rahmenbedingungen zu setzen (z.B. Hinweispflicht, Kennzeichnungspflicht) [49].

§ 9 KrW-/AbfG (Anlagenbetreiber in der Pflicht)

- Alle Anlagenbetreiber, ob sie genehmigungsbedürftige oder nicht genehmigungsbedürftige Anlagen betreiben, müssen bei der Errichtung und beim Betrieb darauf achten, daß Abfälle gemäß den Vorschriften des Bundes-Immissionsschutzgesetzes vermieden, verwertet oder beseitigt werden [49].

§§ 10–12 KrW-/AbfG (Grundsätze, Grundpflichten, Anforderungen)

- Abfälle, die nicht verwertet werden können, sind gemäß § 10 KrW-/AbfG dauerhaft von der Kreislaufwirtschaft auszuschließen und gemeinwohlverträglich zu beseitigen. An die gemeinwohlverträgliche Abfallbeseitigung können im Rahmen von Verwaltungsvorschriften Anforderungen an den Stand der Technik festgeschrieben werden [49].

§ 13 KrW-/AbfG (Überlassungspflichten)

- Umstritten ist, ob Abfallerzeuger und -besitzer grundsätzlich eigenverantwortlich über die Entsorgungswege ihrer Abfälle entscheiden. Eindeutig ist es aber für die Abfallerzeuger und -besitzer aus privaten Haushaltungen. Sie sind verpflichtet, den öffentlich-rechtlichen Entsorgungsträgern die Abfälle zu überlassen (Landkreise und kreisfreie Städte) [49].

§ 16 KrW-/AbfG (Die Beauftragung Dritter)

- Weitreichend sind seit dem 7.10.1996 die Möglichkeiten für eine Privatisierung in der Entsorgungswirtschaft. Dazu gehören die Drittbeauftragung (§ 16 Abs. 1 KrW-/AbfG), die Übertragung von Entsorgungspflichten (§ 16 Abs. 2 KrW-/AbfG) und die Übernahme öffentlich-rechtlicher Entsorgungsaufgaben (§§ 17, 18 KrW-/AbfG). [49].

§§ 17–18 KrW-/AbfG (Wirtschaft kann Aufgaben übernehmen)

- Abfallerzeuger und -besitzer aus gewerblichen und sonstigen wirtschaftlichen Unternehmen sind verpflichtet, selbst für die umweltschonende Beseitigung nicht verwertbarer Abfälle Sorge zu tragen. Sie können freiwillig Verbände bilden, die mit der Erfüllung der Verwertungs- und Beseitigungspflichten beauftragt werden [49].

§§ 19–21 KrW-/AbfG (Konzepte und Bilanzen)

- Erzeuger bestimmter Abfälle müssen bis zum 31.12.99 Abfallwirtschaftskonzepte und Abfallbilanzen erstellen. Betroffen sind Betriebe dann, wenn sie mehr als 2000 kg/a besonders überwachungsbedürftige Abfälle oder mehr als 2000 t/a überwachungsbedürftige Abfälle je Abfallschlüssel produzieren [49].

§§ 22–26 KrW-/AbfG (Produktverantwortung)

- Danach muß jeder, der Erzeugnisse entwickelt, herstellt, be- oder verarbeitet oder vertreibt, sicherstellen, daß sowohl bei der Herstellung als auch beim Gebrauch der Erzeugnisse Abfälle möglichst vermieden werden. Bei fehlender Initiative der betroffenen Wirtschaftszweige besteht für die Bundesregierung die Möglichkeit, Verbote und Beschränkungen auszusprechen [49].

§§ 40–48 KrW-/AbfG (Überwachung durch die zuständige Behörde)

- Die Überwachung der Einhaltung der Pflichten, die im Kreislaufwirtschafts- und Abfallgesetz gefordert werden, unterliegen den zuständigen Abfallwirtschaftsbehörden (je nach Landesrecht: Ministerium, Bezirksregierung oder Landesämter). Die vom Kreislaufwirtschafts- und

Abfallgesetz sowohl für Abfälle zur Beseitigung als auch für Abfälle zur Verwertung vorgesehenen Überwachungsverfahren werden durch die Nachweisverordnung (NachwV) auf der Grundlage des § 48 KrW-/AbfG konkretisiert.

§ 49 KrW-/AbfG (Transportgenehmigung)

- Die Transportgenehmigung der zuständigen Behörde ist als abstrakte Zuverlässigkeits- und Fachkundeprüfung unabhängig vom konkreten Transportvorgang ausgestaltet und gilt bundesweit. Abfälle zur Beseitigung dürfen gewerbsmäßig nur mit einer Genehmigung der zuständigen Behörde eingesammelt oder befördert werden. Ausnahmen gelten für private und öffentlich-rechtliche Entsorgungsträger und die von diesen beauftragten Dritten für bestimmte Abfallarten sowie für geringfügige Abfallmengen bei einer Sammlung oder Beförderung im Rahmen wirtschaftlicher Unternehmen [49].

§§ 54–55 KrW-/AbfG (Bestellung eines Abfallbeauftragten)

- Die Verpflichtung zur Bestellung eines Abfallbeauftragten gilt nicht für jeden Betrieb, der gem. § 4 des BImSchG genehmigungsbedürftig ist, sondern gemäß § 54 Abs. 1 KrW-/AbfG nur dann, sofern dies von der Art oder der Größe der Anlage erforderlich ist wegen:
- der in der Anlage anfallenden verwerteten oder beseitigten Abfälle,
- der technischen Probleme der Vermeidung, Verwertung oder Beseitigung oder
- der Eignung der Produkte oder Erzeugnisse, die bei oder nach bestimmungsgemäßer Verwendung Probleme hinsichtlich der ordnungsgemäßen und schadlosen Verwertung oder umweltverträglichen Beseitigung hervorrufen [49].

Nachweisverordnung

§§ 42–47 KrW-/AbfG regelt die formalisierte Überwachung durch Führung von Nachweisen und Nachweisbüchern sowie die Einbehaltung und Aufbewahrung von Belegen (Nachweisverfahren) [46].

Mit der Nachweisverordnung vom 10. September 1996 werden die Einzelheiten der Nachweisführung geregelt:

- Besonders überwachungsbedürftige Abfälle sind nach § 43 Abs. 1 und § 46 Abs. 1 KrW-/AbfG obligatorisch nachweispflichtig.
- Überwachungsbedürftige Abfälle sind nach § 45 Abs. 1 i.V. mit § 42 fakultativ nachweispflichtig, d.h. auf Anordnung der zuständigen Behörde.
- Nicht überwachungsbedürftige Abfälle zur Verwertung sind nicht nachweispflichtig. Gemäß § 45 Abs. 2 kann die zuständige Behörde einen beschränkten Nachweis anordnen [46].

Inhaltlich kann das Nachweisverfahren in zwei Abschnitte aufgeteilt werden:

- Die Nachweisführung über die Zulässigkeit der vorgesehenen oder beabsichtigten Entsorgung (Vorabkontrolle).
- Die Nachweisführung über die Durchführung der Entsorgung, d.h. über den Verbleib der Abfälle (nachträgliche Verbleibkontrolle).

Sammelentsorgungsnachweis

Zur Erleichterung und Vereinfachung des Verfahrens bei der Entsorgung von Sammelchargen wird die Führung eines Sammelentsorgungsnachweises zugelassen. Er ist vom Sammler/Transporteur zu erstellen [46].

Übergangsregelungen

Vor Inkrafttreten der Verordnung erbrachte Entsorgungsnachweise können bis zum Ablauf ihrer Geltungsdauer als Entsorgungsnachweis fortgelten oder verlängert werden, längstens bis zum 31.12.1998 [49]. Entsprechendes gilt für die Fortführung bereits begonnener Verfahren.

Bis zum 31.12.1998 dürfen die Formulare der Abfall- und Reststoffüberwachungs-Verordnung verwendet werden:

- der Entsorgungs-/Verwertungsnachweis,
- der Abfall-/Reststoffbegleitschein,
- der Sammelentsorgungs-/Verwertungsnachweis,
- der vereinfachte Entsorgungsnachweis,
- der Übernahmeschein.

Abfallwirtschaftskonzepte und Abfallbilanzen werden bei der GELSENWASSER AG seit Änderung des LabfG 1993 und gemäß dessen Forderungen erstellt.

Schließlich sind folgende Verwaltungsvorschriften, Richtlinien und Erlasse von Bedeutung:

- Verordnung des Bundesministers des Innern über Betriebsbeauftragte für Abfall vom 26.10.1977,
- LAGA Empfehlung: PCB-haltige Abfälle,
- LAGA Merkblatt: Entsorgung PCB-haltiger Kleinkondensatoren,
- LAGA Merkblatt: Entsorgung von PCB-verunreinigten Transformatoren mit mineralischer oder synthetischer Kühlflüssigkeit,
- Verwaltungvorschrift zur Umsetzung der EG-Richtlinie zur Verhütung und Verringerung der Umweltverschmutzung durch Asbest,
- LAGA Merkblatt: Entsorgung asbesthaltiger Abfälle vom 24.11.1995.

3.1.2 Dokumentation Wassergewinnung und Wasserwerk Echthausen

Für das Wasserwerk Echthausen wurde im November 1993 ein Abfallwirtschaftskonzept erstellt, welches jährlich durch die Abfallbilanz des Vorjahres ergänzt wird.

Die nachfolgende Tabelle nennt die Abfälle laut Abfallbilanz des Wasserwerkes Echthausen der GELSENWASSER AG (Abfallerzeuger Nr.: E 97401260). Ergänzend zu dieser Tabelle wird jede Abfallart einzeln aufgeführt und erklärt.

Abkürzungsverzeichnis

Abf. Sch. Nr.	Abfallschlüssel Nummer
k.A.	keine Abfuhr
KNE	kein Nachweis erforderlich
SEN	Sammelentsorgungsnachweis
VEN	Vereinfachter Entsorgungsnachweis
ZL	Zentrallager
Schmob	Schadstoffmobil
Rohrü	Rohstoffrückgewinnung

Tabelle 1. Abfälle zur Verwertung im Wasserwerk Echthausen (66)

Abfallart	Abf. Sch. Nr.	Menge 96	Verbleib	Nachweis
Eisenschrott	35103	9,30 t	Rohrü	KNE
Altöl	54112	0,03 m^3	Rohrü	SEN
Grünabfälle	91701	k.A.	Kompost	KNE
Abfisch-, Mäh- und Rechengut	94902	30,00 m^3	Kompost	KNE

Tabelle 2. Abfälle zur Beseitigung im Wasserwerk Echthausen (66)

Abfallart	Abf. Sch. Nr.	Menge 96	Verbleib	Nachweis
Strahlmittel mit schädl. Verunr.	31440	3,6 t	Deponie	SEN
Quecksilber	35326	k.A.	Schmob	SEN
Anorganische Säuren	52102	0,05 kg	Schmob	SEN
Laugen und Laugengemische	52402	0,05 kg	Schmob	SEN
Fett- und ölvers. Betriebsmittel	54209	0,72 m^3	Energetische Verwertung	SEN
Synth. Kühl- und Schmierstoffe	54408	0,5 m^3	Energetische Verwertung	SEN
Sandfang-rückstände	54701	k.A.	k.A.	SEN
Ölabscheider-Inhalt	54702	k.A.	k.A.	SEN
Hausmüllähnlicher Gewerbeabfall	91200	92,00 m^3	Deponie	KNE
Sedimentations-Schlamm	94101	364,85 m^3	Boden-mischbetrieb	SEN
Fäkalien	95101	21,00 m^3	Kläranlanlage	KNE

Abb. 2. Automatischer Rechen vor dem Wasserkraftwerk

Abfisch-, Mäh- und Rechengut

Ist/Soll-Abgleich:

Die regelmäßig um die Jahreswende auflaufenden Hochwässer an der Ruhr hinterlassen auf den Flächen der Wassergewinnungsanlagen und an den Staustufen große Mengen an überwiegend organischem Schwemmgut.

Beim Trockenwetterabfluß staut sich das Treibgut und verbleibt dort längere Zeit. Das sich vor der Ölsperre sammelnde Schwemmgut wird der Ruhr nicht entnommen, Störstoffe werden bei Hochwasser mit der Ruhr weitertransportiert.

Abb. 3. Schwemmgut vor der Ölsperre

Maßnahmen:

- Um dem Umweltgedanken der GELSENWASSER AG gerecht zu werden und zur Verbesserung des optischen Gesamtbildes der Stauanlage sollten Störstoffe am Zulauf des Wehres entfernt werden. Der Arbeitssicherheitsaspekt ist hierbei zu beachten.

Ölabscheiderinhalte

Ist/Soll-Abgleich:

Laut Reinhalteordnung zum WHG darf Grund-, Quell- und Niederschlagswasser ohne vorherige Reinigung (z.B. durch Absetzanlagen, Sandfänge, Ölabscheider) nur eingeleitet werden wenn keine Erkenntnisse vorliegen, daß

Abb. 4. Ölabscheider

es Stoffe enthält, die geeignet sind, das Gewässer schädlich zu verunreinigen oder eine sonstige nachteilige Veränderung seiner Eigenschaften herbeizuführen.

Ölhaltige Abwässer aus den Bereichen Sandwäsche und Werkstatt werden über Leichtflüssigkeitsabscheideranlagen geleitet. Dabei werden leichtflüchtige Kohlenwasserstoffe abgetrennt. Die Trennleistung der Abscheider ist nur durch eine regelmäßige Wartung gegeben.

Maßnahme:

- Die Funktionsfähigkeit der Abscheider ist ständig zu überprüfen. Eventuell sind Wartungsverträge mit Firmen abzuschließen.

Sandstrahlrückstände

Ist/Soll-Abgleich:

Im Wasserwerk Echthausen werden unregelmäßig die Oberflächen von Anlagenteilen mit festen Strahlmitteln behandelt. Solche Anlagen benötigen nach 4. BImSchV § 1 eine Genehmigung, soweit den Umständen nach zu erwarten ist, daß sie länger als während der zwölf Monate, die auf die Inbetriebnahme folgen, an demselben Ort betrieben werden. Die Anlage zur Behandlung von Oberflächen in Echthausen wird aber nur periodisch, über wenige Tage im Jahr, eingesetzt und fällt daher nicht unter den § 1 der 4. BImSchV. Es handelt sich weiterhin um eine mobile Anlage die im Bedarfsfall auch zur Brückenreinigung etc. eingesetzt wird.

Abb. 5. Oberflächenbehandlung eines Rohrleitungstückes

Maßnahmen:

- Aus diesem Ist/Soll-Abgleich resultieren keine Maßnahmen.

Bauschutt

Ist/Soll-Abgleich:

Die GELSENWASSER AG hat bei Bauarbeiten an Gebäuden der Wassergewinnung, z. B. am neuen Chemikaliengebäude, anfallende Abfälle als Bauschutt deklariert und durch die Firma Schreiber auf die Deponie Soest-Berlingsen verbracht. Nach § 4 Abs 1 KrW-/AbfG sind Abfälle in erster Linie zu vermeiden. Die Abfallverwertung hat Vorrang vor der sonstigen Entsorgung.

Maßnahmen:

- Bei zukünftigen Baumaßnahmen ist durch eine geeignete Gestaltung der Behälterstruktur auf eine Verwertung hinzuwirken.
- Es sollte eine Vollzugskontrolle durch die Hochbauabteilung erfolgen.

Sandwäsche

Ist/Soll-Abgleich:

Zweck der Sandwäsche ist die Reinigung des verschmutzten Filtersandes, der bei der periodischen Reinigung der Versickerungsbecken anfällt.

Bei der Sandwäsche fällt Restschlamm an. Dieser Schlamm wird konditioniert. Die Schlammbehandlungsanlage besteht zunächst aus einer Eindickstufe, in der die schlammhaltigen Wässer zunächst mechanisch bis zu einem Trockenrückstand (TR) > 10 % eingedickt werden. Nachgeschaltet sind Einrichtungen für die Konditionierung des eingedickten Schlammes. Hier werden in Zusammenhang mit der mechanischen Entwässerung des Schlammes Konditionierungsmittel (Kalkmilch und Eisensalz) eingesetzt.

Abb. 6. Transportband Sandwäsche

Bei Vollfüllung des Eindickbeckens und Erreichen des gewünschten Trockengehaltes erfolgt die mechanische Entwässerung des eingedickten Schlammes in der Regel mittels Kammerfilterpresse durch ein Fachunternehmen. Der Schlamm wird in Bodenmischbetrieben verwertet.

Maßnahmen:

- Es sollte überprüft werden, ob eine ortsnahe Entwässerung in Rieselfeldern, so wie sie früher angewandt wurde, möglich ist. Dadurch könnten erhebliche Transportwege, Deponieraum, Energie und Chemikalien eingespart werden.

Anmerkung: Eine Genehmigung für diese Maßnahme ist kaum zu erwarten.

Leuchtstoffröhren

Ist/Soll Abgleich:

Im Betriebsbereich der GELSENWASSER AG finden Leuchtstoffröhren (Abfallschlüssel Nr. 35326) Anwendung, die über den Hersteller/Händler entsorgt

Abb. 7. Unsachgemäße Lagerung von Leuchtstoffröhren

bzw. bei Neukauf zurückgegeben werden. Die zerstörungsfreie Demontage und Lagerung im Betriebshof ist zu gewährleisten, da der Austrag von Quecksilber je nach Typ ca. 20 bis 50 mg zu einer umweltschädigenden Einwirkung durch Schwermetalle führt.

Maßnahmen:

- Bei der Demontage defekter Röhren ist ein Zerbrechen zu verhindern.
- Die Röhren sind beispielsweise in Containern zerstörungsfrei zu lagern.

Batterien für Kleingeräte

Ist/Soll-Abgleich:

Elektrische Geräte der GELSENWASSER AG sind im Bürobereich wie auch im gewerblichen Bereich mit Trockenbatterien ausgestattet. Diese Abfallart (Abfallschlüssel Nr.: 35325) wird dann durch eine Fachfirma entsorgt. Um der Forderung der Kreislaufwirtschaft gerecht zu werden, sollen Abfälle vermieden werden.

Maßnahmen:

- Bei Neuanschaffungen sind mechanische Uhren und solarbetriebene Rechner sowie Elektrogeräte mit dem RAL UZ 47 zu wählen (weil ohne Batterie). Alte Geräte sind sukzessive durch neue Geräte auszutauschen [22].
- Als Alternative ist die Einführung von wiederaufladbaren Nickel-Hydrid-Batterien anstelle eingesetzter Trockenbatterien zu überdenken [22].
- Wenn nicht auf Batterien verzichtet werden kann, sollten anstelle von Alkali-Mangan-Batterien Lithium-Batterien nach RAL UZ 50 (weil quecksilber- und cadmiumfrei) verwendet werden [22].
- Eine weitere Alternative zu herkömmlichen Batterien sind quecksilberfreie Alkali-Mangan-Zellen mit der Bezeichnung „Boomerang“. Durch Veränderungen der Zusammensetzung sind sie mit einem dafür vorgesehenen Ladegerät bis zu 25 mal aufladbar [80].

Büromaterialien

Ist/Soll-Abgleich:

Die nachfolgende Tabelle gibt einen Überblick über die im wesentlichen angewendeten Produkte und nennt Alternativen, die sich auf Empfehlungen des Umweltbundesamtes beziehen. Damit wird die Forderung des KrW-/AbfG § 4 Abs. 1 (Abfälle sind in erster Linie zu vermeiden, eine Mengenminderung sowie eine Vermeidung von Schädlichkeit) eingehalten. Auf bereits angewendete Alternativen wie z. B. Recyclingpapier wird hier nicht mehr eingegangen.

Tabelle 3. Büromaterialien und umweltfreundliche Alternativen (22)

Büromaterial	Angewendetes Produkt	Umweltfreundlichere Alternative
Schreibutensilien	Einwegkugelschreiber	Druckkugelschreiber Nachfüllbare Füller
Schreibutensilien	Einwegtextmarker	Textmarker, die dem RAL UZ 67 entsprechen
Schreibutensilien	Filz- und Faserstifte auf der Basis org. Lösemittel	Filz- und Faserstifte auf der Basis von Wasser
Hilfsmittel	Klebfilme	Klebfilme aus PP
Hilfsmittel	Korrekturlacke	Korrekturroller, Blättchen
Hilfsmittel	Klebstoffe auf org. Basis	Klebstoffe auf Wasserbasis
Versandmaterialien	Briefumschläge aus Primärrohstoffen	Briefumschläge aus Sekundärrohstoffen mit RAL UZ 14 (weil 100% Altpapier)
Grafische Papiere	Notizzettel mit Klebefläche	Notizzettel aus Recyclingpapier gemäß RAL UZ 14 (weil 100% Altpapier)
Schutzhüllen	Sichthüllen aus PP zur Verteilung von Dokumenten	Unterschriftsmappen aus Sekundärrohstoffen gemäß RAL UZ 14
Ordnungshilfen	Kunststoffkleinhefter mit Metallfaltung	Kartonkleinhefter mit Metallfaltung gemäß RAL UZ 56
Ordnungshilfen	Schnellhefter aus Kunststoff	Schnellhefter aus Recycling-Karton gemäß RAL UZ 56
Ordnungshilfen	Ordner aus Kunststoff	Ordner aus Recycling-Karton gemäß RAL UZ 56 (weil 100% Altpapier)

Maßnahmen:

- Die Nutzzeit von nicht umweltfreundlichen Produkten ist maximal auszuschöpfen. Angewendete Produkte sind nach Ausschöpfung der Nutzzeit sukzessiv durch umweltfreundlichere Alternativen zu ersetzen [22].
- Die Liste der geführten Büromaterialien sollte dahingehend geprüft werden, ob Büromaterialien mit Umweltschutzvorteilen geführt werden und konventionelle Produkte ersetzt werden können.
- Lösemittelhaltige Bürochemikalien sollten, wenn möglich, ganz vermieden werden.
- Eventuelle Altbestände von CKW-haltigen Verdünnern sind als Sondermüll zu entsorgen.
- Lösemittelhaltige Faserschreiber/Filzschreiber sollten durch solche auf Wasserbasis ersetzt werden. Textmarker sollten entweder als Trockentextmarker (Holzstifte mit Leuchtfarbenmine) oder als nachfüllbare Textmarker auf Wasserbasis beschafft werden [22].
- Ordnungshilfen sollten aus Karton bestehen. Bevorzugt werden sollten Produkte mit dem Umweltzeichen (RAL UZ 56) [22].

3.1.3 Dokumentation Rohrnetz

Grabenlose Rohrverlegung

Ist/Soll-Abgleich:

Bei der GELSENWASSER AG wird das Horizontal-Spülbohrverfahren angewendet, wenn der Aufbruch der Straßendeckschicht entweder verkehrstechnisch nicht möglich ist oder die Wiederherstellungskosten der Oberfläche die Kosten der grabenlosen Rohrverlegung übersteigen. Dieses Verfahren wird den Forderungen des § 4 KrW-/AbfG gerecht, in dem festgelegt ist, daß Abfälle in erster Linie zu vermeiden sind. Weiterhin sind die Lärmschutzmaßnahmen erfüllt, weil Baustellen mit einem Minimum an Störungen des öffentlichen Verkehrs sowie Lärmbelästigungen der Anwohner durchgeführt werden [27].

Maßnahmen:

- Die ökologischen Vorteile sollten auch bei Kostengleichheit Priorität gegenüber den wirtschaftlichen haben. Es sollte dann die ökologischere Variante gewählt werden, wenn dies wirtschaftlich zumutbar ist.

Rohrverlegung mit Felsgrabenfräse

Ist/Soll-Abgleich:

Die Rohrverlegung mit Felsgrabenfräse wird z.B. in der Betriebsdirektion Unna durchgeführt, wenn die Untergrundverhältnisse eine konventionelle Bauart nicht mehr zulassen (z.B. bei einer Bodenstabilisierung durch Hochofenschlacke). Umweltrelevante Vorteile gegenüber konventionellen Verfahren sind:

- Deutlich höherer Arbeitsfortschritt gegenüber dem konventionellen Verfahren.
- Die anfallende Menge Bodenaushub ist wesentlich geringer.
- Das Material wird direkt an der Baustelle wieder eingebaut, dadurch werden Fahrten und Deponievolumen eingespart.
- Bodenressourcen wie Sand- und Kalkstein werden eingespart.

Maßnahme:

- Das Verfahren ist konventionellen Verfahren vorzuziehen, ökologische Vorteile sind dabei gegenüber den wirtschaftlichen stärker zu berücksichtigen. Bei Kostengleichheit ist die ökologischere Variante zu wählen [26].

Bodenaushub und Straßenaufbruch

Ist/Soll-Abgleich:

Bodenaushub, Boden, Straßenaufbruch und Bauschutt fallen an bzw. entstehen bei Baumaßnahmen, der Altlastensanierung sowie als Folge von Schadensfällen mit umweltgefährdenden Stoffen. Boden im Sinne dieser Technischen Regeln ist natürlich anstehendes und umgelagertes Locker- und Festgestein (DIN 18196), das bei Baumaßnahmen ausgehoben oder abgetragen wird.

Straßenaufbruch (Abfallschlüssel 31410) im Sinne dieser Technischen Regeln sind Baustoffe aus Oberbauschichten und Bodenverfestigungen des Unterbaues, die beim Rückbau, Umbau und Ausbau sowie bei der Instandsetzung von Straßen, Wegen und sonstigen Verkehrsflächen anfallen.

Hierzu gehören:

Ungebundener Straßenaufbruch

- Ungebundener Straßenaufbruch ist ein aus Oberbauschichten ohne Bindemittel (DIN 18315) stammendes Gemisch aus natürlichen Mineralstoffen oder/und mineralischen Rest- bzw. Recyclingbaustoffen [49].

Natur- und Betonwerksteine

- Dies sind z. B. Pflaster, Bordsteine, Platten aus Natursteinen bzw. unbelasteten natürlichen mineralischen Zuschlägen [49].

Sonstige Werksteine

- Dies sind Werksteine, die aus einem mineralischen Reststoff oder unter Verwendung mineralischer Reststoffe hergestellt werden, z. B. Schlackensteine [49].

Hydraulisch gebundener Straßenaufbruch

- Hydraulisch gebundener Straßenaufbruch ist aus Oberbauschichten oder Bodenverfestigungen des Unterbaues mit hydraulischen Bindemitteln (DIN 18316) durch Aufbrechen kleinstückig oder in Schollen gewonnenes mineralisches Material, z. B. Betondeckenaufbruch [49].

Ausbauasphalt

- Ausbauasphalt ist durch lagenweises Fräsen oder durch Aufbrechen eines Schichtenpaketes in Schollen gewonnener Asphalt. Asphalt ist ein natürlich vorkommendes oder technisch hergestelltes Gemisch aus Bitumen oder bitumenhaltigen Bindemitteln und Mineralstoffen sowie gegebenenfalls weiteren Zuschlägen und/oder Zusätzen (DIN 55946 Teil I) [49].

Pechhaltiger Straßenaufbruch

- Pechhaltiger Straßenaufbruch ist durch lagenweises Fräsen oder durch Aufbrechen einer Schicht oder eines Schichtenpaketes in Schollen gewonnenes Material, das im Bindemittel Pech (früher als Teer bezeichnet) oder kohlestämmige Öle enthält [49].
- Pech und kohlestämmige Öle enthaltende Bindemittel sind Zubereitungen aus Straßenpechen, Steinkohlenteeren (TGL – Nr. 2839), Steinkohlenteerpechen, Steinkohlenteerölen (DIN 55946 Teil 2, TGL – Nr. 2838) oder Braunkohlenteerölen (TGL – Nr. 2840) [49].

- Stoffgemische mit pechhaltigen Beimengungen sind wie pechhaltiger Straßenaufbruch zu behandeln. Sonderregelungen, die im Bereich des Immissionsschutzes im Zusammenhang mit der Zulassung von Anlagen getroffen werden, oder diesbezügliche Einzelfallregelungen bleiben hiervon unberührt [49].

Nicht zum Straßenaufbruch gehört mit Ausnahme der Bodenverfestigungen des Unterbaues Material aus dem Straßenunterbau. Dieses ist entsprechend seiner Herkunft und Beschaffenheit nach den Technischen Regeln für Boden (II 1.2) oder für die jeweils ausgebauten mineralischen Reststoffe/Abfälle zu behandeln [49].

Nicht zum Bodenaushub gehört Mutterboden (humoser Oberboden). Für diesen gelten im Hinblick auf den Verwendungszweck besondere Schutzbestimmungen. Nach § 202 BauGB ist Mutterboden, der bei der Errichtung und Änderung baulicher Anlagen sowie bei wesentlichen anderen Veränderungen der Erdoberfläche ausgehoben wird, in nutzbarem Zustand zu erhalten und vor Vernichtung und Vergeudung zu schützen. Eine Wiederverwendung von Bodenaushub ist soweit wie möglich anzustreben. Gegebenenfalls ist eine getrennte Gewinnung von Einzelbestandteilen, wie Sande und Kiese, vorzunehmen. Der Einbau hat insbesondere unter Beachtung des Schutzes der natürlichen Bodenfunktionen zu erfolgen. Nach dem Umweltinformationsrecht § 5 Abs. 1 und 2 müssen Betreiber von Anlagen zur Aufbereitung und Verwertung von Bauschutt, Baustellenabfällen, Bodenaushub und Straßenaufbruch alle zwei Jahre, beginnend 1997, jeweils für das Vorjahr, die Erhebungsmerkmale der in der Anlage eingesetzten Mengen an Bauschutt, Baustellenabfällen, Bodenaushub und Straßenaufbruch sowie Art und Menge der gewonnenen Erzeugnisse und der entstandenen Abfälle dokumentieren [49].

Vertragsunternehmer werden gemäß den allgemeinen Vertragsbedingungen zur ordnungsgemäßen Entsorgung verpflichtet.

Ein Nachweis der Vertragsunternehmen der GELSENWASSER AG über eine ordnungsgemäße Entsorgung wurde zur Zeit des Audits nicht erbracht.

Maßnahmen:

- Bei Straßenaufbruch hat eine organoleptische Prüfung oder eine Prüfung mittels TSE-Gerät zur eindeutigen Teerbestimmung zu erfolgen [49].
- Die Verwertung von Erdaushub, Straßenaufbruch und Bauschutt ist nachzuvollziehen [49].

Batterien der Warnlampen für das Rohrnetz

Ist/Soll-Abgleich:

Bei der GELSENWASSER AG werden Baustellenbereiche durch Warnlampen abgesichert.

Diese Warnlampen sind in der Regel mit Glühlampen ausgerüstet. Die erforderliche Stromversorgung wird dabei durch Trockenbatterien erbracht. Der Einsatz von Klein-Akkus und LED-Nachtwarnlampen ist hier möglich.

Maßnahmen:

- Einsatz von Nachtwarnlampen mit LED-Technik. LED's verbrauchen wesentlich weniger Energie als herkömmliche Glühlampen. Die Batterieeinsatzzeiten verlängern sich um ein Vielfaches. LED's haben eine nahezu unbegrenzte Lebensdauer.
- Baustellenwarnleuchten können anstelle von Primärbatterien mit Klein-Akkus gleicher Bauart betrieben werden ohne technische Änderung der Leuchten. Damit entfällt die Entsorgung von Trockenbatterien, Akkus sind recyclingfähig.

3.1.4 Dokumentation Betriebsdirektion Unna

Das am 29.11.1993 erstellte Abfallwirtschaftskonzept dient als aktuelles Exemplar zur übersichtlichen Darstellung anfallender Abfall- und Reststoffe (Abfallerzeuger Nr.: E 97862940).

Folgende Abfälle wurden in der Bilanz 1996 nicht erfaßt:

- Öl- und Benzinabscheiderinhalte (Abfallschlüssel Nr. 54702),
- Sandfangrückstände (Abfallschlüssel Nr. 54701).

Als Grund für das Fehlen der Abfallschlüssel-Nummern 54701 und 54702 wird hier der 1996 noch nicht bestehende Wartungsvertrag für die Abscheider genannt. Dieser Wartungsvertrag sichert eine periodische Reinigung der Abscheider. Diese Reinigung, und damit auch die Entsorgung, erfolgte 1996 nicht. Diese Abfälle sind also 1996 auch nicht angefallen und erscheinen deshalb auch nicht in der Abfallbilanz.

Ergänzend zu dieser Tabelle wird jede Abfallart noch einmal einzeln aufgeführt und erklärt.

Abf. Sch. Nr.	Abfallschlüssel-Nummer
k.A.	keine Abfuhr
KNE	Kein Nachweis erforderlich
SEN	Sammelentsorgungsnachweis
VEN	Vereinfachter Entsorgungsnachweis
ZL	Zentrallager
RbN	Rückgabe bei Neukauf

Tabelle 4. Abfälle zur Verwertung in der Betriebsdirektion Unna (67)

Abfallart	Abf. Sch. Nr.	Menge 96	Verbleib	Nachweis
Altpapier Kartonagen	18718	128,00 m^3	Recycling	KNE
Eisenschrott	35103	62,06 t	Recycling	KNE
Verpackungsabfälle	-----	8,64 m^3	Recycling	KNE
Eisenmetallbeh. mit schädl. Rest	35106	k.A.	k.A.	SEN
Aluminium Essensschalen	35304	0,19 t	Recycling	KNE
Sonstige NE Metalle	35315	1,15 t	Recycling	KNE
PVC Rohrstücke	57116	10,5 m^3	Recycling	KNE
PE Rohrstücke	57128	34,2 m^3	Recycling	KNE
Garten- und Parkabfälle	91701	28,0 m^3	Kompost	KNE
Altöl	54112	0,4 m^3	Recycling	SEN

Tabelle 5. Abfälle zur Beseitigung in der Betriebsdirektion Unna (67)

Abfallart	Abf. Sch. Nr.	Menge 96	Verbleib	Nachweis
Asbestabfälle	31436	1,48 t	Deponie	VEN
Ölverschmierte Betriebsmittel	54209	1,1 m^3	ZL Marl	SEN
Hausmüllähnliche Gewerbeabfälle	91200	130,0 m^3	Deponie	KNE
Öl- und Bezinabscheider-inhalte	54702	k.A.	k.A.	SEN
Sandfanginhalte	54701	k.A.	k.A.	SEN
Leuchtstoffröhren	35326	60 Stück	RbN	KNE
Hygiene-Abfälle	-----	0,13 m^3	Deponie	KNE

3.1.4.1 Dokumentation im Bereich der Verwaltung

Wertstoffe im Bereich der Betriebsdirektion Unna

Ist/Soll-Abgleich:

Die Abfallsammlung im Büro- und Verwaltungsbereich erfolgt durch einen Kunststoffmüllbehälter mit Aufsatz, der als Restmüllbehälter genutzt wird. Es findet eine Aufteilung in Altpapier (Abfallschlüssel Nr. 18718) und in Restmüll mit organischer Fraktion (Abfallschlüssel Nr. 91202) statt. In dieser Fraktion befinden sich auch noch Wertstoffe wie Folien, Metalle usw. § 1 Abs. 1 Nr. 2 des LabfG NW schreibt in Verbindung mit § 3 der Abfallsatzung des Kreises Unna die getrennte Sammlung von Abfällen vor und deren Rückführung in den Stoffkreislauf.

Zur Entsorgung dieser Abfälle unterhält die GELSENWASSER AG einen Abfallcontainer für hausmüllahnlichen Gewerbeabfall. Dieser Abfallbehälter

Abb. 8. MGB Hausmüllähnlicher Gewerbeabfall

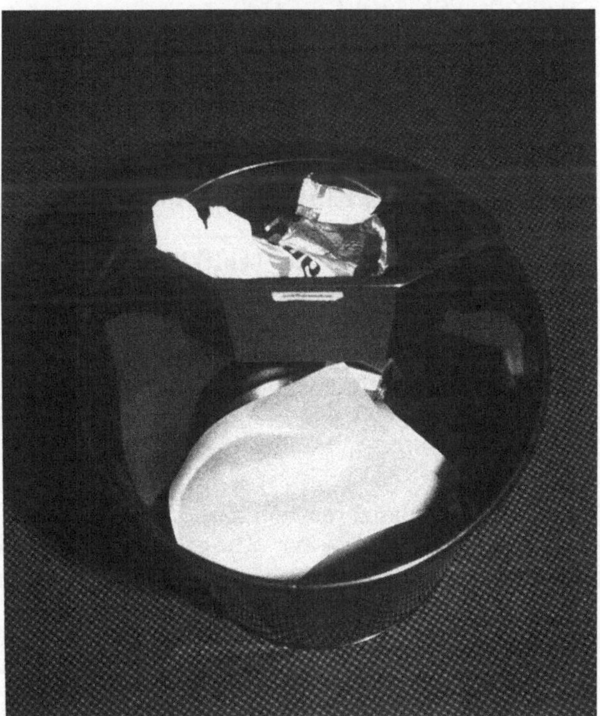

Abb. 9. Sammelbehälter für Altpapier und Restmüll

sieht laut KrW-/AbfG unter anderem die Abfallfraktionen Glas, Holz, Pappe, Papier, Metall vor. Um dem § 1 KrW-/AbfG (Förderung der Kreislaufwirtschaft zur Schonung der natürlichen Ressourcen) und dem § 2 KrW-/AbfG (Verwertung vor Beseitigung) gerecht zu werden, muß der Inhalt des beschriebenen Behälters in seine Wertstofffraktionen separiert werden, um eine Kreislaufwirtschaft dieser Stoffe zu gewährleisten.

Maßnahmen:

- Im Bereich der BD Unna sollte eine zentrale Erfassungsmöglichkeit (z.B. auf dem Weg zum Casino) auf der Grundlage der Verpackungsverordnung für Leichtfraktionen und Glas (Abfallschlüssel Nr. 31408) geschaffen werden. Wertstoffe sollten dann von den Mitarbeitern selbsttätig und eigenverantwortlich entsorgt werden.
- Der Behälter für hausmüllähnlichen Gewerbeabfall soll durch einen kleineren Behälter ersetzt werden.
- Jede mögliche Wertstofffraktion (Glas, Holz, Pappe, Papier) soll getrennt gesammelt werden.

☺ Am 9.7.97 wurde die Abfallstraße durch Wertstoffbehälter erweitert.

Werbegeschenke und schriftliche Veröffentlichungen

Ist/Soll-Abgleich:

Werbegeschenke der GELSENWASSER AG sind unter anderem Baumwolltaschen, Flaschenöffner, Zahnbürsten, Mauspads, Brettspiele und Regenschirme. Neben Werbegeschenken werden dem Kunden auch schriftliche Veröffentlichungen angeboten wie z.B. Geschäftsberichte, Umweltberichte, Forschungsprojekte usw.

Ein Ziel der Abfallwirtschaft, das im § 1 Abs. 1 des LabfG NW definiert ist, lautet, daß Schadstoffe in Abfallfraktionen möglichst zu vermeiden bzw. zu verringern sind.

Der Geschäftsbericht wird, um eine hohe optische Wirksamkeit zu erreichen, auf aus Primärrohstoffen hergestelltem Papier gedruckt. Für alle anderen Veröffentlichungen wie z.B. die Mitarbeiterzeitung „Forum“, den Umweltbericht oder andere Veröffentlichungen werden ausschließlich Sekundärrohstoffe benutzt.

Die Umweltverträglichkeit von Hochglanzbroschüren und Werbegeschenken ist auf Grundlage der Verordnung (EWG) Nr. 880/92 des Rates vom 23.3.1992 (Gemeinschaftliches System zur Vergabe von Umweltzeichen) zu beurteilen.

Maßnahmen:

- Abwägen zwischen optischer Wirksamkeit und Umweltverträglichkeit von Veröffentlichungen und gleichzeitiges Umstellen auf Produkte mit hoher

Abb. 10. Werbegeschenke der GELSENWASSER AG

Umweltverträglichkeit im Hinblick auf die später zu erfolgende Verwertung oder anderweitige Verwendung.
- Bei Werbegeschenken ist grundsätzlich die Umweltverträglichkeit zu überprüfen.

Bürogeräte

Ist/Soll-Abgleich:

Die GELSENWASSER AG in der Betriebsdirektion Unna arbeitet mit oder an folgenden Geräten:

- Kopierer,
- Drucker (Laser-, Tintenstrahl-, Nadeldrucker),
- Schreibmaschinen,
- Bildschirmgeräte und Computer,
- Faxgeräte.

Die Tabelle 6 zeigt das angewendete Produkt und die umweltfreundlichere Alternative zur Schonung der Ressourcen und Verringerung des Abfallanfalls im Sinne des § 1 des KrW-/AbfG.

Maßnahmen:

- Der Toner darf nicht dem Restmüll zugeführt werden. Resttoner ist staubdicht zu verpacken und an den Hersteller oder Händler zurückzugeben [22].

Tabelle 6. Bürogeräte und Computer der BD Unna (22)

Bürogeräte	Angewendetes Produkt	Umweltfreundlichere Alternative
Tintenstrahldrucker	Einweg-Tintenpatrone	Wiederbefüllbare Tintenpatrone nach RAL UZ 55a
Laserdrucker	Fotoleitertrommeln	Fotoleitertrommeln nach RAL UZ 55a
Laserdrucker	Digital-Einwegtonerkartusche (wird recycled)	Wiederbefüllbare Tonerkartusche nach RAL UZ 55a
Nadeldrucker	Einweg-Farbbandkassette	Mehrfach verwendbare Farbbandkassette mit Carbon- oder Nylongewebeband nach RAL UZ 55a (weil wiederbefüllbar).

Abb. 11. Getränkeautomat im Casino der Betriebsdirektion Unna

- Einkauf von Kopiergeräten mit dem RAL UZ 62, da diese Geräte emissionsarm und abfallmindernd sind [22].
- Bei der Anschaffung von Bildschirm- und PC-Geräten ist darauf zu achten, daß Geräte nur mit Rücknahmegarantie gekauft werden und Bildschirme sowie Computer mit Energiesparfunktion ausgestattet sind [22].

Batterien für Kleingeräte

Siehe Ist/Soll-Abgleich und Maßnahmen Wasserwerk Echthausen.

Büromaterialien

Siehe Ist/Soll-Abgleich und Maßnahmen Wasserwerk Echthausen.

Getränkeautomat

Ist/Soll-Abgleich:

Im Getränkeautomaten der BD Unna befinden sich Einwegdosen, die von den Mitarbeitern käuflich erworben werden können.

Nach KrW-/AbfG gilt Vermeidung von Abfällen vor Verwertung, deshalb ist auch bei einem Recycling der Dosen von Weißblechdosen mit Aluminiumdeckel abzusehen.

Maßnahme:

- Der Getränkeautomat der BD Unna ist auf Mehrwegsysteme bzw. Pfandflaschen umzustellen.

3.1.4.2 Dokumentation Lager und Betriebsabteilung

Leuchtstoffröhren

Siehe Ist/Soll-Abgleich und Maßnahmen Wasserwerk Echthausen.

Trockenbatterien

Ist/Soll-Abgleich:

Der Behälter für Trockenbatterien (Abfallschlüssel Nr. 35325) enthält Polyesterharzreste. Dadurch kommt es zur Kontaminierung von Abfällen. Kontaminierte Abfälle sind der Beseitigung zuzuführen und müssen aus dem Stoffkreislauf ausgeschlossen werden.

Maßnahmen:

- Der Behälter ist vom Abfallentsorger durch ein neues Gefäß auszutauschen.
- Es ist darauf zu achten, daß Sammelbehälter im sauberen Zustand angeliefert werden.

☺ Der Behälter wurde am 3.6.97 durch die Entsorgungsfirma ausgetauscht.

Feste fett- und ölverschmutzte Betriebsmittel

Ist/Soll-Abgleich:

Der Behälter zur Sammlung von festen fett- und ölverschmutzten Betriebsmitteln befindet sich direkt auf einem Regenwassereinlauf. In Anlehnung an die Anleitung zur Lagerung von Abfällen sind die Lagerbereiche, Arbeitsbereiche und Behandlungsbereiche sowie alle Bereiche, in denen verunreinigte Wässer anfallen können, so abzudichten, daß der Untergrund oder angrenzende Flächen nicht verunreinigt werden können. Diese Bereiche sind in regelmäßigen Abständen auf Dichtheit zu prüfen. Diese Behälter müssen eine Zulassung nach dem Transportrecht für das jeweilige Gut besitzen, damit ist keine zusätzliche Zulassung nach dem Wasserhaushaltsgesetz notwendig (einfacher und herkömmlicher Bauart). Die Behälter müssen über Auffangräumen befüllt und gelagert werden, um Tropfleckagen zu vermeiden. Die Auffangwannen müssen gegen Öle und Lösemittel widerstandsfähig sein. Eine Mindestgröße ist nicht vorgeschrieben.

Abb. 12. Abfallbehälter auf Entwässerungseinrichtung

Abb. 13. Versiegelte Bodenfläche (Entfernte Entwässerung)

Maßnahmen:

- Der Behälter ist mit einer Innenauskleidung zu versehen, die ein Austreten von verunreinigtem Wasser verhindert.
- Die Entwässerungseinrichtung ist zu entfernen.
- Der Untergrund ist gegen ein Eindringen von Schadstoffen zu sichern.

☺ Die Entwässerungseinrichtung wurde am 2. 6. 97 entfernt.

Eisenmetallbehältnisse mit schädlichen Restinhalten

Ist/Soll-Abgleich:

Der Behälter für Eisenmetallbehältnisse mit schädlichen Restinhalten wird bei der GELSENWASSER AG überwiegend mit Spraydosen befüllt. Dieser Sammelbehälter ist der direkten Sonneneinstrahlung ausgesetzt. Lager müssen laut TRGS 514 so beschaffen sein, daß eine direkte Erwärmung der gelagerten Stoffe durch Strahlung ausgeschlossen ist.

Maßnahme:

- Der Behälter muß im Freien so umplatziert werden, daß eine Erwärmung durch direkte Sonnenstrahlung ausgeschlossen ist.

☺ Der Behälterstandort wurde am 9.7.97 entsprechend den Forderungen geändert.

Abb. 14. Sammelbehälter für Asbestzementrohre

Asbesthaltige Abfälle

Ist/Soll-Abgleich:

Laut LAGA-Merkblatt: „Entsorgung asbesthaltiger Abfälle“ sind asbesthaltige Abfälle so zu verpacken, daß es während der Beförderung und Entsorgung nicht zum Freisetzen lungengängiger Asbestfasern kommen kann. Die Bruchkanten der Rohrstücke sind deshalb in ein natürliches oder künstliches Bindemittel einzubetten oder so zu fixieren, daß es während der Beförderung nicht zum Freiwerden gefährlicher Mengen lungengängiger Asbestfasern kommen kann. Rohrbruchstücke sind in Schutztüten zu verpacken und mit Aufklebern gemäß TRGS 519 zu versehen.

Maßnahmen:

- Die Bruchkanten der Asbestzementrohre sind weiterhin mit Restfaserbindemitteln so zu fixieren oder mit Schutztüten zu versehen, daß es

Abb. 15. Verpackung von AZ-Rohrstücken

während der Beförderung nicht zum Freiwerden gefährlicher Mengen lungengängiger Asbestfasern kommen kann.

- Kleine Rohrbruchstücke und Scherben sind in Schutztüten zu verpacken und mit Aufklebern gemäß TRGS 519 zu versehen.
- Die Vollzugskontrolle durch den zuständigen Meister sollte erfolgen.

PVC-Rohrstücke, PE-Rohrstücke, PE-Verschlußkappen

Ist/Soll-Abgleich:

Rohrstücke werden durch den Hersteller verwertet und durch sortenreine Trennung vollständig in die Kreislaufführung einbezogen.

Rohrverschlußkappen werden unbehandelt als Verschlußkappe wieder durch den Hersteller eingesetzt. Damit ist § 4 KrW-/AbfG erfüllt.

Abb. 16. Sammelbehälter für Rohrverschlußkappen

Abb. 17. Eigeninitiative von Mitarbeitern der BD Unna

Maßnahme:

- Aus diesem Ist/Soll-Abgleich resultieren keine Maßnahmen.

Sammelmulde für Eisenschrott

Ist/Soll-Abgleich:

Die Lagerung von Eisenschrott (Abfallschlüssel Nr. 35103) findet bei der GELSENWASSER AG in einer offenen Mulde statt. Diese Mulde wurde vom Abfallentsorger im ölverschmutzten Zustand angeliefert und wies im Bodenbereich Löcher auf. Da es sich bei dieser Mulde um eine offene Lagerung handelt, kann es durch eintretendes Regenwasser zum Austrag von Öl aus der Mulde kommen.

Maßnahmen:

- Es ist darauf zu achten, daß Sammelbehälter im sauberen Zustand angeliefert werden.
- Die Mulde für Gußeisenschrott ist mit einer Abdeckung zu versehen oder durch einen neuen Behälter mit Abdeckung auszutauschen.
- Die Vollzugskontrolle durch den zuständigen Meister hat zu erfolgen.

☺ Der Behälter ist am 27.5.97 durch die Verwertungsfirma gegen einen neuen, unverschmutzten Behälter ausgetauscht worden.

Abb. 18. Offene Lagerung von Eisenschrott

Garten- und Parkabfälle

Ist /Soll-Abgleich:

Garten- und Parkabfälle (Abfallschlüssel Nr. 91701) der BD Unna wurden in der Vergangenheit durch eine Fachfirma entsorgt und einer Kompostanlage angedient. Pflegearbeiten im Park- und Gartenbereich der BD Unna werden durch eine Garten- und Landschaftsbau-Firma durchgeführt, die das Vorhandensein der 7 m^3-Mulde überflüssig gemacht hat. Es kommt aber immer wieder vor, daß kleinere Mengen an Strauchschnitt oder anderer Gartenabfälle anfallen, die dann aufgrund des fehlenden Behälters über den hausmüllähnlichen Gewerbeabfall entsorgt werden müssen.

Maßnahme:

- In der BD Unna ist eine Kleinkompostierung zu errichten mit geringem Wartungsaufwand. Die Wartung erfolgt durch eigene Mitarbeiter. Durch die Verwendung des anfallenden Kompostes in Gartenanlagen von Werkswohnungen und Anlagen der BD Unna ist eine Abfallvermeidung und Kreislaufführung gewährleistet.

Autoreifen/Altreifen:

Ist/Soll-Abgleich:

In Deutschland fallen jährlich ca. 550 000 t Altreifen an, die zu 16,2 % runderneuert und wiederverwendet werden. Dabei werden im Vergleich zur Neureifenherstellung $^2/_3$ der benötigten Rohölmenge eingespart. Sicherheitstechnische Aspekte werden bei runderneuerten Reifen mit dem Umweltzeichen RAL UZ 1, die ein Prüfzertifikat besitzen, berücksichtigt [22].

In der Betriebsdirektion Unna fallen Altreifen der Dienstfahrzeuge an. Diese Altreifen sollten nach Nutzungsbeendigung im Sinne des KrW-/AbfG (§ 4 Abs.1) z. B. energetisch verwertet werden.

Maßnahmen:

- Altreifen sind, wenn möglich, stofflich im Sinne des KrW-/AbfG zu entsorgen. Wenn keine stoffliche Verwertung möglich ist, sollen Altreifen energetisch zur Energiegewinnung genutzt werden.
- Wenn sicherheitstechnische Aspekte es zulassen, sind runderneuerte Reifen zu benutzen. Bei Bereitschaftsfahrzeugen, die bei eventuellen Notfällen eingesetzt werden müssen, ist aufgrund der hohen Geschwindigkeit von runderneuerten Reifen abzusehen.

3.2 Wasser, Abwasser und Gewässerschutz

3.2.1 Einführung

„Das Prinzip aller Dinge ist das Wasser;
aus Wasser ist alles und ins Wasser kehrt alles zurück"

[THALES VON MILET]
(625 bis 546 v. Chr.)

Die ältesten uns überlieferten Quellen weisen nach, daß sich der Mensch zu allen Zeiten intensiv mit dem Wasser befaßt hat. Für die alten Hochkulturen in den Flußgebieten (z.B. von Ganges, Euphrat und Tigris oder Nil) waren genaue Kenntnisse über das Wasser Grundlage für den Bestand der Gesellschaft. Daher ist es nicht verwunderlich, daß sich naturwissenschaftlich exakte Beobachtungen mit mythischen Interpretationen verwoben. Im antiken Griechenland zählte Wasser neben Feuer, Luft und Erde zu den vier Elementen. Leonardo da Vinci verglich das Wasser mit dem Blut im menschlichen Körper [67].

Wasser bildet die Grundlage für alle Lebensvorgänge und ist das für den Menschen wichtigste Lebensmittel. In der heutigen Zeit, in der Wasser in großen Mengen gebraucht wird, muß es deshalb ein Hauptanliegen der Menschen sein, mit Wasser sorgfältig umzugehen, um es vor schädlichen Verunreinigungen und Belastungen zu schützen. Die permanente Entwicklung der Wirtschaft und der Industrialisierung und die damit verbundene Erhöhung technischer Standards haben dazu geführt, daß mit verschiedenen potentiell wassergefährdenden Stoffen umgegangen wird. Aufgrund dieser Gefährdung hat der Gesetzgeber umfangreiche Gesetze und Verordnungen geschaffen, die das Risiko einer Gewässerverunreinigung minimieren sollen.

Rechtliche Grundlagen

Nachfolgend sind die wesentlichen Gesetzesgrundlagen, die im Bereich Wasser, Abwasser und Gewässerschutz Anwendung finden, aufgeführt und wichtige Stellen erläutert:

- EU-Verordnungen und Richtlinien der EU,
- Wasserhaushaltsgesetz (WHG),
- Landeswassergesetz (LWG),
- Indirekteinleiterverordnung (IndVO),
- Verordnung über Anlagen zum Lagern, Abfüllen und Umschlagen wassergefährdender Stoffe (VAwS),
- Trinkwasserverordnung (TVO),
- Abwassersatzung der Stadt Unna,
- Wasserschutzgebietsverordnung Echthausen.

Einführung in das Wasserhaushaltsgesetz

Wasserrecht: Rahmengesetzgebung des Bundes

Das Wasserrecht umfaßt das Wasserwirtschaftsrecht und das Wasserwegerecht. Das letztere wird nicht zum Umweltrecht gerechnet.

Das Wasserwirtschaftsrecht hat das Wasserhaushaltsrecht und den Gewässerschutz zum Gegenstand. Diese inhaltlich zu unterscheidenden Rechtsmaterien haben das gemeinsame Ziel, die Nutzung aller Gewässerarten inklusive des Grundwassers zu regeln und den Zustand der Gewässer vor Verschlechterungen durch Verunreinigungen, Minderungen des Wasserdargebots und andere chemisch-physikalische Änderungen ihrer Beschaffenheit zu schützen [50].

Der Bund verfügt gemäß Art. 75 Nr. 4 Grundgesetz für den Bereich der Wasserwirtschaft über eine Rahmenkompetenz. Von dieser hat er mit dem Erlaß des Wasserhaushaltsgesetzes (WHG) vom 27.7.1957 Gebrauch gemacht. Die Landeswassergesetze wurden gemäß der Kompetenz der Landesgesetzgeber nach Art. 70 Abs. 1 Grundgesetz als rahmenausfüllende Gesetze erlassen. Neben den Landeswassergesetzen gibt es häufig kommunale Satzungen, die sich in erster Linie auf die Abwasserentsorgung in kommunalen Abwasserbehandlungsanlagen beziehen [50].

Von seiner Kompetenz zur Gesetzgebung auf dem Gebiet der Wasserwirtschaft hat der Bund vor allem auch mit den folgenden Gesetzen/Verordnungen Gebrauch gemacht:

- Auf § 7a Abs. 1 Satz 4 WHG stützt sich die Verordnung über die Herkunftsbereiche von Abwasser vom 3.7.87 (Abwasserherkunftsverordnung);
- Auf § 19a Abs. 2 Nr. 2 WHG stützt sich die Verordnung über wassergefährdende Stoffe bei der Beförderung in Rohrleitungsanlagen;
- Die Allgemeine Rahmen-Verwaltungsvorschrift über Mindestanforderungen an das Einleiten von Abwasser in Gewässer (RahmenAbwasserVwV) vom 8.9.1989 umfaßt rund die Hälfte der Allgemeinen Verwaltungsvorschriften über Mindestanforderungen an das Einleiten von Abwasser in Gewässer.

Gewässerbewirtschaftung

Nach diesem in § 1a WHG festgeschriebenen Grundsatz müssen die Gewässer so bewirtschaftet werden, daß sie

- dem Wohl der Allgemeinheit dienen und darüber hinaus auch
- dem Nutzen einzelner dienen, wenn die Benutzung mit dem Allgemeinwohl in Einklang ist und jede nachteilige Einwirkung auf die Gewässer vermieden wird.

Das private Eigentum am Gewässer wird durch die Bewirtschaftungshoheit überlagert, die bei den Ländern liegt [50].

Wasserwirtschaftliche Planung

Die Grundsätze für die wasserwirtschaftliche Planung sind in den §§ 36 ff. des Wasserhaushaltsgesetzes enthalten. Die Länder sind verpflichtet, Bewirtschaftungspläne aufzustellen. In den Bewirtschaftungsplänen sollen die Nutzungen an den Gewässern, die Gewässergüteziele und die Maßnahmen dokumentiert sein, die erforderlich sind, um die festgelegten Ziele zu erreichen [50].

Gewässerbenutzung

Nach § 2 WHG bedarf die Benutzung eines Gewässers der behördlichen Erlaubnis nach § 7 WHG oder der Bewilligung nach § 8 WHG. Darüber hinaus sieht das WHG vor, daß das Landesrecht auch die Benutzung aufgrund alter Rechte und alter Befugnisse nach § 15 WHG aufrechterhalten kann [50].

Zuständigkeiten für Genehmigungen für Wasserentnahmen in Nordrhein-Westfalen

Für die Erteilung einer Genehmigung zur Entnahme von mehr als 200 m^3 Oberflächenwasser in zwei Stunden oder mehr als 600 000 m^3 Grundwasser pro Jahr ist die Obere Wasserbehörde (Regierungspräsident) zuständig. Für geringere Mengen ist die Untere Wasserbehörde (Kreis oder kreisfreie Stadt) zuständig (Ziffer III, lfd. Nr. 20.1.1 der Anlage der Verordnung zur Regelung von Zuständigkeiten auf dem Gebiet des technischen Umweltschutzes (ZustVOtU) vom 14.6.1994, geändert durch Verordnung vom 2.5.1995).

Für die Erteilung einer Erlaubnis bei Entnahmen erster Ordnung ist die Untere Wasserbehörde der Kreise oder der kreisfreien Städte zuständig.

In § 3 WHG wird bestimmt, ob die Inanspruchnahme eines Gewässers eine Benutzung darstellt. Die denkbaren Benutzungsformen sind hier aufgezählt. Ausgenommen vom Benutzungszwang sind

- der Gemeingebrauch (§ 23 WHG),
- der Eigentümer- und Anliegergebrauch (§ 24 WHG),
- die Benutzung zu Fischereizwecken (§ 25 WHG),
- erlaubnisfreie Grundwassernutzungen (§ 33 WHG).

Bewilligung

Die Bewilligung ist die unwiderrufbare Befugnis zu einer festgelegten Gewässerbenutzung, die nach § 8 Abs. 5 WHG lediglich für Fristen erteilt werden darf. Die Rechtsposition, die durch die Bewilligung eingeräumt wird, kann nachträglich gemäß §§ 5, 10, 12 und 18 WHG zurückgenommen oder eingeschränkt werden. Die Bewilligung stellt für ihren Inhaber ein subjektiv öffentliches Recht dar, das Eigentumsschutz genießt [50].

Eine Bewilligung darf nur aus Gründen des Investitionsschutzes erteilt werden, d.h. dann, wenn für den Vorhabensträger die Durchführung seines Vorhabens nur unter der Voraussetzung gesicherter Rechtsverhältnisse zumutbar ist. Es besteht kein Rechtsanspruch auf die Erteilung einer Bewilligung, sondern lediglich ein Anspruch auf eine behördliche Entscheidung ohne Ermessensfehler. Die Bewilligung wird in einem förmlichen Verwaltungsverfahren erteilt (§ 9 WHG) [50].

Erlaubnis

Durch die Erlaubnis wird dem Rechtsinhaber lediglich eine jederzeit widerrufliche Befugnis für eine Gewässerbenutzung eingeräumt; Investitionsschutz ist damit nur eingeschränkt gewährt. Die Erlaubnis vermittelt weiterhin dem Rechtsinhaber keine subjektiven Rechte gegenüber Dritten und schließt Ansprüche Dritter auch nicht aus.

Die gehobene Erlaubnis steht zwischen Erlaubnis und Bewilligung und ist durch die Landeswassergesetze für Benutzungen im Interesse des Allgemeinwohls eingeführt worden.

Auflagen und Bedingungen

Die Bewilligung und die Erlaubnis können unter der Voraussetzung der Einhaltung von Nebenbestimmungen erteilt werden. Auf diese Benutzungsbedingungen und Auflagen stellt § 4 WHG ab. Nach § 10 WHG und nach Maßgabe der allgemeinen Vorschriften des Verwaltungsverfahrensrechts können auch nachträgliche Änderungen vorgenommen werden. Darüber hinaus können an die Erlaubnis und Bewilligung auch nachträgliche Anforderungen geknüpft werden [50].

Ergänzend zum Wasserhaushaltsgesetz und zum Ausfüllen der Vorschriften besteht das Landeswassergesetz NRW mit den zugehörigen Verordnungen.

Indirekteinleiterverordnung

Die GELSENWASSER AG ist Indirekteinleiter, da sie zur Ableitung ihres Abwassers das öffentliche Kanalnetz benutzt.

Maßgebend dafür ist die auf der Grundlage des § 7a des WHG erlassene Indirekteinleiterverordnung von Nordrhein-Westfalen (IndVO NW). Diese Verordnung hat zum Ziel sicherzustellen, daß Abwasser mit gefährlichen Inhaltsstoffen vor Einleitung in die Kanalisation entsprechend dem Stand der Technik gereinigt worden ist.

VAwS

Auf Grundlage des § 18 des LWG ist die „Verordnung über Anlagen zum Umgang mit wassergefährdenden Stoffen und über Fachbetriebe (VAwS)" vom 12.8.1993 (geändert 10.10.94) erlassen worden. Diese Verordnung gilt für Anlagen zum Umgang mit wassergefährdenden Stoffen nach § 19g Abs. 1 und 2 des WHG und stellt, bezogen auf die GELSENWASSER AG, eine rechtsverbindliche Vorschrift für Anlagen zum Lagern, Abfüllen und Umschlagen wassergefährdender Stoffe dar [51].

Die Anforderungen an oberirdische Anlagen zum Lagern, Abfüllen und Umschlagen und Anlagen zum Herstellen, Behandeln und Verwenden wassergefährdender flüssiger Stoffe im Bereich der gewerblichen Wirtschaft richten sich an die Befestigung und Abdichtung von Bodenflächen, an das Rück-

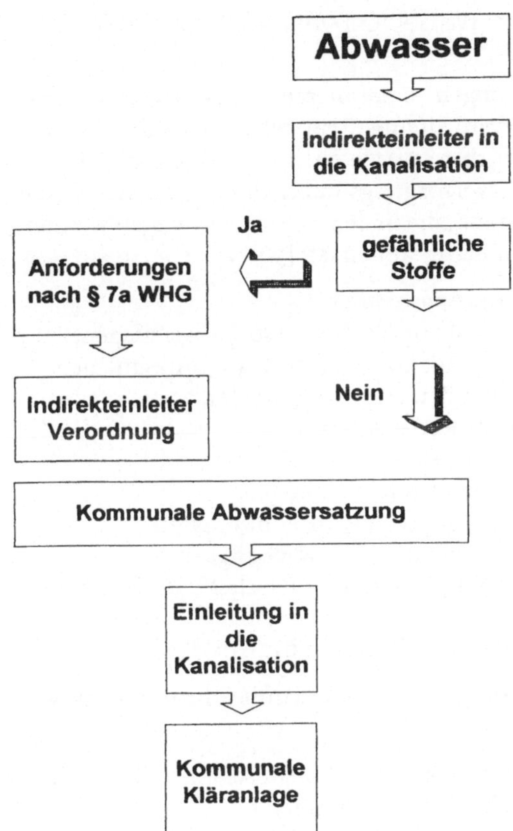

Abb. 19. Prinzip der Indirekteinleitung

haltevermögen für austretende wassergefährdende Flüssigkeiten und an infrastrukturelle Maßnahmen organisatorischer oder technischer Art [51].

Allgemeine Verwaltungsvorschrift zum Wasserhaushaltsgesetz über die Einstufung wassergefährdender Stoffe in Wassergefährdungsklassen

Die VV-VAws ist eine allgemeine Verwaltungsvorschrift, die auf Grundlage des § 19g Absatz 5 den Begriff „wassergefährdende Stoffe“ näher ausfüllt, indem sie Stoffe je nach Gefährlichkeit in vier Wassergefährdungsklassen (WGK) einstuft [69]:

- WGK 3: stark wassergefährdend,
- WGK 2: wassergefährdend,
- WGK 1: schwach wassergefährdend,
- WGK 0: im allgemeinen nicht wassergefährdend.

Verordnung über Trinkwasser und Wasser für Lebensmittelbetriebe (TrinkwV) (50)

Um Trinkwasserqualitätsanforderungen zu definieren, hat der Gesetzgeber als Grundlage hierzu die Trinkwasserverordnung (TrinkwV) geschaffen, die zahlreiche Grenzwerte für gesundheitlich relevante chemische Stoffe enthält. Für die GELSENWASSER AG als Wasserversorgungsunternehmen bestehen besondere Pflichten nach dieser Verordnung, die in den §§ 8 bis 17 geregelt werden.

Die Kernaussage der folgenden Paragraphen ist: [50]

- § 8 Definition von Wasserversorgungsanlagen,
- § 9 Anzeigepflicht bei Änderungen von Wasserversorgungsanlagen,
- § 10 Untersuchungspflicht für Inhaber von Wasserversorgungsanlagen,
- § 11 Festlegung der zu untersuchenden Wasserparameter,
- § 12 Umfang und Häufigkeit der Untersuchungen,
- § 13 Anordnungen durch die Behörde,
- § 14 Ausnahmeregelungen bei Wasseruntersuchungen,
- § 15 Meldungspflicht bei außergewöhnlichen Vorkommnissen,
- § 16 Rechte des Gesundheitsamtes bei der Überwachung,
- § 17 Trinkwasser darf nicht mit Wasser minderer Beschaffenheit vermischt werden,
- § 18 Überwachung durch das Gesundheitsamt in hygienischer Sicht.

Zusammenfassend ergeben sich aus der TrinkwV damit folgende Aussagen: [50]

- Pflicht zur Überwachung der physikalischen, chemischen, mikrobiologischen und physikalisch-chemischen Wasserparameter,
- unverzügliche Anzeige von Fäkalindikatoren,
- unverzügliche Anzeige von Grenzwertüberschreitungen, angestiegener Koloniezahlen und Belastungen des Rohwassers,
- jederzeitiger Zugang für Behördenvertreter zur Anlage sowie zu Akten.

Rechtsgrundlagen, Organisationsformen (50)

Rechtsgrundlagen der Wasserversorgung

Zuständigkeit der Gemeinde/Wasserversorgung

Die Wasserversorgung gehört nach Artikel 28 des Grundgesetzes zu den Selbstverwaltungsaufgaben der Gemeinden. Dies ist auch in den Gemeindeordnungen der Bundesländer bzw. in der Kommunalverfassung der DDR, die als Landesrecht in den neuen Ländern fortbesteht, festgelegt. Die Gemeinden haben das Recht, aber auch die Pflicht zur Schaffung der notwendigen Einrichtungen zur Versorgung der Bevölkerung, des Gewerbes und der Industrie mit Trink- und Betriebswasser. Dies schließt nicht aus, daß die Gemeinde sich eines Dritten zur Erfüllung dieser Aufgabe bedienen oder zulassen kann, daß ein Unternehmen eine eigene Wasserversorgung betreibt.

Wasserentnahme

Die Entnahme von Grund- und Oberflächenwasser zur Wasserversorgung ist gemäß § 3 des Wasserhaushaltsgesetzes eine Gewässerbenutzung und bedarf einer Erlaubnis oder Bewilligung durch die zuständige Behörde (§ 2 WHG). Die Erlaubnis gewährt die widerrufliche Befugnis zu einer Gewässerbenutzung zu einem bestimmten Zweck in einer im Erlaubnisbescheid nach Art und Maß bestimmten Weise (§ 7 WHG).

Die Bewilligung gewährt demgegenüber eine wesentlich stärkere Rechtsstellung. Sie wird in einem förmlichen Verfahren erteilt, in dem die beteiligten Behörden und die von der Benutzung unter Umständen Betroffenen die Möglichkeit hatten, Einwendungen zu erheben. Sie darf nur erteilt werden, wenn dem Unternehmer die Durchführung seines Vorhabens ohne gesicherte Rechtsstellung nicht zuzumuten ist, und die Benutzung einem bestimmten Zweck dient, der nach einem bestimmten Plan verfolgt wird (§ 8 WHG). Beides trifft für die Wasserversorgung in der Regel zu, und die Bewilligung wird für eine bestimmte Zeit, in der Regel 30 Jahre, erteilt.

Zuständige Behörde für Wasserentnahme

Die für die Erteilung der Bewilligung zuständige Behörde ist in den Wassergesetzen der Länder bestimmt. In der Regel ist es die Bezirksregierung/der Regierungspräsident. Bei zweistufigem Verwaltungsaufbau ist es die Obere Wasserbehörde (Ministerium, Senatsverwaltung), aber in einigen Fällen auch die Untere Wasserbehörde (Kreis oder kreisfreie Stadt).

Gewisse Einschränkungen werden dabei durch die Verordnung über Allgemeine Bedingungen für die Versorgung mit Wasser (AVBWasserV vom 20.8.1980, BGBl. I S. 750) vorgeschrieben. Sie verlangt z.B., daß dem Abnehmer im Rahmen des wirtschaftlich Zumutbaren die Möglichkeit eingeräumt werden muß, seinen Verbrauch aus dem öffentlichen Netz auch auf einen Teilbedarf zu beschränken. Er kann seinen Bedarf an Betriebswasser anderswo decken, wenn dies kostengünstiger ist.

Auch eine Befreiung vom Anschlußzwang ist auf Antrag möglich, wenn der Anschluß unter Berücksichtigung des Gemeinwohls unzumutbar ist.

Versorgungsverhältnis/Wasserversorgung

Das Verhältnis zwischen Wasserabnehmer und Versorgungsunternehmen richtet sich nach der Verordnung über Allgemeine Bedingungen für die Versorgung mit Wasser (AVBWasserV). Diese Verordnung gilt zwar zunächst nur für privatrechtliche Versorgungsverhältnisse, verlangt aber auch, daß öffentlich-rechtliche Versorgungsverhältnisse auf der Grundlage von Wassersatzungen entsprechend den Bestimmungen dieser Verordnung zu gestalten sind (§ 35 AVBWasserV).

Die AVBWasserV wurde aufgrund der Ermächtigung des § 27 des Gesetzes zur Regelung der allgemeinen Geschäftsbedingungen vom Bundesminister für Wirtschaft mit Zustimmung des Bundesrates erlassen. Sie geht davon aus, daß die Wasserversorgung wegen ihrer Leitungsgebundenheit und des daraus resultierenden Anschluß- und Benutzungszwanges faktisch eine Monopolstellung inne hat, so daß ein besonderes öffentliches Interesse an einer möglichst kostengünstigen, überall zu weitgehend gleichen Bedingungen öffentlichen Versorgung besteht. Geregelt werden im wesentlichen die Anschluß- und Versorgungspflicht sowie die Ausgestaltung des Versorgungsverhältnisses, d.h. die Geschäftsbedingungen [50].

Die AVBWasserV gilt nicht für den Anschluß und die Versorgung von Industrieunternehmen sowie für die Vorhaltung von Löschwasser (§ 1 AVBWasserV) [50].

Organisationsformen in der Wasserversorgung

Die Entscheidung über die rechtliche, strukturelle und organisatorische Ausgestaltung ihrer Selbstverwaltungsaufgabe fällt in den alleinigen Zuständigkeitsbereich der Gemeinde. Dabei entscheiden die Versorgungssicherheit, die Siedlungsstruktur, die hydrologischen Verhältnisse und nicht zuletzt die Wirtschaftlichkeit über die Struktur und Organisationsform der Wasserversorgung. Daraus resultieren vielfache Möglichkeiten der Organisation und Struktur. Da die Gemeinde ihre Pflichtaufgabe auch Dritten übertragen kann, muß zwischen öffentlich-rechtlichen und privaten Versorgungsformen unterschieden werden [50].

Regiebetrieb

Der Regiebetrieb ist eine öffentlich-rechtliche Form der Wasserversorgung. Er ist unmittelbar in die Gemeindeverwaltung eingebunden, d.h. die Wasserversorgung wird im Rahmen der allgemeinen Verwaltung erledigt. Beiträge und Gebühren gehen in den allgemeinen Gemeindehaushalt ein. Die Gemeinde muß speziell ausgebildete Mitarbeiter einstellen, weil die Wasserversorgung einschließlich der damit verbundenen Beitragserhebung und Gebührenkalkulation mit den dabei zu beachtenden Anforderungen tiefere rechtliche, wirtschaftliche und technische Kenntnisse erfordert [50].

Eigenbetrieb

Der Eigenbetrieb ist eine öffentlich-rechtliche Form der Wasserversorgung. Er ist rechtlich ebenfalls Teil der Gemeindeverwaltung, allerdings organisatorisch ausgegliedert. Über den Werksausschuß nimmt die Gemeinde Einfluß auf den Betrieb, die Gemeindevertretung setzt auch die Werksleitung ein. Wirtschaftlich bildet der Eigenbetrieb ein Sondervermögen der Gemeinde mit eigenem Haushalt, dessen Ergebnis jeweils am Jahresende in den Gemeindehaushalt eingestellt wird [50].

Eigengesellschaft

Die Eigengesellschaft ist eine privatrechtliche Form der Wasserversorgung. Dabei gründet die Gemeinde eine Aktiengesellschaft oder GmbH als rechtlich selbständigen, von der Gemeinde kapitalisierten Betrieb. Die kommunalpolitische Steuerung erfolgt über die Unternehmenssatzung. So können z.B. zustimmungspflichtige Geschäfte definiert werden, bei denen der Aufsichtsrat ein Vetorecht gegenüber dem Vorstand besitzt [50].

Private Betreiber

Die Wasserversorgung kann von der Gemeinde auch an private Betreiber delegiert werden, ohne daß sie selbst Kapitalanteile besitzt. Nicht die Aufgabe wird delegiert, sondern lediglich deren Durchführung. Hierbei ist die Vertragsgestaltung das wesentliche Element zur Absicherung des kommunalen Einflusses und für die erforderliche Kontrolle [50]. Diese Regelungen erfolgen in Form von Konzessionsverträgen.

Zweckverband

Der Zweckverband ist der Zusammenschluß mehrerer Gemeinden zur Schaffung einer günstigeren Versorgungsstruktur. Er ist als Körperschaft des öffentlichen Rechts eine juristisch selbständige Rechtsform. Rechtsgrundlage ist das Zweckverbandsgesetz von 1939. Mit der Bildung des Zweckverbands geht die Aufgabenerfüllung der Wasserversorgung von der einzelnen Gemeinde auf den Zweckverband über [50].

Wasser- und Bodenverband

Grundlage ist das Wasserverbandsgesetz vom 12.2.1991. Danach können Gemeinden, Landkreise, aber auch private Unternehmen Mitglied eines solchen Verbandes werden. Auch hier nimmt der Verband die Aufgabenerfüllung der öffentlichen Wasserversorgung gegenüber den Gemeinden wahr [50].

Wassersatzung/Wasserversorgung

Die Wassersatzung ist die öffentlich-rechtliche Ausgestaltung des Versorgungsverhältnisses in der öffentlichen Wasserversorgung (siehe auch 1.2). Sie muß den Vorschriften des AVBWasserV entsprechen (§ 35 AVBWasserV). Die Aufstellung der Wassersatzung fällt in die Zuständigkeit der Gemeindevertretung. In der Regel bedarf sie keiner Genehmigung durch die Aufsichtsbehörde. In einigen Ländern bedürfen Satzungen, die Anschluß- und Benutzungszwang vorschreiben, sowie Beitrags- und Gebührensatzungen der Genehmigung durch die Aufsichtsbehörde. Dies ist in den Gemeindeordnungen und im Kommunalabgabenrecht der einzelnen Bundesländer geregelt [50].

Wasserpreise

Der Wasserpreis ist wegen des Monopolcharakters der Wasserversorgung kein Preis, der sich an einem Markt orientiert. Die Grundsätze für die Preisfindung, die auch in den Kommunalabgabengesetzen der Länder ihren Niederschlag gefunden haben, sind [50]:

- Kostendeckung,
- angemessene Verzinsung von Eigen- und Fremdkapital,
- Substanzerhaltung.

Bis zu 80% der Kosten werden durch Ausbau und Pflege des Leitungsnetzes verursacht, aus diesem Grunde spielt die bezogene Wassermenge beim Preis oft nur eine untergeordnete Rolle [50].

Wasserpreis der GELSENWASSER AG

Die GELSENWASSER AG legt den Wasserpreis für Haushalte nicht selber fest. Der Verzicht auf Tarifhoheit ist in den Konzessionsverträgen mit den Kommunen dokumentiert. Der Wasserpreis wird von einer unabhängigen Schiedsstelle festgelegt, deren Besetzung aus der folgenden Grafik hervorgeht [83].

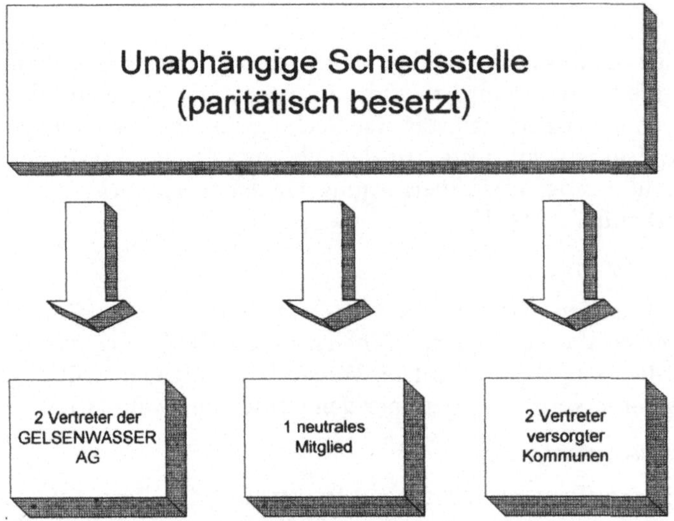

Abb. 20. Wasserpreisermittlung der GELSENWASSER AG

3.2.2 Wasserwerk Echthausen

Um der Nachfrage nach einwandfreiem Trinkwasser und der Deckung des Bedarfs zu entsprechen, betreibt die GELSENWASSER AG die Wassergewinnung Echthausen. Hier wird mit Rohwasseranreicherung über Filterbecken Grundwasser zu Tage gefördert und durch verschiedene Aufarbeitungsprozesse zu Trinkwasser weiterverarbeitet. Nach der Aufbereitung wird das Trinkwasser in das Wasserversorgungsnetz eingespeist und steht so dem Verbraucher zur Verfügung.

Auf der Grundlage der §§ 7 und 8 WHG sowie auf den §§ 25, 25 a und 26 des LWG NRW basierend ist die Förderung von Grundwasser an eine wasserrechtliche Erlaubnis oder Bewilligung gebunden, die vom zuständigen Regierungspräsidenten nach sorgfältiger Beurteilung und Aufstellung von Nebenbestimmungen vergeben wird.

Für das Wasserwerk Echthausen haben die zuständigen Behörden die in der nachfolgenden Tabelle dargestellten und in Worten beschriebenen Wasserrechte festgelegt:

Gemäß § 8 des Gesetzes zur Ordnung des Wasserhaushalts (WHG) vom 27.7.1957 in Verbindung mit § 22 (1) des Wassergesetzes für das Land Nordrhein-Westfalen (LWG) vom 22.5.1962 wird dem Wasserwerk für das nördliche westfälische Kohlenrevier in Gelsenkirchen (heutiger Name GELSENWASSER AG) für das Wasserwerk in Echthausen, Kreis Arnsberg, an Stelle des mit Urkunde vom 24.4.1939 verliehenen Rechtes das bis zum 30.9.2012 befristete Recht bewilligt.

Der folgenden Tabelle sind die Wasserrechte der Wassergewinnung Echthausen zu entnehmen.

Tabelle 7. Wasserrechte des Wasserwerkes Echthausen

Grundstück	Wasserrecht	Menge pro Stunde	Menge pro Tag	Menge pro Jahr
Gemarkung Echthausen, Flur 6, Flurstück 56	Wasserentnahme aus der Ruhr	4000 m³	90000 m³	22000000 m³
In der Wassergewinnung	Wassereinleitung in das Grundwasser	4000 m³	90000 m³	22000000 m³
In der Wassergewinnung	Förderung mit Sammelgalerien	5000 m³	100000 m³	25000000 m³
Gemarkung Echthausen, Flur 6, Flurstück 41/1	Einleitung von Waschwasser (Ruhr)	55 m³	500 m³	30000 m³
Gemarkung Echthausen, Flur 6, Flurstück 41/1	Einleitung von Sickerwasser (Ruhr)	15 m³	360 m³	470000 m³
Gemarkung Echthausen, Flur 6, Flurstück 41/1	Einleitung von Regenwasser (Ruhr)	30 m³	100 m³	3000 m³

Abb. 21. Kleingewässer am Besucherzentrum

Maßnahme:

- Einleitung der Niederschlagswässer nicht in die Ruhr, sondern in das durch die GELSENWASSER AG geschaffene Kleingewässer.

Trinkwasserschutzgebiet

Ist/Soll-Abgleich:

Im Interesse der derzeit bestehenden öffentlichen Wasserversorgung besteht zum Schutz des Grundwassers im Einzugsgebiet der Wassergewinnungsanlage Echthausen ein Wasserschutzgebiet. Das Wasserschutzgebiet gliedert sich in die weiteren Schutzzonen (Zone 3), die engere Schutzzone (Zone 2) und in den Fassungsbereich (Zone 1) [70].

Die wichtigsten Verbote und Auflagen für die einzelnen Schutzzonen sind nachfolgend genannt:

Schutzzone 3

- Genehmigungspflichtig ist z. B. der Bau von Abwasserbehandlungsanlagen, Kiesgruben, Friedhöfen, Campingplätzen und Fischteichen [70].
- Verboten ist z. B. das Lagern von Dung oder Klärschlamm, das Ausspülen von Fäkalienbehältern und das ungesicherte Lagern von wassergefährdenden Stoffen [70].

Schutzzone 2

- Genehmigungspflichtig ist z. B. das Nutzen von baulichen Anlagen zum dauernden Aufenthalt von Tieren, das Errichten von Silos und die Umwandlung von Grünland in Ackerfläche [70].
- Verboten sind z. B. alle Tatbestände, die in der Zone 3 genehmigungsbedürftig sind, und alle Handlungen, die geeignet sind, in einem nicht nur unerheblichen Ausmaß schädliche Veränderungen der physikalischen, chemischen oder biologischen Beschaffenheit der Gewässer herbeizuführen [70].

Schutzzone 1

- In der Zone 1 sind alle Handlungen verboten, die nicht dem ordnungsgemäßen Betrieb, der Wartung oder Unterhaltung des Wasserwerkes und seiner Wassergewinnungsanlagen oder der behördlichen Überwachung der Wasserversorgung dienen. Das Betreten der Zone 1 ist nur solchen Personen gestattet, die im Interesse der Wasserversorgung handeln oder mit behördlichen Überwachungsaufgaben betraut sind. Land- und forstwirtschaftliche Maßnahmen sind verboten, soweit sie nicht der Erhaltung und Pflege der zum Schutz des Grundwassers notwendigen Grasnarbe und des Baumbestandes dienen. Der Einsatz von Pflanzenbehandlungsmitteln und die animalische Düngung sind verboten. Die Ausübung der Jagd sowie die zur Erhaltung des biologischen Gleichgewichtes notwendige geregelte Fischerei sind genehmigungspflichtig [70].

Grundwasserschutz

Wassergefährdende Stoffe verunreinigen das Grundwasser, wenn sie in das Erdreich eindringen. Das Erdreich muß dann mit hohem technischen und finanziellen Aufwand ausgebaggert bzw. saniert werden. Deshalb gelten in Wasserschutzgebieten besondere Regelungen für Kraftfahrzeuge. Wasserschutzgebiete werden durch das Verkehrszeichen Nr. 354 angezeigt [18].

Im Talsperrenbereich oder in Wassergewinnungsgebieten besteht oftmals Durchfahrverbot für Transporte wassergefährdender Stoffe. Dies wird durch das Verkehrszeichen „Verbot für Fahrzeuge mit einer Ladung wassergefährdender Stoffe" angezeigt [18].

Wenn zu befürchten ist, daß durch gefährliche Güter infolge eines Unfalls oder Zwischenfalls, z. B. durch das Undichtwerden des Tanks, ein Bauwerk so beschädigt werden kann, daß eine zusätzliche besondere Gefahrenlage entsteht, so steht oftmals das Zeichen „Verbot für kennzeichnungspflichtige Kraftfahrzeuge mit gefährlichen Gütern" [18].

Nach den Verwaltungsvorschriften sind gefährliche Güter die unter die Begriffe der Gefahrenklassen 1 bis 9 der Anlage A der GGVS fallenden Stoffe und Gegenstände, die unter bestimmten Voraussetzungen zur Beförderung zugelassen sind. Die Kennzeichnung von Fahrzeugen mit gefährlichen Gütern ist in Randnummer 10500 GGVS/ des ADR geregelt. Das bedeutet, daß alle Fahrzeuge, die mit Warntafeln versehen sein müssen, in dem oben beschriebenen Bereich nicht fahren dürfen [18].

Abb. 22. Verbot für Kraftfahrzeuge mit einer Ladung wassergefährdender Stoffe

Abb. 23. Wegweiser für bestimmte Verkehrsarten

Auf einer Ausweichstrecke erfolgt die Umleitung je nach örtlichen Gegebenheiten und Erfordernissen mit Hilfe der Zeichen „Wegweiser für bestimmte Verkehrsarten".

Auch für die GELSENWASSER AG ist die Grundlage für die Zulässigkeit allen Handelns im Wasserschutzgebiet die Wasserschutzgebietsverordnung. Von wenigen Ausnahmen abgesehen, die jedoch keine unmittelbaren Auswirkungen auf den Wassergewinnungsbetrieb haben, sind alle Handlungen des Wasserwerksbetreibers von den Verboten der Wasserschutzgebietsverordnung ausgenommen. Dennoch hat der tägliche Betrieb in unbedingtem Einklang mit der Intention der Schutzgebietsverordnung zu erfolgen [45].

Maßnahme:

- Alle betrieblichen Maßnahmen sind auf ihre Vereinbarkeit mit den Zielen des Trinkwasserschutzes zu überprüfen.

Trinkwasserdesinfektion

Ist/Soll-Abgleich:

Im Wasserwerk Echthausen wird zur Abtötung von pathogenen Keimen und anderer Mikroorganismen Chordioxid als Desinfektionsmittel eingesetzt. Damit wird der Forderung der Trinkwasserverordnung § 1 Abs. 1 „Trinkwasser muß frei von Krankheitserregern sein" nachgekommen. In Tabelle 8 werden Alternativen zur Desinfektion mit Chlordioxid genannt [50].

Tabelle 8. Trinkwasserdesinfektionsmöglichkeiten (34)

Desinfektion	Mechanismus zur Keimabtötung	Nachteile
Bestrahlung	Durch die Strahlung werden die DNS der Keime verändert	Bestrahlung wirkt nur örtlich; starke Wiederverkeimung
Ozon	Abtötung der Keime durch Oxidation	Nur sehr geringe Depotwirkung, weil es sehr schnell zu O_2 zerfällt
Chlor	Abtötung der Keime durch Oxidation	Bildung von Organohalogenverbindungen
Chlordioxid	Abtötung der Keime durch Oxidation	Rückbildung von Chlorit und Chlorat

Die Tabelle 8 nennt Trinkwasserdesinfektionsmöglichkeiten und die Nachteile der einzelnen Verfahren.

Die Trinkwasserdesinfektion durch Ozonung und Bestrahlung ist für die GELSENWASSER AG ungeeignet, weil es aufgrund der sehr langen Rohrwege zur Wiederverkeimung kommt. Eine Keimfreiheit bis zum Hausanschluß kann somit nicht gewährleistet werden [34].

Eine bei der GELSENWASSER AG durchgeführte Studie zeigt die Vorteile von Chlordioxid gegenüber Chlorgas durch jeweiliges Bestimmen der gebildeten Trihalogenmethanmenge und der Gesamtmenge adsorbierbarer organischer Halogenverbindungen (AOX).

Trihalogenmethane (THM) bilden sich durch Wasserinhaltsstoffe und Chlor. Vorstufen sind Huminstoffe und Fulvinsäuren, die dann zu THM (z. B. Chloroform, Bromoform oder Methylenchlorid) reagieren.

Die zu analysierenden Wasserproben wurden mit dem jeweiligen Desinfektionsmittel versetzt. Nach einer Reaktionszeit von 20 min bei einer Temp. von 10 – 15 °C wurden folgende Werte bestimmt:

Tabelle 9. THM und AOX Bildung bei Ruhrwasser (GELSENWASSER AG, ZLC)

Desinfektionsmittel	THM Wert Februar 1997	THM Wert August 1996	AOX Wert Februar 1997	AOX Wert August 1996
Ohne Desinfektionsmittel	nicht nachweisbar	nicht nachweisbar	10 µg/l	8 µg/l
Chlordioxid	nicht nachweisbar	nicht nachweisbar	15 µg/l	21 µg/l
Chlor	0,7 µg/l	8,4 µg/l	24 µg/l	78 µg/l

Tabelle 10. THM und AOX Bildung bei Rohwasser (GELSENWASSER AG, ZLC)

Desinfektionsmittel	THM Wert Februar 1997	THM Wert August 1996	AOX Wert Februar 1997	AOX Wert August 1996
Ohne Desinfektionsmittel	nicht nachweisbar	nicht nachweisbar	6 µg/l	3 µg/l
Chlordioxid	nicht nachweisbar	nicht nachweisbar	7 µg/l	7 µg/l
Chlor	0,7 µg/l	1,0 µg/l	14 µg/l	16 µg/l

Die Interpretation der vorliegenden Werte ergibt, daß die Bildung von Chlormetaboliten beim Einsatz von Chlordioxid deutlich geringer ist im Vergleich zum Chloreinsatz. Eine wirtschaftliche Betrachtung unterschiedlicher Desinfektionsverfahren ist nur sehr begrenzt möglich. Chlorgas ist in der Regel das billigste Verfahren [34].

Im Wasserwerk Echthausen findet mit Ausnahme der Notchlorung, die mit Chlorgas im Falle eines Ausfallens der Chlordioxidanlage aktiviert wird, nur ein Einsatz von Chlordioxid statt.

Die einzusetzende Menge an Chlor und die damit verbundene desinfizierende Wirkung ist abhängig von der Rohwasserqualität. Befindet sich im zu desinfizierenden Wasser eine hohe Konzentration an reduzierenden Verbindungen, die über das Redoxpotential meßbar ist, so werden erhöhte Chlordioxidkonzentrationen benötigt, um eine zufriedenstellende Desinfektionsleistung zu erzielen. Nach § 1 Absatz 4 der TVO muß am Ende der Aufbereitung das Wasser mindestens 0,05 mg freies Chlor als Restgehalt je Liter Wasser enthalten [45].

Ein Auszug aus den ständig aufgezeichneten Werten für freies Chlor am Ende der Aufbereitung wird in der folgenden Tabelle dargestellt:

Tabelle 11. Gehalt an freiem Chlor

Datum der Messung	2.7.97	3.7.97	4.7.97	5.7.97	6.7.97
Gehalt an freiem Chlor in mg/l	0,13 mg	0,13 mg	0,12 mg	0,12 mg	0,13 mg
Interne Vorgabe GW (min)	0,10 mg	0,10 mg	0,10 mg	0,10 mg	0,10 mg
Vorgabe der TVO (min)	0,05 mg	0,05 mg	0,05 mg	0,05 mg	0,05 mg

Maßnahme:

- Aus diesem Ist/Soll-Abgleich resultieren keine Maßnahmen.

Schmierstoffe für die Voith-Kaplanturbinen

Ist/Soll-Abgleich:

Im Bereich der Wassergewinnung Echthausen befinden sich 2 Voith-Kaplanturbinen mit einer Nutzleistung von je 800 kW bei 5,70 m Gefälle und einer Wassermenge von 18 m^3/s.

Diese Kaplanturbinen benötigen spezielle Schmierstoffe. Die nachfolgende Tabelle 12 gibt Auskunft über die eingesetzten Schmierstoffe. Durch die Verwendung von Schmierstoffen, die aufgrund ihrer ökologischen Verträglichkeit in die Wassergefährdungsklasse 0 eingestuft sind, werden die Forderungen der Verhütung nachteiliger Wasserveränderungen § 1a Abs. 2 WHG erfüllt. Die Einstufung in WGK 0 (nicht wassergefährdender Stoff) stützt sich auf eine Eigeneinstufung des Herstellers.

Abb. 24. Kaplanturbinen des Wasserwerkes Echthausen

Tabelle 12. Schmierstoffe der Kaplanturbine (72)

Produktname	Ort der Schmierung	GefStoffV	Vbf-Gef.-Klasse	WGK	Orale LD 50
Planto Ukabiol Tuna S 85	Schmierölkreisl.	Nicht kennzeichnungspflichtig	keine	0	Keine Toxizität
Planto Ukabiol Tuna S 85	Reglerkreislauf	Nicht kennzeichnungspflichtig	keine	0	Keine Toxizität
Planto Ukabiol CE 3/460 HT	Kaplankopf	Nicht kennzeichnungspflichtig	keine	0	Keine Toxizität
Planto Ukabiol HE 46	Hydraulische Schützsteuerung	Nicht kennzeichnungspflichtig	keine	0	> 2000 mg/kg
Plantogel 2132 N	Leitapparat	Nicht kennzeichnungspflichtig	keine	0	> 5000 mg/kg

Maßnahme:

- Die Einstufung in WGK 0 ist durch eine Analyse eines unabhängigen Labors zu bestätigen.

Abb. 25. Zentralschmierung der Kaplanturbine

Chemikalienlagergebäude in der Wassergewinnung Echthausen

Ist/Soll-Abgleich:

Auf dem Gelände der Wassergewinnung Echthausen befindet sich ein Chemikalienlagergebäude. Basierend auf § 10 der VAwS ist das Lagern, Abfüllen und Umschlagen wassergefährdender Stoffe nach § 19g Abs 1 und 2 des WHG in der Schutzzone nicht zulässig. Für standortgebundene Anlagen, die wassergefährdende Stoffe in oberirdischen Behältern enthalten, sowie oberirdische Rohrleitungen, die zum Transport solcher Stoffe dienen, kann durch die zuständige Behörde eine Ausnahmegenehmigung erteilt werden. Dies darf aber nur für Anlagen erfolgen, die ausschließlich Betriebsmittel zur Versorgung der Wassergewinnungsanlagen beinhalten. Dazu zählen z. B. Desinfekti-

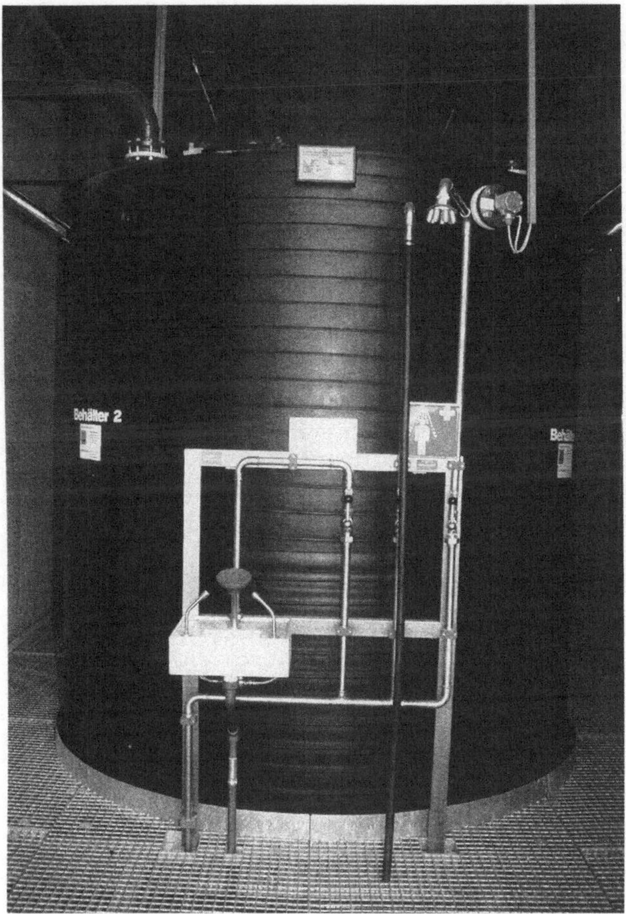

Abb. 26. Chemikalienlagerung in der Wassergewinnung Echthausen

onsmittel und Aufbereitungsmittel für das Trinkwasser. Die GELSENWASSER AG besitzt eine solche Ausnahmegenehmigung.

Maßnahme:

- Ständige Kontrolle beim Lagern, Abfüllen und Umschlagen von wassergefährdenden Stoffen im Sinne der Trinkwasserschutzgebietsverordnung.

Lagerung von wassergefährdenden Stoffen

Ist/Soll-Abgleich:

Im Turbinenhaus der Wassergewinnung Echthausen lagern Schmierstoffe, die bisher zum Betreiben der Kaplanturbinen notwendig waren. Weil es sich bei

Abb. 27. Lagerung von Schmierstoffen im Turbinenhaus

diesen Stoffen um wassergefährdende Stoffe handelt, wird vom Hersteller das Vorsehen einer Auffangwanne angesprochen. Um dem Besorgnisgrundsatz des WHG (§ 19 g Abs. 1) gerecht zu werden, sollten diese Behälter mit Auffangeinrichtungen versehen werden, die das Volumen der größten Einzelverpackung bzw. mindestens 10 % der Gesamtmenge aufnehmen.

Maßnahme:

- Fässer sollten mit einer Auffangwanne nach DIN 6601 versehen werden.

Flockungsmitteleinsatz im Wasserwerk Echthausen

Ist/Soll-Abgleich:

Als Flockungsmittel wird in der Wassergewinnung Echthausen Aluminiumchlorid eingesetzt, das über eine automatische Dosierstation dem Wasser zugegeben wird. Für diese Anlage bestehen laut VAwS § 4 keine besonderen Anforderungen. Es gelten die allgemein anerkannten Regeln der Technik, die in den §§ 3 und 5 der VAwS sowie unter Nr. 5 der VV-VAwS bestimmt werden. An dieser Stelle ist aber anzumerken, daß aus Gesichtspunkten der Umweltverträglichkeit Flockungsmittel auf Aluminiumbasis gegenüber eisenhaltigen Mitteln als weniger geeignet anzusehen sind.

Maßnahme:

- Der Einsatz eines alternativen eisenhaltigen Flockungsmittels ist anzustreben.

Herbizideinsatz durch die Deutsche Bahn AG

Ist/Soll-Abgleich:

Die Deutsche Bahn AG hat am 26.11.96 unter Hinweis auf § 6 (3) Pflanzenschutzgesetz eine Ausnahmegenehmigung zur Anwendung von Pflanzenschutzmitteln auf Gleisanlagen bei der Landwirtschaftskammer Westfalen-Lippe beantragt. Nach Auskunft der Deutschen Bahn AG handelt es sich um eine zwingend erforderliche Wartungsmaßnahme, die zur Gewährleistung der Betriebssicherheit auf Gleisanlagen jährlich durchzuführen ist [86].

Begründung der Deutschen Bahn AG:

Der Gleiskörper und die Randwege der Bahnanlagen der Deutschen Bahn AG sind zur Gewährleistung der Lagestabilität und des Bahnbetriebes von jeglichem Aufwuchs freizuhalten. Entstehender Pflanzenbewuchs führt zur Beeinträchtigung der Wirkungsweise des Systems Schotterbett/Gleis. Weiterhin dürfen keine humosen Bestandteile im Schotter sein. Die Befestigungen der Schienen müssen sichtbar sein, damit Fehler sofort erkannt werden können. Niedrig stehende Signale müssen erkennbar sein. Pflanzenmasse, die sich auf die Schienenköpfe legt, verhindert die Bremswirkung. Randwege müssen zur Wartung und Pflege der Gleisanlagen begehbar sein [86].

Vor der Erteilung einer Genehmigung zur Anwendung von Pflanzenbehandlungsmitteln auf Freiflächen ist eine Stellungnahme der Unteren Wasser- und Unteren Landschaftsbehörde einzuholen. Für Flächen, die in Wasserschutzzonen liegen, kann eine Ausnahmegenehmigung nur im Benehmen mit der Unteren Wasserbehörde erteilt werden (Verwaltungsvorschrift zur Anwendung von Pflanzenschutzmitteln auf Freiflächen - MBl. NW vom 31.5.91, S. 722, i.d.F. vom 27.9.1993, S. 1546). Die GELSENWASSER AG gibt dazu bei der Unteren Wasserbehörde und der Unteren Landschaftsbehörde eine Stellungnahme ab [87].

Ausnahmegenehmigung zur Aufbringung von PBSM

Gegen eine fachgerechte Aufbringung von PBSM bestehen keine Bedenken. Hiervon ausgenommen ist die Aufbringung im Bereich des Streckenabschnittes des Wasserschutzgebietes Echthausen der GELSENWASSER AG. Hier verläuft die Gleisstrecke in der Schutzzone 2. Teilweise ist der Gleiskörper Grenze zur Schutzzone 1.

Gemäß § 1 WHG sind Gewässer so zu bewirtschaften, daß jede vermeidbare Beeinträchtigung unterbleibt. Hinsichtlich der Reinhaltung der Gewässer ist der sogenannte Besorgnisgrundsatz anzuwenden (§§ 19g und 34 WHG). Dies bedeutet, daß keine auch noch so wenig naheliegende Wahrscheinlichkeit der Verunreinigung des Wassers oder einer sonstigen nachteiligen Veränderung seiner Eigenschaften bestehen darf [87].

Daraus ergibt sich ein Verbot für die Ausbringung von PBSM in den Schutzzonen 1 und 2.

Entgegen dem Wortlaut der Deutschen Bahn AG ist die GELSENWASSER AG über Ausbringungszeitpunkte und verwendete PBSM nicht informiert worden. Deshalb liegen Untersuchungsergebnisse mit dem Ziel, bei Positivbefunden den Einsatz untersagen zu können, nicht vor [87].

Nach Auskunft der Deutschen Bahn AG geschieht die Unkrautbekämpfung im Bereich der WG Echthausen herbizidfrei durch UV-Behandlung. Diese Art der Unkrautbekämpfung wurde von Mitarbeitern der Wassergewinnung Echthausen bestätigt. Eine schriftliche Selbstverpflichtung seitens der Deutschen Bahn AG wurde zum Zeitpunkt des Audits nicht erbracht.

Bei der in Abb. 29 zu sehenden Pflanzenart handelt es sich um „Storchenschnabel". Diese Pflanzenart stellt sich als Pionierpflanze nach Herbizideinsatz ein. Es kann also davon ausgegangen werden, daß Herbizide in naher Vergangenheit eingesetzt wurden, ein Einsatz zur Zeit aber nicht stattfindet.

Maßnahmen:

- Aufgrund der in Echthausen vorhandenen Grundwasserfließrichtung (Süd-Ost) kommt es beim Einsatz von Herbiziden im Bereich des Gleiskörpers zum direkten Eintrag in die Filterbecken. Der Herbizideinsatz ist deshalb unbedingt zu unterlassen.
- Die Unkrautbekämpfungsmethoden der Deutschen Bahn AG im Bereich der WG sind soweit wie möglich zu überprüfen.
- Eventuelle Kontrollmessungen.

Abb. 28. Gleiskörper neben der Wassergewinnung

- Aufgrund des Verursacherprinzips sind Messungen von der Deutschen Bahn AG durchzuführen.

Natur auf Zeit

Ist/Soll-Abgleich:

Noch vor 30 Jahren glichen die Anlagen der GELSENWASSER AG mit ihren großen, intensiv geschnittenen Wiesenflächen Golfplätzen. Erste Anpflanzungen von Gehölzgruppen zur Auflockerung und Anreicherung des Geländes erfolgten in den siebziger Jahren. Mit Beginn der achtziger Jahre vollzog sich bei der Pflege und Nutzung der Grünflächen ein Umdenken [61].

Unter dem Schlagwort „Natur auf Zeit" werden bei der GELSENWASSER AG Filterbecken verstanden, die temporär für die Trinkwassergewinnung nicht genutzt werden. Angereichert mit unterschiedlichen Habitatstrukturen und unterstützt durch eine uneingeschränkte Sukzession, haben diese ehemaligen Filterbecken einen hohen Stellenwert für den floristischen und faunistischen Artenschutz.

Die folgenden Abbildungen zeigen die temporär stillgelegten Teilbereiche der Wassergewinnung Echthausen. Im Bereich üppiger Zonierungen konnten hier bereits Hauben- und Zwergtaucher nachgewiesen werden.

Abb. 29. Stillgelegtes Filterbecken in der Wassergewinnung Echthausen

Abb. 30. Schwertlilien im Filterbecken der WG Echthausen

Abb. 31. Haubentaucher mit Jungen im stillgelegten Filterbecken

Maßnahme:

- Für die GELSENWASSER AG könnte ein Monitoring der im Bereich solcher Sukzessionsflächen vorkommenden Pflanzen und Tiere interessant sein.

3.2.3 Betriebsdirektion Unna und Rohrnetz

Öllagerraum in der Autowerkstatt der Betriebsdirektion Unna

Ist/Soll-Abgleich:

Im Öllagerraum lagern verschiedene Motoröle. Die Lagerung der Fässer geschieht dort ohne Auffangwanne. Im Fall einer Undichtigkeit am Ölbehälter würde sofort Öl in die Kanalisation gelangen.

Abb. 32. Öllagerraum in der Autowerkstatt

Maßnahme:

- Fässer sollten mit einer Auffangwanne nach DIN 6601 versehen werden.

☺ Am 22.5.97 wurden Compaktwannen vom Typ CW2 nach DIN 6601 bestellt.

Reinigung der Trinkwasserbehälter (Hochbehälter)

Ist/Soll-Abgleich:

Hochbehälter sind Trinkwasserbehälter, die sich von ihrer geodätischen Lage gesehen auf einem möglichst hohen Niveau befinden. Der preiswerte Nachtstrom wird genutzt, um die Hochbehälter zu füllen. Der hydrostatische Druck reicht dann fast vollständig aus, um die Wasserverteilung zu realisieren. Durch die Befüllung der Hochbehälter werden Spitzenlasten, z.B. in der Mittagszeit, abgefangen.

Die Hochbehälter der GELSENWASSER AG werden periodisch gereinigt. Da die Auskleidung der Hochbehälter unterschiedlich ist, werden zwei verschiedene Reinigungsmethoden angewandt.

Die GELSENWASSER AG besitzt im Bereich der BD Unna 3 Hochbehälter, deren Volumen und Oberflächenbeschichtung in der folgenden Tabelle beschrieben sind:

Tabelle 13. Hochbehälter am Standort

Bezeichnung der Hochbehälter	Volumen der Behälter	Anzahl der Kammern	Oberflächenbeschichtung der Behälter
Wickede	10000 m^3	2	Kerasal Microsilika
Schürmann	2500 m^3	1	Zementmörtel
Wilhelmshöhe (Wasserkammer 1-3)	9000 m^3	3 von 5	Kerasal Microsilika
Wilhelmshöhe (Wasserkammer 4-5)	6500 m^3	2 von 5	Chlorkautschuk Farbe

Die Reinigung der Behälter bei Chlorkautschuk-Auskleidung geschieht mit Hilfe des Reinigungsmittels Herli Rapid. Herli Rapid enthält 10-25% Salzsäure, 2,5-10% Phosphorsäure und <2,5% Amidosulfonsäure. Es reizt die Augen und die Haut. Nach der Behälterreinigung wird Herli Rapid mit Vitamin C und Natronlauge neutralisiert. Herli Rapid besitzt die Wassergefährdungsklasse 1 (schwach wassergefährdend). Das Waschwasser wird über Entwässerungseinrichtungen abgeleitet (siehe Entwässerung der Hochbehälter).

Das Umweltbundesamt vertritt den Standpunkt, daß Reinigungs- und Desinfektionsmittel für die Behälterreinigung wegen der möglichen gesundheitlichen Gefährdung des Menschen möglichst eingeschränkt und nur im Bedarfsfall eingesetzt werden sollen. Des weiteren sagt das UBA, daß „zur Reinigung und Desinfektion von Trinkwasseranlagen nur Präparate verwendet

Abb. 33. Hochbehälterreinigung

werden sollen, die über ein Prüfzeugnis nach DVGW-Regelwerk W291/W318 verfügen. Herli Rapid verfügt über dieses Zeugnis. Nachteil des Präparates ist, daß es durch den enthaltenen Phosphor zu einer Eutrophierung des Gewässers beiträgt [22].

Zwei der Tabelle 15 zu entnehmende Hochbehälter besitzen eine Kerasalbetonauskleidung. Kerasal ist ein silicamodifizierter Naßspritzbeton mit sehr hoher Druckfestigkeit (100 N/mm²) und einer hohen Widerstandsfähigkeit gegen chemische Angriffe [37]. Diese Oberfläche erlaubt eine chemikalienfreie Behälterreinigung mittels Hochdruckreiniger und bei hohen Temperaturen (80 °C). Durch dieses Reinigungsverfahren kommt es ohne den Einsatz von Desinfektionsmitteln zur Keimfreiheit der Behälterwände, was „Abklatschproben" (Endo-Agar Nährboden), die an die Wandungen gedrückt wurden, bewiesen haben.

Nach § 2 WHG bedarf die Benutzung eines Gewässers der behördlichen Erlaubnis nach § 7 WHG oder der Bewilligung nach § 8 WHG. Die GELSENWASSER AG betreibt drei Hochbehälter. Diese Hochbehälter werden periodisch gereinigt, das Reinigungswasser wird, wie die nachfolgende Tabelle 14 zeigt, abgeführt. Für den Hochbehälter Schürmann besteht eine Einleitgenehmigung vom 11.7.96 Trinkwasser über eine Entleerungsleitung DN 300 in einer Menge von max. 300 m³ im Jahr in den Kordelbach einzuleiten.

Die Einleitung des anfallenden Wassers am Hochbehälter Wilhelmshöhe geschieht zusammen mit den Dachentwässerungen und den Entwässerungen

Tabelle 14. Einleitung von Reinigungswasser der Hochbehälter

Hochbehälter	Einleitungsstelle	Einleitgenehmigung nach §§ 7, 8 WHG
Schürmann	Kordelbach	Bis zum 30.11.2016
Wilhelmshöhe	Mergelkuhle	Bis zum 31.05.2001
Wickede	Ruhr	Nicht vorhanden

Abb. 34. Einleitung vom HB in den Kordelbach

für die Schieberkammern in eine ehemalige Mergelkuhle (Gemarkung Billmerich, Flur 4, Flurstück 49).

Auch hierfür besteht eine wasserrechtliche Genehmigung gemäß § 8 in Verbindung mit § 22 LWG vom 22.5.62, die bis zum 31.5.2001 befristet ist. Durch die Einleitung der Dachentwässerungen wird auch die Forderung des § 51a LWG erfüllt.

Abb. 35. Einleitung in eine ehemalige Mergelkuhle

Eine Einleitgenehmigung für den Hochbehälter Wickede lag zum Zeitpunkt des Audits nicht vor.

Maßnahmen:

- Die Einleitgenehmigung des Reinigungswassers des Hochbehälters Wickede lag zum Zeitpunkt des Audits nicht vor. Es ist zu prüfen, ob eine Einleitgenehmigung nach § 7 WHG besteht. Wenn nicht, ist diese zu beantragen.
- In die Einleitgenehmigung sind auch die Zusammensetzung und die Konzentration der eingeleiteten Stoffe mit aufzunehmen (z. B. Natriumthiosulfat, Herlirapid).
- Die Behälter mit Chlorkautschuk-Farbanstrich sind zu sanieren und mit einer Kerasal-Auskleidung zu versehen. Damit ist gewährleistet, daß bei der Behälterreinigung kein belastetes Abwasser anfällt.

Abb. 36. Gelege des Flußregenpfeifers auf Hochbehälterdach

Hochbehälterdächer

Ist/Soll-Abgleich:

Die Dächer der Trinkwasser-Hochbehälter sind zum Schutz der bituminösen Dichtungsschicht mit einer mehrere Zentimeter dicken Kiesschüttung überdeckt. Die Beobachtung, daß ökologisch geprägte Trinkwasserversorgungsanlagen Artenrückzugsgebiete sein können, wird an dem „Sonderstandort Kiesdach" erneut deutlich. Wiederholt konnte in Wasserwerken beobachtet werden, daß der Flußregenpfeifer, der im Binnenland in großen Sand- und Kiesgruben brütet, auf solchen Kiesdächern seine Brut großzieht.

Maßnahme:

- Eine partielle Begrünung der Dachflächen zur Reduktion des zum Abfluß kommenden Niederschlags und zur Verbesserung des gesamtökologischen Bildes mit Pflanzen, die solchen Extremstandorten angepaßt sind, wäre wünschenswert. Vorgeschlagen werden Sedum-Arten. Die eigentlichen Kiesdächer sollten bei dieser Maßnahme erhalten bleiben.

Eigenverbrauchertankstelle der BD Unna

Ist/Soll-Abgleich:

Die Betriebsdirektion Unna hat bis 1995 eine Eigenverbrauchertankstelle betrieben. Damit war die BD Unna verpflichtet, die Anlage wiederkehrend gemäß § 19i Abs. 2 des Wasserhaushaltsgesetzes (WHG) in Verbindung mit § 23 der Verordnung über Anlagen zum Umgang mit wassergefährdenden Stoffen und über Fachbetriebe (VAwS) auf ihren ordnungsgemäßen Zustand zu prüfen.

Folgende Mängel wurden durch die Kreisverwaltung Unna am 25.2.94 erkannt:

- Die Abfüllplätze sind in herkömmlichem Verbundstein ausgeführt.
- Der Zapfinselbereich ist in Kopfpflaster ausgeführt.
- Die Domschächte der Lagertanks, über die eine Behälterbefüllung stattfindet, liegen im Pflanzstreifen.
- Rückhaltevermögen für im Schadensfall auslaufende Kraftstoffe ist hier nicht gegeben.

Die Anlage wurde daraufhin stillgelegt (Tankanlagen wurden mit Stickstoff befüllt). Gemäß § 19i Abs. 2 Satz 3 Ziffer 5 des Wasserhaushaltsgesetzes entfällt die Prüfung des Lagerbehälters aber nur dann, wenn die ordnungsgemäße Stillegung durch einen zugelassenen Sachverständigen bestätigt wurde. Diese Prüfung hat stattgefunden. Die Bestätigung des Sachverständigen ist vorhanden.

Maßnahme:

- Aus diesem Ist/Soll-Abgleich resultieren keine Maßnahmen.

Abb. 37. Stillgelegte Tankstelle

Abb. 38. Ölwechselgrube in der Autowerkstatt

Ölwechselgrube der Autowerkstatt der Betriebsdirektion Unna

Ist/Soll-Abgleich:

Die Grube zum Wechseln der Motoröle an Fahrzeugen der Betriebsdirektion Unna, in der sich auch der Ölsammelbehälter befindet, ist mit Fliesen ausgekleidet. Die Befestigung der Bodenflächen der Abfüllplätze muß aber dauerhaft flüssigkeitsundurchlässig sein, dies gilt auch für die Aufkantungen. Ein Abdichtungssystem unter Verwendung von wasserundurchlässigem Stahlbeton (Mindestbetongüte B 35 nach DIN 1045), Mindestbauteildicke 20 cm, geeignete Fugenausführung und -abdichtung würde diese Forderung erfüllen. Wasserundurchlässiger Stahlbeton ist bei der Bauausführung berücksichtigt worden, ein Nachweis der Fugenausführung ist aber nicht vorhanden.

Beton wird als Werkstoff für Auffangräume, Abfüllstellen und Produktionsanlagen verwendet. Bis vor ca. 10 Jahren galt wasserundurchlässiger Beton auch als undurchlässig gegenüber anderen Flüssigkeiten, also auch gegenüber wassergefährdenden Flüssigkeiten. Aufgrund von Grundwasserverunreinigungen durch chlorierte Kohlenwasserstoffe wurde die Dichtheit von Beton näher untersucht. Dabei wurde festgestellt, daß chlorierte Kohlenwasserstoffe eine 20 cm dicke Platte aus wasserundurchlässigem Beton innerhalb von einem Tag durchdringen können.

Die folgende Tabelle zeigt Eindringtiefen verschiedener Stoffgruppen nach 72 Stunden in ungerissenem Beton.

Tabelle 15. Eindringtiefen in Beton (50)

Stoffgruppe	Eindringtiefe
Aliphatische Kohlenwasserstoffe	85 mm
Aromatische Kohlenwasserstoffe	80 mm
Alkohole (einwertig)	65 mm
Mehrwertige Alkohole	30 mm
Aldehyde	45 mm
Organische Säuren	30 mm
Anorganische Laugen	15 mm

Maßnahme:

- Der Boden der Wechselgrube einschließlich der Aufkantungen soll mit einer chemikalienfesten Beschichtung versehen werden.

Regenwasserversickerung auf dem Betriebsgelände der BD Unna

Ist/Soll-Abgleich:

Das Gelände der Betriebsdirektion Unna besitzt einen relativ hohen Versiegelungsgrad, siehe Abb. 39

Aufgrund des § 7 (Pflicht zur Entsiegelung) des im Entwurf vorliegenden Gesetzes zum Schutz vor schädlichen Bodenveränderungen und zur Sanierung von Altlasten (BBodSchG) [75] und dem geänderten §51a des Landes-

Abb. 39. Versiegelte Flächen im Eingangsbereich der BD Unna

wassergesetzes (LWG) plant die GELSENWASSER AG Maßnahmen zur ortsnahen Regenwasserversickerung auf dem Betriebsgelände der BD Unna. Geplant ist z.B., das im Bereich des Besucher- und Mitarbeiterparkplatzes einschließlich Zuwegung anfallende Regenwasser in einem Retentionsteich mit angeschlossenem Mulden-Rigolensystem zu versickern. Weiterhin werden die Möglichkeiten der Versickerung von Dachablaufwässern der Werkstatt- und Garagengebäude mit ortsnaher Einleitung in ein Gewässer geprüft.

Im Bereich der Lagerflächen wird die Realisierung der Abkopplung der vorhandenen Flächen vom Kanalnetz untersucht. Das anfallende Niederschlagswasser soll dann entweder von den versiegelten Flächen auf die durchlässigen Oberflächen geleitet werden, so daß versiegelte Flächen auf angrenzenden ungebundenen Flächen entwässern, oder über das derzeit an die Kanalisation angeschlossene Drainsystem versickert werden.

Derzeit wird die Versickerungsleistung der unbefestigten Flächen anhand von Niederschlagsabflußmessungen festgestellt. Zum jetzigen Zeitpunkt erfolgt die Entwässerung über ein an die Kanalisation angeschlossenes Drainsystem.

Maßnahmen:

- Das geplante Mulden-Rigolensystem für die BD Unna ist zu realisieren.
- Weiterhin sind partiell in die Flächen mit hohem Versiegelungsgrad wasserdurchlässige Tragschichten (z.B. Rasengittersteine) einzubauen, damit versiegelte Flächen über angrenzende Flächen entwässern können und somit der zum Abfluß kommende Niederschlag minimiert wird.
- Es ist zu prüfen, ob auch in Unna eine Dachbegrünung nach dem Vorbild einiger anderer Betriebsdirektionen durchgeführt werden kann, um in der Vegetationsperiode Dachwässer nicht mehr entwässern zu müssen. Auch diese Maßnahme würde zur Verbesserung der gesamtökologischen Situation der BD Unna beitragen.

3.2.4 Kooperation Wasserwirtschaft/Landwirtschaft

Die Kooperation Landwirtschaft/Wasserwirtschaft im Einzugsgebiet der Ruhr ist die größte flächendeckende Kooperation in Westfalen-Lippe. Ihr Ziel ist es, die Ruhr als Trinkwasserreservoir für ca. 5 Millionen Menschen soweit wie möglich vor schädlichen Einträgen von Pflanzenschutzmitteln und Pflanzennährstoffen zu schützen. Ein besonderes Problem ist hier in dem Eintrag von Pflanzenschutzmitteln aus nichtlandwirtschaftlicher, nämlich privater, gewerblicher oder industrieller Anwendung zu sehen [31].

Die Kooperation Landwirtschaft/Arbeitsgemeinschft der Wasserwerke an der Ruhr (AWWR) besteht seit mehr als fünf Jahren. Ihre Gründung geht wie bei allen anderen Kooperationen auf die sogenannte 12-Punkte-Vereinbarung von Juni 1989 zwischen Vertretern der Landwirtschaft und der Wasserwirtschaft unter Federführung des MURL zurück. Grundlage dieser Vereinbarung ist, das Ziel des Gewässerschutzes in erster Linie durch intensive Beratung der landwirtschaftlichen Betriebe zu verwirklichen [31].

Problemstellung in der Ruhrkooperation

Bei der Ruhrkooperation handelt es sich um eine flächendeckende, das gesamte Einzugsgebiet der Ruhr umfassende Kooperation, in der die Landwirtschaftskammer als Beratungsorganisation Vertragspartner der Wasserwirtschaft ist. Das Kooperationsgebiet ist 448 000 ha groß und erstreckt sich über die Kreise Soest und Unna sowie die kreisfreie Stadt Hagen. Diese Großräumigkeit ist erforderlich, weil Schadstoffeinträge in die Zuläufe der Ruhr zu Problemen bei der Trinkwassergewinnung in den Wasserwerken führen können, die die Trinkwassergewinnung von rund 5 Mio. Menschen sicherstellen müssen [31].

Bei der Schadstoffbelastung der Ruhr bereiten weniger die Einträge aus der Landwirtschaft Probleme als vielmehr die aus der außerlandwirtschaftlichen Anwendung von Herbiziden. Hierbei geht es insbesondere um den Wirkstoff Diuron, der in verschiedenen Totalherbiziden enthalten ist, die häufig verbotenerweise auf versiegelten Flächen eingesetzt werden. Aus diesem Grund muß sich zukünftig die Beratung neben den klassischen landwirtschaftlichen Beratungsaufgaben schwerpunktmäßig auf ein bisher ungewohntes Arbeitsfeld konzentrieren. Dabei muß insbesondere der Kontakt zu Kommunen, Industrie- und Gewerbebetrieben, Kleingartenverbänden, Privatanwendern, Grünen Märkten und anderen Handelsunternehmen gesucht und gepflegt werden [31].

Aufgaben und Ziele der Kooperationsberatung

In der praktischen Beratungsarbeit geht es sowohl um den aktuellen als auch um den vorbeugenden Gewässerschutz, der vor allem auf eine breitenwirksame Öffentlichkeitsarbeit angewiesen ist. Hierzu wurden in den vergangenen fünf Jahren umfangreiche Aktivitäten entwickelt. Dabei hat es sich gezeigt, daß das Kooperationsanliegen Gewässerschutz im Bereich Landwirtschaft zum Beispiel über Organisationsstrukturen wie Arbeitskreise oder Arbeitsgemeinschaften relativ einfach und schnell umgesetzt werden kann, wenn die ökologischen Erfordernisse und die ökonomischen Zwänge in Einklang miteinander gebracht werden können [31].

Vorkommen von PBSM in der Ruhr

Die Ruhr enthält zeitweise oder häufig vornehmlich folgende Pflanzenbehandlungsmittel-Wirkstoffe, die den nachfolgenden Tabellen 16 und 17 zu entnehmen sind.

1995 hat die AWWR überarbeitete Zielwerte für die Qualität des Ruhrwassers veröffentlicht. Im Sinne einer naturnahen Trinkwassergewinnung wird darin als mittelfristiges Ziel je PBSM-Einzelkomponente ein Wert von 0,05 mg/l und als langfristiges Ziel eine weitere Minimierung angestrebt [31].

Die meisten Überschreitungen dieses Zielwertes ergeben sich beim Wirkstoff Diuron, der – meist gesetzeswidrig – zur Bekämpfung und Vermeidung

Tabelle 16. Wirkstoffe in der Ruhr (31)

Wirkstoff	Anwendungsbereich
Diuron	nicht landwirtschaftlicher Bereich
Isoproturon	Getreide
Chlortoluron	Getreide
Terbuthylazin	Mais
Atrazin	Mais

Tabelle 17. Diurongehalte in Ruhrwasserproben (31)

Jahr	Anzahl der Werte	Werte (%) > 0,1 µg/l	Werte (%) > 0,05 µg/l
1991	236	30 (13)	56 (24)
1992	249	50 (20)	95 (38)
1993	555	143 (26)	224 (40)
1994	243	34 (14)	77 (32)
1995	378	59 (16)	132 (35)

von Wildkräutern auf befestigten Flächen von Privatpersonen sowie auf Industrieanlagen ausgebracht wird [31]. Die Tabelle 17 zeigt Diurongehalte der Ruhr.

Diuron - Demonstrationsversuch in der Stadt Hattingen

Die Kooperation Landwirtschaft/Arbeitsgemeinschaft der Wasserwerke an der Ruhr (AWWR) trat Ende 1994 an die Stadt Hattingen heran, um Diuron-Eintragspfade in die Ruhr zu ermitteln. Die Ergebnisse sollen dazu dienen, effiziente Wege des praktischen Umwelt- und Gewässerschutzes gemeinsam mit der Stadt Hattingen umzusetzen [85].

Die Stadt Hattingen wurde willkürlich als eine unter vielen Städten an der Ruhr ausgewählt.

An dem Projekt waren beteiligt:

- AWWR,
- Stadt Hattingen,
- Ruhrverband,
- Landwirtschaftskammer Westfalen-Lippe,
- Institut für Wasserforschung GmbH, Dortmund,
- Bayer AG.

Bewertung und Ergebnisse

Zur Analytik von insgesamt ca. 20 ausgesuchten Wirkstoffen (z.B. Diuron, Isoproturon, Atrazin) wurden die Proben nach Festphasenanreicherung mittels HPLC-MS bzw. HPLC-DAD untersucht. Regelmäßige Vergleichsmessungen zwischen verschiedenen Laboratorien sicherten die Qualität der Messungen ab [85].

Die Untersuchungen zu Beginn der ersten erfaßten Vegetationsperiode zeigten z.T. sehr hohe Belastungen mit Diuron sowohl aus den industriell genutzten Gebieten als auch den Wohngebieten (bis zu 12 mg/l Diuron). Einträge aus den landwirtschaftlich genutzten Flächen waren kaum zu verzeichnen [85].

Die Ergebnisse aus der folgenden Vegetationsperiode zeigen erheblich reduzierte Belastungen aus allen untersuchten Bereichen [85].

Dieser Erfolg ist auf das gesteigerte Umweltbewußtsein der Hattinger Bürger zurückzuführen. Der freiwillige Verzicht auf die Anwendung diuronhaltiger Mittel führte zu einem deutlichen Rückgang der Einträge und somit letztlich zu einer Verbesserung der Ruhrwasserqualität [85].

Schwerpunkte der Kooperationsarbeit

Landwirtschaftliche Schwerpunkte [89]:

- Beratung von Landwirten, die sich gegenüber ihrem Abnehmer (Großbäckereien) vertraglich verpflichtet haben, deutlich weniger PBSM einzusetzen.
- Entwicklung einer Projektskizze zur Erstellung einer Gefährdungsabschätzungskarte für das Ruhreinzugsgebiet.
- Besonders relevante Teilgebiete noch exakter erfassen, um die landwirtschaftlichen Berater auch räumlich noch gezielter einsetzen zu können.
- Vorstellen der Kooperation Landwirtschaft/AWWR bei Umwelttagen, Ausstellungen und sonstigen öffentlichen Veranstaltungen zum Thema Landwirtschaft/Umwelt.

Außerlandwirtschaftliche Schwerpunkte [89]:

- Anschreiben aller Baumärkte und Gartencenter mit dem Hinweis auf die Diuron-Problematik und dem Appel, auf diuronhaltige Produkte zu verzichten.
- Erfahrungsaustausch mit Kommunen, die thermische Geräte einsetzen.
- Veröffentlichungen in Presse und Fachzeitschriften zum Thema Diuron.

Weitere Projekte

1. Arbeitskreis Hennetalsperre

Ziel des Arbeitskreises Hennetalsperre ist es, den Nährstoffeintrag, insbesondere Stickstoff und Phosphor, zu reduzieren.

Dazu sind folgende Maßnahmen geplant:

- Verminderung der Gülleausbringung auf Grünland,
- Optimierung der Düngung,
- Vermeidung von Festmistlagerung im Einzugsgebiet,
- Verminderung der Beweidungsintensität,
- Verminderung der Beweidung direkt am Gewässer.

2. Isoproturon-Monitoring an den Hauptzuflüssen der Ruhr

Ziel des Projektes ist die Erfassung von Herbizid-Eintragsmengen der Ruhr und deren Zuflüssen. Beteiligt an diesem Projekt sind das LUA, der Ruhrverband, das Institut für Wasserforschung und die Kooperation Landwirtschaft/AWWR.

3.3 Gefahrstoffe/Arbeitsschutz

3.3.1 Einführung

Zum Schutze der Menschen und der Umwelt hat der Gesetzgeber in den letzten Jahren eine Vielzahl von Gesetzen, Verordnungen und Rechtsvorschriften neu erstellt und veraltete durch Neuerungen ergänzt. Die Umwelt zu schützen und zu erhalten, hat oberste Priorität, um die für alle Menschen wichtige Qualität von Nahrung, Wasser und Luft weiterhin sicherzustellen.

Der Gesetzgeber hat dazu in den letzten Jahren eine Vielzahl von Gesetzen, Verordnungen und Rechtsvorschriften neu erstellt und veraltete durch Neuerungen ergänzt. Über Jahre hinweg sind neben den gesetzlichen Grundlagen durch die einzelnen Berufsgenossenschaften eine Vielzahl von zusätzlichen Regelwerken und weiteren Anforderungen geschaffen worden. Hiermit werden die im Unternehmen zuständigen Entscheidungsträger zusätzlich konfrontiert. Auch im Umgang mit Gefahrstoffen gibt es eine Vielzahl von Anforderungen, die zu beachten sind.

Die für die GELSENWASSER AG wichtigsten Gesetze, Verordnungen und Rechtsvorschriften werden nachfolgend genannt und kurz erklärt.

Gesetzliche Grundlage für Gefahrstoffe:

- Chemikaliengesetz
- Chemikalien-Verbotsverordnung
- Gefahrstoffverordnung
- TRGS 519 Umgang mit Asbest und asbesthaltigen Gefahrstoffen bei Abbruch-, Sanierungs- oder Instandhaltungsarbeiten
- TRGS 514 Lagern sehr giftiger und giftiger Stoffe in Verpackungen und ortsbeweglichen Behältern
- TRGS 515 Lagern brandfördernder Stoffe in Verpackungen und ortsbeweglichen Behältern
- LAGA Merkblatt Entsorgung asbesthaltiger Abfälle
- UVV Gesundheitsgefährlicher mineralischer Staub

Das Chemikaliengesetz

Das Chemikaliengesetz (ChemG) ist die Kurzbezeichnung für das Bundesgesetz zum Schutz vor gefährlichen Stoffen vom 16.9.1980. Das ChemG ist ein stoffbezogenes Regelwerk mit dem Ziel, Mensch und Umwelt vor schädlichen Einwirkungen gefährlicher Stoffe zu schützen. Das ChemG betrifft gleichrangig den Gesundheitsschutz, den Arbeitsschutz und den Umweltschutz [76].

Folgende Prinzipien werden bei der Zusammenstellung des ChemG zugrunde gelegt:
- Verantwortung für Sicherheit eines Produktes beim Hersteller oder Einführer, Pflicht zur Anmeldung neuer Stoffe mit vorgeschriebenen Prüfunterlagen vor dem Inverkehrbringen,
- Pflicht zur Information über alle dem Meldenden bekannten gefährlichen Eigenschaften des gemeldeten Stoffes, die für das ChemG relevant sind,
- Pflicht zur ordnungsgemäßen Einstufung, Kennzeichnung und Verpackung aller gefährlichen Stoffe,
- Möglichkeiten staatlicher Eingriffe durch Rechtsverordnung in das Produktions- bzw. Vermarktungsgeschehen zur Abwendung von Gefahren durch schädliche Einwirkungen gefährlicher Stoffe [76].

Das ChemG ist ein Rahmengesetz, das nur allgemeine Regelungen enthält. Spezielle Ausführungsbestimmungen sind in ergänzenden Verordnungen erlassen: Verordnung über die Gefährlichkeitsmerkmale von Stoffen und Zubereitungen (ChemG Gefährlichkeitsmerkmale-V), Verordnung über Anmeldeunterlagen und Prüfnachweise (ChemG Anmelde- und PrüfnachweisV), Verordnung über gefährliche Stoffe (Gefahrstoffverordnung) [76].

Entsprechend dem Anwendungsbereich des ChemG ist jeder neue Stoff mit einer Vermarktungsmenge von > 1 t/a im EG-Raum 45 Tage vor seinem Inverkehrbringen bei der BAU (Bundesanstalt für Arbeitsschutz) anzumelden. Dies gilt auch bei Einfuhr von Ländern außerhalb der EG. Dabei ist ein technisches Dossier vorzulegen, das Angaben zur Identifizierung und Verwendung des Stoffes, zu physikalisch-, chemischen Eigenschaften, zu toxikologischen Untersuchungen und zu Möglichkeiten der Unschädlichmachung des Stoffes enthält. Die Anmeldeunterlagen werden an die Bewertungsstellen BAU (Arbeitsschutz), UBA (Umweltschutz) und BGA (Gesundheitsschutz) weitergeleitet und von diesen bewertet. Falls die Anmeldung als richtig und vollständig anerkannt wird, kann der angemeldete Stoff nach Ablauf der 45-Tage-Frist in den Verkehr gebracht (vermarktet) werden. Weitere Prüfungen können bei Erreichen bestimmter Vermarktungsmengenschwellen vorgeschrieben werden (Stufenplan) [76].

Von der Anmeldeverpflichtung sind ausgenommen:
- Stoffe, die vor dem 18.9.1981 in Deutschland oder einem anderen EG-Land auf dem Markt waren. Etwa 100 000 dieser Altstoffe sind im Verzeichnis EINECS der zuständigen EG-Kommission enthalten,
- Polymerisate, Polykondensate, Polyaddukte, die weniger als zwei Gewichtsprozent eines neuen anmeldepflichtigen Monomeren enthalten,
- Stoffe mit einer vermarkteten Menge von weniger als einer Tonne jährlich,

- Entwicklungsprodukte, die während eines Zeitraumes von weniger als einem Jahr für Forschungszwecke an sachkundige Personen abgegeben werden. In den beiden letztgenannten Fällen muß jedoch eine vereinfachte Meldung (Mitteilung) erfolgen. Zum Anwendungsbereich des ChemG gehören nicht Stoffe, die im Lebensmittelgesetz, Futtermittelgesetz, Arzneimittelgesetz, Pflanzenschutzgesetz, Atomgesetz, Abfallgesetz (vgl. Abfallrecht) und Abwasserabgabengesetz aufgeführt sind [21].

Zum Schutz von Mensch und Umwelt verlangt das ChemG, daß alle Stoffe und Zubereitungen, seien sie alt oder neu, vom Hersteller oder Einführer hinsichtlich einer ggf. erforderlichen Einstufung entsprechend beurteilt werden. Als gefährlich eingestufte Stoffe müssen sachgemäß verpackt und gekennzeichnet werden. Die Kennzeichnung muß enthalten: Bezeichnung des gefährlichen Stoffes, Name und Anschrift des Herstellers (Einführers), Gefahrensymbol, Gefahrenbezeichnung, Hinweise auf besondere Gefahren und Sicherheitsratschläge. Die Regeln für die praktische Durchführung der Einstufung und Kennzeichnung sind im Anhang I der Gefahrstoffverordnung enthalten. Es gibt allerdings für das Merkmal „umweltgefährlich" noch keine Kriterien und Bewertungsmaßstäbe. Auflistungen von bereits eingestuften gefährlichen Stoffen sind im Anhang VI der Gefahrstoffverordnung enthalten. Grundsätzlich gilt aber auch für die in diesen Listen nicht angeführten Stoffe, daß sie entsprechend verpackt und gekennzeichnet werden müssen, wenn sie aufgrund einer Prüfung nach gesicherten Erkenntnissen als gefährlich einzustufen sind [76].

Auf Basis einer EG-Verordnung hat die chemische Industrie in Zusammenarbeit mit dem Deutschen Institut für Normung das EG-Sicherheitsdatenblatt entwickelt. Es kann für jeden Stoff oder jede Zubereitung erstellt werden und enthält die wesentlichen physikalischen, sicherheitstechnischen, toxikologischen und ökologischen Daten dieses Stoffes oder dieser Zubereitung. Das Sicherheitsdatenblatt wird auf Wunsch dem Abnehmer (Kunden) übermittelt. Für Länder außerhalb der EG sind die nationalen Vorschriften zu beachten. Durch das ChemG wird die Bundesregierung ermächtigt, durch Verordnung Verbote und Beschränkungen für bestimmte Stoffe, Zubereitungen sowie Stoffe in Fertigerzeugnissen zu erlassen. Die Verbotsmaßnahmen sollen zum Schutz von Mensch und Umwelt erfolgen, wenn den von den Stoffen ausgehenden Gefahren nicht durch entsprechende Einstufung, Verpackung und Kennzeichnung begegnet werden kann. Ebenso ermächtigt das ChemG die Bundesregierung zum Erlaß von Rechtsverordnungen zum Schutz der Menschen am Arbeitsplatz vor den schädlichen Einwirkungen gefährlicher Stoffe. Diese Bestimmung ist die Rechtsgrundlage für den Erlaß der Gefahrstoffverordnung.

Chemikalienverbotsverordnung

Aufgrund der Ermächtigung des § 17 ChemG ist die ChemVerbotsV vom 14.10.1993 ergangen. Die Verordnung enthält für bestimmte Stoffe und Zubereitungen nach § 1 sowie Anhang 1 ein mit gewissen Einschränkungen und Ausnahmen versehenes Verbot des Inverkehrbringens. Im § 3 der ChemVerbotsV werden gewisse Auflagen in Form von **Informations- und Aufzeichnungspflichten** bei der Abgabe an Dritte geregelt. Dies gilt für gefährliche Stoffe und Zubereitungen, die nach Anhang 1 Nr. 2 der GefStoffV mit den Gefahrensymbolen **T (giftig)** oder **T⁺ (sehr giftig)** oder **C (ätzend)** oder **O (brandfördernd)** oder **F⁺ (hochentzündlich)** oder mit dem Gefahrensymbol **Xn (gesundheitsschädlich)** und dem R-Satz R40, R62 oder R63 gekennzeichnet sind [56].

Gefahrstoffverordnung

Die Verordnung über gefährliche Stoffe, kurz: Gefahrstoffverordnung (GefStoffV), wurde hauptsächlich aufgrund von Bestimmungen des Chemikaliengesetzes erlassen. Dieses wiederum basiert auf einer EG-Richtlinie. Die wichtigste inhaltliche Grundlage ist die **Arbeitsstoffverordnung** von 1982, die außer Kraft getreten ist. Diese Grundlage wurde erweitert durch Übernahme der Regelungen der bisherigen Giftverordnungen der Bundesländer, die ebenfalls außer Kraft getreten sind. Weiterhin wurden Bestimmungen des Jugendarbeitsschutzgesetzes, des Mutterschutzgesetzes, des Heimarbeitsgesetzes u.a. gesetzlicher Vorschriften einbezogen. Eine Reihe von EG-Richtlinien wurde hier erstmalig in deutsches Recht überführt. Zum ersten Mal werden Grenzwerte (MAK, TRK, BAT, Auslöseschwelle) gesetzlich definiert und ihre Überwachung vorgeschrieben [76]. Die Abb. 40 zeigt den Aufbau der Gefahrstoffverordnung und worauf sie Bezug nimmt.

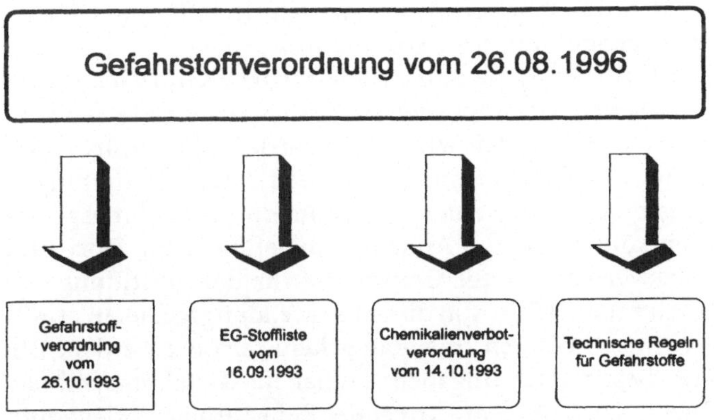

Abb. 40. Aufbau der Gefahrstoffverordnung

Nachfolgend sind die Abschnitte der Gefahrstoffverordnung aufgeführt:

- Inverkehrbringen gefährlicher Stoffe und Zubereitungen; Umgang mit Gefahrstoffen,
- Straftaten und Ordnungswidrigkeiten,

- Schlußvorschriften, wonach z.B. ein ständiger sachverständiger Ausschuß für Gefahrstoffe einschließlich Arbeitnehmervertreter gebildet werden muß,
- Anhang I – Einstufung und Kennzeichnung gefährlicher Stoffe und Zubereitungen,
- Anhang II – Besondere Vorschriften über den Umgang mit krebserzeugenden, fruchtschädigenden und erbgutverändernden Gefahrstoffen; krebserzeugende Gefahrstoffe,
- Anhang III – Besondere Vorschriften über den Umgang mit bestimmten sehr giftigen, mindergiftigen, ätzenden, reizenden und in sonstiger Weise den Menschen chronisch schädigenden Gefahrstoffen,
- Anhang IV – Besondere Vorschriften für den Umgang mit bestimmten brandfördernden, hochentzündlichen, leichtentzündlichen und entzündlichen Gefahrstoffen,
- Anhang V – Liste eingestufter gefährlicher Stoffe und Zubereitungen, d.h. eine umfangreiche Stoffliste von über 1000 Gefahrstoffen, teilweise mit häufiger gebrauchten Synonyma [21].

Zweck dieser Verordnung ist es, durch besondere Regelungen über das Inverkehrbringen von gefährlichen Stoffen und Zubereitungen und über den Umgang mit Gefahrstoffen einschließlich ihrer Aufbewahrung, Lagerung und Vernichtung den Menschen vor arbeitsbedingten und sonstigen Gesundheitsgefahren und die Umwelt vor stoffbedingten Schädigungen zu schützen, soweit nicht in anderen Rechtsvorschriften (z.B. Arzneimittelgesetz, Pflanzenschutzgesetz) besondere Regelungen getroffen sind. Zunächst wird vorgeschrieben, wie eine sichere Verpackung beschaffen sein muß. Sicher ist eine Verpackung, wenn sie den transportrechtlichen Vorschriften für die Beförderung gefährlicher Güter genügt. Ein Schwerpunkt des zweiten Abschnitts ist die Kennzeichnung gefährlicher Stoffe und Zubereitungen. Kennzeichnungspflichtig sind alle gefährlichen Stoffe entweder nach den Angaben im Anhang VI (Stoffliste) oder nach gesicherter wissenschaftlicher Erkenntnis unter Anwendung des Anhangs I (Kennzeichnungsleitfaden). Für Zubereitungen gilt die Kennzeichnungspflicht nur, wenn sie bestimmten Anwendungsgebieten zugeordnet werden können, die im Anhang I aufgeführt sind. Dort sind bestimmte Berechnungsverfahren oder Grenzwerte für die Einstufung der Zubereitungen vorgeschrieben. Nicht von diesen Anwendungsgebieten erfaßte gefährliche Zubereitungen können freiwillig gekennzeichnet werden. Die Kennzeichnung muß bestimmte Angaben enthalten: Gefahrensymbole, Gefahrenbezeichnungen, Name des Stoffes oder der Zubereitung, bei letzteren die gefährliche(n) Komponente(n), Gefahrenhinweise, Sicherheitsratschläge, Herstelleranschrift, ggf. zusätzliche Angaben. Für die Etikettengröße sind bestimmte Formate in Abhängigkeit von der Gebindegröße vorgeschrieben. Wichtig ist auch die Kennzeichnung krebserzeugender Stoffe. Das sind die in Anhang II der Verordnung aufgelisteten Stoffe und solche, für die gesicherte wissenschaftliche Erkenntnisse ihrer krebserzeugenden Wirkung vorliegen, z.B. die jährlich von der MAK-Kommission neu in die Gruppe A1 und A2 eingestuften Stoffe. Die Kennzeichnung fordert für alle diese Stoffe die Bezeichnung „giftig“, Symbol T, R-Satz 45: „Kann Krebs erzeugen“ unabhängig von den sonstigen Daten [76]. Asbest- und formaldehydhaltige Produkte müssen gesondert gekennzeichnet werden [76].

Für einige Produkte besteht ein Verbot des Inverkehrbringens: bestimmte asbesthaltige Stoffe, Zubereitungen und Erzeugnisse; Spanplatten und Möbel mit erhöhter Formaldehyd-Abgabe, Produkte mit einem bestimmten Gehalt an chlorierten Dioxinen und Furanen. Für die Abgabe von sehr giftigen und giftigen Stoffen bestehen Vorschriften, die für den Einzelhandel eine behördliche Erlaubnis, für Hersteller, Importeure und Großhändler, die nur an gewerbliche Verbraucher liefern, eine Anzeige an die zuständige Behörde verlangen. Dabei müssen Personen mit Sachkenntnis für die Abgabe verantwortlich sein. Im Einzelhandel gelten noch strengere Bestimmungen; für die Abgabe von Giften sind Aufzeichnungen zu führen, der Empfang ist zu quittieren („Giftbuch“). Die Sachkenntnis besitzen nur Personen, die als Apotheker, Apothekenassistent, pharmazeutisch-technischer Assistent oder geprüfter Schädlingsbekämpfer ausgebildet sind oder die eine amtliche Prüfung abgelegt haben („Giftprüfung“). Im Rahmen einer Übergangsregelung konnten alle Personen benannt werden, die vor dem 1.10.1986 für das Inverkehrbringen von Giften verantwortlich waren. Diese Personen haben damit als Besitzstandsregelung die Sachkenntnis zuerkannt bekommen. Diese Abgabevorschriften beziehen sich jedoch auf ganz bestimmte, in Anhang VI kenntlich gemachte, nicht auf alle denkbaren giftigen Stoffe [76].

Zwei wichtige Anhänge sollen kurz erläutert werden: Anhang I enthält den sog. „Kennzeichnungsleitfaden“ der EG, der die Auswahl der richtigen R- und S-Sätze nach bestimmten Kriterien gestattet sowie eine Übersicht über die Kennzeichnungselemente gibt. In den Unterabschnitten sind die Einstufungs- und Kennzeichnungsvorschriften für bestimmte Zubereitungen erläutert. Anhang VI ist volumenmäßig der Hauptteil der Verordnung. Er enthält alle legal eingestuften Stoffe und die dafür festgesetzte Kennzeichnung; außerdem Angaben, in welchen Zubereitungen der Stoff kennzeichnungspflichtig ist und ob für die Abgabe eine Sachkenntnis erforderlich ist. Umfang und Kennzeichnungsangaben des Anhangs VI entsprechen der EG-Liste der eingestuften gefährlichen Stoffe (Annex I der Richtlinie für gefährliche Stoffe) und werden von Fall zu Fall nach Beschlüssen in Brüssel ergänzt [76].

Der Abschnitt über den Umgang mit Gefahrstoffen befaßt sich überwiegend mit Arbeitsschutzregelungen. Hier sind die grundsätzlichen sicherheitstechnischen, arbeitsmedizinischen und hygienischen Anforderungen, die für alle Gefahrstoffe gelten, aufgenommen. Es wird die Verpflichtung des Arbeitgebers formuliert, die gefährlichen Eigenschaften der von ihm verwendeten Produkte vor deren Einsatz im Betrieb zu ermitteln, die Gefahren am Arbeitsplatz festzustellen und zu beurteilen. Dazu gehört die Verpflichtung, die gefährlichen Stoffe durch ungefährliche oder weniger gefährliche Stoffe zu ersetzen [76].

In seinem Bemühen soll der Arbeitgeber durch den Hersteller unterstützt werden. Die Hersteller werden verpflichtet, dem Arbeitgeber die Informationen zur Verfügung zu stellen, die ihn in die Lage versetzen, den Anforderungen der Verordnung gerecht zu werden und den Schutz der Beschäftigten zu gewährleisten. Die Feststellung der Belastungen am Arbeitsplatz wird jetzt nicht nur wie bisher bei krebserzeugenden, sondern bei allen gefährlichen Stoffen durch Überwachung der bestehenden Grenz- oder Richtwerte erfolgen. Die Rangfolge der zu ergreifenden Arbeitsschutzmaßnahmen ist genannt. Ungeachtet der Beteiligungsrechte im Betriebsverfassungsgesetz werden in der neuen Verordnung besondere Anhörungs- und Unterrichtungspflichten des Arbeitgebers gegenüber den Arbeitnehmern oder deren Vertretung beim Umgang mit Gefahrstoffen aufgeführt. Werden MAK-, TRK- oder BAT-Werte nicht unterschritten und hilft der Arbeitgeber einer Beschwerde nicht ab, kann sich der Arbeitnehmer unmittelbar an die zuständige Überwachungsbehörde wenden. Bei unmittelbarer Gefahr für Leben und Gesundheit hat in diesen Fällen der Arbeitnehmer das Recht, die Arbeit zu verweigern. Dem Arbeitnehmer dürfen daraus keine Nachteile entstehen. Die Vorschriften über arbeitsmedizinische Vorsorgeuntersuchungen, Beschäftigungsbeschränkungen und Verbote bleiben weiterhin bestehen [76].

Technische Regeln für Gefahrstoffe

Die Technischen Regeln für Gefahrstoffe (TRGS) geben den Stand der sicherheitstechnischen, arbeitsmedizinischen, hygienischen sowie arbeitswissenschaftlichen Anforderungen an Gefahrstoffe hinsichtlich Inverkehrbringen und Umgang wieder. Sie werden aufgestellt vom Ausschuß für Gefahrstoffe (AGS) und von ihm der Entwicklung angepaßt. Die TRGS werden im Bundesarbeitsblatt oder im Bundesgesundheitsblatt bekanntgegeben. Durch die TRGS werden insbesondere die in der Gefahrstoffverordnung genannten Regeln und Erkenntnisse näher bestimmt und, soweit es an einschlägigen Rechtsvorschriften fehlt, unmittelbar Pflichten des Arbeitgebers begründet [78].

Unfallverhütungsvorschriften

Unfallverhütungsvorschriften (UVV) werden durch die Berufsgenossenschaften erarbeitet und gelten formell als eigenständige Rechtsnorm für den jeweiligen Bereich. Für den Unternehmer sind UVV genauso wie Gesetze oder Rechtsverordnungen anzusehen und zu handhaben.

3.3.2 Dokumentation Gefahrstoffe im Wasserwerk Echthausen

Ist/Soll-Abgleich:

Zur Lagerung von Gefahrstoffen ist es wichtig, daß die Stoffe übersichtlich gelagert und die Vorratsgefäße entsprechend den Angaben der EG-Gefahrstoffliste mit den notwendigen Gefahrensymbolen nach § 1 Nr. 2 der GefStoffV gekennzeichnet werden, wozu schon der Hersteller der Stoffe gesetzlich ver-

Tabelle 18. Gefahrstoffe in der Wassergewinnung Echthausen

Gefahrstoff	Lagerstätte	Gebinde/Menge	Verwendung
Aluminiumchlorid	Chemikaliengebäude	40 m^3	Flockungsmittel
Ottokraftstoff	Chemikaliengebäude	< 10 l	Kraftstoff
Eisen(III)-chlorid	keine Lagerung	keine Lagerung	Flockungsmittel
Kaliumpermanganat	Chemikaliengebäude	500 kg	Algizid
Calciumhydroxid	keine Lagerung	keine Lagerung	Konditionierungsmittel
Natronlauge	Chemikaliengebäude	45000 l	Neutralisation
Chlorgas	Chemikaliengebäude	1500 kg	Desinfektion

pflichtet ist. Generell gilt für die Lagerung von Gefahrstoffen der § 24 der GefStoffV. Die Vorratsgefäße müssen des weiteren so beschaffen sein, daß keine Gefahrstoffe ungewollt in die Umgebung gelangen können.

Die Tabelle 18 gibt einen Überblick über die wichtigsten, in größeren Mengen vorkommenden Gefahrstoffe der Wassergewinnung Echthausen.

Die Lagerung von Gefahrstoffen in der Wassergewinnung Echthausen entspricht teilweise nicht den Vorschriften des § 24 GefStoffV, da Stoffe durch fehlende Auffangwannen ungewollt in die Umgebung gelangen können. Die Abb. 41 zeigt die Gefahrstofflagerung in der Werkstatt des Turbinenhauses der Wassergewinnung.

Ergänzend zur Tabelle 18 wird jeder Gefahrstoff mit seinen Eigenschaften und seiner Verwendung bei der GELSENWASSER AG nachfolgend beschrieben.

Abb. 41. Lagerung von Schmierstoffen im Turbinenhaus

Aluminiumchlorid

Aluminiumchlorid findet bei der GELSENWASSER AG Verwendung als Flockungsmittel, siehe Kapitel Gewässerschutz. Aluminiumchlorid wird nur periodisch zum Flocken eingesetzt, der Einsatz ist abhängig von der Trübungszahl des Rohwassers. Aufgrund der Eigenschaften von Aluminiumchlorid wird es als Gefahrstoff mindergiftig eingestuft. Die Lagerung findet im Chemikaliengebäude statt. Arbeitsschutzeinrichtungen wie Notduschen, Augenduschen usw. sind vorhanden.

Maßnahme:

- Aus diesem Ist/Soll-Abgleich resultieren keine Maßnahmen.

Ottokraftstoff

Ottokraftstoffe werden in der Wassergewinnung Echthausen nur in Mindermengen gelagert (< 10 l). Dieser Kraftstoff wird für den Betrieb der Notstromaggregate bei Arbeiten in der Wassergewinnung benutzt, siehe Kapitel Gewässerschutz. Die Lagerung des Ottokraftstoffes erfolgt im Chemikaliengebäude.

Maßnahme:

- Aus diesem Ist/Soll-Abgleich resultieren keine Maßnahmen.

Abb. 42. Lagerung von Konditionierungsmitteln an der Sandwäsche

Calciumhydroxid und Eisen(III)-chlorid

Die im Wasser enthaltenen Sedimentstoffe setzen sich ab und werden der zentralen Schlammbehandlung zugeführt. Zur Unterstützung des Absetzprozesses werden dem Waschwasser Konditionierungsmittel wie Eisensalze und Calciumhydroxid zugegeben. Calciumhydroxid besitzt die Wassergefährdungsklasse 1 und zählt somit zu den wassergefährdenden Stoffen [45].

Kalkmilch und Eisensalze sind Gefahrstoffe im Sinne der Verordnung über gefährliche Stoffe (Gefahrstoffverordnung). Beim Umgang mit diesen Stoffen sind unbedingt die entsprechenden Betriebsanweisungen und EG-Sicherheitsdatenblätter zu beachten.

Maßnahme:

- Aus diesem Ist/Soll-Abgleich resultieren keine Maßnahmen.

Rapsölmethylester

Ist/Soll-Abgleich:

Die GELSENWASSER AG setzt in ihren Wassergewinnungsanlagen Rapsölmethylester als Treibstoff für alle Fahrzeuge und größeren Arbeitsmaschinen ein, um eine Wassergefährdung weitgehend zu minimieren. Die Verwendung

Abb. 43. Tankstelle für Rapsölmethylester

anderer Antriebsarten wie z.B. Elektro- oder Gasantrieb schied aus, da diese in dem erforderlichen Leistungsbedarf ohne erhebliche Einschränkungen der Gebrauchstauglichkeit nicht zur Verfügung standen.

Rapsölmethylester gehört zu den Glycerinmonoestern und besitzt die Wassergefährdungsklasse 1. Die Lagerung des RME findet im Chemikaliengebäude (siehe Abb. 42) und entspricht den Anforderungen nach WHG.

Maßnahme:

- Fremdfirmen, die in der Wassergewinnung arbeiten, sollte zur Auflage gemacht werden, ihre Fahrzeuge auf RME umzustellen.

Natronlauge

Die Einstellung des pH-Wertes erfolgt im Wasserwerk Echthausen mittels Natronlauge. Natronlauge reagiert sehr stark alkalisch. Aus der Lösung können feste Hydrate von NaOH mit 1–7 Mol Kristallwasser auskristallisieren. An der Luft geht NaOH unter Bindung von Kohlendioxid allmählich in Natriumcarbonat über. Zur Aufbewahrung und Transport eignen sich Gefäße aus Eisen, Stahl, Nickel-Legierungen oder Polyethylen; Aluminium, Zink und Zinn werden dagegen stark angegriffen. Festes NaOH verursacht tiefgreifende Verätzungen von Haut, Schleimhäuten und Augen, weshalb im Umgang besondere Sicherheitsmaßnahmen beachtet werden müssen. Verätzte Stellen sind sofort mit sehr viel Wasser zu spülen [76].

Maßnahme:

- Aus diesem Ist/Soll-Abgleich resultieren keine Maßnahmen.

Chlor

Chlor ist in der Chemie als ein Element bekannt, das sich durch eine sehr starke Reaktionsfähigkeit auszeichnet. Nach Anhang 1 Nr. 2 der GefStoffV gilt Chlor als giftiger Stoff, der nach § 3 ChemVerbotsV der Informations- und Aufzeichnungspflicht bei der Abgabe an Dritte unterliegt.

Aufgrund der starken Giftigkeit und Umweltrelevanz wird die Chlorchemie an dieser Stelle näher behandelt:

Chlorchemie

Die Chemieindustie produziert weltweit pro Jahr etwa 40 Millionen Tonnen Chlor, das in Form von etwa 15000 Produkten auf den Markt kommt und früher oder später als Abfall entsorgt werden muß. Jährlich gelangen mehrere Millionen Tonnen Chlorprodukte in die Umwelt. Die Mehrzahl dieser Substanzen ist schwer abbaubar und ein erheblicher Anteil giftig. Chlorverbindungen reichern sich in der Umwelt und in Lebewesen an, bedrohen ganze Ökosysteme und schädigen die menschliche Gesundheit [91].

Chlorhaltige Produkte sind praktisch in jedem Bereich anzutreffen. Lösemittel wie Perchlorethylen (PER) oder Trichlorethylen (TRI), Kühlmittel wie FCKW, Hydraulik- und Trafoöle wie PCB oder Holzschutzmittel wie Lindan [91].

Darüber hinaus sind chlorierte Chemikalien in Kaltreinigern, Lacklösemitteln, Klebstoffen und Treibmitteln.

Auswirkungen auf Organismen:

- Halogenmethane werden vom Organismus nach Einatmen oder Verschlucken schnell resorbiert. Da sie die Blut-Hirnschranke überwinden können, treten bei akuten Vergiftungen häufig betäubende Wirkungen auf [91].
- Chronische Vergiftungen über mehrere Jahre können zu irreversiblen neurologischen Schäden führen [91].
- Krebserregende und mutagene Wirkungen sind im Tierversuch nachgewiesen worden [91].
- Dioxin, eine Sammelbezeichnung für polychlorierte Dibenzodioxine und Furane, hat sich im Tierversuch eindeutig als krebserregend erwiesen [91].

Für den Umgang mit Chlor in Wassergewinnungsanlagen, das dort zur Desinfektion von Reinwasser eingesetzt wird, findet neben der GefStoffV als weitere wichtige Entscheidungsgrundlage die UVV VBG 65 „Chlorung von Wasser" sowie das „Chlormerkblatt ZH 1/230" Anwendung.

Die Trinkwasserdesinfektion im Wasserwerk Echthausen geschieht nicht direkt mit Chlorgas sondern mit Chlordioxid, welches aus Chlorgas, Natriumchlorid und Wasser gebildet wird. Das Chlordioxid wird in PVC-Behältern zwischengelagert. Zur Kontrolle des Chlordioxid-Füllstandes ist jeweils eine Druckmessung installiert, welche zusätzlich bei Min/Max-Ständen die Befüllung ein- bzw. ausschaltet. Für die Min/Max-Alarmauslöser ist ein Vibrations-Füllstandgrenzschalter installiert. Die Dosiermittelbehälter stehen in einer flüssigkeitsdichten Auffangwanne mit Überflutungsmelder.

Der Chlorgaslagerraum ist zur Identifizierung von austretendem Gas und damit zur Warnung der Beschäftigten mit einer Chlorgaswarnanlage ausgerüstet. Im Falle eines Chlorgasaustritts, der z.B. durch ein undichtes Ventil hervorgerufen werden kann, wird an die Schaltwarte ein Alarmruf gesendet. Der Raum und der Bereich außerhalb des Raumes sind außerdem mit einer Wassersprühanlage versehen. Diese Sprühanlage kann mit Hilfe zweier Sprühstrahler einen Wasserschleier zur Niederhaltung des Chlorgases erzeugen [45].

Die dabei anfallende Salzsäure wird im Bodenauslauf des Chlorgaslagerraumes bzw. im speziellen Ablauf vor dem Chlorgasraum gesammelt. Der Chlorgasraum ist ständig kameraüberwacht und mit Lichtschranken zum zusätzlichen Objektschutz versehen.

Die Anforderungen an Chlorgasräume nach der UVV VBG 65 Checkliste sind in den nachfolgenden Tabellen aufgeführt.

Die regelmäßige Anlagenkontrolle erfolgt halbjährlich. Das Chlorgaswarngerät wird einmal pro Woche überprüft. Die Anlage besitzt eine Auffangwanne mit 36 m^3 Inhalt. Vor dem Chemikaliengebäude befindet sich der Abfüllplatz mit einer Entwässerungseinrichtung, die noch mal 25 m^3 Fassungsvermögen hat.

Tabelle 19. Erforderliche Prüfungen an Chlorgasräumen

	Soll-Zustand	Ist-Zustand
Chlorungsanalge	Erstmalige Prüfung der Anlage vor Inbetriebnahme	☺
	Regelmäßige Anlagenkontrolle (1 mal pro Jahr)	☺
Chlorgaswarngerät	Prüfung des Chlorgaswarngerätes (2mal pro Jahr)	☺
Wassersprühanlage	Prüfung der Wassersprühanlage alle 6 Monate	☺
	Betätigung von innen und außen (mechanisch)	
Bodenabläufe	Wöchentliche Kontrolle der Wasservorlage in Abläufen	☹
Nachweise	Über alle oben genannten Prüfungen ist ein schriftlicher Nachweis zu führen.	☺

☺ = Der Ist-Zustand entspricht den Soll-Vorgaben der ZH 1/122.
😐 = Der Ist-Zustand konnte nicht genau erfaßt werden und muß überprüft werden.
☹ = Der Ist-Zustand entspricht nicht den Soll-Vorgaben und muß geändert werden.

Tabelle 20. Allgemeine Anforderungen an Chlorgasräume

	Soll-Zustand	☺
Räume	Chlorgasanlagen müssen in verschließbaren Räumen aufgestellt werden, die direkten Zugang haben	☺
	Zur Chlorung bestimmte Chemikalien müssen in verschließbaren Räumen gelagert werden	☺
Lüftung	Chlorgasräume müssen gelüftet werden	☺
Beschilderung	Durch Beschilderung ist auf die Gefahr von Chlorungsanlagen hinzuweisen	☺
Werkstoffe	Bestandteile von Chlorungsanlagen müssen der chemischen, mechanischen und thermischen Belastung standhalten.	☺
Behälter	Chlorbehälter müssen gekennzeichnet sein	☺
Wassersprühanlage	Chlorgasräume müssen zum Niederschlagen von Chlorgas mit Wassersprühanlagen ausgestattet sein (von innen und außen)	☺
Bodenabläufe	Chlorgasräume müssen für die Sprühanlage mit ausreichenden Abläufen versehen sein	☹
Chlorgaszufuhr	Chlorgasanlagen müssen mit einer automatischen Abschaltung bei der Dosierung versehen sein	☺

☺ = Der Ist-Zustand entspricht den Soll-Vorgaben der ZH 1/122.
😐 = Der Ist-Zustand konnte nicht genau erfaßt werden und muß überprüft werden.
☹ = Der Ist-Zustand entspricht nicht den Soll-Vorgaben und muß geändert werden.

Tabelle 21. Bedienung/Schutzausrüstung von Chlorgasanlagen

Medium	Soll-Zustand	☺
Bedienung und Wartung	Bedienung und Wartung der Anlage darf nur durch unterwiesene Personen erfolgen. Chlorgasbehälter dürfen nur unter Verwendung von Atemschutzgeräten gewechselt werden	☺ ☺
Atemschutzgerät	Atemschutzgeräte müssen außerhalb der Chlorgasräume leicht erreichbar, staub- und feuchtigkeitsgeschützt aufbewahrt werden. (Vorhalten von Preßluftatmern) Vorhalten von namentlich gekennzeichneten Atemschutzgeräten mit wirksamem Filter und mindestens einem Ersatzfilter pro an der Anlage beschäftigter Personen	☺ ☺
Filter	Wirksame Filter sind Kombinationsfilter nach DIN 3181 B2-P2 Kennfarbe grau	☺
Betriebsanweisung	Erstellung einer Betriebsanweisung nach § 9 Absatz 1 und 2 VBG 65	☺

☺ = Der Ist-Zustand entspricht den Soll-Vorgaben der ZH 1/122.
😐 = Der Ist-Zustand konnte nicht genau erfaßt werden und muß überprüft werden.
☹ = Der Ist-Zustand entspricht nicht den Soll-Vorgaben und muß geändert werden.

Es besteht weiterhin ein Wartungsvertrag mit einer Fachfirma. Die regelmäßigen, zweimal pro Jahr stattfindenden Prüfungen der Fachfirma haben ergeben, daß die Wasservorlage der Bodenabläufe nicht vorhanden ist.

Maßnahme:

- Nach UVV müssen Chlorgasräume mit ausreichend bemessenen Abläufen mit Geruchsverschluß (§ 5 Abs. 4) versehen sein. Die Einhaltung dieser Anforderung ist zu überprüfen.

Werkstattbereich der Wassergewinnung Echthausen

In der Wassergewinnung Echthausen im Bereich der Sandwäsche befindet sich eine Werkstatt, die dazu dient, kleinere Reparaturen und Ausbesserungsarbeiten sowie die Wartung von Maschinen zu übernehmen.

In der Werkstatt bzw. in einem Nebenraun befindet sich eine Anzahl von unterschiedlichen Stoffen, von denen ein Großteil eine Kennzeichnung nach Anhang I Nr. 2 der GefStoffV trägt.

Bei den vorhandenen Gefahrstoffen handelt es sich hauptsächlich um entzündliche, gesundheitsschädliche Reiniger, Sprays und diverse Öle. Entsprechend § 24 der Gefahrstoffverordnung müssen gefährliche Stoffe und Zubereitungen unter Ausschluß von potentiellen Gesundheitsgefahren für den Menschen sowie Gefahren für die Umwelt aufbewahrt und gelagert werden.

Maßnahmen:

- Die Reduzierung auf einzelne wenige Stoffe unter besonderer Berücksichtigung des Gesundheitsschutzes und des Umweltaspektes sollte erfolgen.
- Es sollte generell auf den Einsatz von Stoffen mit Kennzeichnung nach Anhang 1 Nr. 2 der GefStoffV verzichtet werden und dafür alternative schadstoffarme Produkte z. B. mit Umweltengel eingesetzt werden.

Betriebsanweisungen

Ist/Soll-Abgleich:

Auf Grundlage des § 20 der GefStoffV hat der Arbeitgeber für die in seinem Betrieb eingesetzten Gefahrstoffe eine Betriebsanweisung zu erstellen. Betriebsanweisungen müssen auf der Basis der TRGS 555 tätigkeitsbezogen erstellt werden. Außerdem haben Unterweisungen der Arbeitnehmer zu erfolgen, die über den Umgang mit den jeweiligen Stoffen sowie auftretenden Gefahren und Schutzmaßnahmen Auskunft geben. Dies muß mindestens einmal jährlich bzw. in den von der Berufsgenossenschaft geforderten Intervallen erfolgen und ist durch Unterschrift der unterwiesenen Personen festzuhalten.

Bei der GELSENWASSER AG werden zwar Betriebsanweisungen erstellt, diese wurden aber nicht in jedem Fall an der zugehörigen Stelle wiedergefunden.

Maßnahme:

- Betriebsanweisungen sollten in Zukunft an der zugehörigen Stelle ausgehängt werden. Weiterhin ist zu prüfen, ob die geforderten Intervalle für Unterweisungen aller Mitarbeiter eingehalten werden. Gegebenenfalls sollten sie in Zukunft erfolgen.

Gefahrstoffverzeichnis

Ist/Soll-Abgleich:

Die GELSENWASSER AG ist nach GefStoffV dazu verpflichtet, ein Gefahrstoffverzeichnis zu führen, das immer auf dem aktuellen Stand gehalten werden und folgende Angaben entsprechend den Forderungen der GefStoffV enthalten muß:

- Arbeitsbereiche, in denen mit dem Gefahrstoff umgegangen wird,
- Einstufung des Gefahrstoffs oder Angabe der gefährlichen Eigenschaften,
- Bezeichnung des Gefahrstoffs,
- Gefahrstoffmenge.

Bei der GELSENWASSER AG wird die Umsetzung von §§ 16, 18 und 20 der Gefahrstoffverordnung durch folgende Arbeitsschritte realisiert:

- Erfassung der Stoffe vor Ort,
- Erstellung von Gefahrstofflisten für jeden Betriebsbereich,
- Auswahl und Prüfung von Einzelstoffen,
- Beschaffung der Sicherheitsdatenblätter zu den Stoffen,

- Prüfung und Auswahl des emissionsärmsten Verwendungsverfahrens,
- Erstellung eines Stoffkataloges,
- Einführung eines Einsatzfreigabeverfahrens für neue Stoffe,
- Erstellung von Betriebsanweisungen und Arbeitsbereichsanalysen.

Maßnahme:

- Aus diesem Ist/Soll-Abgleich resultieren keine Maßnahmen.

Ermittlungspflicht des Arbeitgebers

Ist/Soll-Abgleich:

Nach § 15 der GefStoffV besteht ein Herstellungs- und Verwendungsverbot für eine Reihe von Stoffen. Der Arbeitgeber hat die Pflicht, sich darüber zu informieren, ob die in seinem Betrieb eingesetzten Stoff unter dieses Verbot fallen. Ist dies der Fall, so ist der Stoff unverzüglich zu ersetzen. Nach § 16 der GefStoffV muß der Arbeitgeber darüber hinaus ermitteln, ob für die von ihm eingesetzten Stoffe durch Alternativen mit harmloseren Eigenschaften zu erhalten sind. Wenn dem Arbeitgeber dieser Austausch zumutbar ist, muß er die Produkte mit geringeren gesundheitlichen Risiken verwenden. Die §§ 15, 16 der GefStoffV werden durch die Prüfung und Auswahl des emissionsärmsten Verwendungsverfahrens und durch die Erstellung eines Stoffkataloges realisiert.

Maßnahme:

- Aus diesem Ist/Soll-Abgleich resultieren keine Maßnahmen.

Allgemeine Schutzpflicht

Ist/Soll-Abgleich:

Bei der Verwendung von Gefahrstoffen obliegt dem Arbeitgeber die Pflicht, alle erforderlichen Maßnahmen zu treffen, um die Gesundheit der Arbeitnehmer sowie den Schutz der Umwelt zu gewährleisten. Dazu gehört das Einhalten sämtlicher Forderungen der GefStoffV und ihrer Anhänge sowie das Berücksichtigen der Unfallverhütungsvorschriften. Nach § 17 GefStoffV sind die allgemein anerkannten, sicherheitstechnischen, arbeitsmedizinischen und hygienischen Regeln einschließlich der Regeln über Einstufung, Sicherheitsinformation und Arbeitsorganisation sowie die sonstigen arbeitswissenschaftlichen Erkenntnisse zu beachten und Maßnahmen zur Abwehr unmittelbarer Gefahren unverzüglich zu treffen.

Maßnahme:

- Die Unterweisungen für Mitarbeiter sind auszubauen und zu verstärken. In festgelegten Intervallen soll über den Umgang mit Gefahrstoffen gesprochen werden. Diese Unterweisung sollte dann in Zukunft jeweils durch die unterwiesenen Personen schriftlich nach § 20 GefStoffV bestätigt werden.

Rangfolge der Schutzmaßnahmen

Ist/Soll-Abgleich:

Durch technische, hygienische und organisatorische Maßnahmen sollte eine Freisetzung von Gefahrstoffen unterbunden werden. Das jeweilige Arbeitsverfahren ist an diesem Grundsatz auszurichten und gegebenenfalls zu verändern. Erstes Ziel sollte es deshalb sein, auf Gefahrstoffe zu verzichten, da diese Maßnahme den besten Schutz darstellt, von der GefStoffV § 16 gefordert wird und auch in den meisten Fällen die kostengünstigste ist. Ist eine Umstellung auf einen anderen, weniger gefährlichen Stoff nicht möglich, so sind Stoffe auszuwählen, die ohne Gefahr für Menschen und Umwelt beseitigt werden können.

Maßnahmen:

- Arbeitsverfahren, bei denen mit Gefahrstoffen umgegangen wird, sind zu überdenken. An Stellen, wo es technisch möglich ist, muß ein Ersatz von Gefahrstoffen durch umweltfreundlichere und schadstoffärmere Produkte unbedingt angestrebt werden (§ 16 GefStoffV). Bei Alternativprodukten sollte auf das RAL-Umweltzeichen und auf den „Blauen Engel" geachtet werden.
- Kann nicht auf den eingesetzten Gefahrstoff verzichtet werden, so sind Maßnahmen entsprechend § 19 der GefStoffV zu treffen.

Kopiergerät

Ist/Soll-Abgleich:

In dem Gebäude des Wasserwerkes Echthausen befindet sich ein Kopiergerät.

Maßnahmen:

- Der Stellplatz sollte nach §§ 5, 6 und 7 der Arbeitsstättenverordnung ausreichend bemessen und belüftet sein.
- Generell ist die Aufstellung eines Kopierers auf dem Flur oder in separaten Räumen sinnvoller, da so die Geräuschbelästigung am Arbeitsplatz minimiert wird (ZH 1/129 VBG).

Batterieraum

Ist/Soll-Abgleich:

Beim Laden von Batterien entstehen Wasserstoff und Sauerstoff. Diese Gase bilden je nach Mischungsverhältnis ein explosibles Gemisch (Knallgas). Im Falle einer Knallgasbildung kann bereits das Betätigen eines nicht explosionsgeschützten Lichtschalters in direkter Nähe (< 50 cm) zu einer Explosion führen. Aus diesem Grund müssen Batterieräume belüftet werden. Nach Nr. 7.2.1 der DIN VDE 0510 Teil 2 sind Batterieräume so zu gestalten, daß die natürliche Lüftung ausreicht.

Abb. 44. Warntafel und Lüftungsschlitze an der Tür zum Batterieraum

Die Unfallverhütungsvorschriften sind durch das Tragen von Schutzkleidung bei Wartungsarbeiten an Batterien einzuhalten, ein Elektrolytaustritt ist zu verhindern. Wenn es zum Entweichen von Elektrolyt kommt, muß dies durch geeignetes saugfähiges oder neutralisierendes Material beseitigt werden. Wenn die Nennkapazität der Batterien 1500 Ah übersteigt, müssen angrenzende Räume vor Elektrolytübertritt durch z.B. Türschwellen geschützt werden.

Maßnahmen:

- Geeignetes saugfähiges oder Neutralisationsmaterial sollte für den Fall, daß Elektrolyt austritt, vorgehalten werden.
- Die Anwendung der Schutzkleidung und die Gefahren beim Umgang mit Batterien sollten den Mitarbeitern bekannt sein.

Feuerlöscher

Ist/Soll-Abgleich:

Feuerlöscher müssen nach der VBG 1 § 39 Absatz 3 und 3 § 43 Absatz 8 mindestens alle 2 Jahre durch Sachkundige nach DIN 14406 Teil 4 geprüft werden. Alle im Bereich der Wassergewinnung Echthausen vorgefundenen Feuerlöscher erfüllen diese Anforderungen.

Feuerlöscher mit Halon als Löschmittel, das nach der FCKW-Halon-Verbots-Verordnung bis 31.12.1993 aus allen bestehenden Anlagen entsorgt werden mußte, wurden nicht mehr vorgefunden.

Maßnahme:

- Bei der Beschaffung neuer Feuerlöscher sollten diese das Umweltzeichen RAL-UZ 66 tragen.

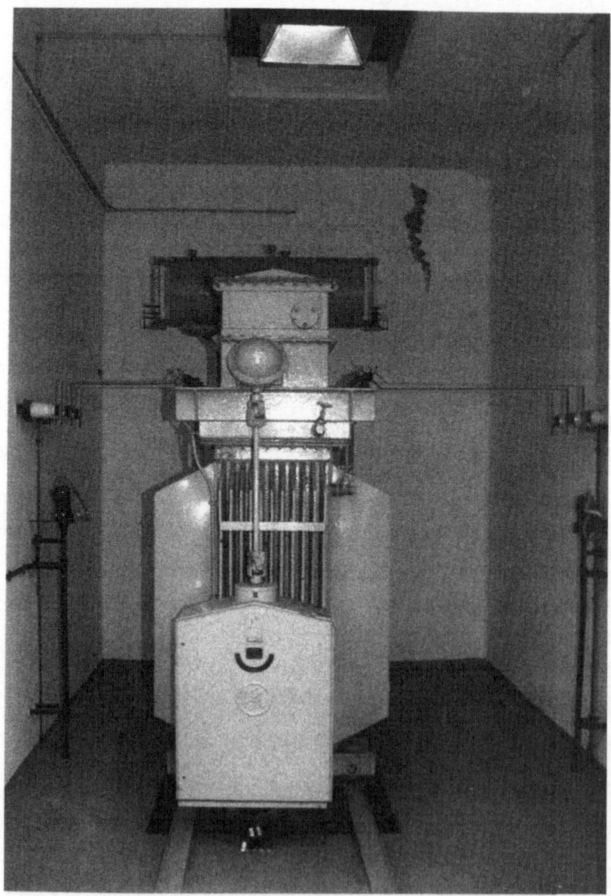

Abb. 45. Trockengelegter Transformator

PCB Problematik

Ist/Soll-Abgleich:

Die Wassergewinnung Echthausen erhält die zur Wasseraufbereitung und Wasserverteilung notwendige Energie aus dem angrenzenden Wasserkraftwerk mit 2 Kaplanturbinen. Die Leistung der Turbinen ist von der Durchflußmenge der Ruhr abhängig. Aus diesem Grund ist das Wasserwerk Echthausen an das öffentliche Netz angeschlossen. Die GELSENWASSER AG betreibt in Echthausen 10 KV-Transformatoren. Der Austausch PCB-haltiger Trafoöle ist am 28.6.91 durch eine Fachfirma abgeschlossen worden.

Die Entsorgung der trockengelegten Transformatoren ist für 1998 geplant. Die GELSENWASSER AG ist damit der Forderung der PCB-, PCT-, VC-Verbotsverordnung, gestützt auf das Chemikaliengesetz (ChemG) nachgekommen.

Die im Trafogebäude der Wassergewinnung vorhandenen flüssigkeitsgefüllten Transformatoren enthalten als Isolierflüssigkeit Öle. Diese waren teilweise PCB-kontaminiert. Genauere Angaben sind den nachfolgenden Tabellen zu entnehmen.

Tabelle 22. PCB Messung vom 8.3.1990 (79)

Trafo Nr.	Kwik-Screne Test (PCB)	Ergebnis nach DIN 51527
1	< 50 ppm	
2	> 50 ppm	17395 ppm
3	< 50 ppm	

Mit dem Schnelltest wird der Gesamtchlorgehalt festgestellt. Die wirklichen PCB-Werte sind in den meisten Fällen wesentlich kleiner. Bei Werten größer als 50 ppm ist deshalb eine Bestimmung des wirklichen PCB-Wertes nach DIN 51527 erforderlich.

Maßnahme:

- Aus diesem Ist/Soll-Abgleich resultieren keine Maßnahmen.

3.3.3 Dokumentation Gefahrstoffe der Betriebsdirektion Unna

Die Tabelle 23 gibt einen Überblick über die wichtigsten, in größeren Mengen vorkommenden Gefahrstoffe der Betriebsdirektion Unna.

Umgang mit asbesthaltigen Rohrleitungen

Asbest gilt schon seit längerer Zeit als ausgesprochener Gefahrstoff, wenn er in Form von lungengängigen Fasern in der Luft vorhanden ist. Asbest-Staub übt eine lokale Reizwirkung auf die Schleimhäute der Augen und Atemwege aus. Inhalation insbesondere sehr kurzfaseriger, lungengängiger Stäube

Tabelle 23. Gefahrstoffe in der Betriebsdirektion Unna

Gefahrstoff	Lagerstätte	Gebinde/Menge	Verwendung
Wasserstoffperoxidlösung	Lager	165 kg	Rohrdesinfektion
Propangas	Lager	10 l	Brenner
Frostschutz (Ethandiol)	KFZ-Werkstatt	60 l	Fahrzeuge
Dieselkraftstoff	KFZ-Werkstatt	100 l	Kraftstoff
Benzin	Schlosserei/Rohrwerkstatt	100 l	Kraftstoff
Asbest-Zement	Abfallstraße	7 m³	Entsorgung

(Länge > 0,5 mm und ∅ < 3 µm) kann das sogenannte Mesotaliom hervorrufen, aus dem sich Krebs entwickeln kann.

Asbest ist nach Abschnitt 2 ChemVerbotsV sowie § 15 GefStoffV mit einem Herstellungs- und Verwendungsverbot belegt. Außerdem ist es per GefStoffV § 15a verboten, Menschen ungeschützt Asbeststäuben auszusetzen. Die Aus-

Abb. 46. Von der GELSENWASSER AG entwickeltes Gerät zum Zerschlagen von Asbestzement-Rohrleitungen

löseschwelle beträgt bei Asbest etwa 15000 Fasern pro Kubikmeter. Ausschließlich bei Arbeiten mit geringer Exposition kann auf das Tragen von Atemschutz verzichtet werden. Wenn die o.g. Asbestkonzentration überschritten wird, dürfen Arbeitnehmer nur dann beschäftigt werden, wenn sie sich innerhalb der in der GefStoffV genannten Fristen Vorsorgeuntersuchungen unterziehen [80].

Bei der GELSENWASSER AG kommt es bei Arbeiten am Rohrnetz vor, daß alte Asbestzementrohre teilweise ausgebaut und durch neue Leitungen ersetzt werden müssen. Der Ausbau der Asbestzement-Rohrleitungen erfolgt nach einem standardisierten, von der GELSENWASSER AG entwickelten Arbeitsverfahren, welches vom Berufsgenossenschaftlichen Institut für Arbeitssicherheit anerkannt ist.

Die Rahmenbedingung für dieses standardisierte Arbeitsverfahren schaffen die TRGS 519 und das LAGA Merkblatt „Entsorgung asbesthaltiger Abfälle“, die ebenfalls beide Anwendung finden.

Mehrfache Messungen sollten Aufschluß darüber geben, ob eine Gefährdung der Rohrnetzmonteure durch eine eventuelle Asbestfaserfreisetzung gegeben ist.

Exemplarisch soll die am 27.4.94 durchgeführte Messung dargestellt werden. Bei der Messung handelte es sich um eine personenbezogene Erfassung der Asbestfaserzahlkonzentration mittels Air-Sampler PP5 mit goldbeschichtetem Kernporenfilter, das eine Porenweite von 0,4 mm bei einem Filterdurchmesser von 37 mm aufwies und im Atembereich der Beschäftigten befestigt war. Die Messung hatte zum Ergebnis, daß alle Grenzwerte eingehalten und die erforderlichen Bedingungen erfüllt wurden. Durch das standardisierte Arbeitsverfahren wird eine Nichtüberschreitung des Grenzwertes erfüllt.

Maßnahmen:

- Die arbeitstechnischen Maßnahmen beim Umgang mit Asbest sind einzuhalten.
- Vollzugskontrolle durch den zuständigen Meister sollte erfolgen.

Kopierer

Ist/Soll-Abgleich:

In der Betriebsdirektion Unna befinden sich zwei Kopiergeräte.

Maßnahmen:

- Bei den Maßnahmen wird auf die Hinweise des WW Echthausen verwiesen.

Reinigungs- und Desinfektionsmittel der BD Unna

Ist/Soll-Abgleich:

Die Reinigung der Bürogebäude erfolgt täglich durch Fremdfirmen. Ein Auszug der benutzten Reinigungsmittel wird im folgenden Abschnitt dargestellt.

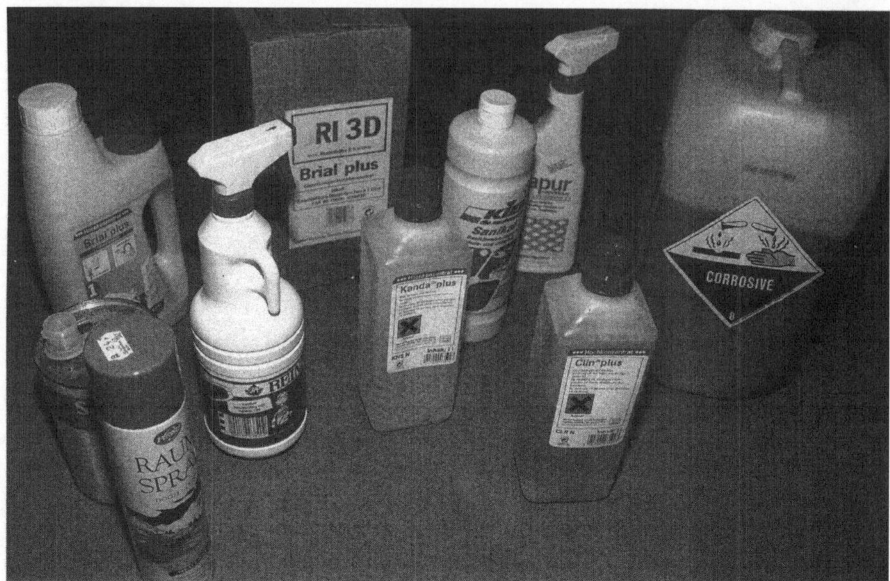

Abb. 47. Reinigungsmittel der BD Unna

Grundsätzlich sollten Gesichtspunkte des Umweltschutzes nach Ansicht des Umweltbundesamtes bereits bei

- der Beschaffung von Reinigungsmitteln,
- dem Reinigungsmittelverbrauch,
- der Festlegung des periodischen Reinigungsbedarfs

berücksichtigt werden. Der größte „Umweltentlastungseffekt" läßt sich nach Meinung des Umweltbundesamtes durch die „sparsame Verwendung von Reinigungsmitteln" erzielen. Umweltproblematische Inhaltsstoffe bei Reinigungsmitteln sind insbesondere Phosphate, Tenside, Hypochlorit, Lösemittel, Biozide, Säuren und Salze, deren nachteilige Umwelteigenschaften in der nachfolgenden Tabelle erläutert sind [22].

Tabelle 24. Zusammenfassung der Eigenschaften von Reinigungsinhaltsstoffen (22)

ausgewählte Reinigungsinhaltsstoffe	Umwelteigenschaften
Phosphat	Gewässereutrophierung
Tenside	Anreicherung im Belebtschlamm der Kläranlage
Hypochlorit	In Verbindung mit Säuren Gefahr von Chlorgasbildung
Lösemittel	Hohe Persistenz, z. T. krebserzeugende Wirkung
Biozide	Auslöser von Allergien
Säuren	Gefahr der Freisetzung gefährlicher Gase
Salze	Aufsalzung der Gewässer und somit Artenverarmung

Abb. 48. Unsachgemäße Gefahrstoffabfüllung

Folgende Reinigungsmittel werden in der BD Unna benutzt:

- Brial Plus Glanzreiniger,
- Super Fleckenentferner,
- Schreibtischreiniger (enthält Äthylglykol, brennbar),
- Kanada Plus Sanitärreiniger (ätzend, enthält Phosphorsäure).

Eine Mitarbeiterbefragung ergab, daß es in der Vergangenheit zu starken Hautreizungen durch den Kontakt mit Büromöbeln gekommen ist, die mit den vorher beschriebenen Reinigungsmitteln behandelt wurden.

Maßnahmen:

- Es sollten generell keine Reinigungsmittel mehr mit Gefahrensymbolen nach Anhang 1 Nr. 2 der GefStoffV verwendet oder erworben werden [22].
- Die Anzahl der Reinigungsmittel sollte auf ein Mindestmaß reduziert werden [22].
- Der periodische Reinigungsbedarf ist zu überdenken. Es ist zu überprüfen, ob eine Raumreinigung 2–3 mal pro Woche ausreichend ist [22].
- Eine Verwendung von Konzentraten und Nachfüllsystemen, um den Abfall zu reduzieren, ist hier ebenfalls sinnvoll.
- Die Kennzeichnung von Gebinden muß nach § 24 GefStoffV erfolgen. Von einer Lagerung in Nahrungsmittelverpackungen ist unbedingt abzusehen.

☺ Am 4.7.97 sind alle Reinigungsmittel mit Gefahrstoffkennzeichnung durch ökologischere Alternativen ersetzt worden.

3.4 Energie

3.4.1 Einführung

Das Energieeinsparungsgesetz (EnEG) vom 22.7.1976, geändert durch das Gesetz vom 20.6.1980, bildet die Grundlage der Energieeinsparung.

§ 3 Abs. 1 des EnEG schreibt für den Betrieb von Heizungs-, Klima- und Brauchwasseranlagen unter Anwendung der Heizungsanlagen-Verordnung vor, diese Anlagen so instandzuhalten und zu betreiben, daß nicht mehr Energie verbraucht wird, als zur bestimmungsgemäßen Nutzung notwendig ist.

Grundsätze der Wärmeschutzverordnung sind:

- Instandhaltung,
- sachkundige Bedienung,
- bestimmungsgemäße Nutzung der Anlagen und Einrichtungen und
- regelmäßige Wartung der Anlagen.

Hingewiesen sei auf § 4 Abs. 2 und 3 des EnEG, wonach Anforderungen nach dem Energieeinsparungsgesetz auch bei wesentlichen Änderungen von Gebäuden einzuhalten sind. Anforderungen können des weiteren für bestehende Gebäude, Anlagen oder Einrichtungen, die hohe Energieverlustpotentiale darstellen, gestellt werden, wenn die betriebswirtschaftlichen Kosten durch Einsparung innerhalb eines absehbaren Zeitraums wieder erwirtschaftet werden können [21].

Aufgrund der genannten Verordnungen erlaubt § 4 Abs. 1 des EnEG Sonderregelungen und Anforderungen an bestehende Gebäude einschließlich heizungs-, raumlufttechnischer Anlagen sowie von Brauchwasseranlagen.

Voraussetzung für die Beurteilung von Energieverbräuchen ist die Erstellung und Beurteilung von Energiebilanzen; diese sind graphische Systeme, die beispielsweise den Energieaufwand zum Erreichen einer bestimmten Nutzenergiemenge in Beziehung stellen. Sind die Ein- und Ausgangspotentiale ermittelt, so läßt sich daraus ein Anlagenwirkungsgrad berechnen, der zur energetischen Beurteilung nach den Regeln oder dem Stand der Technik herangezogen werden kann.

Die Grundsätze bei der Formulierung von Energiesparmaßnahmen sind

- Bedarf vermindern, dann
- Energieverluste mindern, dann
- Wirkungsgrad für die Energieumwandlung steigern.

Im Sinne der Energieverlustverminderung ist eine Einteilung in Maßnahmen des Wärmeschutzes im Hochbau sowie in der Industrie möglich [81].

Die Wärmedämmung im Hochbau wird dabei mittels eines umfassenden Normenwerkes, das die wärmeschutztechnischen Mindestanforderungen an Baustoffe und Bauteile regelt, realisiert. Rechtsverordnungen, wie die WärmeschutzV, bedingen den energiesparenden Wärmeschutz [81].

Die Güte der Wärmedämmung in der Industrie wird dagegen von betriebswirtschaftlichen und anlagentechnischen Überlegungen bestimmt.

3.4.2 Wassergewinnung Echthausen und Betriebsdirektion Unna

Beleuchtung

Ist/Soll-Abgleich:

Im folgenden sollen Vor- und Nachteile von verschiedenen Beleuchtungssystemen erklärt werden.

Energiesparlampen

Energiesparlampen haben mit 8000 Betriebsstunden eine achtmal so große Lebensdauer wie konventionelle Glühlampen und amortisieren sich trotz ihres deutlich höheren Preises im Vergleich zu klassischen Glühbirnen bereits nach 2000 bis 4000 Betriebsstunden.

Nachfolgend ist in einem Rechenbeispiel die Energiebilanz von Glühlampen und Energiesparlampen beschrieben:

Tabelle 25. Energiebilanz bei Glühlampen und Energiesparlampen

8 Glühlampen	Vergleich	1 Energiesparlampe
8 mal 1000 h	Lebensdauer	1 mal 8000 h
100 Watt	Leistung	1 mal 20 Watt
8 mal 2,50 DM	Kaufpreis	1 mal DM 45,-
DM 200,-	Stromkosten	DM 40,-
DM 220,-	Gesamtkosten	DM 85,-
	Ersparnis = DM 135,-	

Energiesparlampen gibt es in zwei verschiedenen Ausführungen. Das für den Betrieb notwendige Vorschaltgerät kann entweder bereits in der Lampe eingebaut oder in Form eines Adapters erhältlich sein. Letzteres ist die empfehlenswertere Alternative, denn die Lebensdauer des Adapters ist drei- bis fünfmal höher als die der Lampe [53].

Empfehlenswert sind elektronische Vorschaltgeräte, die deshalb meistens in neue Leuchten eingebaut werden. Sie machen die Energiesparlampe toleranter für häufiges Ein- und Ausschalten. Zudem kommen sie ohne zusätzlichen Starter aus und tragen mit einem Gewicht von nur 100 g zur Müllvermeidung bei. Elektronische Vorschaltgeräte, die bestimmte Kriterien wie Langlebigkeit, einfache Demontierbarkeit und garantierte Rücknahme durch den Händler erfüllen, sind mit dem „Blauen Engel" gekennzeichnet [53].

Als Nachteil von Energiesparlampen wird häufig ihr Quecksilbergehalt genannt, der sie nach Ablauf der Brenndauer zu Sondermüll werden läßt. Bedenkt man jedoch, daß auch bei der Stromerzeugung Quecksilber emittiert wird, wird etwa die dreifache Menge an Quecksilber eingespart [53].

Halogenlampen sind mit Halogengasen gefüllt, was die Abnutzung des Glühdrahtes vermindert und somit die Lebensdauer der Lampen im Vergleich zu herkömmlichen Glühlampen verdoppelt. Zudem kann der Glühdraht um etwa 300 °C heißer als bei herkömmlichen Glühlampen werden. Dadurch erhöht sich jedoch die Brandgefahr [53].

Folgende Beleuchtungselemente finden in der Betriebsdirektion Unna, der Wassergewinnung Echthausen, dem Wasserwerk, dem Kraftwerkhaus und den Büro- und Sozialräumen Anwendung:

- Leuchtstoffröhren,
- Kompakt- Leuchtstofflampen mit elektronischen Vorschaltgeräten (EVG),
- Niederspannungs- und Halogenlampen,
- Glühlampen.

Abb. 49. Ausgetauschte Beleuchtungseinrichtungen

Bei den Glühlampen in der BD Unna handelt es sich um Deckenlampen. Diese Deckenlampen sind so geschaltet, daß an gewöhnlichen Arbeitstagen (Ausnahmen 3 mal/a) nur jede zweite Lampe leuchtet. Die Niederspannungs- und Halogenlampen der BD Unna sind mit integriertem Transformator ausgestattet, der von 220 V auf eine Schutzkleinspannung heruntertransformiert.

Maßnahme:

- Austausch der Glühbirnen im Sanitärbereich und in den Fluren durch Energiesparlampen, dabei ist die bisherige Betriebsweise, daß nur jede zweite Lampe brennt, beizubehalten.

☺ Am 22.5.97 wurden in der BD Unna Glühbirnen gegen Energiesparlampen, wie in der Abbildung 49 zu sehen, ausgetauscht.

Temperaturregelung in Büro- und Sozialräumen

Ist/Soll-Abgleich:

Die Temperaturregelung in den Büroräumen geschieht über einen Handregler. Dabei sollte die nach Arbeitsstättenverordnung vorgeschriebene Temperatur von 21 °C nicht überschritten werden. Die Vorlauftemperatur des Warmwasserkreislaufes für die Büroräume wird von 17 Uhr bis 6 Uhr abgesenkt. So wird eine Nachtabsenkung der Büroraumtemperatur erreicht. Weiterhin wird der gleiche Heizkreis am Wochenende auf Niedertemperatur gefahren.

Die Temperatur in den Lagerräumen und in der Werkstatt beträgt ∅ 19 °C. Die Temperatur in der Waschkaue wird nach Arbeitsstättenverordnung auf 25 °C gehalten.

Maßnahme:

- Die Büroräume, die nur über eine zentrale Regelung verfügen, sollten durch programmierbare Einzelraumregler geregelt werden. Sie sind relativ preiswert und sehr gut nachrüstbar. Sie lassen eine automatische Steuerung zu, die eine Regelung von Hand erspart.

Raumklima

Richtiges Heizen und Lüften schafft ein gesundes Raumklima und spart Energie. Eine gesunde Atmosphäre im Raum und damit eine subjektiv empfundene thermische Behaglichkeit werden durch eine Reihe von Faktoren beeinflußt [53].

- **Lufttemperatur**; überheizte Räume sind nicht nur teuer, sie sind auch ungesund. Aus medizinischer Sicht ist eine Raumtemperatur von 18 °C bis 20 °C optimal.
- **Temperatur der raumschließenden Flächen** wie Wände, feste Decken und Fußböden; je geringer die Temperatur der raumschließenden Flächen ist, desto höher muß die Lufttemperatur sein, damit das Raumklima als ther-

misch behaglich empfunden wird. Raumschließende Flächen sind deshalb durch Dämmungsmaßnahmen zu isolieren [53].
- **Luftbewegung**; das Raumklima wird als behaglich empfunden, wenn die relative Luftfeuchtigkeit im Bereich von 35 % bis 65 % liegt. Richtiges Lüften und Luftbewegung regulieren die Raumluftfeuchtigkeit [53].
- **Kleidung**; Einsparung von Energie durch jahreszeitlich angepaßte Kleidung.

Regulierung des Raumklimas

Bei modernen Lüftungsanlagen mit Wärmerückgewinnung kann der Wärmeverlust entsprechend niedrig gehalten werden. Das Raumklima in den Büroräumen der Betriebsdirektion Unna wird nur über die Belüftung durch Kippfenster geregelt. Lediglich im Casino und im Besprechungszimmer findet eine Zwangsbelüftung statt.

Maßnahme:

- Während des Lüftens sollte die Heizung abgestellt werden, da sonst die Thermostatventile zur Regelung veranlaßt werden. Neben der Versorgung mit Frischluft besitzt das Lüften auch eine wichtige Funktion zur Regulierung der Luftfeuchtigkeit. Wasserverdunster an den Heizkörpern und Zimmerpflanzen regulieren die Luftfeuchtigkeit. Weil feuchte Luft subjektiv wärmer empfunden wird, kann mit der richtigen Luftfeuchtigkeit 1 °C bis 2 °C Raumtemperatur eingespart werden. Die Regulierung der Luftfeuchtigkeit spart somit auch Energie [53].

Kopierer

Ist/Soll-Abgleich:

Kopierer neuerer Bauart wie in der BD Unna und dem Wasserwerk Echthausen besitzen die Standby-Funktion. Die ständige Betriebsbereitschaft der Kopierer ohne Nutzen des Bedieners führt zu einem erhöhten Energieverbrauch.

Maßnahmen:

- Es ist zu überprüfen, ob die Standby-Funktion an allen Kopierern der BD Unna und des Wasserwerkes Echthausen, wenn vorhanden, auch aktiviert ist.
- Hierfür sollte eine verantwortliche Person gefunden werden.
- Mitarbeiterschulungen.

Powermanagement und Standby-Funktionen bei Computern

Im Wasserwerk Echthausen und in der Betriebsdirektion Unna werden Computer mit sehr unterschiedlichem Alter benutzt. Geräte, die älter als 3 Jahre sind, besitzen in der Regel noch kein Powermanagement und zeichnen sich deshalb durch einen sehr hohen Energieverbrauch aus. An neueren Geräten, die über Energiesparfunktionen verfügen, waren diese teilweise nicht aktiviert [53].

Abb. 50. Computer der GELSENWASSER AG, BD Unna

Bei einer Arbeitspause von 5–20 min (konfigurierbar) schaltet das Powermanagement den Rechner in den **Standby-Modus**. Dadurch wird die Taktfrequenz der CPU heruntergesetzt, und die Leistungaufnahme reduziert sich um ca. 20%. Innerhalb von Sekunden ist der Rechner durch Tastendruck oder Mausbewegung wieder betriebsbereit. Geräte, die im Standby-Modus weniger als 30 Watt verbrauchen, sind mit dem Energy Star Label der Environmental Protection Agency ausgezeichnet [53].

Das Nachrüsten dieser Energiesparfunktionen in Altgeräte ist nach Auskunft von Computerherstellern entweder nicht möglich oder unwirtschaftlich.

Maßnahmen:

- Sukzessives Austauschen der Altgeräte ohne Energiesparfunktion.
- Aktivierung der Standby-Funktionen bei allen damit ausgerüsteten Geräten.
- Beim Neukauf auf die beschriebenen Energiesparfunktionen achten. Rechner, Monitor und Drucker sollten den Blauen Engel, zumindest aber den Energy Star tragen.
- Die Rücknahmegarantie von Altgeräten sollte gewährleistet sein.

Abb. 51. Unterstand für Zweiräder

Öffentlicher Personen - Nahverkehr

Ist/Soll-Abgleich:

Die Fahrzeuge der MitarbeiterInnen im Werk Echthausen und in der BD Unna werden vorwiegend nur von einer Person benutzt. Die Anbindung an den öffentlichen Personennahverkehr (ÖPNV) ist nur bedingt möglich.

Der in Abb. 51 gezeigte Unterstand für Zweiräder wird bei „guter Witterung" so stark frequentiert, daß er laut Mitarbeiterauskunft an diesen Tagen nicht allen Mitarbeitern die Möglichkeit eines Abstellplatzes bietet.

Zur Reduzierung des Individualverkehrs und damit des Emissionsausstoßes und des Ressourcenverbrauches werden folgende Vorschläge unterbreitet.

Maßnahmen:

- Der Unterstand für Zweiräder ist bezüglich seiner Größe zu überprüfen und gegebenenfalls zu verändern.
- Wenn möglich, sollten Fahrgemeinschaften gebildet werden. Diese Fahrgemeinschaften sollten durch die GELSENWASSER AG gefördert und unterstützt werden.
- Längere Dienstreisen von Mitarbeitern sind, wenn dieses zeitlich vertretbar und zumutbar ist, mit öffentlichen Verkehrsmitteln durchzuführen.

3.4.3 Wassergewinnung Echthausen

Wärmeschutz

Ist/Soll-Abgleich:

Im Wasserwerk Echthausen haben 1990 umfangreiche Umbaumaßnahmen stattgefunden. Ausschlaggebend für den Einbau einer neuen Verglasung war der Objektschutz der Gebäude, da die Steuerung der gesamten Wasserwerke zentral auf das Wasserwerk Halingen umgestellt wurde. Zum Einsatz gekommen ist Thermoplusglas mit einem Wärmedurchgangskoeffizienten (k-Wert) von 1,3. Damit werden Empfehlungen des Umweltbundesamtes (Orientierung am RAL UZ 52 für Wärmeisolierverglasung) und die Wärmeschutzverordnung eingehalten.

Maßnahme:

- Auch bei zukünftigen Baumaßnahmen ist bei der Auswahl einer Wärmeisolierverglasung auf einen niedrigen Wärmedurchgangskoeffizienten (k-Wert) zu achten. Eine Orientierung am Umweltzeichen RAL UZ 52 wird vorgeschlagen.

Wasserkraftwerk

Ist/Soll-Abgleich:

Im Verbund mit der öffentlichen Stromversorgung betreibt die GELSENWASSER AG ein eigenes Wasserkraftwerk. Die beiden dort installierten Voith-

Abb. 52. Stauwehr der Ruhr mit Wasserkraftanlage

Kaplanturbinen haben eine maximale Leistung von je 800 kW. Die Wehranlage besteht aus 2 Dreigurtschützen mit aufgesetzten Fischbauchklappen, die je 25 m breit sind. Die Stauhöhe beträgt 4,20 m. Dadurch wird ein Gefälle von 5,7 m bei einem mittleren Durchfluß von 18 m^3/s geschaffen. Die erzeugte elektrische Energie wird zum Betrieb des Wasserwerks genutzt. Überschüssige Energie wird in das öffentliche Netz abgegeben. Der Mehrbedarf bei geringen Durchflußmengen der Ruhr wird durch Bezug aus dem öffentlichen Netz gedeckt.

Die Hydraulikanlage sowie die Turbinensteuerung und die elektrische Schaltanlage wurden durch neue Anlagen ersetzt, wodurch eine optimale Ausnutzung der Wasserkraft ermöglicht wurde. Herkömmliche Schmierstoffe sind durch solche der Wassergefährdungsklasse 0 ersetzt worden oder durch den Einsatz von wassergeschmierten Lagern entfallen.

Maßnahmen:

- Aus diesem Ist/Soll-Abgleich resultieren keine Maßnahmen.

Abb. 53. Batterieraum im Wasserwerk

Notstromtechnik im Wasserwerk

Ist/Soll-Abgleich:

Im Batterieraum des Wasserwerkes Echthausen befinden sich Notstrombatterien, um im Falle eines Stromausfalles die unterbrechungsfreie Stromversorgung der Leittechnik und Notbeleuchtung bis zum Ansprechen des Notstromdiesels aufrecht zu erhalten.

Gemäß Nr. 7.2.5 der DIN 0510 Teil 2 müssen Akkumulatoren und Batterieanlagen, die sich im Ladezustand befinden, belüftet werden. Diese Belüftung findet statt.

Maßnahme:

- Maßnahme für den Batterieraum Wasserwerk Echthausen, siehe Kapitel 3.3 Gefahrstoffe, Seite 299.

Notstromaggregate für die Wassergewinnung

Ist/Soll-Abgleich:

In der Wassergewinnung werden Notstromaggregate eingesetzt. Die Spannung der Geräte beträgt 220 V und 380 V. Sie werden für Arbeiten innerhalb der Wassergewinnung benutzt. Die Kraftstoffversorgung erfolgt mit Benzin. Die Wasserlöslichkeit von Benzin beträgt bei 20 °C 50–200 mg/l. Ottokraftstoff besitzt die Wassergefährdungsklasse 2 und ist somit ein wassergefährdender Stoff.

Abb. 54. Notstromaggregat für die Wassergewinnung

Maßnahme:

- Notstromaggregate, die unmittelbar in der Wassergewinnung eingesetzt und mit Ottokraftstoff betrieben werden, sollten durch alternative Geräte, die mit RME (schwer wasserlöslich, WGK 1) betrieben werden, ersetzt werden.

Notstromtechnik im Pumpwerk Echthausen

Ist/Soll-Abgleich:

Neben dem Batterieraum betreibt die GELSENWASSER AG im Wasserwerk Echthausen zur Stromversorgung ein Dieselaggregat. Es wird mit Heizöl betrieben und dient zusätzlich zur Stromversorgung der Hilfsantriebe, z. B. der Schütze am Kraftwerk.

Abb. 55. Dieselnotstromaggregat im Wasserwerk Echthausen

In der nachfolgenden Aufzählung sind die technischen Daten des Notstromaggregates aufgezeigt:

Antrieb

- Dieselmotor 6 Zylinder,
- Drehzahl 1500 U/min.

Generator

- Drehstrom-Generator,
- Leistung 160 KVA,
- Spannung 230/400 V.

Maßnahmen:

- Aus diesem Ist/Soll-Abgleich resultieren keine Maßnahmen.

Abb. 56. Kernstück der Energierückgewinnungsanlage

3.4.4 Rohrnetz und Hochbehälter

Anlage zur Rückgewinnung von Energie

Ist/Soll-Abgleich:

Im Bereich der Betriebsdirektion Unna fließen vom Hochbehälter Wilhelmshöhe (Volumen und Kapazität siehe Kap. 3.5) zum Hochbehälter Schürmann relativ gleichmäßig 810 m^3 Trinkwasser pro Stunde über 20 Stunden täglich zu.

Das Druckgefälle beträgt nach Abzug der Rohrleitungverluste ca. 3,7 bar. Mit der am Hochbehälter Schürmann vorhandenen Energierückgewinnungsanlage nutzt die GELSENWASSER AG dieses Energiepotential zur Erzeugung einer elektrischen Leistung von ca. 70 KW. Die erzeugte Energie von 360 MWh pro Jahr wird in das Stromnetz der Stadtwerke Unna eingespeist.

Die Anlage wird mit einer rückwärtslaufenden Sulzer Kreiselpumpe einschließlich Asynchrongenerator vollautomatisch betrieben.

Die Anlage hat laut Stromlieferbericht der Stadtwerke Unna vom 28.8.1995 bis zum 31.12.1996 insgesamt 536 862 kWh ins öffentliche Netz eingespeist.

Maßnahme:

- Aus diesem Ist/Soll-Abgleich resultieren keine Maßnahmen.

3.4.5 Betriebsdirektion Unna

Wärmeschutzmaßnahmen der Betriebsdirektion Unna

Ist/Soll-Abgleich:

Die folgenden Tabellen 26 und 27 geben eine Baubeschreibung und zeigen, welche Werkstoffe beim Neubau der BD Unna eingesetzt wurden.

Die bauliche Ausführung entspricht damit der Wärmeschutzverordnung in der aktuellen Fassung. Die WärmeschutzV, die nach § 1 für die Errichtung von Gebäuden gilt, kann in Verbindung mit der DIN 4108 Teil 2 und 4 zur Überplanung des Wärmeschutzes von Fenstern, Fenster- und Außentüren herangezogen werden [21].

Tabelle 26. Baubeschreibung des Rohbaus der BD Unna (30)

Decken	Stahlbeton B25, d = 20 cm, nach statischen Erfordernissen
Dach	Flachdach als Kaltdach auf Ständerkonstruktion mit 3 Lagen Bitumen, Schweißbahnen und 5 cm Kiesauflage. Zwischen den Stützen Dachrandabschrägung 45° mit Metalldeckung
Außenwände	Stahlbetonstützenkonstruktion und Mauerwerk KSL, d = 24 cm Wärmedämmung (Mineralwolle) d = 6 cm, Luftschicht 4,0 cm, Verblendklinker d = 11,5 cm, weiß

Tabelle 27. Baubeschreibung des Ausbaus der BD Unna (30)

Fenster	Dreh-Kipp-Aluminiumfenster mit thermisch getrennten Profilen und Zweischeiben-Isolier-Verglasung (k-Wert = 2,1)
Sonnenschutz	Vertikaler Behang außen, elektrische Schaltung
Innenwände nichttragend	Sichtmauerwerk KSVb, d = 11,5 cm, mit Alu-Oberlichtern
Decken	Im Büroteil: Betondecken mit abgehängten Metallkassetten. Im Lager- und Kauenbereich: Sichtbetondecken. In innenliegenden Nebenräumen: abgehängte PAG-Rasterdecken mit integrierter Be- und Entlüftung und Beleuchtung.

Maßnahme:

- Eine Überplanung nach der Wärmeschutzverordnung ist nicht zwingend notwendig. Die Betriebsdirektion Unna wurde im Dezember 1989 fertiggestellt, die verwendeten Baustoffe und Bauausführungen entsprechen der Wärmeschutzverordnung. Eine Überplanung wird nicht empfohlen, weil die bei einer eventuellen Umbaumaßnahme entstehenden Energiekosten die dadurch eingesparte Heizenergie auch langfristig nicht ausgleichen könnten. Aus diesem Grund resultieren keine Maßnahmen aus dem behandelten Ist/Soll-Abgleich.

Haushaltsgeräte der BD Unna

Ist/Soll-Abgleich:

Die in der Küche der GELSENWASSER AG, BD Unna, Anwendung findenden Haushaltsgeräte sind 1989 beim Umbau der Betriebsdirektion installiert worden.

Der dort vorgefundene Gefrierschrank und andere Kühlgeräte sind FCKW-frei.

Maßnahme:

- Bei einer Neuanschaffung von Haushaltsgeräten ist auf das RAL UZ 75 für umweltfreundliche Haushaltsgeräte zu achten.

Heizungsregelung der Betriebsdirektion Unna

Ist/Soll-Abgleich:

Die Betriebsdirektion Unna besitzt eine Brennwertkesselanlage mit 2 Brennern, die jeweils eine Leistung von 60–300 KW haben. Die Nennwärmeleistung der beiden Wärmetauscher beträgt 190 KW.

Die Wasserkreisläufe des Warmwasserbehälters teilen sich, wie in Tabelle 28 zu sehen, auf:

Im Heizungsraum der Betriebsdirektion Unna befinden sich 2 Brenner und der Warmwasserspeicher mit 2 Kammern, die jeweils 2000 l fassen. In dem

Tabelle 28. Brennwertkesselanlage der Betriebsdirektion Unna

Ort	Heizkreislauf	Rücklauf Temp.	Vorlauf Temp.	Zeit
Verwaltungsgebäude	Stat. Heizung Ost	35 °C	65 °C	6–17 Uhr
	Stat. Heizung West	35 °C	65 °C	6–17 Uhr
	Gartner Heizung Casino	20 °C	33 °C	6–17 Uhr
	Gartner Heizung Eingang	20 °C	33 °C	6–17 Uhr
Sozialgebäude	Fußbodenheizung OG	30 °C	45 °C	3–17 Uhr
	Gartner Heizung	30 °C	40 °C	6–17 Uhr
	Stat. Heizung EG	40 °C	60 °C	6–17 Uhr
	Lufterhitzer KG + EG	50 °C	65 °C	6–17 Uhr

Raum wurde eine Temperatur von 31 °C bei einer Außentemperatur von 17 °C gemessen. Laut § 3 des EnEG haben u.a. heizungs- und raumlufttechnische Anlagen nach Abs. 2 den Anforderungen der HeizAnlV zur Verhinderung vermeidbarer Energieverluste zu entsprechen.

Die Anlage fällt in den Anwendungsbereich des § 1 Abs. 1 Nr. 2 der HeizAnlV. Somit sind auch die nach § 6 dieser Verordnung geltenden Vorschriften zur „Wärmedämmung von Wärmeverteilungsanlagen" einzuhalten. Im Heizungskeller wurde eine Zirkulation der Luft mit den Kellerlagerräumen hergestellt, um die Abwärme des Kessels zu nutzen. Dadurch wurde die Deckenheizung dieser Räume überflüssig. Beim Absenken der Innentemperatur des Heizungsraumes kommt es aber erneut zur Wärmeabgabe des Warmwasserspeichers.

Abb. 57. Brennwertkessel im Heizungsraum der Betriebsdirektion Unna

Maßnahmen:

- Die Raumtemperatur im Heizungskeller ist durch Maßnahmen nach § 6 Abs. 1 und 3 der HeizAnlV gegen Wärmeverluste abzusenken. Die vorhandene Wärmedämmung ist zu überprüfen und zu optimieren.
- Die Lagerräume im Keller sind durch die vorhandene Deckenheizung zu temperieren.

3.5 Emissionen

3.5.1 Einführung

Das Bundesimmissionsschutzgesetz (BImSchG) vom 15.3.1974 ist zur Schadstoff- und Lärmimmissionsbegrenzung geschaffen worden.

Nach der Definiton der Emissionen in § 3 Abs. 3 des BImSchG ist es entscheidend, daß Luftverunreinigungen, Geräusche, Erschütterungen, Licht, Wärme, Strahlen und ähnliche Erscheinungen von einer Anlage im Sinne des § 3 Abs. 5 BImSchG ausgehen. Im § 3 Abs. 2 des BImSchG wird der Begriff der Immission definiert, der den Gegenpol der Emission bildet. Es gelten die gleichen Erscheinungen, die bereits für Emissionen kennzeichnend sind. Immissionen müssen jedoch auf Menschen, Tiere und Pflanzen, den Boden, das Wasser, die Atmosphäre sowie Kultur- und Sachgüter einwirken [47].

Das BImSchG bezweckt mit dem § 1 zweierlei:

- Schutz vor schädlichen Umwelteinwirkungen, zusätzlich für genehmigungsbedürftige Anlagen Schutz vor Gefahren, erheblichen Nachteilen und erheblichen Belästigungen.
- Vorbeugung vor schädlichen Umwelteinwirkungen.

Das BImSchG legt das Verursacherprinzip und das Vorsorgeprinzip zugrunde. Der Verursacher wird zur Durchführung von Immissionsschutz-Maßnahmen verpflichtet, da sich die gesetzlichen Anforderungen des BImSchG auf den Ort der Emissionen, also die Emissionsquelle, beziehen [47].

Weiterhin wird gefordert, dem Entstehen schädlicher Umwelteinwirkungen vorzubeugen.

Im § 3 Abs. 5 des BImSchG wird zusammengefaßt, was unter Anlagen zu verstehen ist: Betriebsstätten und sonstige ortsfeste Einrichtungen, Maschinen, Geräte und sonstige ortsveränderliche technische Einrichtungen sowie Fahrzeuge, soweit sie nicht der Vorschrift des § 38 unterliegen, und Grundstücke, auf denen Stoffe gelagert oder abgelagert oder Arbeiten durchgeführt werden, die Emissionen verursachen können, ausgenommen öffentliche Verkehrswege [47].

Es wird unterschieden, nach welchen Genehmigungsverfahren bzw. Überwachungsverfahren Anlagen nach dem BImSchG einzustufen sind [47]:

Genehmigungsbedürftige Anlagen

- nach Spalte 1, § 10 BImSchG (förmliches Verfahren),
- nach Spalte 2, § 19 BImSchG (vereinfachtes Verfahren).

Nicht genehmigungsbedürftige Anlagen

- überwachungsbedürftige Anlagen nach § 24 Gewerbeordnung [47].

3.5.2 Rechtliche Grundlagen

Für die GELSENWASSER AG kommen folgende Rechtsverordnungen zur Durchführung des BImSchG in Betracht:

1. BImSchV:

Verordnung über Kleinfeueranlagen

Die Verordnung richtet sich an Feuerungsanlagen, die nach § 4 des BImSchG nicht genehmigungsbedürftig sind [47].

Die GELSENWASSER AG ist Betreiber nichtgenehmigungsbedürftiger Anlagen. In §§ 7 bis 11 werden allgemeine Anforderungen und Bestimmungen zu o.g. Anlagen getroffen.

4. BImSchV:

Verordnung über genehmigungsbedürftige Anlagen

Die Verordnung dient der Zuordnung von Anlagen zu Genehmigungsverfahren gemäß § 10 des BImSchG (förmliches Verfahren für Anlagen der Spalte 1 des Anhangs) bzw. § 19 des BImSchG (vereinfachtes Verfahren für Anlagen der Spalte 2 des Anhangs).

9. BImSchV

Grundsätze des Genehmigungsverfahrens

Inhalt dieser Verordnung sind ergänzende Bestimmungen zu den §§ 8 bis 15 und 19 des BImSchG zur Erteilung einer Genehmigung zur Errichtung oder wesentlichen Änderung einer Anlage oder eines Vorbescheides.

TA-Luft:

Technische Anleitung zur Reinhaltung der Luft

Diese Verwaltungsvorschrift dient zum Schutz von Personen vor schädlichen Umwelteinwirkungen sowie Vorsorge gegen diese. Die TA-Luft gilt in Verbindung mit § 4 des BImSchG und ist deshalb auch für die GELSENWASSER AG gültig [47].

TA-Lärm:

Technische Anleitung zum Schutz gegen Lärm

Die TA-Lärm ist eine allgemeine Verwaltungsvorschrift für Anlagen, die unter § 16 der Gewerbeordnung fallen, also alle in der 4. BImSchV aufgeführten Anlagen.

Der Kernpunkt der TA-Lärm ist die Fixierung von Tag/Nacht-Schallpegelrichtwerten für unterschiedliche Gebietsstrukturen [47].

3.5.3 Dokumentation Wasserwerk Echthausen

Sandstrahlanlage in der Wassergewinnung Echthausen

Ist/Soll-Abgleich:

Siehe Kapitel Abfall- und Reststoffe.

3.5.4 Dokumentation Rohrnetz, Hochbehälter und Betriebsdirektion Unna

Kleinfeuerungsanlage der Betriebsdirektion Unna

Ist/Soll-Abgleich:

Die Kleinfeuerungsanlage der Betriebsdirektion Unna besteht aus zwei Brennwertkesseln mit einer Feuerungswärmeleistung (FWL) von 0,16 MW. Es handelt sich bei dieser Anlage demnach um eine nicht genehmigungsbedürftige Anlage, die nach § 23 des BImSchG der Kleinfeuerungsanlagen-Verordnung unterliegt.

Tabelle 29. Messung an der Kleinfeuerungsanlage

Wärmetauscher	Nennwärmeleistung 190 KW
Brenner	Leistungsbereich 60–160 kW max. Leistung 300 KW
Art der Anlage	Heizung mit Brauchwasser
Verbrennungslufttemperatur	16 °C
Abgaslufttemperatur	84 °C
Abgasverlust in %	3,00
Druckdifferenz in hPa	0,11
Volumengehalt CO_2 in %	9,60

Gemäß § 3 Abs. 1 Nr. 10 der 1. BImSchV wird Erdgas als Brennstoff eingesetzt.

Diese Anlagen sind laut § 10 der 1. BImSchV so zu errichten und zu betreiben, daß die Grenzwerte für die Abgasverluste nach § 11 eingehalten werden.

Die wiederkehrende Überwachung nach § 15 Abs. 1 Nr. 3 der 1. BImSchV ist vom zuständigen Bezirksschornsteinfeger durchgeführt worden. Die Meßergebnisse entsprechen der Verordnung.

In der vorstehenden Tabelle 29 ist die Bescheinigung über das Ergebnis der Messung an der Kleinfeuerungsanlage für gasförmige Brennstoffe gemäß §§ 14, 15 der ersten Verordnung zur Durchführung des Bundes-Immissionsschutzgesetzes dargestellt:

Maßnahme:

- Ergibt eine Messung, daß die Anlage den Anforderungen der Verordnung nicht entspricht, so ist der Betreiber verpflichtet, die notwendigen Verbesserungsmaßnahmen an der Anlage zu treffen. Die Meßergebnisse an dieser Anlage waren entsprechend der Verordnung. Deshalb resultieren aus diesem Ist/Soll-Abgleich keine Maßnahmen.

Absaugungen der KFZ-Abgase aus der Halle

Ist/Soll-Abgleich:

Um Abgase in der Werkstatt zu verhindern, sind in der Halle Absaugungen installiert. Grundlage dafür ist der § 14 der Arbeitsstättenverordnung in Verbindung mit Nr. 5.4.1-ZH 1/454 „Sicherheitsregeln für die Fahrzeuginstandhaltung“. Die Abgase werden dabei am Auspuffende aufgenommen und über ein Gebläse (2,8 m^3/min) über Dach abgeleitet.

Mit der Forderung, Emissionen über Schornstein abzuleiten, soll verhindert werden, daß Emissionen unkontrolliert aus vielen Öffnungen, z. B. von Werkhallen („Knopflochemissionen“), austreten können.

Die Mindesthöhe von „10 m über Flur und 3 m über Dachfirst“ entsprechend dem § 18 der 1. BImSchV ist hier nicht einzuhalten, weil die Emissionen hinsichtlich ihrer Konzentration und ihrer Gesamtmenge gering sind.

Die Ableitungen sind nicht im Zusammenhang mit Prüfständen nach der 4. BImSchV, Nr. 10.15, Spalte 2 zu sehen, so daß in diesem Fall nicht genehmigungsbedürftige Anlagen vorliegen, denen zur Beurteilung § 22 des BImSchG „ Pflichten der Betreiber nicht genehmigungsbedürftiger Anlagen“ in Verbindung mit dem Ableitgrundsatz von Abgasen nach der TA-Luft, Nr. 2.4.1 zugrunde gelegt wird.

Maßnahme:

- Aus diesem Ist/Soll-Abgleich resultieren keine Maßnahmen.

Absaugung und Ableitung von Schweißgasen

Ist/Soll-Abgleich:

Im Werkstattbereich der Betriebsdirektion Unna befindet sich ein Autogen-Schweißplatz, dessen Schweißabgase mittels Gebläse über Dach abgeleitet werden.

Die Mindesthöhe von „10 m über Flur und 3 m über Dachfirst“ entsprechend der 1. BImSchV § 18 ist hier nicht einzuhalten, weil die Emissionen hinsichtlich ihrer Konzentration und ihrer Gesamtmenge gering sind.

Es gilt § 22 des BImSchG „Pflichten der Betreiber nicht genehmigungsbedürftiger Anlagen in Verbindung mit der TA-Luft, Nr. 2.4.1 (Ableitungsgrundsatz von Abgasen), der durch eine Absauganlage (siehe Abb. 58) entsprochen wird.

Ein ungestörter Abtransport der Abgase in der freien Strömung ist somit sichergestellt.

Abb. 58. Absaugvorrichtung für Schweißgase in der Autowerkstatt

Maßnahme:

- Aus diesem Ist/Soll-Abgleich resultieren keine Maßnahmen.

Emissionen beim Verschweißen von Buthylkautschukbinden

Ist/Soll-Abgleich:

Bei Verlegearbeiten im Rohrnetz und hier insbesondere bei Hausanschlüssen ist es notwendig, Armaturen mit einer Schutzbinde zu versehen. Diese Schutzbinde wird durch Erwärmung erweicht und um die Armatur gelegt. Bei diesen Arbeiten kommt es zu starker Rauchentwicklung. Aus dem EG-Sicherheitsdatenblatt der Schutzbinde geht hervor, daß eine Beeinträchtigung der Umwelt bzw. eine Gefährdung beim Einatmen der Dämpfe nicht besteht.

Nach Auskunft der Fachfirma entstehen bei fachgerechter Verarbeitung keine gefährlichen Dämpfe, weil diese Binden Schmelzpunkte von 100–120 °C haben und sich bei diesen Temperaturen keine Zersetzungsprodukte bilden.

Maßnahme:

- Beim Anbringen von Schutzbinden ist für eine ausreichende Belüftung der Baugrube zu sorgen.

3.6 Transport, Speicherung und Verteilung

3.6.1 Rohrnetzüberwachung

Ist/Soll-Abgleich:

Das für die Trinkwasserversorgung benötigte Rohwasser steht nicht in beliebigen Mengen zur Verfügung, und die Qualität des Rohwassers, durch Umwelteinflüsse verändert, macht eine Aufbereitung immer häufiger notwendig bzw. aufwendiger.

Eine kurzfristig zum Erfolg führende Maßnahme, die die Wasserabgabe ins Netz verringert, ist die Verminderung der Wasserverluste. Rohwasserreserven werden dadurch weniger stark belastet, und der finanzielle Aufwand für die Wasseraufbereitung sinkt [73].

Leckortungsverfahren

Nachfolgend werden die wichtigsten derzeit zur Verfügung stehenden Verfahren zur Leckortung kurz erläutert:

- Mechanische Akustik
  Horchdosen werden für die Vorortung von Leckorten benutzt. Diese Horchdose besteht aus einem Resonanzkörper, meist aus Metall, mit einer innen angebrachten Messingfeder. Über einen Metallstab an dem Resonanzkörper werden die Schwingungen des Rohres zum Ohr des Horchers übertragen. Die Horchdose findet auch heute noch Anwendung. Nach den mechani-

schen Geräten entstanden Systeme, die mit Mikrofonen und Verstärkern ausgerüstet waren. Das Mikrofon dient zur Signalaufnahme, ein Verstärker übernimmt die Signalaufbereitung, ein Kopfhörer dient zum Übertragen der Geräusche zum Ohr des Horchers [74].

- Korrelationsmeßtechnik
  Ein Korrelationssystem setzt sich aus dem eigentlichen Gerät zusammen, welches auf einem PC aufbaut. Schnittstellenkarten führen die erforderlichen Rechenoperationen durch. Kleingeräte sind teilweise mit einem eigenen Prozessor ausgerüstet. Befindet sich eine Leckstelle innerhalb der Meßstrecke, wird der Korrelator unter Eingabe der Länge und der Schallgeschwindigkeit den Punkt der Leckstelle errechnen, indem er die gemessenen Werte mit vorhandenen, eingestellten Werten vergleicht [74].

- Gasprüfverfahren
  Kleinstleckstellen lassen sich oft auf akustischem Wege nicht mehr orten, da sie so klein sind, daß Schwingungen am Rohr, also Geräusche, nicht mehr entstehen. In diesem Fall wird ein Spezialgas unter Druckprüfbedingungen in die Leitung gegeben. Durch seine spezielle Zusammensetzung kann es mit einer besonderen Gerätetechnik aufgespürt werden [74].

- Druckmessungen-Druck Logger
  Zur Durchführung von Druckmessungen werden elektronische Geräte benutzt, die über Software und PC programmiert werden können. Dort, wo große Druckabfälle im Netz zu messen sind, ist darauf zu schließen, daß diese durch große Leckstellen in unmittelbarer Umgebung hervorgerufen wurden [74].

- Zufluß-Meßverfahren
  Dafür werden Netzabschnitte durch Abschieberung vom übrigen Netz abgetrennt und mit Schlauchverbindungen über Hydranten eingespeist. Dazwischen sitzt ein Durchflußmesser (IDM), der die Durchflußwerte an einen PC abgibt, der wiederum die Daten speichert und darstellt [74].

- Zonenüberwachung
  Die Zonenüberwachung des Unternehmens ist der letzte Schritt, die Verluste drastisch zu reduzieren und in einem vertretbaren Rahmen zu halten. Hierzu werden natürliche Zonenbegrenzungen benutzt, um über Ausgangszähler in Behältern und Pumpstationen die Einspeisung und Ausspeisung beobachten zu können [74].

Instandhaltung von Rohrnetzen

Der Begriff der Instandhaltung und seine einzelnen Komponenten sind in der DIN 31051 definiert. Unter Instandhaltung versteht man „Maßnahmen zur Bewahrung und Wiederherstellung des Sollzustandes zur Feststellung und Beurteilung des Istzustandes von technischen Mitteln eines Systems“ [43].

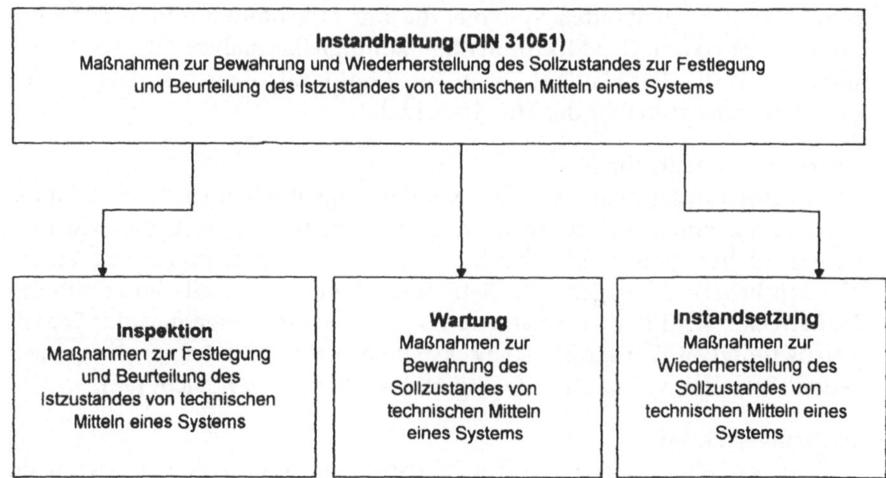

Abb. 59. Instandhaltung von Rohrleitungsnetzen

Die Abb. 59 zeigt die weitere Aufteilung der Instandhaltung von Rohrnetzen.

Wasserverluste

Wasserverluste können durch marode Versorgungsnetze unterschiedlich groß sein. Bis zu 40% Leckverluste entstehen in einigen Bereichen der neuen Bundesländer. In England versickern etwa 20% der ins Netz eingespeisten Wassermenge in den Boden, in Griechenland liegt der Wert der Wasserverluste bei ca. 30%. Die Wasserverluste der GELSENWASSER AG liegen bei etwa 1%.

Maßnahmen:

- Wasserverluste sind nach den DVGW-Richtlinien W 390 und W 391 zu ermitteln. Dabei sind die Verfahren nach DVGW-Richtlinie 393 zu berücksichtigen.
- Durch ständige Wartungs- und Instandhaltungsarbeiten ist der Wasserverlust weiter zu minimieren, um somit die natürliche Wasserressource zu schützen.

3.6.2 Übergabepunkte

Die GELSENWASSER AG ist nicht in jedem Fall Lieferant für Haushalte, sondern beliefert auch Stadtwerke und Kommunen. Die Wasserverteilung wird in diesen Fällen nicht von der GELSENWASSER AG, sondern vom Abnehmer gesteuert.

Die quantitativen Wassermessungen an Übergabepunkten erfolgen durch induktive bzw. mechanische Meßverfahren. Bei geringen Wasserabgaben wird die Wasserabnahme auch, mit einem Wasserverlustzuschlag versehen, über die Hauswasserzähler abgerechnet.

3.6.3 Pumpenbetrieb im Wasserwerk Echthausen

Ist/Soll-Abgleich:

Die Trinkwasserversorgung wird mittels fünf Elektro-Pumpen gewährleistet, wobei die Fördermenge durch Zuschalten und Abschalten der Pumpen, die eine starre Drehzahl besitzen, geregelt wird.

Folgende Pumpen sind im Wasserwerk Echthausen installiert:

Tabelle 30. Pumpenanlage im Wasserwerk Echthausen

	Antriebsleistung	Fördermenge	Drehzahl	Förderhöhe
EP 1	305 KW	850 m³/h	1475 U/min	92,00 m
EP 2	550 KW	1400 m³/h	1478 U/min	92,00 m
EP 3	820 KW	2200 m³/h	1480 U/min	92,00 m
EP 4	820 KW	2200 m³/h	1480 U/min	92,00 m
EP 5	820 KW	2200 m³/h	1480 U/min	92,00 m

Als Führungsgröße für die Fahrweise der Pumpen dient die Behälterstandskurve für den Hochbehälter Wickede, die in der folgenden Abbildung exemplarisch für den 9.6.1997 gezeigt wird:

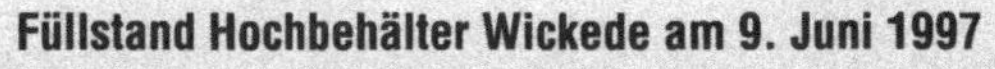

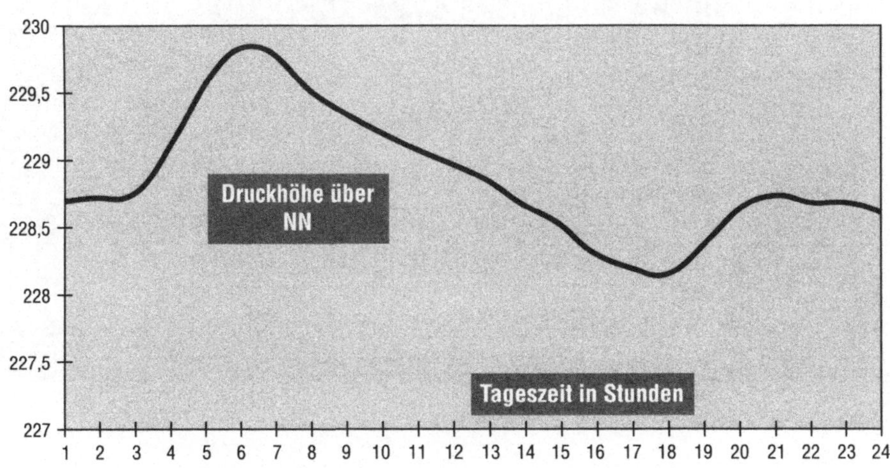

Abb. 60. Füllstände des Hochbehälters Wickede

Die Fahrweise ist so einzurichten, daß der Hochbehälter um ca. 6 Uhr den vorgegebenen maximalen Füllstand und um ca. 18 Uhr den vorgegebenen minimalen Füllstand erreicht hat [45].

Der Nachttarif ist entsprechend den Jahreszeiten zu berücksichtigen:

Zeitraum:	01.04. bis 30.10.	21 Uhr bis 6 Uhr
	01.11. bis 30.03.	19 Uhr bis 6 Uhr

Maßnahmen:

- Die geforderten min./max. Behälterstände sind entsprechend den Nachttarifen einzuhalten; Stromspitzen sind zu vermeiden.
- Der Wirkungsgrad der Pumpen liegt oberhalb von 80% und sollte durch entsprechende Maßnahmen optimiert werden.

Drehzahlgesteuerte Pumpen

Ist/Soll-Abgleich:

Bei den drehzahlgesteuerten Pumpen wird die Fördermenge durch Zu- und Abschalten der Pumpen sowie durch Drehzahlverstellung geregelt. Die Regelung der Anlage erfolgt druckabhängig.

Das Versorgungsgebiet Voßwinkel wird vom Wasserwerk Echthausen mit drehzahlgesteuerten Pumpen versorgt.

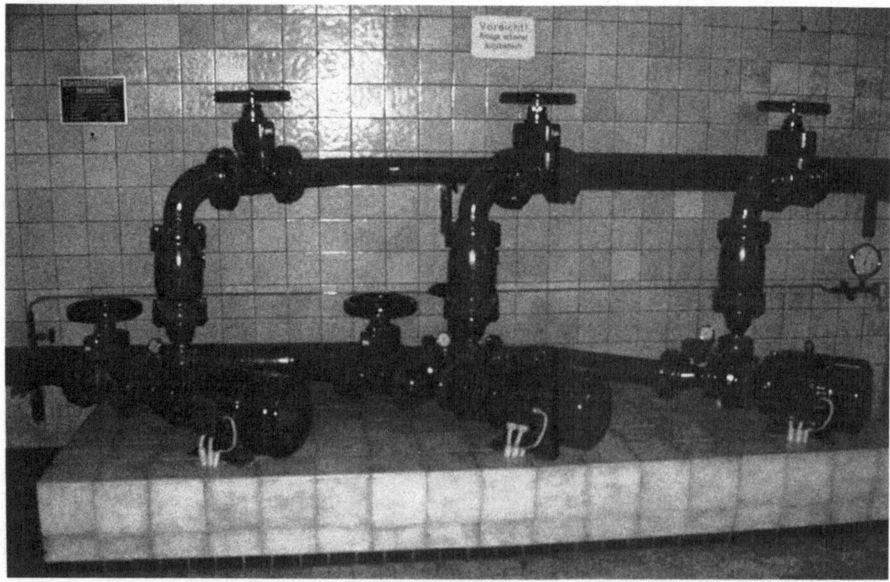

Abb. 61. DEA Voßwinkel im Wasserwerk Echthausen

Die Druckerhöhungsanlage (DEA) Voßwinkel setzt sich aus folgenden Pumpen zusammen:

Tabelle 31. Pumpenanlage DEA Voßwinkel

	Antriebsleistung	Drehzahl	Fördermenge	Förderhöhe
EP 1	11 KW	2930 U/min	43 m^3/h	40 m
EP 2	11 KW	2930 U/min	43 m^3/h	40 m
EP 3	11 KW	2930 U/min	43 m^3/h	40 m

Maßnahme:

- Aus diesem Ist/Soll-Abgleich resultieren keine Maßnahmen.

3.6.4 Energieverluste in Rohrleitungen

Ist/Soll-Abgleich:

Die meisten in der Praxis auftretenden Rohrströmungen sind turbulent. Die Ableitung der Gesetzmäßigkeiten für die Geschwindigkeitsverteilung und für den Druckverlust sind auf rein theoretischem Wege nicht möglich, da neben der Reynolds-Zahl noch die Wandbeschaffenheit des Rohres berücksichtigt werden muß.

Dabei wird der Energiehöhenverlust nach der Formel von Darcy-Weisbach berechnet [23]:

hv = Energiehöhenverlust

$$hv = \lambda \frac{l \cdot v2}{d \cdot 2g}$$

mit

λ = Widerstandsbeiwert
l = Rohrstrecke
d = Rohrdurchmesser
g = Fallbeschleunigung

Für den Widerstandsbeiwert λ gilt nach Prandtl-Colebrook [23]

$$\frac{1}{\sqrt{2}} = 2\lg\left[\frac{2{,}51}{\mathrm{Re} \cdot \sqrt{\lambda}} + \frac{k}{3{,}71 \cdot d}\right]$$

mit

k = hydraulisch wirksame Wandrauheit [–]
Re = Reynolds-Zahl [–]
v = kinematische Zähigkeit des Wassers [m^2/s]
d = Rohrdurchmesser [m]

Tabelle 32. Rauhigkeitswerte für Rohrleitungen (23)

Rohrwerkstoff	Zustand der Rohrleitung	Rauhigkeitsbeiwert in mm
gezogene Rohre aus Metall	neu, technisch glatt	0,0013 bis 0,0015
Kunststoffrohr	neu, nicht versprödet	0,0016
nahtlose Stahlrohre	neu	0,02 bis 0,16
alte Stahlrohre	mäßig verrostet, inkrustiert	0,2 bis 3
gußeiserne Rohre	leicht angerostet, verkrustet	0,2 bis 3
Rohre aus Asbestzement	neu	0,03 bis 0,1
Betonrohre	neu, Schleuderbeton	0,2 bis 0,8

Die obenstehende Tabelle 32 zeigt die unterschiedlichen Rauhigkeitswerte von Rohrleitungen.

Die am häufigsten verwendeten Rohrwerkstoffe sind duktile Gußleitungen mit Zementmörtelauskleidung. Die Zementmörtelauskleidung hat dabei folgende Aufgaben:

- Erhöhung der Korrosionsbeständigkeit bei aggressiven Wässern,
- Verbesserung der mechanischen Eigenschaften der Rohrleitungen,
- Verbesserung der dynamischen Eigenschaften.

Bei einer Zementmörtelauskleidung kommt es zur Bildung einer „Schmierschicht auf der Rohroberfläche", der sogenannten Kahmhaut. Sie verbessert

Abb. 62. Rohrleitung DN 500 mit Zementmörtelauskleidung

den Rauhigkeitsbeiwert der Rohrleitung erheblich. Weiterhin kommt es nicht zu Inkrustationen durch Eisen und Mangan.

Durch Einbau von Rohrleitungen mit niedrigen Rauhigkeitsbeiwerten wird die benötigte Pumpenenergie, um das Trinkwasser von der Wassergewinnungsanlage zum Endverbraucher zu bringen, deutlich reduziert.

Maßnahme:

- Bei der Auswahl der Rohrwerkstoffe ist darauf zu achten, den Energiehöhenverlust durch die Auswahl geeigneter Werkstoffe zu minimieren. Rohrleitungen mit einer Zementmörtelauskleidung sind hier aufgrund der beschriebenen Eigenschaften anderen Werkstoffen vorzuziehen.

3.6.5 Speichersystem

Der Ausgleich zwischen dem unregelmäßig schwankenden natürlichen Wasserdargebot und dem örtlich nach Menge und Nutzungsform stark wechselnden Wasserbedarf des Menschen für seine vielseitigen Bedürfnisse wird durch die Wasserbewirtschaftung erreicht. Als wichtigstes technisches Mittel werden hierfür Speicher eingesetzt. Die Ermittlung der Bemessungsgröße und die Aufstellung von Betriebsplänen für Talsperren erfordert umfangreiche hydrologische und wasserwirtschaftliche Untersuchungen. So muß nicht nur das mittlere Verhalten von Wasserdargebot und Bedarf berücksichtigt werden, sondern auch extreme Beanspruchungen sind unter Beachtung ihres zeitlichen Auftretens in die Untersuchung einzubeziehen und ihre Auswirkung auf den Wasserhaushalt aufzuzeigen [92].

Unter dem Begriff Talsperre wird nach dem Wasserrecht jede Stauanlage mit einer Mindesthöhe von 5 m über Gewässersohle und einem Mindestinhalt von 100 000 m^3 bis zur Krone der Stauanlage eingeordnet. In wasserwirtschaftlicher Hinsicht werden unter Talsperren Speicher verstanden, mit denen ein langfristiger Wasserausgleich des natürlichen Wasserdargebots bei gleichzeitiger Deckung eines Wasserbedarfs beabsichtigt ist. Dadurch grenzen sich Talsperren von Hochwasserrückhaltebecken ab, mit denen eine Schutzaufgabe durch kurzfristigen Abflußausgleich während einer Hochwasserperiode erreicht werden soll [92].

Die Möhnetalsperre ist nach der Biggetalsperre die zweitgrößte und damit eine der wasserwirtschaftlich bedeutendsten Talsperren im Einzugsgebiet der Ruhr. Der Stauinhalt beträgt 134,5 Mio. m^3 bei einer Seeoberfläche von 10,37 km^2. Das 436 km^2 große Einzugsgebiet der Möhne einschließlich ihrer Nebenflüsse ist überwiegend bewaldet, während knapp die Hälfte der Fläche aus Äckern, Wiesen und Weiden besteht [92].

4 Zusammenfassung

Im letzten Kapitel sollen die Ziele und Programme des Audits vorgestellt werden. Aus Gründen der Übersichtlichkeit sind nachfolgend Hauptmaßnahmen katalogisiert dargestellt. Dabei gliedert sich der Maßnahmenkatalog nach dem Umweltmedium.

Die Umsetzung der Hauptmaßnahmen ist in zwei Prioritätsstufen eingeteilt:

👍 P 1-Priorität 1. Ordnung:

- Diese Maßnahmen gilt es zu überprüfen bzw. umzusetzen, um gesetzliche und behördliche Bestimmungen einzuhalten.

☞ P 2-Priorität 2. Ordnung:

- Diese Maßnahmen dienen zur Verbesserung der allgemeinen Umweltleistung der GELSENWASSER AG und zugleich der Umsetzung der Umweltphilosophie.

4.1 Maßnahmenkatalog Abfall- und Reststoffe

Untersuchungspunkt	Maßnahme	Priorität
Abfisch-, Mäh- und Rechengut	Abfisch- und Rechengut ist aus opt. Gründen auch am Wehrzulauf zu entnehmen	👍
Ölabscheider	Periodisch wiederkehrende Überprüfung Dauerhaft meßtechnische Überwachung	👍
Bauschutt	Bei zukünftigen Baumaß. durch veränd. Behälterstruktur auf Verwertung hinarbeiten Vollzugskontrolle durch Hochbauabteilung	☞
Sandstrahlrückstände	Prüfen, ob eine Genehmigung nach BImSchG erforderlich ist	👍
Leuchtstoffröhren	Zerbrechen verhindern Lagerungsmöglichkeiten verbessern	👍
Batterien für Kleingeräte	Solarbetriebene Geräte Wiederaufladbare Akkus	👍
Büromaterialien	Konventionelle Produkte durch Büromaterialien mit Umweltvorteilen ersetzen (RAL UZ 56)	👍
Grabenlose Rohrverlegung	Prioritäre Behandlung gegenüber konv. Verfahren, wenn wirtschaftlich vertretbar	☞
Felsgrabenfräse	Das Verfahren ist, wenn wirtschaftlich vertretbar, konventionellen vorzuziehen	☞

Maßnahmenkatalog Abfall- und Reststoffe (Fortsetzung)

Untersuchungspunkt	Maßnahme	Priorität
Bodenaushub und Straßenaufbruch	Prüfung der Vertragsunternehmen auf ordnungsgemäße Verwertung bzw. Entsorgung	
Batterien der Warnleuchten für das Rohrnetz	Einsatz von Nachtwarnlampen mit LED-Technik Austausch der Batterien durch Kleinakkus	
Wertstoffe im Bereich der Betriebsdirektion Unna	Zentrale Erfassungsmöglichkeit zur selbständigen Entsorgung durch Mitarbeiter	
Werbegeschenke und schriftliche Veröffentlichungen	Abwägen zwischen opt. Wirksamkeit und Umweltverträglichkeit bei Papieren	
Bürogeräte	Bei Neukauf auf RAL UZ achten Rücknahmegarantie sicherstellen	
Getränkeautomaten	Umstellen auf Mehrwegsysteme und Pfandflaschen	
Hausmüllähnlicher Gewerbeabfall	Verbesserte Separation der Wertstoffe und dadurch Volumenreduktion des hausmüllähnlichen Gewerbeabfalls	
Feste fett- und ölverschmutzte Betriebsmittel	Untergrund gegen Eindringen von Schadstoffen sichern Innenauskleidung des Behälters	
Eisenmetallbehältnisse mit schädlichen Restinhalten	Schutz vor direkter Sonneneinstrahlung, um eine Erwärmung auszuschließen	
Sammlung von Asbestabfällen	Fixierung der Rohrbruchstellen mit Bindemittel und Verpackung der Abfälle gemäß TRGS 519	
Garten- und Parkabfälle	Errichtung einer Kleinkompostieranlage	
Autoreifen/Altreifen	Einsatz von runderneuerten Reifen unter Beachtung der sicherheitstechnischen Aspekte	

4.2 Maßnahmenkatalog Wasser, Abwasser und Gewässerschutz

Untersuchungspunkt	Maßnahme	Priorität
Niederschlagswasser Dachentwässerung	Einleitung in das von der GELSENWASSER AG geschaffene Kleingewässer	
Trinkwasserschutzgebiet	Die Einhaltung der Wasserschutzgebietsverordnung ist in allen Punkten zu überprüfen	
Schmierstoffe für die Kaplanturbine	Die Einstufung in WGK 0 ist durch Analyse eines unabhängigen Labors zu bestätigen	

Maßnahmenkatalog Wasser, Abwasser und Gewässerschutz (Fortsetzung)

Untersuchungspunkt	Maßnahme	Priorität
Chemikalienlagergebäude	Abfüllen und Lagern hat auch mit Ausnahmegenehmigung in der Intention der WSG V zu erfolgen	
Lagerung von wassergefährdenden Stoffen im Turbinenhaus	Fässer sollen mit Auffangwannen nach DIN 6601 versehen werden (Tagesbed.)	
Flockungsmitteleinsatz	Der Einsatz eines alternativen eisenhaltigen Flockungsmittels ist anzustreben	
Herbizideinsatz durch die Deutsche Bahn AG	Überprüfung der Unkrautbekämpfung der Deutschen Bahn AG	
Natur auf Zeit	Effizienzkontrolle und Monitoringuntersuchung der durchgeführten Maßnahmen	
Öllagerraum in der Autowerkstatt	Fässer sollen mit Auffangwanne nach DIN 6601 versehen werden	
Reinigung der Trinkwasserbehälter (Hochbehälter)	Die Behälter mit Chlor-Kautschuk-Farbanstrich sind zu sanieren	
Rohrnetzüberwachung	Wasserverluste sind nach DVGW W 390 und W 391 zu ermitteln, W 393 ist zu berücksichtigen	
Einleitgenehmigungen für Hochbehälter	Beantragung der Einleitgenehmigung nach WHG für HB Wickede	
Gestaltung Hochbehälterdach	Partielle Begrünung der Dachflächen zur opt. Verbesserung und Reduktion der Niederschlagswässer	
Ölwechselgrube in der Betriebsdirektion Unna	Anstrich mit chemikalienfester Farbe einschließlich der Aufkantungen	
Regenwasserversickerung auf dem Betriebsgelände der BD Unna	Realisierung des geplanten Mulden/Rigolensystems. Einbau unversiegelter Teilbereiche	

4.3 Maßnahmenkatalog Gefahrstoffe/Arbeitsschutz

Untersuchungspunkt	Maßnahme	Priorität
Lagerung von Kalkmilch	Genaue Kalkmilchmengenberechnung zur Vermeidung von Überdosierungen	
Rapsölmethylester	Umstellen von Diesel auf RME auch für Vertragsunternehmer bei Arbeiten innerhalb des Wasserwerksgeländes	
Chlorgasräume	Überprüfung des Ablaufes und des Geruchsverschlusses nach VBG	

Maßnahmenkatalog Gefahrstoffe/Arbeitsschutz (Fortsetzung)

Untersuchungspunkt	Maßnahme	Priorität
Gefahrstoffe in der Wassergewinnung	Reduzierung auf einzelne Stoffe unter Berücksichtigung des Gesundheits- und Umweltaspektes	
Betriebsanweisungen	Betriebsanweisungen zum Umgang mit Gefahrstoffen sind auszuhängen	
Ermittlungspflicht des Arbeitgebers	Es ist zu prüfen, ob Stoffe mit geringerem Risikopotential vorhanden sind	
Gefahrstoffverzeichnis	Das bestehende Gefahrstoffverzeichnis ist um die Angabe zur jeweiligen Menge des Stoffes zu erweitern	
Allgemeine Schutzpflicht	Unterweisungen der Mitarbeiter sind auszubauen und zu erweitern	
Batterieraum	Bereithalten von saugfähigem Neutralisationsmaterial Ausreichende Belüftung	
Feuerlöscher	Bei der Beschaffung sollte auf das RAL UZ 66 geachtet werden	
Rangfolge der Schutzmaßnahmen	Ersatz von Gefahrstoffen nach § 19 GefStoffV	
Kopierer	Kopierer sind nach ZH 1/129 an gut belüfteten Orten aufzustellen Auf UZ 62 achten	
Frostschutzlagerung	Lagerung nach § 24 GefStoffV der Hersteller und UVV der BG	
Reinigungs- und Desinfektionsmittel	Keine Reinigungsmittel mit Gefahrstoffsymbolen nach Anh. 1 Nr. 2 der GefStoffV	
Kennzeichnung von Reinigungsmitteln	Nach § 24 GefStoffV Keine Lagerung von Gefahrstoffen in Lebensmittelverpackungen	

4.4 Maßnahmenkatalog Energie

Untersuchungspunkt	Maßnahme	Priorität
Beleuchtung	Austausch der Glühbirnen gegen Energiesparlampen	
Temperaturregelung in Büroräumen	Ausstattung der Büroräume mit programmierbaren Einzelraumreglern	

Maßnahmenkatalog Energie (Fortsetzung)

Untersuchungspunkt	Maßnahme	Priorität
Raumklima	Beachtung der lüftungstechnischen Maßnahmen (siehe Textstelle)	👍
Kopiergeräte	Aktivierung der Standby-Funktion an Kopiergeräten	👍
Computer	Sukzessives Austauschen der Altgeräte gegen energiesparende Neugeräte Rücknahme der Altgeräte	👍
Öffentlicher Personen-Nahverkehr	Förderung und Bildung von Fahrgemeinschaften. Prüfung der Fahrradunterstellplätze	👍
Wärmeschutz	Bei zukünftigen Baumaßnahmen ist ein Wärmeschutzglas nach RAL UZ 52 auszuwählen	👍
Wasserkraftwerk der Wassergewinnung	Energiesparmaßnahme auch bei Eigenbedarfsdeckung durch die Kaplanturbinen	👍
Notstromtechnik Batterieraum	Ausreichende Belüftung und Vorhandensein von Neutralisationsmitteln	👍
Notstromaggregat für die Wassergewinnung	Einsatz von RME als Alternative zu Ottokraftstoff	👍
Energieverluste in Rohrleitungen	Es ist ein Werkstoff mit geringem Energiehöhenverlust zu wählen	👍
Pumpenbetrieb in Echthausen	Der Wirkungsgrad der Pumpen ist zu optimieren. Stromspitzen sind zu vermeiden	👍

4.5 Maßnahmenkatalog Emissionen

Untersuchungspunkt	Maßnahme	Priorität
Anlage zur Oberflächen-behandlung	Prüfen, ob eine Genehmigung nach BImSchG erforderlich ist	
Anbringen von Schutzbinden an Rohrnetzarmaturen	Baugruben belüften Handschuhe tragen	👍

4.6 Maßnahmen, die bereits durchgeführt wurden

Untersuchungspunkt	Maßnahme	
Verwaltungsbereich der Betriebsdirektion Unna	Glühbirnen wurden gegen Energiesparlampen ausgetauscht	✔

Maßnahmen, die bereits durchgeführt wurden (Fortsetzung)

Untersuchungspunkt	Maßnahme	
Abfallstraße Eisenmetalle	Die kontaminierte Mulde wurde gegen Ersatz durch die Fachfirma ausgetauscht	✔
Abfallstraße Entwässerungseinrichtung	Die Entwässerungseinrichtung in unmittelbarer Nähe der Abfallstraße wurde entfernt	✔
Autowerkstatt Chemikalienlagerung	Fässer wurden mit Bodenwannen ausgestattet	✔
Abfallstraße Hausmüllähnlicher Gewerbeabfall	Wertstoffbehälter zur Trennung von DSD-Abfällen	✔
Abfallstraße Metallbehälter mit schädl. Restinh.	Behälter wurde, vor Sonne geschützt, an einem anderen Ort aufgestellt	✔
Abfallstraße Trockenbatterien	Mit Polyesterharz kontaminierter Behälter wurde gegen Ersatz ausgetauscht	✔
Reinigungsmittel der BD Unna	Reinigungsmittel mit Gefahrstoffsymbolen wurden durch ökologische Alternativen ersetzt	✔

✔ Maßnahmen, die schon während des Audits durchgeführt wurden.

Literatur

(📖) Buch
(💾) CD ROM
(◌) Daten aus dem Internet (World Wide Web)

1. Geschäftsbericht (1996) Gelsenkirchen, GELSENWASSER AG, (📖)
2. Umweltbericht (1993) Gelsenkirchen, GELSENWASSER AG, (📖)
3. Umweltbericht (1994) Gelsenkirchen, GELSENWASSER AG, (📖)
4. Umweltbericht (1995) Gelsenkirchen, GELSENWASSER AG, (📖)
5. Umweltbericht (1996) Gelsenkirchen, GELSENWASSER AG, (📖)
6. Sietz M (1996) Umweltbetriebsprüfung und Öko-Auditing, Berlin, Heidelberg, Springer, (📖)
7. Fichter K (1995) Die EG-Öko-Audit-Verordnung, München, Wien, Hanser, (📖)
8. Waskow S (1994) Betriebliches Umweltmanagement, Heidelberg, CF Müller, (📖)
9. Sietz M (1995) Leitfaden für Umwelthandbücher mit Praxisbeispielen, Berlin, Heidelberg, Springer, (📖)
10. von Röpenack A (1997) Stand und erkennbare Trends bei der Umsetzung der Öko-Audit-Verordnung, Erzmetall Nr. 3, (📖)
11. Abbruch-, Sanierungs- und Instandhaltungsarbeiten an AZ-Wasserrohrleitungen (1995) Deutscher Verein des Gas- und Wasserfaches e.V., Eschborn, 1995 (📖)
12. Bericht über die Messung luftfremder Stoffe am Arbeitsplatz, Berufsgenossenschaft der Gas- und Wasserwerke (Messtechnischer Dienst), Bericht Nr. 2, 14.1.1993 (📖)
13. Schindler R (1981) Hydrogeologische/hydromechanische Untersuchungen beim Wasserwerk Echthausen (Ruhr) der GELSENWASSER AG. Ruhr-Universität Bochum, Lehrstuhl Geologie – Geotechnik, Bochum, (📖)

14. Arbeitsentwurf einer Erweiterungsverordnung nach § 3 Umweltauditgesetz über die Erweiterung des Gemeinschaftssystems für das Umweltmanagement und die Umweltbetriebsprüfung auf nichtgewerbliche Bereiche, Bonn, 1997 (📖)
15. Geologische Karte von Nordrhein-Westfalen, 1:25000, Geologisches Landesamt Nordrhein-Westfalen, Blatt 4513, Krefeld, 1979 (📖)
16. Bodenkarte von Nordrhein-Westfalen, 1:50000, Geologisches Landesamt Nordrhein-Westfalen, Blatt L 4512, Krefeld, 1984 (📖)
17. Meyer R, Marquardt U (1996) EG-Öko-Audit-Verordnung, Bedeutung und Konsequenzen für das Wasserfach, Vortrag anläßlich der Wasserfachlichen Aussprachetagung in Luxemburg, (📖)
18. Ridder (1997) Gefahrgut-Handbuch, (📖)
19. Ordnungsbehördliche Verordnung zur Festsetzung des Wasserschutzgebietes für das Einzugsgebiet der Wassergewinnungsanlage Echthausen der GELSENWASSER AG, Arnsberg, 1984 (📖)
20. Geohydrologisches Bodengutachten zur Standortbewertung für die Versickerung von Niederschlagsabflüssen auf dem Betriebsgelände der GELSENWASSER AG, BD Unna, Köster & Kremke, Kamen, 1996 (📖)
21. Umweltrecht, Wichtige Gesetze und Verordnungen zum Schutz der Umwelt, 10. Auflage, München, CH Beck, 1997 (📖)
22. Umweltfreundliche Beschaffung, Handbuch zur Berücksichtigung des Umweltschutzes in der öffentlichen Verwaltung und im Einkauf, Wiesbaden und Berlin, Bauverlag GMBH, 1993 (📖)
23. Böhl W (1991) Technische Strömungslehre, Würzburg, Vogel, (📖)
24. Satzung über die Entsorgung von Abfällen im Kreis Unna vom 30.3.1994 in der Fassung der 3. Änderungsatzung vom 24.3.1997, Unna, 1997 (📖)
25. Baugrunduntersuchung für die Energierückgewinnungsanlage am Hochbehälter Schürmann, DMT-Gesellschaft für Forschung und Prüfung mbH, Essen 1994 (📖)
26. Pinnow H (1994) Herstellung eines Rohrgrabens mit einer Felsgrabenfräse in Bergkamen, GELSENWASSER AG BD Unna, (📖)
27. Hölting D (1994) Dritter Erfahrungsbericht über die Verlegung duktiler Gußleitungen DN 100 im grabenlosen Horizontal-Bohrspülverfahren, GELSENWASSER AG BD Unna, (📖)
28. Betriebliches Abfallwirtschaftskonzept nach § 5b Landesabfallgesetz für den Betrieb, Betriebsdirektion Unna, GELSENWASSER AG, Gelsenkirchen, 1993 (📖)
29. Betriebliches Abfallwirtschaftskonzept nach § 5b Landesabfallgesetz für den Betrieb, Wassergewinnung Echthausen, GELSENWASSER AG, Gelsenkirchen, 1993 (📖)
30. Neubau Betriebsdirektion Unna, Dokumentation, GELSENWASSER AG, Gelsenkirchen, 1989 (📖)
31. Kooperation Landwirtschaft und Wasserwirtschaft im Einzugsgebiet der Ruhr, Bericht über die Ergebnisse der Beratung, 1991–1996 (📖)
32. Abwassersatzung für das kanalisierte und nicht kanalisierte Gebiet der Stadt Unna, 1997 (📖)
33. Wilkesmann R (1995) Geruchsstoffe in der Wasser-Analytik, Vorkommen und Bildung bei der Trinkwasserdesinfektion, Fachliche Mitteilung der GELSENWASSER AG, Band 3, Gelsenkirchen, (📖)
34. Wasserversorgungstechnik für Ingenieure und Naturwissenschaftler, DVGW-Schriftenreihe, 3. Auflage, Eschborn, DVGW, 1987 (📖)
35. Verbesserung der Trinkwasserqualität durch Integration neuer Technologien in ein bestehendes Wasserwerk, Forschungsbericht der GELSENWASSER AG, DVGW-Schriftenreihe, Eschborn, DVGW, 1984 (📖)
36. Chlordioxid in der Wasseraufbereitung, DVGW-Regelwerk, Eschborn, DVGW 1986 (📖)
37. Verfahrenstechnische Beschreibung von silicamodifiziertem Naßspritzmörtel, Kerasal Oberflächenschutz GmbH (📖)

38. Zementmörtelauskleidungen für Gußrohre, Stahlrohre und Formstücke DIN 2614, Berlin, Beuth Verlag GmbH, 1990 (□)
39. Umsetzung der EG-Öko-Audit-Verordnung, Hessisches Landesamt für Umwelt (HLfU), Wiesbaden, 1996 (□)
40. Scheffer F, Schachtschabel P (1992) Lehrbuch der Bodenkunde, 13. Auflage, Stuttgart, Ferdinand Enke, (□)
41. Blume H-P (1990) Handbuch des Bodenschutzes, 2. Auflage, Landsberg, ecomed, (□)
42. Halliday D, Resnick R (1993) Physik Teil 1, Berlin, Walter de Gruyter, (□)
43. Schlicht H, Zeitz K (1996) Instandhaltung und Betrieb von Wasserverteilungsnetzen, DVGW Berufsbildung, Wassertransport und Wasserverteilung, Bad Kissingen, (□)
44. Möhlen K, (1996) Wassermessung, DVGW, Berufsbildung, Wassertransport und Wasserverteilung, Bad Kissingen, (□)
45. Arbeitsentwurf des Betriebshandbuches der GELSENWASSER AG, Gelsenkirchen, 1997 (□)
46. Abfallgesetz, Abfallgesetz mit Verordnungen, Verwaltungsvorschriften und sonstigen einschlägigen Regelungen, München, CH Beck, 1996 (□)
47. Bundes-Immissionsschutzgesetz mit Durchführungsverordnungen, TA-Luft und TA-Lärm, München, CH Beck, 1996 (□)
48. Ökobase Multimedia, Umweltdatenbank des Umweltbundesamtes, Version 5.0, Berlin, Clemens Hölter GmbH, 1996 (▣)
49. Abfallrecht und Entsorgungspraxis, UB Media Infobase, UB Media Verlags GmbH, 1997 (▣)
50. Wasserrecht und betriebliche Abwasserentsorgung, UB Media Infobase, UB Media Verlags GmbH, 1997 (▣)
51. Umgang mit wassergefährdenden Stoffen, UB Media Infobase, UB Media Verlags GmbH, 1997 (▣)
52. Kreislaufwirtschafts- und Abfallgesetz in der betrieblichen Praxis, WEKA Praxis Datenbank, WEKA Fachverlag, 1996 (▣)
53. Umwelt-Check, Bundesdeutscher Arbeitskreis für Umweltbewußtes Management (BAUM), Gütersloh, München, Bertelsmann Electronic Publishing, Lexikon GmbH, 1997 (▣)
54. Analytische Chemie und Umweltmanagement. Homepage Fachbereich Technischer Umweltschutz Uni – GH Paderborn, Abt.Höxter. (http://www.hx.uni – paderborn.de/fb8/fachgebiet8/chemie/chemie.htm). 30.5.1997 (○)
55. TRGS 519, Umgang mit Asbest und asbesthaltigen Gefahrstoffen bei Abbruch-, Sanierungs- oder Instandhaltungsarbeiten, BArbBl. 8/92, 1992 (□)
56. Gefahrensymbole und Gefahreneigenschaften, Fachbereich Chemie der TU-Clausthal, (http://www.tu – clausthal.de/student/fsch/Gef_symbole.html), 4.6.1997 (○)
57. Stasik D (1992) Desinfektion von Trinkwasser-Einsatzmöglichkeiten und Grenzen von Desinfektionsverfahren, Einsatz von Chlordioxid als Desinfektionsmittel, Gelsenkirchen, GELSENWASSER AG, (□)
58. UWS, Umweltmanagement Online Umweltmesse, (http://www.umwelt – online.de/oekoaudt/v01.htm), 7.6.1997 (○)
59. Arbeitsgruppe Umweltstatistik an der Technischen Universität Berlin (ARGUS) (http.//argus.cs.tu – berlin.de/oekoaudt.html), 4.6.1997 (○)
60. Bank M (1994) Basiswissen Umwelttechnik. Wasser, Luft, Abfall, Lärm, Umweltrecht. Würzburg: Vogel, (□)
61. Meyer R, Jung-Donné M (1994) Pilotprojekt einer Öko-Bilanz für Natur- und Landschaft, Flächenmanagement bei der GELSENWASSER AG, Gelsenkirchen, GELSENWASSER AG, (□)
62. Information über ein bei der GELSENWASSER AG entwickeltes Verfahren zur Verlegung von Stahl- und duktilen Gußrohren in vorhandenen Rohrleitungen, (Kleinau; Krietenbrink), Gelsenkirchen, GELSENWASSER AG (□)

63. Baugrunduntersuchung der DMT-Institut für Wasser- und Bodenschutz, Baugrunduntersuchung am Hochbehälter Schürmann, Essen, 1994 (📖)
64. Vester F, Neuland des Denkens, Vom technokratischen zum kybernetischen Zeitalter, DTV Taschenbuchverlag (📖)
65. Bilitewski B, Härdtle G, Marek K (1994) Abfallwirtschaft, 2. Auflage, Berlin, Springer, (📖)
66. Abfallbilanz nach Landesabfallgesetz (LabfG) der Wassergewinnung Echthausen, GELSENWASSER AG, (📖)
67. Abfallbilanz nach Landesabfallgesetz (LabfG) der Betriebsdirektion Unna, GELSENWASSER AG (📖)
68. Naturstoff Wasser, Schriftenreihe der Vereinigung Deutscher Gewässerschutz e.V., 1995 (📖)
69. Umgang mit wassergefährdenden Stoffen, Ministerium für Umwelt, Naturschutz und Raumordnung des Landes Brandenburg, 1996 (📖)
70. Ordnungsgemäße Verordnung zur Festsetzung des Wasserschutzgebietes für das Einzugsgebiet der Wassergewinnungsanlage Echthausen der GELSENWASSER AG, Arnsberg (📖)
71. Laborbericht über abweichenden Geruch und Geschmack im Trinkwasser Echthausen, Zentrallabor Chemie (Dr. Schlett), Nr. 96/CC1 30.9.96, GELSENWASSER AG, Gelsenkirchen, 1996 (📖)
72. EG-Sicherheitsdatenblatt der umweltschonenden Schmier- und Regleröle für Wasserturbinen, Mineralölwerke Wenzel und Weidmann, Eschweiler, 1992 (📖)
73. Fentker C (1994) Wasser-Rohrnetzüberprüfung mit elektronischen Meß- und Datenspeichergeräten, Wasser/Abwasser Nr. 10/94, (📖)
74. Heydenreich M (1997) Leckortungsmethoden in flüssigkeitsgefüllten Rohrnetzen und Leitungen, Deliwa-Zeitschrift, Heft 1/97, (📖)
75. Referentenentwurf, Gesetz zum Schutz vor schädlichen Bodenveränderungen und zur Sanierung von Altlasten (Bundes-Bodenschutzgesetz – BBodSchG), Bonn, 18.8.1995 (📖)
76. Falbe J, Regitz M (1996) Römpp Chemie Lexikon, 9. Erw. Auflage, Stuttgart, New York, Thieme Verlag, (📖)
77. Hörath H (1995) Gefährliche Stoffe und Zubereitungen, Gefahrstoffverordnung – Chemikalien-Verbotsverordnung, eine Einführung in die Gesetzes- und Giftkunde, 4. Auflage, Stuttgart, Wissenschaftliche Verlagsgesellschaft mbH, (📖)
78. Weimann T (1986) Gefahrstoffverordnung mit Chemikaliengesetz, Köln, Heymann Verlag, (📖)
79. Meßprotokoll zur qualitativen und quantitativen PCB-Bestimmung der Firma Asea Brown Boveri Dortmund vom 29.6.90, 1990 (📖)
80. Umwelt kommunale ökologische Briefe, Ausgabe 12/97, Stuttgart, Dr. Josef Raabe Verlags GmbH, 1997 (📖)
81. Kiss MG, Mahon HP, Leimer HJ (1978) Energiesparen jetzt!, Arbeitsmethoden und Checklisten zum Kostensenken in bestehenden und neuen Gebäuden und Industrieanlagen. Wiesbaden, Berlin, Bauverlag, (📖)
82. Umwelthandbuch Handwerk, Handwerkskammer Rheinhessen, Mainz, 1994, (📖)
83. Infobroschüre der GELSENWASSER AG, Wer bestimmt den Wasserpreis, Gelsenkirchen, GELSENWASSER AG, (📖)
84. Englische Fassung der EG-Öko-Audit-Verordnung (EMAS) (📖)
85. Diuron-Demonstrationsversuch, Kooperation Landwirtschaft und AWWR im Einzugsgebiet der Ruhr, Landwirtschaftskammer Westfalen-Lippe, 1997 (📖)
86. Antrag der Deutschen Bahn AG zur Vegetationskontrolle auf Gleisanlagen bei der Landwirtschaftskammer Westfalen-Lippe, 26.11.96 (📖)
87. Ausnahmegenehmigung der Landwirtschaftskammer Westfalen-Lippe für die Vegetationskontrolle der Deutschen Bahn AG, 20.1.1997 (📖)
88. Positionspapier der AWWR zum Einsatz von Pflanzenbehandlungs- und Schädlingsbekämpfungsmitteln (📖)

89. Rodeck O, Schlett C (1996) Die Kooperation zwischen Landwirtschaft und Wasserwirtschaft im Einzugsgebiet der Ruhr im Jahre 1995, GELSENWASSER AG, (📖)
90. Bodenprofile Europas, (http://vendigo.uni-soilsci.gwdg.de/soilsidx.htm), 4.7.1997 (💿)
91. Chemiekampagne: Chlor & PVC http://www.greenpeace.de/GP_DOK_3P/ THEMEN/CO3UB01.HTM), 4.7.1997 (💿)
92. Maniak U (1993) Hydrologie und Wasserwirtschaft, 3. Auflage, Berlin, Heidelberg, New York, Springer, (📖)

Herausgeber und Autoren

Herausgeber

Prof. Dr. Manfred Sietz

Universität GH Paderborn
Fachbereich Technischer Umweltschutz
An der Wilhelmshöhe 44
37671 Höxter

Kurzvita

Jahrgang 1958, verheiratet, 3 Kinder

1977–1982	Studium der Chemie an der J.W. Goethe-Universität, Frankfurt/M.
1982	Diplom
1984	Promotion im Bereich analytische Chemie an der J.W. Goethe-Universität, Frankfurt/M.
1985	Institut Fresenius, Taunusstein
1986	Abteilungsleiter Chemische Technisch, Institut Fresenius, Taunusstein
1989	Technische Geschäftsführung des italienischen Fresenius-Tochterlaboratoriums in Bologna, Italien
seit 1991	C3-Professur für Chemie im interdisziplinären Fachbereich „Technischer Umweltschutz" der Universität GH Paderborn
1995	Oce-van der Grinten-Preis für praxisgerechtes Öko-Auditing
1995	wissenschaftlicher B.A.U.M-Umweltschutzpreis
1996	Euro Managementberater Umwelt
1997	Oce-Preis für integrierten Umweltschutz

Ausgewählte Buch-Veröffentlichungen:

Umweltbewußtes Management (Hrsg.), E. Blottner Verlag, Taunusstein, 1992

Umweltschutz-Management und Öko-Auditing (Mit-Hrsg.), Springer Verlag, Heidelberg, 1993

Umweltsbetriebsprüfung und Öko-Auditing (Hrsg.), Springer Verlag, Heidelberg, 1994, 2. erweiterte Auflage 1996

Leitfaden für Umwelthandbücher mit Praxisbeispielen (Hrsg.), Springer Verlag, Heidelberg, 1995

Chemie für Ingenieure, Verlag Harri Deutsch, Frankfurt, 1995

Ökobilanzierung in der betrieblichen Praxis (MitHrsg.), E. Blottner Verlag, Taunusstein, 1997

cliXX Chemie", Interaktive CD ROM „Chemie", Verlag Harri Deutsch, Frankfurt/M., 1998

Arbeits- und Projektschwerpunkte:

Öko-Auditing, Umwelthandbücher, Ökobilanzierung, Szenarien für Umweltbetriebsstörungen,
Entwicklung umweltfreundlicher Produkte, Entwicklung von Wieder- und Weiterverwendungskonzepten, z. B. in der Möbelindustrie.

Autoren

Carsten Behlert

Diplom-Ingenieur Technischer Umweltschutz
c/o GELSENWASSER AG
Willy-Brandt-Allee 26
45891 Gelsenkirchen

Jahrgang 1971

1987–1990	Ausbildung „Chemikant" bei der HÜLS AG Werk Marl
1990–1992	Tätigkeit bei der HÜLS AG im Bereich Forschung und Entwicklung
1992–1993	Zivildienst bei der Biologischen Station in Zwillbrock
1993–1997	Studium Technischer Umweltschutz an der Uni-GH Paderborn Abt. Höxter
1998	Berufseinstiegsprogramm bei der GELSENWASSER AG zur Umsetzung der EG-Öko-Audit Verordnung

Dr. Andreas Büttner

Diplom-Ingenieur Aufbereitung und Veredelung
Werner & Mertz GmbH
Ingelheimstr. 1–3
55120 Mainz

Jahrgang 1954

1975–1982	Studium Bergbau und Aufbereitung an der TU Clausthal
1988	Promotion zum Dr.-Ing. An der TU Clausthal
1986–1990	Ingenieur für Verfahrenstechnik amorpher Kieselsäuren (Aerosil) bei Degussa, Hanau – Wolfgang
1990–1992	Projektleiter für Rationalisierungsprojekte und Betriebsingenieur bei der Degussa, Antwerpen
1992–1994	Leitung Auftragsabwicklung für Sondermüllverbrennungsanlagen bei Firma AFU, Rheinbach
1994–1996	Leiter Engineering Werner & Mertz GmbH, Mainz
seit 1996	Technischer Leiter Werner & Mertz GmbH, Mainz

Susanne Gebauer

Diplom-Ingenieurin Technischer Umweltschutz
Spiekermann GmbH & Co.
Beratende Ingenieure
Fritz-Vomfelde-Str. 12
40547 Düsseldorf

Jahrgang 1973

1992–1996	Studium des Technischen Umweltschutzes an der Universität GH Paderborn, Abteilung Höxter
1996–1997	Wissenschaftliche Mitarbeiterin der Universität GH Paderborn, Fachbereich Technischer Umweltschutz, Schwerpunkt Umweltmanagement und Produktoptimierung
seit 1997	Freie Mitarbeiterin bei Spiekermann GmbH & Co. Beratende Ingenieure, Düsseldorf, Schwerpunkt Umweltmanagement
1997	Océ-Preis für Wissenschaft im Umweltschutz

Nils-Oliver Höppner

Diplom-Ingenieur Technischer Umweltschutz
Umweltberatung Höppner
Bödexer Straße 16
37671 Höxter-Fürstenau

Jahrgang 1969

1988–1991	Ausbildung zum Chemielaboranten
1991–1995	Studium des Technischen Umweltschutzes an der Universität GH Paderborn, Abteilung Höxter
seit 1995	Leiter der Stabstelle Umweltschutz – Sicherheit – Gefahrgut bei DRAGOCO Gerberding & Co. AG, Holzminden

Uwe Marquardt

Dipl.-Bergingenieur
c/o GELSENWASSER AG
Willy-Brandt-Allee 26
45891 Gelsenkirchen

Jahrgang 1964

1985–1991	Studium an der TU Clausthal; Dipl. Ing. Bergbau
ab Ende 1991	zunächst Trainee-Programm bei der Gelsenwasser AG
seit 1993	beteiligt am Aufbau der Hauptabteilung Umweltmanagement. Zuständig für den Bereich technischer Umweltschutz und in diesem Rahmen für die betriebliche Umsetzung der EG-Öko-Audit-Verordnung; Gefahrgutbeauftragter

Andreas Niermeyer

Diplom-Ingenieur Technischer Umweltschutz
Werner & Mertz GmbH
Ingelheimstraße 1–3, 55120 Mainz

Jahrgang 1968

1989–1991	Ausbildung zum Biologisch-technischen Assistenten
1992–1997	Studium des Technischen Umweltschutzes an der Universität GH Paderborn, Abteilung Höxter
1997	Überarbeitung des Umwelthandbuches bei Werner & Mertz

Rafael Rüdel

Diplom Bauingenieur
c/o GELSENWASSER AG
Betriebsdirektion Unna
Viktoriastr. 34
59425 Unna

Jahrgang 1969

1989–1996	Studium an der Universität GH Essen; Dipl. Bauingenieur, Fachrichtung Siedlungswesen und Umwelttechnik
seit Juni 1996	Assistent des Leiters der Betriebsdirektion Unna der Gelsenwasser AG und technischen Geschäftsführers der Vereinigten Gas- und Wasserversorgung GmbH, Rheda-Wiedenbrück

Dr. Adolf von Röpenack

Herrmannstraße 31
45711 Datteln

Kurzvita

Jahrgang 1934

1954–1959	Studium der NE-Metallurgie an der TU Clausthal-Zellerfeld
1959	Diplomingenieur
1961	Promotion zum Dr.-Ing. an der TU Berlin
1961–1967	F+E-Ingenieur bei Lurgi Chemie und Hüttenstadt GmbH, Frankfurt Auslandsaufenthalte
1967	Betriebsleiter, Ruhr-Zink GmbH, Datteln
1972	Hüttendirektor, Ruhr-Zink GmbH, Datteln
1975	Geschäftsführer, Ruhr-Zink GmbH, Datteln
1982–1992	Sprecher der Geschäftsführung, Ruhr-Zink GmbH, Datteln
seit 1992	Beauftragter für Umweltpolitische Sonderaufgaben des Bundesverbandes der Deutschen Industrie
seit 1995	nur noch für das Öko-Audit
seit 1995	Unabhängiger Umweltberater
	Mitglied der Enquete-Kommission des 12. Deutschen Bundestages „Schutz des Menschen und der Umwelt“

Ausgewählte Veröffentlichungen

Zahlreiche Veröffentlichungen auf der metallurgischem Gebiet mit besonderer Bedeutung des produktionsintegrierten Umweltschutzes
Die Verwendung von Produkt-Ökobilanzen im Rahmen eines Stoffstrommanagementes, Hochschultage Energie Essen, 1994
Piloting the EC Eco-Management and Audit-Scheme:
The Experience of BSB Recycling GmbH Germany, in: *Eco-Management and Auditing, Vol. I, Issue 1, 1993*
Praktikabilität der EG-Verordnung zum Umweltmanagement und zur Umweltbetriebsprüfung, in: *Umweltbundesamt, Ernst-Schmidt-Verlag, Bericht 2/95*
Stoffstrommanagement, in: *Erzmetall 48, 1995*

Referenzen

Pilotprojekt Öko-Audit 1992/93 im Auftrag der Europäischen Kommission, DG 11
Koordination von Öko-Audit Pilotprojekten der hessischen Landesregierung 1994
Nationaler Koordinator für das Pilotprojekt der DG G 23 der Europäischen Kommission:
Euromanagement-Umwelt für KMU's 1996/97
Prüfer bei der DAU, Bonn seit 1995
Organisation und Moderation von Seminaren des BDI zum Öko-Audit seit 1995

Stefan Seuring

Diplom-Betriebswirt, Master of Science in Chemie
Universität GH Paderborn, Fachbereich Technischer Umweltschutz
An der Wilhelmshöhe 44
37671 Höxter

Jahrgang 1967

1987–1990	Studium der Betriebswirtschaftslehre in Stuttgart
1990–1995	der Chemie an den Universitäten Bayreuth und Bristol/England
seit 1995	wissenschaftlicher Mitarbeiter an der Universität GH Paderborn, Fachbereich Technischer Umweltschutz, Schwerpunkt Ökobilanzen und Produktoptimierung, Gründungsmitglied der „Bayreuther Initiative für Wirtschaftsökologie e. V.", Mitglied des Doktoranden-Netzwerk „Öko-Audit", Mitherausgeber und Autor von „Kreislaufwirtschaft statt Abfallwirtschaft" und „Ökobilanzierung in der betrieblichen Praxis"
1997	Océ-Preis für Wissenschaft im Umweltschutz

Sachverzeichnis

Druck: Saladruck, Berlin
Verarbeitung: Buchbinderei Lüderitz & Bauer, Berlin

Springer